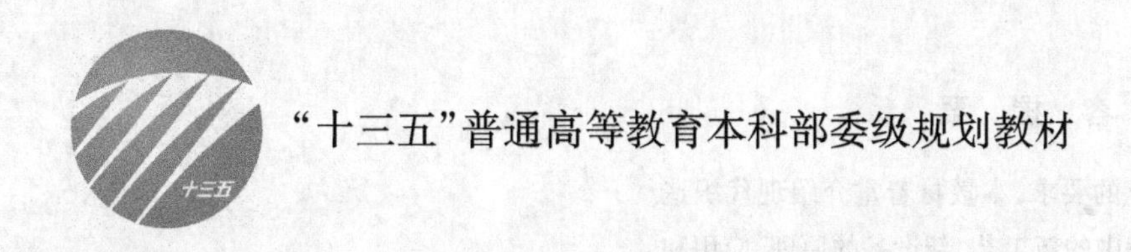

"十三五"普通高等教育本科部委级规划教材

现代织造原理与应用

Principles and Applications of Modern Weaving Technology

祝成炎　周小红　主编

中国纺织出版社

内 容 提 要

为适应课程体系改革的要求，本教材着重介绍现代织造尤其是长丝织造生产过程中的新工艺，新设备的原理、应用和使用经验。全书共十七章，内容包括现代织造工程的概述、络前准备、络丝、并丝、捻丝、定形、整经、浆丝、并轴、穿结经、开口、引纬、打纬、卷取、送经、多色纬制织、织造综合讨论。同时，为了提高学生学习专业外语的效果，在文中部分主要专业术语后列出了相应的英文词汇。

本书可作为高等院校纺织专业及相关专业的教材，也可作为纺织丝绸学科研究生、纺织丝织工程技术人员的参考书。

图书在版编目(CIP)数据

现代织造原理与应用/祝成炎，周小红主编. —北京：中国纺织出版社，2017.1 (2020.7重印)
“十三五”普通高等教育本科部委级规划教材
ISBN 978-7-5180-2948-8

Ⅰ.①现… Ⅱ.①祝… ②周… Ⅲ.①织造—基础理论—高等学校—教材 Ⅳ.①TS1

中国版本图书馆 CIP 数据核字(2016)第 219167 号

策划编辑：秦丹红　　责任编辑：王军锋　　责任校对：楼旭红
责任设计：何　建　　责任印制：何　建

中国纺织出版社出版发行
地址：北京市朝阳区百子湾东里 A407 号楼　邮政编码：100124
销售电话：010—67004422　传真：010—87155801
http://www.c-textilep.com
E-mail:faxing@c-textilep.com
中国纺织出版社天猫旗舰店
官方微博 http://weibo.com/2119887771
北京虎彩文化传播有限公司印刷　各地新华书店经销
2017 年 1 月第 1 版　2020年7月第2次印刷
开本：787×1092　1/16　印张：19
字数：346 千字　定价：48.00 元

前言

本书系统地阐述现代织造尤其是丝织生产工艺过程中各工序的加工技术原理,并理论联系实际,将原理与生产实践相结合进行讨论,对陈旧设备不作介绍或作少量介绍,着重介绍了国内外有关机织生产中新工艺、新技术、新设备以及用高新技术改造传统产业的资料和经验,以适应社会对跨世纪人才的要求。但随着纺织丝绸工业的发展,尤其是近几年新型原料和新工艺的发展,长丝织物产量和占比不断增加,有关课程内容必须进行改革,以适应时代要求。同时,由于课程学时减少,而又要使学生获得丰富的新知识,这就要求进行教学内容和教学方法的改革,并体现在教材改革上。

本书为了适应课程体系的改革要求而编写,旨在满足纺织工程专业的学生和科技人员学习现代机织及纺织生产科技知识及其应用的需求。

本书共十七章。第一章由祝成炎、周小红编写,第二章、第三章、第四章、第五章由周小红编写,第六章、第七章、第九章由汪进前编写,第八章由周小红编写,第十章由关勤编写,第十一章、第十二章、第十三章由祝成炎编写,第十四章、第十五章、第十六章由田伟、祝成炎编写,第十七章由祝成炎编写。全书由祝成炎、周小红主编,由袁观洛主审。

由于时间仓促和编者水平有限,书中难免有缺点和错误,热忱欢迎读者指正。

编者

2016 年 10 月

课程设置指导

课程名称 现代准备工艺学、织造学

适用专业 纺织工程

理论教学总学时 96 学时,其中,现代准备工艺学 48 学时、织造学 48 学时

课程性质 本课程为纺织工程本科专业的专业主干课,是必修课

课程目的

1. 知识目标:本课程是纺织工程专业纺织技术与贸易方向的专业课,现代准备工艺学部分主要介绍现代机织准备设备结构、作用原理、工艺参数的确定、工艺计算方法及根据不同品种选择工艺流程的方法,同时,分析半制品质量和造成疵点的对策;织造学部分主要介绍机织物的形成过程,织机开口、引纬、打纬、送经与卷取五大运动的有机配合和协调运动。

2. 能力目标:本课程着重基本知识、基本理论和基本方法,培养学生具有工艺技术与管理能力。

3. 素质目标:培养学生勤于思考、深入研究的习惯和求实、创新能力。

课程教学的基本要求

1. 教学方法:以教师教授为主,学生自学为辅的手段;在授课中注重启发式教学,加强师生之间、学生之间的交流,引导学生独立思考,强化思维训练。

2. 教学手段:课程教学采用计算机多媒体教学手段。

3. 课外作业:围绕教学要求,精选一些既能巩固所学知识、又可引发学生深入思考的课外习题,布置给学生,供练习之用。

4. 自主学习:鼓励学生通过图书资料、网络资源等自主学习。

5. 考试命题:笔试按大纲要求出题,题型设有选择、填空、名词解释、问答题和计算题等,考试内容不超出大纲。

6. 考核方式:以笔试为主,平时成绩(包括平时提问、作业、上课出勤率等)占总评成绩的 30%,期末笔试成绩占 70%。

课程设置指导

教学学时分配表

课程名称	章数	讲授内容	学时(小时)
现代准备工艺学	第一章	概述	3
	第二章	络前准备	3
	第三章	络丝(络筒)	9
	第四章	并丝	3
	第五章	捻丝	2
	第六章	定形	1
	第七章	整经	12
	第八章	浆丝	12
	第九章	并轴	1
	第十章	穿结经	2
	合　计		48
织　造　学	第一章	概述	3
	第十一章	开口	12
	第十二章	引纬	12
	第十三章	打纬	6
	第十四章	卷取	3
	第十五章	送经	6
	第十六章	多色纬制织	3
	第十七章	织造综合讨论	3
	合　计		48
总　计			96

目录

第一章　概述

织造技术具有悠久的历史。中国在公元前3000年的新石器时代利用苎麻制成织物，公元前2700年生产丝织物，公元前200年就能生产织锦等大花纹织物。束综提花机经过历代改进，成为宋代《耕织图》上的大型拉花机。这台拉花机的地经与花经分开，地经穿过综框为织女所控制，花经穿过束综为花楼上的挽花女所操纵，两人密切配合，织出复杂的以纱罗为地组织的大花纹织物。

1733年英国人凯，发明了手拉投梭（飞梭装置）。1785年英国人卡特赖特，创造了动力织机，即“普通织机”的雏型。19世纪初，法国人贾卡制成了不需挽花童的提花机，即纹板提花机。为了织制多色纬纱的织物，1869年哈特斯利和希尔发明了回转多梭箱。1895年诺斯勒普发明了自动换纡装置，以后又有了多色纬的自动补纬装置。20世纪50年代以来，各种无梭织机，如片梭织机、喷气织机、喷水织机、剑杆织机等发展迅速，已成为现代织造生产的主要设备。

第一节　机织物的形成

现代无梭织机是自动化程度较高的高性能织机，特点是标准化程度高、机身短、门幅宽、引纬率高、效率高。

机织物的形成是经纬纱（分别以织轴和纬卷装的形式）在织机上相互交织，织成符合设计要求的织物。图1-1为典型织机的上机示意图。

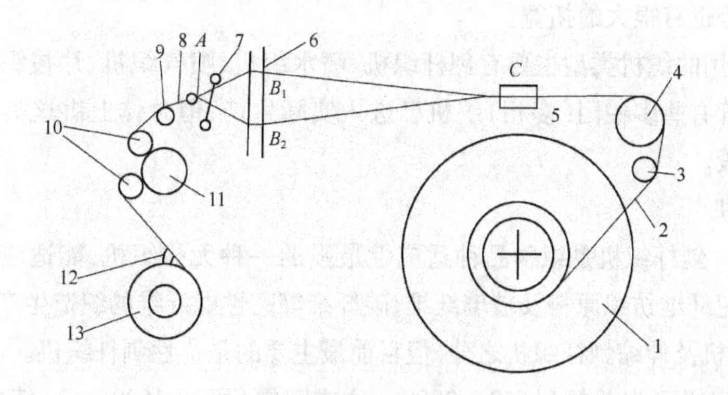

图1-1　织机上机示意图

1—织轴　2—经纱　3—固定后梁　4—活动后梁　5—停经装置　6—综框　7—钢筘　8—织物　9—胸梁　10—压辊　11—卷取辊　12—布幅辊　13—卷布辊

一、织机的主要机构

在织机上形成织物，主要依靠如下五大机构的有机配合。

1. 开口机构 根据织物组织设计的要求，将经纱上下分开，形成梭口 AB_1CB_2A，以利引纬。开口机构有三大类，即凸轮与连杆开口机构、多臂开口机构和提花开口机构。目前在实际织造生产中，多臂开口机构和提花开口机构应用较多，以满足越来越高的产品设计要求。

2. 引纬机构 引纬机构是指将纬纱引入梭口，以便由钢筘把纬纱打入织口。引纬机构分有梭引纬和无梭引纬，无梭引纬包括喷水引纬、喷气引纬、剑杆引纬及片梭引纬。目前无梭引纬因其优越的特性，其应用越来越广。此外，目前正在进一步研制开发的多梭口引纬系统中，引纬主要采用剑杆引纬、喷气引纬及小梭子引纬器引纬等方式。

3. 打纬机构 由筘座上的钢筘把引入梭口的纬丝打向织口，使之与经纱在织口处交织而形成织物。打纬机构主要有连杆式和共轭凸轮式两种。目前喷水织机、有梭织机及部分喷气织机主要采用连杆式打纬机构，而剑杆织机、片梭织机和部分喷气织机主要采用共轭凸轮打纬机构。在多梭口织机中，则采用专门的旋转式打纬机构。

4. 送经机构 从织轴上送出一定量的经纱以不断补充制成织物的经纱，同时维持均匀而稳定的经纱张力，为织物形成创造必需的条件。送经机构主要有机械式和电子式两种。在无梭织机中，电子式送经机构是发展的趋势。

5. 卷取机构 卷取机构是将已形成的织物及时引离织口，卷绕到卷布辊上，制成具有一定纬密的织物。卷取机构主要有机械式和电子式两种。无梭织机中电子式卷取机构是发展方向。

二、织机的类型

织造技术的发展是以织机的发展为标志。到目前为止，织机已经从原来的有梭织机发展到全自动无梭织机，这些织机普遍配备了电子式送经、卷取、经纬自停、测长储纬、无级变速等装置，具有高车速、高引纬率、高自动化程度、全电脑控制等特点。同时，织机可织的品种范围也明显扩大，有许多织机能同时适应长丝及短纤纱织物的织造生产，织物的厚度、定重范围、可织原料的线密度范围等也有很大的拓宽。

目前，普遍采用的织机类型主要有剑杆织机、喷水织机、喷气织机、片梭织机等无梭织机以及有梭织机。尽管有些多梭口（多相）织机已进入实际生产，但总体上讲这类织机尚处在研发和应用的初级阶段。

（一）无梭织机

1. 剑杆织机 剑杆织机是织物品种适应性最强的一种无梭织机，能适应棉、毛、丝、麻、化纤等各种长丝或短纤维纺织原料及玻璃纤维、碳纤维等高性能纤维的织造生产。它有挠性剑杆织机、刚性剑杆织机及伸缩剑杆织机之分，但目前最主要的是挠性剑杆织机。

剑杆织机的门幅可为单幅（1650～2900mm）或双幅（可达4600mm），纬色数最多可达16色，引纬率可高达1300m/min以上。剑杆织机可配置凸轮开口、多臂开口及提花开口装置，以适应不同的织物组织要求。

2. 喷水织机 喷水织机是以生产合纤长丝织物为主的织机，故其产品适应性相对较差。然而经过近几年来的发展，可织产品已经从最初的薄型织物扩展到目前的中厚型织物。同时选色也从最初的单色、双色混织发展至目前的电子式任意双色选纬，也可配置提花开口机构明显扩大了织机可织品种范围。喷水织机多为单幅织机，其门幅范围可达1400～2800mm，双幅织机门幅可达3800mm。然而喷水织机的车速很高，故具有最高的引纬率，引纬率可高达2000m/min以上。

3. 喷气织机　由于气流控制方式的改进，喷气织机各方面性能均有了很大的发展。现在喷气织机的门幅最宽可达到4000mm，引纬率可达到2000m/min以上，已成为应用日益广泛的机型之一。由于气流控制的特殊性，喷气织机的纬丝选色数一般可达到4～6色，最多可达8色。

目前，喷气织机所适应的织物范围明显拓宽，已从原来的中薄型产品扩大到中厚型产品，可织造的原料范围也已从短纤纱扩大到长丝甚至玻璃纤维长丝。喷气织机的技术进步已使得更多织物品种的生产成为可能。

4. 片梭织机　片梭织机为产品适应性最强的一种无梭织机，其机械制造精度要求最高。一般片梭织机有单片梭和多片梭之分，但目前极大多数片梭织机采用多片梭形式。片梭织机门幅一般范围为1900～5400mm，但最宽可达到8600mm，为所有织机中最宽的织机。其引纬率可高达1300m/min以上。

片梭织机中因片梭独特的钳口形式，不仅能适应棉、毛、丝、麻及化学纤维等各种纺织原料，还能适应玻璃纤维、碳纤维、不锈钢丝等高性能纤维织造产业用机织物。片梭织机可达6色选纬，可配置凸轮开口、多臂开口及提花开口装置，以适应不同产品的要求。

（二）有梭织机

有梭织机根据制织原料的不同，可分成丝织机、棉织机、毛织机、麻织机等。为了适应多色纬的织造，有梭织机有单梭箱织机和多梭箱织机。为提高织机的自动化程度，有梭织机可以安装自动换梭或自动换纡装置。在电子技术的应用方面，国内丝织机已采用光电探纬、电子护经、织糙自停、断经断纬自停和电气按钮开关等自控装置。

有梭织机可以配置凸轮开口、多臂开口及提花开口装置，以适应不同品种的要求。一般有梭织机可有不同的门幅，如有梭丝织机门幅有900mm、1100mm、1150mm、1450mm和1600mm五种，以适应不同幅宽织物的要求。

尽管有梭织机存在着生产率低、工人劳动强度大、噪声大、产品质量低等缺点，但受资金的限制，目前国内尚有一定数量的织机仍为有梭织机。

第二节　织造工艺流程

品质优良的织轴与纬纱，是发挥现代无梭织机优越性的保障。织造前准备工程（yarn preraration for wearing）是根据织物原料、组织、规格及用途等方面的特性，在高速、大卷装、恒张力、自动化程度高的织造准备设备上，制备高速织造需要的经纬纱线。

一、桑蚕丝织物的织造工艺流程

桑蚕丝（bombyx mori silk，mulberry silk）织物种类很多，各类织物都具有特殊的风格和手感特征,因此加工的工艺流程与加工工艺均有一定的差异。图 1 – 2 为剑杆织机、片梭织机制织桑蚕丝织物的工艺流程。

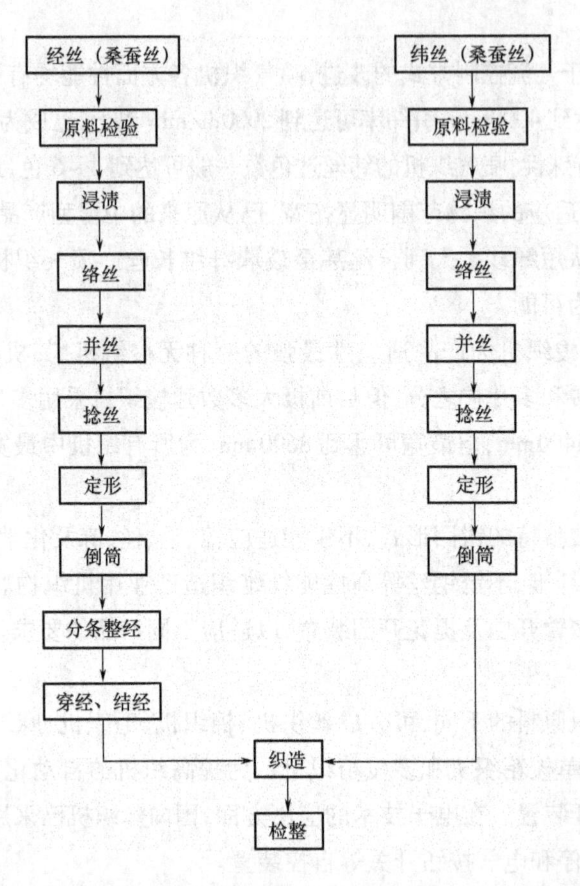

图 1 – 2　桑蚕丝织物在剑杆织机、片梭织机上织造的工艺流程

图 1 – 2 所示工艺流程既适用于平经平纬桑蚕丝织物,也适用于绉经绉纬桑蚕丝织物。对于平经平纬桑蚕丝织物,经纬向采用并合捻丝工序,是区别于有梭织机的工艺流程。其捻度的多少是以不影响织物风格为前提(一般 100 ~ 250 捻/m 为宜)。经向加捻的目的是为了提高丝线的强力、抱合力,减少在准备织造各工序中产生的起毛、分裂与断头,对原料的品质要求可适当降低;平纬织物纬向加捻的目的是为避免纺类织物的多根无捻组合纬丝在引纬时(剑杆头钳纬、交接纬)的失误。此外,若按有梭织造的工艺要求,低捻可不必用定形机定形,然而由于高速整经与高速织造,致使整经中丝线扭缩多,织造中滚绞严重,为此对低捻丝必须经过定形机定形,其目的是消除因加捻而产生丝线内部的应力和伸长不匀现象,并对桑蚕丝有预缩作用,从而减少真丝绸上的宽急经和经柳织疵。

二、化纤长丝织物的织造工艺流程

化纤长丝织物在喷水织机、喷气织机、剑杆织机和片梭织机上均可织造。综合生产成本,以喷水织机织造为宜。图 1 – 3 为平经平纬化纤长丝织物的织造工艺流程。无捻长丝和网络丝织造前必须浆丝,通常采用轴对轴的上浆方式,也有采用整浆联合,即整经和浆丝两道工序合二为一。

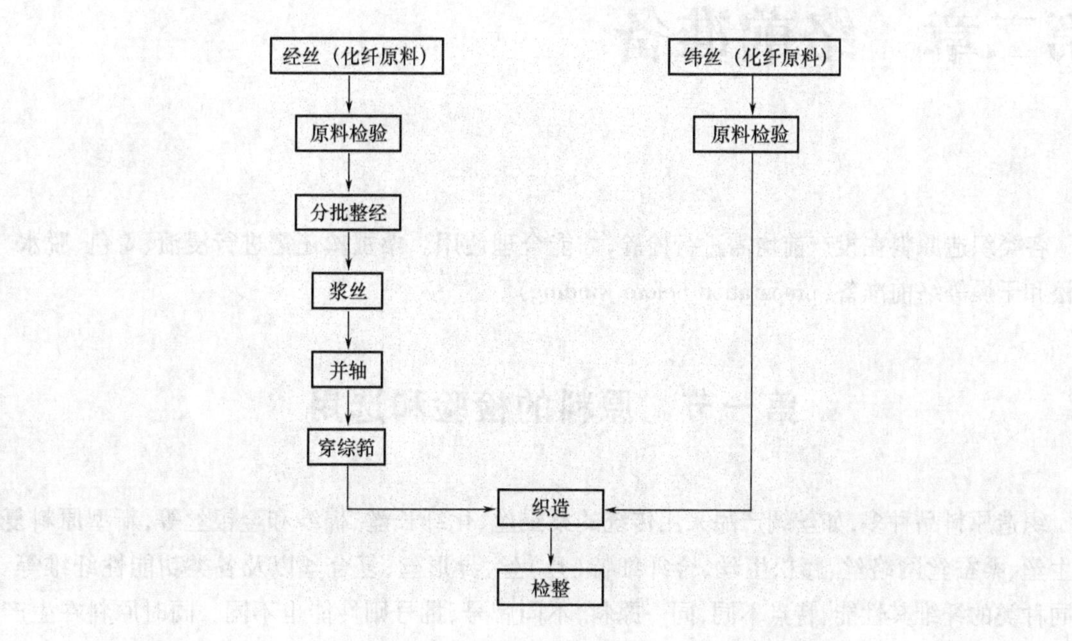

图 1－3 平经平纬化纤长丝织物的织造工艺流程

图 1－4 为绉经绉纬化纤长丝织物的织造工艺流程。加中高捻的化纤长丝可以免上浆，网络度高的变形丝可直接分条整经，也无需上浆。

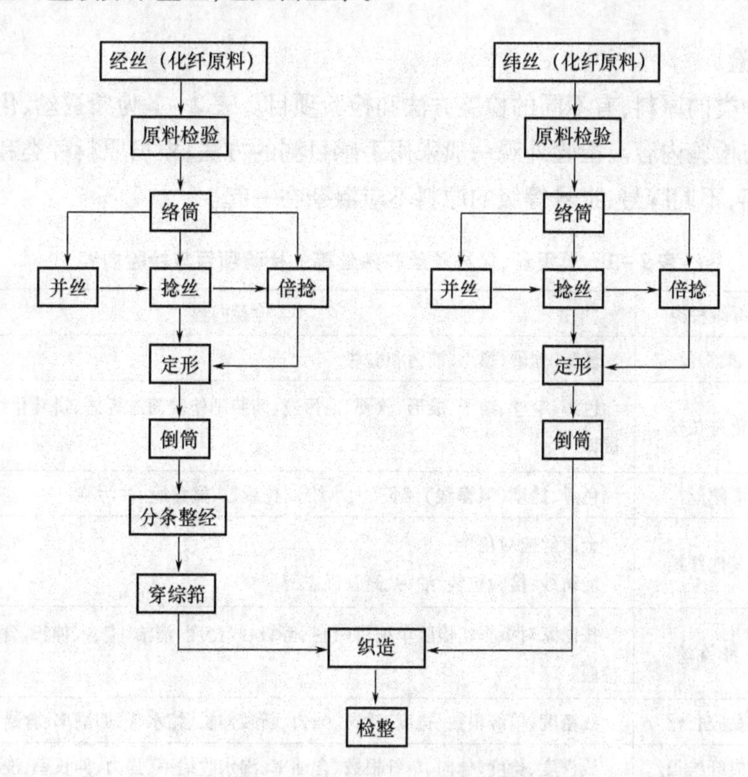

图 1－4 绉经绉纬化纤长丝织物的织造工艺流程

第二章　络前准备

各类织造原料在投产前均需进行检验,才能合理使用。桑蚕丝还需进行浸渍、着色、脱水、抖松和干燥等络前准备(preparation before winding)。

第一节　原料的检验和选用

织造原料品种多,如丝绸产品采用传统的桑蚕丝、化纤长丝、棉纱和金银丝等,新型原料复合生丝、桑蚕丝网络丝、膨松生丝、合纤细特(旦)丝、异形丝、复合丝以及各类功能性纤维等。不同种类的纤维其性能、特点不同,同一原料,不同牌号、批号则性能也不同。同时原料在生产厂检验是随机抽样,不能全面反映原料品质,而对于织造厂,不同品种的织物,其用途不一,对原料的要求也不相同。为了合理地使用原料,保证织物质量的稳定,对进织造厂的原料都需进行检验,不但作外观检验,还要作一定的物理指标检验。

一、原料检验

对于不同种类的原料,有不同的检验方法和检验项目。表2-1为桑蚕丝、化纤长丝和熟丝等的检验项目与检验内容。检验外观一般采用手感目测的方法;根据原料种类和织物要求选择不同的检验内容;不同牌号、批号等级的原料不应混杂在一起。

表2-1　桑蚕丝、化纤长丝和熟丝等的检验项目与检验内容

检验项目	纤维种类	检验内容
外观检验	桑蚕丝	色泽、软硬、黑点、油污和糙块
	化纤长丝	色泽、毛丝、结子、成形、软硬、油污迹、筒装则检验筒芯标志、饼装化纤长丝作摇袜吸色试样
	熟丝	色泽、捻度(紧懈线)绞长(大小绞)、扎绞数、宽急股、油污迹
	其他纤维	金银丝应对色光 混纺纱:检验包装、油污、筒管标志等
物理指标	桑蚕丝	按国家对桑蚕丝检验单项目(包括等级、线密度、清洁、抱合、伸长、含胶量等)不作重复检验
	黏胶长丝	线密度、单纤根数、捻度、捻向、强力、断裂伸长、缩水率、回潮率、含蜡量、含硫量等
	合成纤维长丝	线密度、捻度、捻向、单纤根数、含油率、沸水收缩率、强力、伸长率、洗涤减量率等

二、原料选用

正确合理地选用原料是织物加工的一项重要环节，它不仅能获得优良产品，而且能减轻劳动强度，提高生产效率。尤其是丝织物，与其他织物比较，除要有一定的服用性能外，外观要求也比较高，所以织造原料的选用主要是根据原料性能、经纬用途和织物种类。

1. 根据原料性能决定经纬用途　无梭织机因车速高，经丝、纬丝用原料的各项指标要求均高于有梭织机。对作经丝的原料，要求强度高、弹性好、抱合好，并力求光滑、清洁与洁净分数高，条份偏差小。如秋茧丝由于含胶量多、抱合好、耐磨、条份均匀、毛丝糙块少，因此常作经丝；而春茧丝，丝色白纯，染色后的色泽鲜艳度高，在熟货织物中也作经丝使用。黏胶长丝和合成纤维长丝应选用单纤维根数少、捻度高、含油率低、易上浆、吸色均匀的作经丝使用。对作纬丝的原料，要求柔软性好、弹性好、匀度好。春茧丝含胶量少，手感好，丝身柔软，故一般作纬丝使用。黏胶长丝和合成纤维长丝，选单纤维根数多、捻度低、缩率低、吸色均匀、线密度偏差小的原料选作纬丝，以提高织物丰满度和手感柔软性。一般经丝、纬丝用桑蚕丝要求等级达3A级及以上的，这样才能发挥无梭织机的高效能。

2. 根据品种要求选用原料　制织高档织物、轻薄织物和平经平纬丝织物，外观要求高，原料的病疵易暴露于绸面，需使用匀度好、线密度偏差小、颣节少的高等级丝，强力高、抱合好使绸面匀净平挺，不易断头，不易反映经柳、纬档等织疵。对强捻织物和绉组织品种，由于绉效应能遮盖原料的条干不匀、抱合差的缺陷，而且加捻可增加丝线的耐磨性，故可适当降低对经纬原料的要求。对于绸面效应显经不显纬时，对纬丝的要求可适当降低一些。原料使用上以满足高速无梭织机的要求而不影响外观效应为原则。此外，后处理的要求不同，用料也可有所不同。如练染坯，色泽不一致的丝线也可选用；染深色坯，则一般油线、沾污丝都可用；印花坯，原料的毛糙点、油污的标准也可适当降低。

第二节　生丝浸渍

生丝（桑蚕丝）表面含有硬脆的丝胶，有些生丝有硬角、条份不匀、洁净不高等缺点，容易造成断头，尤其加强捻时，受到扭转与剪切应力的作用，更易断头。因此，生丝在络丝前必须经过浸渍处理，以提高经丝的平滑性和耐摩性；提高纬丝的柔软性，减少织造断头率。

一、无梭织机用桑蚕丝浸渍助剂

浸渍（steeping）的过程实质上是生丝表面丝胶膨润软化、均匀分布在丝素表面的过程。同时，也是浸渍液中部分助剂渗透到丝线内部、部分助剂包覆在丝线外围形成薄膜的过程。所以浸渍的目的不仅使丝线柔软而富有弹性、平滑而耐磨外，还要补偿浸渍过程中部分丝胶溶失所造成的强力、抱合力的下降，还应增加抗静电的性能。尤其是使用无梭织机及其配套的准备设备时，对丝线质量提出更高要求。所以除选择原料为高品级的生丝以外，浸渍上油工艺成为提高丝线可织性的关键，这就需要在新型自动浸渍设备上发挥浸渍助剂的作用。

1. 无梭织机用桑蚕丝浸渍助剂的特性 无梭织机用桑蚕丝浸渍助剂是指适应高速织造用丝的生丝浸渍助剂,它必须具备以下性能。

(1)渗透力强。自动浸渍机是以整包丝进行浸渍,且浸渍时间短。因此,要求助剂有很强的渗透力,以避免人工抖松时造成的大量断头、乱丝,以及丝胶过多的溶失。

(2)优良的平滑性。与无梭织机配套的准备设备车速高,在加工过程中增加了丝与丝、丝与机件的摩擦,通过浸渍,使丝线均匀地吸附一层高平滑性的助剂薄膜,可降低丝与丝、丝与机件的摩擦系数,特别是较大幅度地降低动摩擦系数。

(3)能显著地增加丝的强力。应使丝线的强力有显著提高,要求形成的油膜比以往的助剂具有更高的坚韧性,油膜分子之间具有更大的内聚力,以增加丝线的强力、弹性模量和断裂强度。

(4)优良的抱合集束性。由于各道工序速度的增加,丝线更易起毛、分裂和断头。故要求助剂有优良的抱合集束性,以尽可能地弥补因丝胶软化过程中部分溶失所造成的抱合力损失。

(5)优良的抗静电性。经丝在各道工序中因速度及摩擦的增加,更易产生静电,尤其在干燥季节,丝线上的静电积聚比普通织机上更为严重,导致断头蓬松、灰尘吸附、绸面不洁。经测试,浸渍前后的生丝体积比电阻由$10^{12}\Omega\cdot cm$左右下降到$6\times10^{10}\Omega\cdot cm$以下,方能顺利地进行高速络丝、整经与织造。

2. 常用无梭织机用桑蚕丝浸渍助剂的使用性能 无梭织机用桑蚕丝浸渍助剂的主要特征及使用性能见表2-2所示。

表2-2 几种无梭织机用桑蚕丝浸渍助剂主要特征及使用性能

助剂型号	外观	主要成分	酸碱性	离子类型	用途	使用特性
MK AMK (LISSOFI SPECIAL)	淡黄色透明油状	中性植物油、脂肪酸和阴离子表面活性剂	7±0.5	阴离子	经纬丝通用	浸渍液溶解十分均匀,有良好的渗透性、平滑性和抱合集束性,能增加丝的强力、耐磨性、后整理时极易练掉、不产生色斑,可减少丝绸泛黄现象。浸渍后的生丝体积比电阻为$(1\sim4)\times10^{11}\Omega\cdot cm$,故冬季要加甘油增湿,抗霉防腐性较差
HJ202	乳黄色糊状	矿物油、特种非离子表面活性剂OAM等	中性	非离子型	经丝用	具有较强的湿润渗透性和杀菌防腐能力,在高温高湿季节,乳化液可存放一周不变质,能显著提高丝的强力和减少浸渍过程中丝线抱合力的损失,浸渍后丝的体比电阻$10^{9}\Omega\cdot cm$,较强的抗静电能力,成本低
M (综合助剂)	米白色糊状	矿物油、硅脒唑啉柔软剂、脂肪酰胺柔软剂PFC、脂肪酸聚氧乙烯酯柔软剂	7±0.5	两性离子型	无捻经丝	乳化液稳定性好,精练浴中不分层,无斑迹,成本低,浸渍后桑蚕丝具有较好的平滑性和强力

续表

助剂型号	外观	主要成分	酸碱性	离子类型	用途	使用特性
L （综合助剂）	米黄色 糊状	硅咪唑啉柔软剂、脂肪酰胺柔软剂 PFC、脂肪酸聚氧乙烯酯柔软剂、脂肪醇聚氧乙烯醚渗透剂	7 ±0.5	两性 离子型	600～3500捻/m 加捻纬丝	水溶性与净洗效果好，性能稳定，不易变质，成本低，浸渍后桑蚕丝具有较好的柔软和平滑性

此外，在浸渍助剂 M 或 L 中加入适量的稀土（0.2%～0.6%）能提高助剂的渗透力，经丝的平滑性，纬丝的柔软度；能减少丝胶的溶失，保持经丝具有较高的抱合力和强伸度，并具有减少助剂的用量（约 1/3）和缩短浸渍时间等优点。

二、浸渍原理

桑蚕丝主要由丝素和丝胶组成。丝胶包覆于丝素表面，对丝素起保护作用，并增加丝线的强力。但丝胶较硬，易造成加工过程中的断头，所以需浸渍助剂均匀软化丝胶。丝胶和丝素一样是蛋白质，具有蛋白质的特性，在其大分子的多肽链两端具有可以离解 H^+ 的羧基（—COOH）和接受 H^+ 的氨基（$—NH_2$），且羧基多于氨基数。羧基离解 H^+ 的能力比氨基接受 H^+ 的能力大些，即丝胶属弱酸性物质，丝胶等电点的水溶液 pH 在 3.8～4.5 之间，此时丝胶的膨润、溶解性最小，为此，浸渍液的 pH 选择 7 的中性溶液。

浸渍液能使丝胶软化是由于丝胶大分子的侧链上有较多的亲水基团、（—OH、—COOH、$—NH_2$）而分子排列不整齐，造成分子间的作用力小，增加了丝胶的亲水性和极性。当生丝放入浸渍液后，由于丝胶的亲水性与极性，使丝胶易吸收极性物质，水是极性溶剂，进入丝胶内部，使丝胶膨化，分子间的间隙增大。但由于水的表面张力以及丝线本身少量的蜡质和脂肪的存在，使浸渍液分子渗入丝线内部受到一定阻力，为此，浸渍液中加入以表面活性剂为主的助剂。由于表面活性剂是由两部分组成，一端是一个较长的非极性烃链，称疏水基；另一端是一个较短的极性基团，如—OH、—COOH、$—NH_2$、—COONa 等，这种不对称的、两亲的分子结构，致使表面活性剂定向吸附在水溶液与油脂、蜡质的界面上，从而大大改善浸渍液与丝线的界面状态，降低了界面张力，使水很快渗入纤维达到润湿的目的。而丝胶进一步膨化，丝胶分子间的距离拉大，促使油脂分子和水分子一起进入丝胶分子内，提高了浸渍液的润湿、渗透、乳化、分散、增溶和表面吸附能力。待丝线干燥水分挥发后，油脂分子留在其中，使丝胶的结构松散，增大了丝胶分子的可塑性，达到丝线软化和润滑的目的。与此同时，部分油脂分子和蜡质在丝线外围形成了油膜，提高了丝线表面的平滑性、耐磨性和抗静电的能力。

表面活性剂按溶于水所带电荷的情况，分离子型和非离子型。而离子型表面活性剂又可分为阴离子型、阳离子型和两性离子型。不同类型的表面活性剂，结构不同，显示不同的物理化学性质。无梭织机用桑蚕丝浸渍助剂一般以阴离子型和非离子型为主，使用时应特别注意各助剂的离子性要一致。否则会影响助剂效果，甚至在丝线上产生沉淀与色斑。

丝胶在浸渍液中的膨化、溶解与温度有关。随着温度的升高，分子活动的能力就增强，丝胶的溶解度就增加，浸渍温度通常控制在50℃以下。此外，丝胶的溶解量也随着时间增长与压力的增加而增多。丝胶溶失过多，会使丝的耐磨与强力受到影响。

通常，浸渍生丝的强力比原丝有所下降，其原因主要是丝胶在浸渍过程中的部分溶失，影响了丝胶对丝素的保护作用。同时，由于浸渍助剂和水分进入丝纤维内部，使肽链之间的结合力减弱所致。在无梭织机用桑蚕丝浸渍助剂中加入适量的稀土，能使丝胶的溶失大大减少。原理是稀土金属离子作为电子对接受体可与丝素非晶区中的—OH、—NH_2、—COO^-等配位体发生配位作用，构成牢固的配位链，稀土起到交联作用，从而增加了丝素分子抵抗外力的能力，使浸渍生丝保持较高的强力。

三、自动浸渍机及其应用实例

（一）自动浸渍机的类型及其原理

自动浸渍机主要有CS/R型离心式自动浸渍机、GK20型压力式自动浸渍机和BS20型真空自动浸渍机。后两种浸渍机为小包丝浸渍，因此可避免在绞丝抖松和浸渍过程中的乱丝，减少人为断头；除配制浸渍液和放、取浸渍丝外，浸渍过程为自动进行，效率高。

1. 离心式自动浸渍机 图2－1为CS/R型离心式自动浸渍机简图。

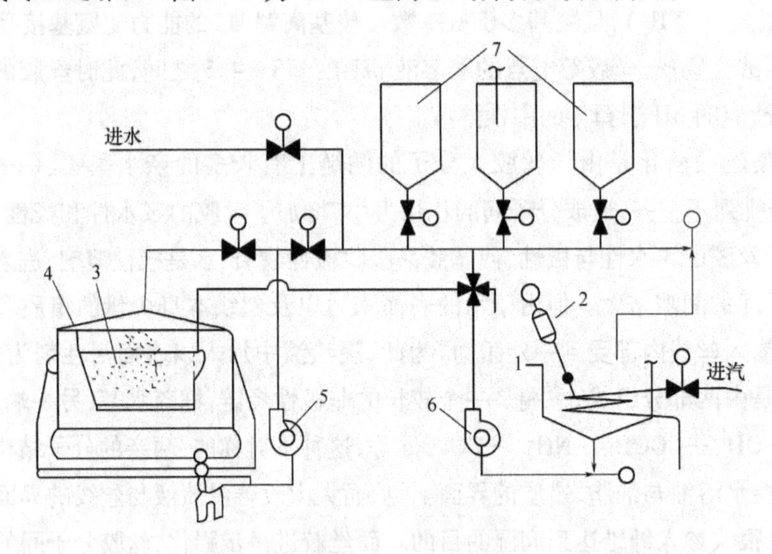

图2－1 CS/R型离心式自动浸渍机简图

1—调液桶 2—搅拌器 3—吊篮 4—主机 5、6—液泵 7—储液桶

（1）工艺过程。CS/R型离心式自动浸渍机工艺流程为：加水和浸渍助剂→搅拌加温→加丝→主机合盖→慢速浸渍→循环喷淋→脱水→启盖→取丝。

（2）浸渍原理。如图2－1所示，离心式自动浸渍机是采用慢速的离心运动，浸渍液的反复循环和连续喷淋“三同步”的浸渍方式，能使浸渍液快速均匀地渗透到每一根丝线。整个浸渍分为两个阶段。第一阶段是主机以32～40r/min的慢速转动，此时绞丝与浸渍液同步随主机作旋转离心运动，两者相对静止，称静止浸渍阶段。此时浸渍液的运动形成一个旋转强迫涡，对绞丝有切向剪应力的作用，而且浸渍液表面是一个旋转抛物面，垂直方向的压强不断变化，对绞丝的浸渍作用加强。第二阶段“三同步”开始，浸渍液循环喷淋，同时主机仍在作慢速转动，产生一定的离心作用，使浸渍液穿过绞丝向四周扩散，并均匀地分布在浸渍机内，这样不断地喷淋、离心渗透和循环，浸渍液与丝线形成了动态接触，有利于丝胶膨化，油脂进入丝线，使浸渍效果得到进一步加强。第二阶段以循环喷淋为主，所以亦称循环喷淋阶段。

由于主机转速可多档调节，所以该机可同时完成慢速浸渍和快速脱水两个不同的功能。有两只电动机六挡转速，并有可离合的调速机构。其中大电动机分别有1440r/min和720r/min两挡转速，小电动机为92r/min。小电动机装在滑块式气动离合器上，可以自动与大电动机的实心轮吻接和分开。大电动机通过大小直径的两只皮带轮与主机皮带轮连接，使主机达到900r/min、720r/min、450r/min、360r/min、40r/min、32r/min转速。速度的选择是通过调换皮带轮和调节大电动机转速实现的。

此外，该机由电气控制空压系统，实现对机械各动作的控制。根据浸渍工艺要求，可将静止浸渍时间、循环喷淋时间和脱水时间分别在定时装置上确定；调液温度在温度控制器上选定；快慢挡在速度旋钮上选定，这些工艺定量值的预定，确保了浸渍工艺的一致性，有效地避免了操作工在执行工艺中的差错。该机还具有自动搅拌、自动循环喷淋、自动脱水等系统，三只自动开关的储液桶为多色浸渍和连缸浸渍创造了条件。该机并具有振荡控制装置，振荡值向一系列发光二极管传递，如果超出可接受的振荡级，气压式制动便自动作用，避免意外振荡，确保机器在正常状态下工作。

2. 压力式自动浸渍机　图2－2为GK20型压力式自动浸渍机。

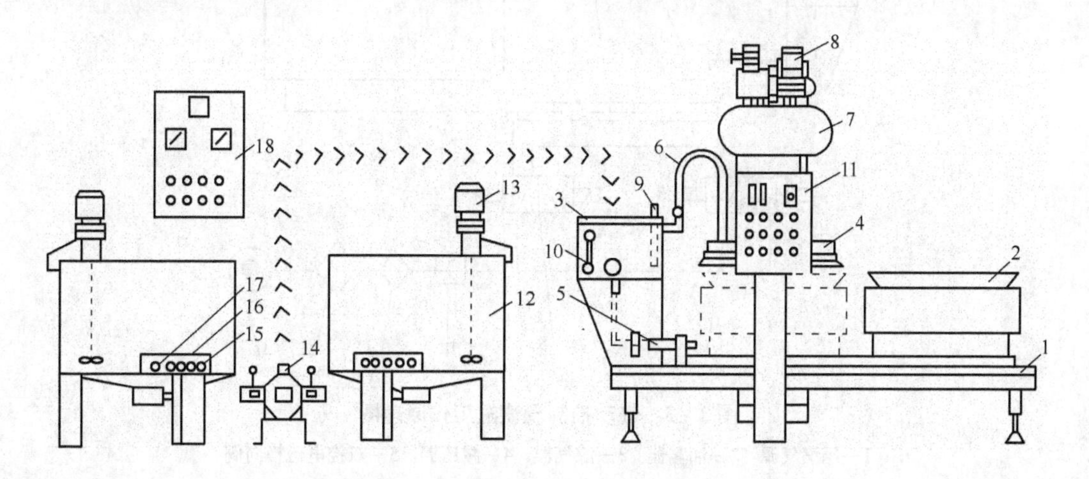

图2－2　GK20型压力式自动浸渍机

1—工作台　2—绞丝缸　3—盛液缸　4—压盖　5—进液阀　6—排液软管　7—空气压缩机　8—液压站
9—液压探测器　10—温度计　11—控制箱　12—调制缸　13—搅拌器　14—液泵　15—电热管
16—热电偶　17—调制缸液位探测器　18—调制缸控制箱

(1)工艺过程。根据工艺要求配好浸渍液,调整好液温、选定进液量和加压次数。在浸渍缸内装入20kg不抖松绞丝,盖上纱布,按自动循环按钮,就实行按程序进行的自动浸渍。其浸渍过程为:在气缸作用下浸渍缸进入机内侧(工作位置)→进液并压盖下降→停止进液,压盖下降、停顿,对绞丝进行间歇式挤压→压盖上升、停顿间歇式运动→压盖上升至最高位置,再次进液→反复上述循环→按工艺设定要求循环结束,浸渍缸移至机外侧(手工操作位置)→取丝。

(2)浸渍原理。压力式浸渍机的浸渍缸压盖在行程开关及时间继电器的控制下,通过液压系统,将浸渍缸内的生丝进行数次加压及减压,即压力变化的作用来增强浸渍渗透效果。当压盖对绞丝进行加压时,一方面强制了浸渍液在绞丝束中的循环流动,迫使浸渍液向整包丝的芯部渗入;另一方面使绞丝产生了弹性变形,当压盖上升,绞丝卸去受压后,就快速恢复形变。此时由于浸渍缸内正处于负压状态,所以当浸渍液一经流入缸中,即迅速充分地进入绞丝束中,加强渗透效果。这样绞丝反复多次地“呼、吸”浸渍液,也使助剂能充分地包覆于丝线表面,以达到柔软和润滑生丝的目的。同时还可以通过调节压盖上升和下降速度,以及进液加压次数,使助剂溶液均匀渗透丝线内部。

(3)工作原理。

①气动控制浸渍缸工作原理如图2-3所示。浸渍缸放置在机架的定向导轨上,由气缸传动其运动,当双控电磁换向阀5的左腔接通时,压缩空气就进入气缸有杆腔,推动活塞并经活塞杆带动浸渍缸进入工作位置,此时单控电磁换向阀6即接通气路,使压缩空气经电磁伐流入气动球阀7,打开阀门,使储液缸中的浸渍液进入浸渍缸中。

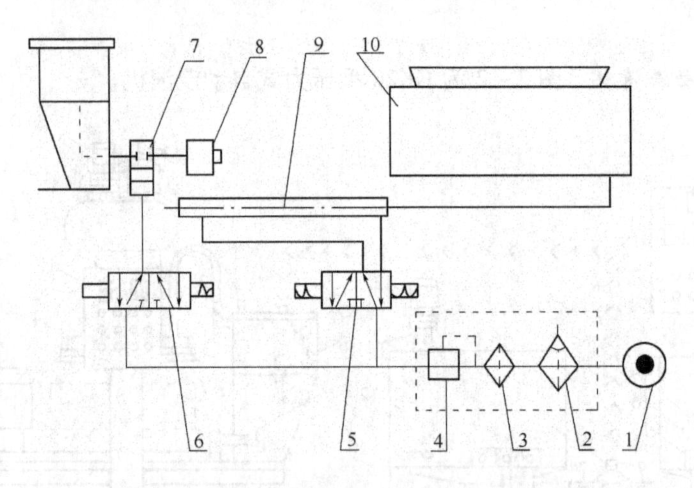

图2-3 气动控制浸渍缸工作原理图

1—压缩气源 2—油雾器 3—滤气器 4—减压器 5—双控电磁换向阀
6—单控电磁换向阀 7—气动球阀 8—接头 9—气缸 10—浸渍缸

②液压传动压盖运动原理(图2-4)。液压系统为一个压力锁紧回路,液压油经滤油器1进入油泵2,由油泵输出的高压油经电磁换向阀4、液压锁5进入油缸8,由油缸传动压盖运动,当系统压力超出正常值时,高压油从溢流阀3中流回油箱,从而保护其他液压元件免受高压冲击。在液压油路中,利用了液压锁5的单向特性作用,在活塞杆停止运动后,不会因外力和压盖

的重量作用而使活塞杆再运动,这样保证了机器的安全性和浸渍工艺的稳定性。在液压系统中,油泵采用换向阀的中位机能来卸荷。活塞杆的运动方向,决定于电磁换向阀。

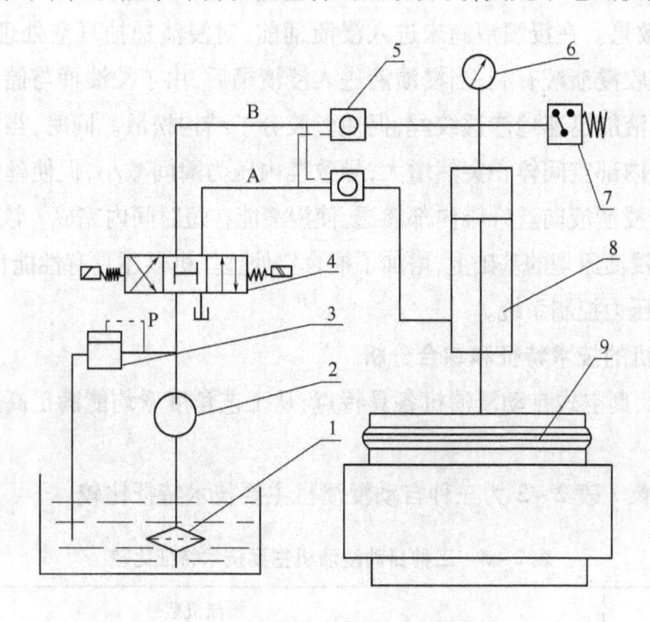

图2-4 液压传动压盖运动原理图

1—滤油器 2—油泵 3—溢流阀 4—电磁换向阀 5—液压锁
6—压力表 7—压力继电器 8—油缸 9—压盖

③液压传动活塞杆原理。活塞杆的运动分停止、下降和上升三运动。停止运动:电磁换向阀处于图2-4所示位置,油泵产生的压力油经电磁换向阀中位后,直接流回油箱,使油泵处在无负荷状态下运转。活塞杆下降运动:电磁换向阀中的电磁铁1DT通电,换向阀4换向,油泵2输出的压力油经P通道流向B通道,通过液压锁5后,流入油缸8的无杆腔,推动活塞向下运动。活塞杆的上升运动:电磁换向阀中的电磁铁2DT通电,1DT失电,换向阀4换向,压力油由P通道流向A通道,通过液压锁5后流入油缸的有杆腔,推动活塞向上运动。

3. 真空式自动浸渍机 图2-5为BS20型真空式自动浸渍机简图。

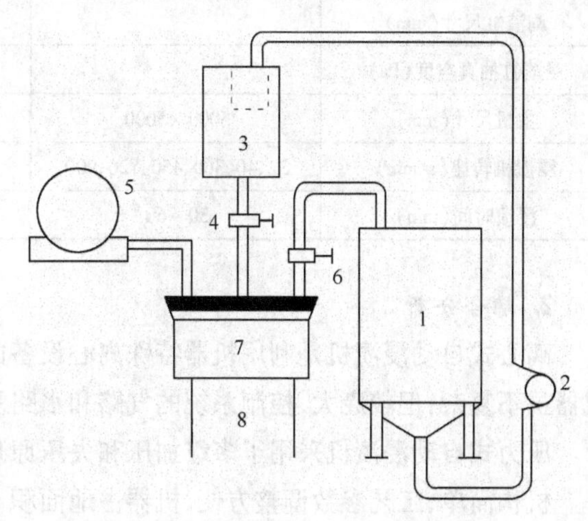

图2-5 BS20型真空式自动浸渍机简图

1—备液桶 2—液泵 3—储液桶 4—电磁阀
5—真空泵 6—单向阀 7—浸渍桶 8—液压系统

(1)工艺过程。根据工艺要求在仪表盘上调节好真空度、溶液量、浸渍时间和挤压压力,按动循环按钮,开始自动浸渍。程序为:工作台上升,浸渍桶进入工作位置→真空系统抽真空→抽真空结束,开始进液→进液结束,进入浸渍时期→浸渍桶上升至一定位置,同时排液→浸渍桶迅速下降,桶内压力突变→浸渍桶下降至起始位置→重复循环。

(2)浸渍原理。真空式自动浸渍机是采用真空形式对生丝进行浸渍,由桶内的真空度与压力变化来加强浸渍效果。在浸渍液尚未进入浸渍桶前,对浸渍桶抽真空处理,使生丝处在真空状态下,这对充分吸收浸渍液有利;当浸渍液进入浸渍桶后,由于浸渍桶与储液桶之间形成了相当大的压差,使浸渍液能迅速地渗透绞丝,促使丝胶分子结构松散。同时,当浸渍桶随工作平台快速下降时,浸渍筒内部空间体积突然增大,导致桶内压力瞬间减小,促使丝纤维在压力突减后迅速膨化,也有利于浸渍液向丝纤维内部渗透,使浸渍能在短时间内完成。该机也称真空压力式自动浸渍机,在加压浸渍原理的基础上,增加了抽真空处理。机器还具有性能良好的时间控制、温度控制、真空控制和压力控制系统。

(二)自动浸渍机的技术特征和综合分析

离心式、压力式、真空式自动浸渍机各具特点,从工艺角度看均能满足高速织机对生丝浸渍质量的要求。

1. 技术特征比较 表2-3为三种自动浸渍机主要技术特征比较。

表2-3 三种自动浸渍机主要技术特征比较

项目	浸渍机型号		
	CS/R	GK20	BS20
浸渍形式	喷淋离心式	加压式	真空压力式
控制方式	半自动或手动控制	半自动或全自动程序控制	半自动或自动控制
用液方式	自动进液、喷淋	自动进液、挤压回液	压差进液、压力回液
浸渍缸容丝量(kg)	60	20	20
浸渍缸尺寸(mm)	ϕ 1000	692×310×335	ϕ 500
最大工作压力(MPa)		14	13
调液缸尺寸(mm)		ϕ 800×570	ϕ 500
浸渍缸抽真空度(Pa)			900
主机尺寸(mm)	5000×5000	2300×1200×1950	2200×1000×1940
浸渍机转速(r/min)	32、40、360、450、720、900		
浸渍时间(min)	30~60	10~15	3~6

2. 综合分析

离心式自动浸渍机是利用机器特殊离心设备的离心力作用,加强助剂对生丝的渗透效果。机器虽不复杂,但较庞大,控制系统的气路和水路复杂,使用功率大,设备占地面积大。

压力式自动浸渍机采用了多级加压和失压原理,增强生丝的浸渍渗透作用,浸渍均匀效果好。机构简单,工艺参数调整方便,机器占地面积小、耗电省、效率高,适用于多品种,少批量的生产。但压力控制要求高,生产中会因压力不当而影响吸液均匀度。

真空式自动浸渍机利用真空原理,增强浸渍液对生丝的均匀分布和加强其渗透力,获得较好的浸渍效果。它具有体积小、重量轻、耗电省优点。但在生产中发现浸渍桶盖橡皮圈极易失效,使抽真空度时间延长,甚至达不到真空度要求,造成短时间内浸渍液来不及渗透而影响浸渍质量。

(三)自动浸渍机的工艺参数及应用实例

为保证高速织机用丝的浸渍质量,生丝浸渍必须采用自动浸渍机。根据原料的经纬用途和是否加捻选定“高速”浸渍助剂的同时必须选择合理的工艺参数,以适应由于桑蚕丝原料庄口、等级、经纬丝用途和品种不同的需要。

1. 自动浸渍机的工艺参数

(1)浸渍浴比(浸渍丝与水之百分比)常用浸液量来确定,浴比值随浸渍机型及助剂的种类而异。

(2)浸渍液浓度(助剂与水之百分比),浸渍液浓度的确定主要取决于助剂种类、丝线经纬用途和捻度多少。

(3)溶液的 pH。丝胶是弱酸性物质,溶液的 pH 关系到丝胶的溶解量,一般浸渍液的 pH 应选择在 7 左右。

(4)浸渍温度。浸渍液温度一般控制在 50℃以内,在调液缸中温度控制在 60℃以内,否则丝胶溶解量剧增,会影响浸渍丝强力等力学性能。

(5)浸渍时间。丝胶的溶解量随浸渍时间的延长而增加。故必须严格控制时间,如压力式自动浸渍机浸渍时间是以循环次数进行计算,有“二进三挤”、“三进四挤”等多种循环工艺配合,在一个进液挤压过程中,进液时间选择在 1.5 ~ 3s,压盖运动停顿时间各 1.5s。

(6)浸渍压力。通常压力高,效果好,但过高会对绞丝强力有影响,如在压力式自动浸渍机中,压力调整在 9.5 ~ 11MPa 之间,最大压力持续时间为 20s 左右。

以上工艺参数在不同型号的浸渍机中,选择范围不尽一致,用以下应用实例作阐明。

表 2-4 为不同捻度作经纬用的 22.2/24.4dtex 桑蚕丝使用 MR 助剂,在 CS/R 型离心式自动浸渍机上浸渍时的工艺参数。

表 2-4 浸渍工艺参数

参数项目	经丝		纬丝	
捻度	弱	强	弱	强
浴比	1:4	1:4	1:4	1:4
浓度(%)	3 ~ 4	4 ~ 5	5 ~ 6	6 ~ 7
温度(℃)	42 ~ 45	42 ~ 45	45 ~ 48	45 ~ 48
浸渍静止时间(min)	0 ~ 5	0 ~ 5	10 ~ 15	10 ~ 15
循环喷淋时间(min)	20	20	20 ~ 25	20 ~ 25

注 冬夏季温度偏差为 ±(1 ~ 2)℃。

2. 应用实例

表 2-5、表 2-6、表 2-7 分别为 22.2/24.4dtet 桑蚕丝在离心式浸渍机、压力式浸渍机、真空式浸渍机上采用不同助剂浸渍时的应用工艺实例。

表 2-5 离心式浸渍机应用工艺实例

参数项目	助剂种类	
	MK	HJ202
浸渍丝量(kg)	60	60
浴比	1:5	1:5
浸渍浓度(%)	4	2.7
浸渍温度(℃)	42	42
浸渍机转速(r/min)	36	36
浸渍总时间(min)	25	25
脱水转速(r/min)	720	720
脱水时间(min)	2~2.5	2~2.5
脱水后含水率(%)	96.1	76.7

表 2-6 压力式浸渍机采用不同助剂浸渍时的应用工艺实例

参数项目	助剂种类		
	M/1-1	FX	HJ202
浴比	1:1	1:1.25~1:1.5	1:1.5
浸渍液浓度(%)	5	12.5	6
调液缸温度(℃)	55	60	60
浸渍温度(℃)	42	50	夏 43±2 冬 45±2
进液次数(次)	2	2	3
加压次数(次)	3	3	4
进液总时间(s)	120	120	120
最大工作压力(MPa)	10.2	10.8~11	10.5
最大压力持续时间(s)	15	25	20
烘干方式	烘干机	烘干机	烘干机
烘房温度(℃)	50	夏 30±5 冬 40±5	60→70→60
绞丝含水率(%)	98	97±5	100

表 2-7 真空式浸渍机采用不同助剂浸渍时的应用工艺实例

参数项目	助剂种类	
	ZSJ-1	M
浸渍丝量(kg)	20	20
浴比	1:2	1:2

续表

参数项目	助剂种类	
	ZSJ - 1	M
浸渍液浓度(%)	4.2	5
抽真空度(Pa)	8931	6370 ~ 6566
加压次数(次)	2	3
最终压力(MPa)	0.5 ~ 11.6	11.7 ~ 12.7
浸渍时间(s)	200	240
烘干方式	烘干机	烘干机
烘房温度(℃)	62 ±3	70→75→65

第三章　络丝(络筒)

络丝(络筒)(winding)是将绞装(skein package)、筒装(wound package)、饼装(cake coeund)的丝线,卷绕成适合下道工序高速退解,并具有特殊形状的筒子的加工工序。

第一节　络丝(络筒)工序的任务及技术要求

一、任务

(1)卷绕成卷装量大、密度适宜且均匀、成形良好的筒子,其卷绕结构必须使下道工序退绕轻快。

(2)提高丝线的品质,清除丝线上的疵点及杂质。

二、技术要求

现代无梭织机的主轴转速高,引纬率(rate of weft insertion)高,经纬丝在织造过程中所承受的外力增加且作用频繁,这就要求丝线要具有良好的质量。

丝线的薄弱环节,如细节、弱捻等往往是一种潜在的断头。生丝的糙块、颣节和结头会使丝线不易通过停经片、综眼和钢筘,导致开口不清,经丝断头;丝织物经丝根数多、密度大,经丝与经丝之间、经丝与机件之间的摩擦大,加上反复打纬高峰的经丝负载,易使经丝产生静电而起毛;尽管综框设置了静止时间,但由于高频率的梭口变换,使经丝即使在静止时也处于颤动状态;无梭织机开口高度小,为开清梭口,一般都采用较大的上机张力,这就对经丝质量提出了更高的要求。纬丝方面,络丝生产的筒子将直接作为无梭织机的纬丝,所以筒子必须适应高速引纬的退绕要求。综合络丝技术要求如下。

1. 张力　络成筒子的丝线张力大小适度,尽量减少张力波动,并不损伤丝线的力学性能。绞装丝宜采用轴向退解方式进行络丝,在络丝过程中有自动调节丝线张力大小的装置,能自动补偿高速下卷绕张力的变化,从而使张力控制上适应高速整经机和高速织机的退绕要求,保证张力的一致性。

2. 筒子的卷绕结构　应满足下道工序高速退绕的要求,在退绕过程中无脱圈、崩丝、断头;丝线间摩擦要小。为此筒子的卷绕密度应均匀,无重叠卷绕,内外一致,无蛛网和菊花芯。对于短纤纱宜采用交叉卷绕的筒子,对于长丝宜采用精密卷绕筒子。

3. 上油　为减少高速织机经纬丝与导丝部件摩擦产生静电而引起损伤,一般对生丝及易起毛分裂的化纤丝均需要在络丝的同时进行上油,从而减少经纬丝在下道工序的丝胶粉尘、毛丝和断头。

4. 筒子形状　根据下道工序的需要可卷绕成菠萝形筒子、瓶形筒子、有边圆柱形筒子、锥形或圆柱形扁筒子等。如喷水织机用纬丝,可采用有边圆柱形筒子,具有较高的卷绕密度和硬度,丝层排列整齐,有利于纬丝的顺利退解。

第二节　筒子的卷绕运动及其原理

络丝时丝线在筒子上的卷绕运动是筒子的回转运动和导丝器的往复运动的合成运动,如图3-1所示。丝线是以螺旋线的形状卷绕在筒子上,螺旋线的升角称卷绕角,常以α表示。来回两根丝线之间的夹角β称交叉角,在数值上等于来回两个卷绕角之和。相邻两个丝圈的间距称绕距,常以S表示。其丝线在筒子上的分布特性取决于卷绕角,卷绕角不但是筒子卷绕的重要特征系数,而且也是卷绕机构的设计依据之一。

一、筒子的卷绕原理

(一)圆柱形筒子的卷绕原理

圆柱形筒子卷绕有两种传动方式,一种是锭轴传动,导丝器往复导丝;另一种是滚动或槽筒摩擦传动,由导丝器或槽筒导丝。

1. 络丝速度　丝线卷绕到筒子表面某一点时的络丝速度v,可以看作这一瞬时筒子表面该点的圆周速度v_1和丝线沿筒子轴线方向移动速度v_2(即导丝速度)的矢量和:

$$v = \sqrt{v_1^2 + v_2^2} \tag{3-1}$$

图3-2所示为一个绕距S的丝线展开图,其中d为筒子的卷绕直径,则:

$$\tan\alpha = \frac{v_2}{v_1} = \frac{S}{\pi d} \tag{3-2}$$

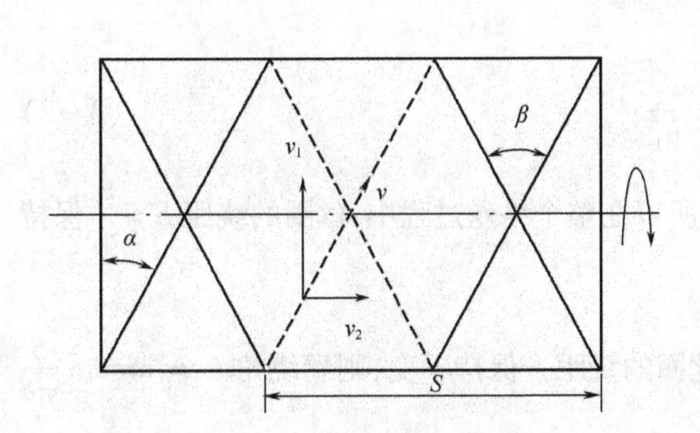

图3-1　圆柱形筒子成形

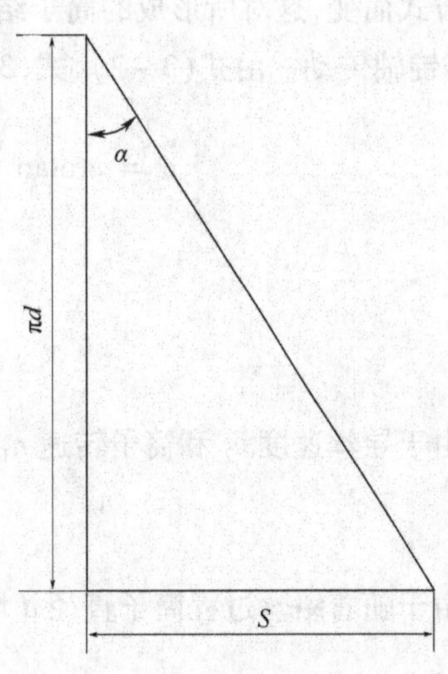

图3-2　一个绕距的丝线展开图

(1)锭轴传动。在络丝过程中,筒子的转速不变,因此,筒子表面圆周速度:

$$v_1 = n_1 \pi d \tag{3-3}$$

式中:n_1——筒子转速。

导丝速度为:

$$v_2 = n_1 S = 2hn_2 \tag{3-4}$$

式中:n_2——导丝器往复频率;

h——导丝动程。

(2)摩擦传动。在络丝过程中,由于筒子由滚筒或槽筒摩擦传动,故筒子的转速随筒子直径增大而逐渐降低,而滚筒或槽筒的平均转速是不变的,因此用滚筒或槽筒的转速来计算筒子圆周速度比较准确。

$$v_1 = n_c \pi d_c \eta \tag{3-5}$$

式中:n_c——滚筒或槽筒转速;

d_c——滚筒或槽筒直径;

η——筒子对滚筒或槽筒的滑移率。

滑移率表明筒子表面与滚筒或槽筒表面的打滑情况,可以近似地用实际绕丝长度与理论绕丝长度的比值代替,通过测量求得。一般滑移率为 0.95 左右。

筒子由槽筒摩擦传动,槽筒导丝,v_2 的计算方法为:

$$v_2 = n_c h_{cp} \tag{3-6}$$

式中:h_{cp}——槽筒一转的平均导丝动程。

2. 卷绕结构的变化规律 圆柱形筒子卷绕时,通常采用等速导丝的导丝器运动规律,除筒子两端丝线折回区域外,导丝速度 v_2 是常数,但在络丝过程中,筒子表面的圆周速度 v_1 随传动筒子的方式而变,这对所形成的筒子结构有很大影响。

(1)锭轴传动。由式(3-2)、式(3-3)得:

$$\alpha = \arctan \frac{v_2}{v_1} = \arctan \frac{v_2}{n_1 \pi d} = \arctan \frac{S}{\pi d}$$

即:

$$S = \frac{v_2}{n_1} \tag{3-7}$$

①由于导丝速度 v_2 和筒子转速 n_1 均不变,所以在整个络丝过程中,丝圈的绕距 $S = \frac{v_2}{n_1}$ 保持不变。

②由于随着络丝过程筒子直径 d 增大,而丝圈的绕距 S 保持不变,则卷绕角 $\alpha = \arctan \frac{S}{\pi d}$ 会逐渐减少。

③由于绕距始终不变,则一层的绕丝圈数 $m=\frac{n_1}{2n_2}=\frac{h}{S}$为常数。

④一层的绕丝长度 $l=\frac{S}{\sin\alpha}\cdot m=\frac{h}{\sin\alpha}$,随着卷绕直径增大而增加。

该传动方式的卷绕,可进行平行卷绕,在实际生产中,对所形成的平行卷绕筒子提出了最大卷绕直径不能过大的要求。由于筒子卷绕直径过大,其外层丝圈的卷绕角就会过小,在筒子两端易产生脱圈疵点,而且筒子内外层丝卷绕角的差异将导致内外层卷绕密度不匀,对织造时纬丝退绕以及筒子染色不利。所以通常规定筒子直径不大于筒管直径的三倍。

(2)摩擦传动。筒子由转速不变的滚筒或槽筒摩擦传动,随筒子直径增加,其转速 n_1 会逐渐下降,但筒子表面圆周速度 v_1 可认为是不变的。假设:无论是槽筒导丝还是导丝器导丝,导丝速度 v_2 保持不变。

①根据 $S=\frac{v_2}{n_1}$,随卷绕过程的进行,丝圈的绕距会逐渐增大。

②由于 $\alpha=\arctan\frac{v_2}{v_1}$,因此筒子在卷绕过程中可以保持卷绕角 α 不变。

③随筒子卷绕过程的进行,绕距 S 的增大,则一层的绕丝圈数 $m=\frac{h}{S}$会减小。

④一层的绕丝长度 $l=\frac{h}{\sin\alpha}$ 将保持不变。

该传动形式的筒子其绕距 S 与卷绕直径 d 成正比关系,所以对增大卷装有利,既可适用于有边筒子,也可适用于无边筒子。随筒子直径增大,络丝速度基本保持恒定,使筒子上丝线张力一致。

(二)圆锥形筒子的卷绕原理

在卷绕圆锥形筒子时,一般采用滚筒或槽筒对筒子作摩擦传动,由于圆锥形筒子大小端直径不同,摩擦传动时,筒子表面只有一点的速度等于滚筒表面的圆周线速度,此点称为传动点 C,如图 3-3 所示。在 C 点左边,各点的圆周速度小于滚筒或槽筒表面线速度,并受到滚筒或槽筒对它的驱动摩擦力矩的作用。在 C 点右边,情况正好相反,并同样受到驱动摩擦力矩的作用。在 C 点筒子与滚筒或槽筒保持纯滚动关系,而在其他各点,筒子与滚筒或槽筒会发生相对滑动,筒子轴心线至传动点之距为传动半径 ρ,滚筒的半径为 R,则二者传动比为:

$$i=\frac{R}{\rho} \tag{3-8}$$

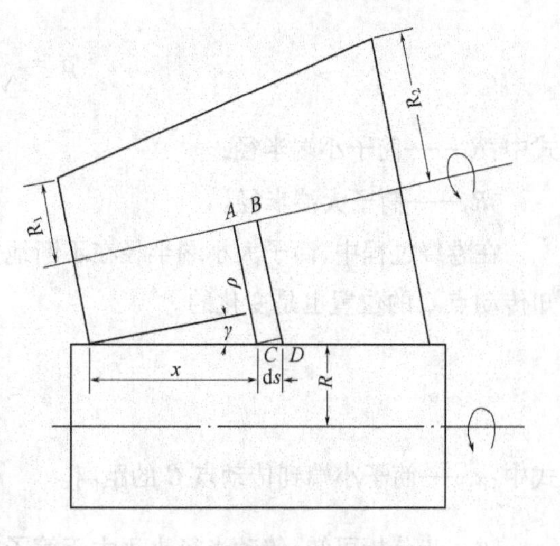

图 3-3 圆锥筒子传动半径图

忽略筒子绕轴心线转动的摩擦阻力矩及丝线张力产生的阻力矩,根据筒子所受外力矩平衡，即筒子上 C 点左右两边摩擦力矩方向相反，大小相等的原理，可以推导出传动半径。设 $AC=\rho, BD=\rho+\mathrm{d}\rho, CD=\mathrm{d}s$，则：

$$\mathrm{d}s=\frac{\mathrm{d}\rho}{\sin\gamma}$$

式中：γ——圆锥筒子顶角之半。

假定筒子重量均匀地压在滚筒上，在微元长度 $\mathrm{d}s$ 上产生的摩擦力为：

$$\mathrm{d}F=q\cdot f\cdot \mathrm{d}s=q\cdot f\cdot \frac{\mathrm{d}\rho}{\sin\gamma}$$

式中：q——单位长度上的压力；

f——丝线与滚筒（槽筒）的摩擦系数。

摩擦力对筒子轴心的力矩为：

$$\mathrm{d}M=\mathrm{d}F\cdot\rho=q\cdot f\cdot\frac{\rho\mathrm{d}\rho}{\sin\gamma}$$

C 点左右侧之总力矩分别为：

左边：

$$M_1=q\cdot f\cdot\frac{1}{\sin\gamma}\int_{R_1}^{\rho}\rho\mathrm{d}\rho=qf\frac{1}{\sin\gamma}\cdot\frac{\rho^2-R_1^2}{2}$$

右边：

$$M_2=q\cdot f\cdot\frac{1}{\sin\gamma}\int_{\rho}^{R_2}\rho\mathrm{d}\rho=qf\frac{1}{\sin\gamma}\cdot\frac{R_2^2-\rho^2}{2}$$

筒子在力矩的作用下保持平衡，即 $M_1=M_2$ 得：

$$\rho=\sqrt{\frac{R_1^2+R_2^2}{2}} \tag{3-9}$$

式中：R_1——筒子小端半径；

R_2——筒子大端半径。

在卷绕过程中，筒子大小端半径在不断地发生变化，因此筒子的传动半径也在变化，由此可知传动点 C 的位置也是变化的。

$$x=\frac{\rho-R_1}{\sin\gamma} \tag{3-10}$$

式中：x——筒子小端到传动点 C 的距离。

进一步分析可知，传动半径永远大于筒子的平均半径 $\frac{R_1+R_2}{2}$，这说明传动点 C 始终处于平均半径的右侧。随着筒子半径的增加,R_1 增大,而传动半径 ρ 的增加较小。由式(3-10)可知,x 值逐渐减小,传动点 C 逐渐向平均方向移动,筒子大小端的圆周速度趋向接近。

由于传动点靠近筒子大端一侧,于是筒子小端与滚筒之间存在着较大的表面线速度差异。卷绕在小端处的丝线与滚筒摩擦较严重,使小端丝线起毛、断头。为改善该情况,可适当减小圆锥形筒子的锥度。

二、筒子的卷绕密度

筒子的卷绕密度是筒子单位体积中丝线的质量,其单位是 g/cm³。卷绕密度是筒子成形中的一个重要参数,它不仅影响卷装量的大小,而且在一定程度上反映卷绕张力是否适宜。影响筒子卷绕密度的因素包括络丝张力、丝圈的卷绕角、丝线的性状(线密度、表面光洁度、丝线本身的密度等)、导丝规律、导丝器与筒子卷绕点之间的距离等,其中丝圈的卷绕角、络丝张力、导丝器与筒子卷绕点之间的距离对卷绕密度影响最为显著。

1. 卷绕角与卷绕密度的关系　图 3-4 所示为圆柱形筒子相邻两层丝圈交叉处的剖面图。a、b、c 分别为截取两交叉丝段所占的六面体的长度、宽度及厚度。l 为丝段的长度。两交叉丝段所占的体积 V 为:

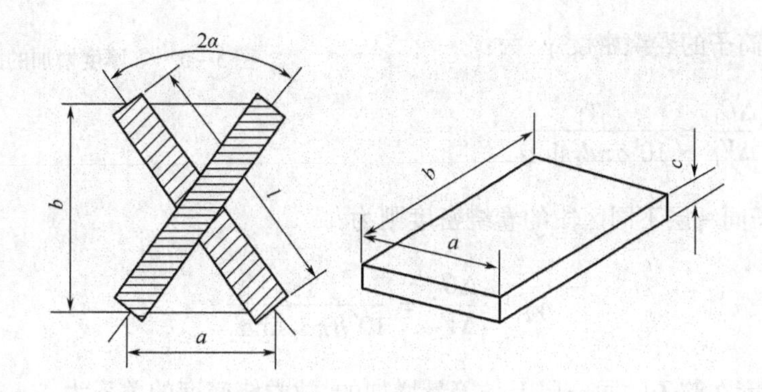

图 3-4　圆柱形筒子纱段交叉处的剖面图

$$V = cl^2\sin\alpha \cdot \cos\alpha = \frac{cl^2}{2}\sin2\alpha$$

截取丝段的重量 G:

$$G = \frac{2\text{Tt}l}{10000 \times 100} = 2 \times 10^{-6}\text{Tt}l$$

式中:Tt——丝线线密度,dtex;

l——丝段长度,cm。

卷绕密度 γ:

$$\gamma = \frac{G}{V} = \frac{4 \times 16^{-6}\text{Tt}}{cl\sin2\alpha} \tag{3-11}$$

由式(3-11)可知,丝线线密度一定时,卷绕筒子的密度与丝圈交叉角 2α 的正弦成反比,当$\alpha = 45°$时，其卷绕密度为最小，当卷绕角趋近于0°，即平行卷绕时，卷绕密度最大。

而对于圆锥形筒子的卷绕，当导丝速度不变时，大小两端的卷绕密度差异是很大的。如图3－5所示为等厚度增加的圆锥形筒子，现用两个垂直于筒子轴心线的平面P_1、P_2将筒子截出一小段，被截出的锥体近似圆柱体，其高度为λ，底面直径为d_1，截出的圆柱体表面所绕丝圈长度为：

$$L_1 = \frac{\lambda}{\sin\alpha_1}$$

式中：α_1——丝段L_1的卷绕角。

每绕一层丝圈时，截出圆柱体的体积增量为：

$$\Delta V_1 = \delta\lambda\pi d_1$$

式中：δ——一层丝的厚度。

此层丝的重量为：

$$\Delta G_1 = \frac{L_1 \mathrm{Tt}}{10000 \times 100} = \frac{\mathrm{Tt}\lambda}{10^6 \sin\alpha_1}$$

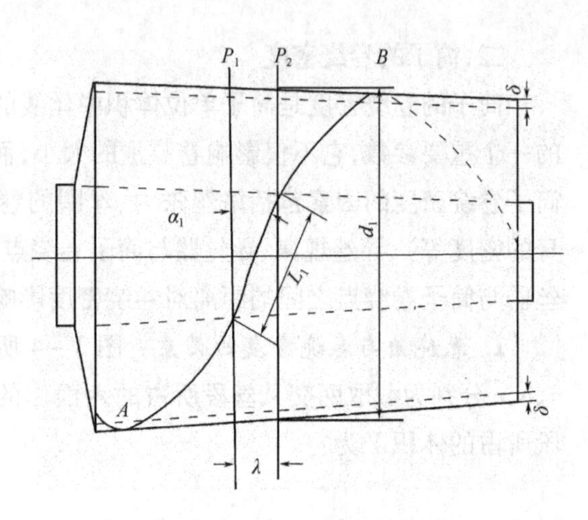

图3－5 等厚度增加的圆锥形筒子

因此所截段筒子的卷绕密度γ_1为：

$$\gamma_1 = \frac{\Delta G_1}{\Delta V_1} = \frac{\mathrm{Tt}}{10^6 \delta\pi d_1 \sin\alpha_1}$$

同理，在筒子同一层不同区段的卷绕密度则为：

$$\gamma_2 = \frac{\Delta G_2}{\Delta V_2} = \frac{\mathrm{Tt}}{10^6 \delta\pi d_2 \sin\alpha_2}$$

由于卷绕厚度在筒子的同一层上是等量增加的，故卷绕密度的关系为：

$$\frac{\gamma_1}{\gamma_2} = \frac{d_2 \sin\alpha_2}{d_1 \sin\alpha_1} \tag{3-12}$$

或：

$$\gamma_1 d_1 \sin\alpha_1 = \gamma_2 d_2 \sin\alpha_2 = \cdots = \gamma_n d_n \sin\alpha_n \tag{3-13}$$

式中：γ_1、γ_2、…、γ_n——筒子同一层不同区段的卷绕密度；

d_1、d_2、…、d_n——筒子同一层不同区段的卷绕直径；

α_1、α_2、…、α_n——筒子同一层不同区段的丝圈卷绕角。

由此可知等厚度卷绕的圆锥形筒子，同一层不同区段的卷绕密度与卷绕直径和卷绕角正弦值的乘积成反比，为保证圆锥形筒子大小端卷绕密度均匀一致，即$\gamma_1 = \gamma_2 = \cdots = \gamma_n$，则必须$d_1 \sin\alpha_1 = d_2 \sin\alpha_2 = \cdots = d_n \sin\alpha_n$，同一层丝大端的丝线卷绕角应小于小端丝线卷绕角。

2. 自由丝段对卷绕密度的影响 图3－6为筒子边缘丝圈在平面上的展开图。在圆锥形筒子和圆柱形筒子上进行交叉卷绕时,导丝器的运动轨迹 N 和筒子表面卷绕点 M_1 之间的距离 C 的丝段,处于自由状态,被称为自由丝段,它对筒子两端的卷绕密度有很大影响。图 3-6 中导丝器在 N_n 和 N_1 点间作往复运动,其动程为 H,当导丝器到达最左 N_1 点时,丝线正绕到筒子表面上的 M_1 点,距筒子边缘为 a,当导丝器向右移动(向 N_2 点),丝线将在卷绕角逐渐减小的情况下继续向筒子左端卷绕,当导丝器到达 N_3 点时,丝线正绕到筒子的左端边缘,此时卷绕角为零。导丝器继续向右运动(N_4 点),丝线开始向右卷绕到筒子上,卷绕角从零逐渐增大,直至恢复到正常值。筒子右端卷绕情况与左端相似。

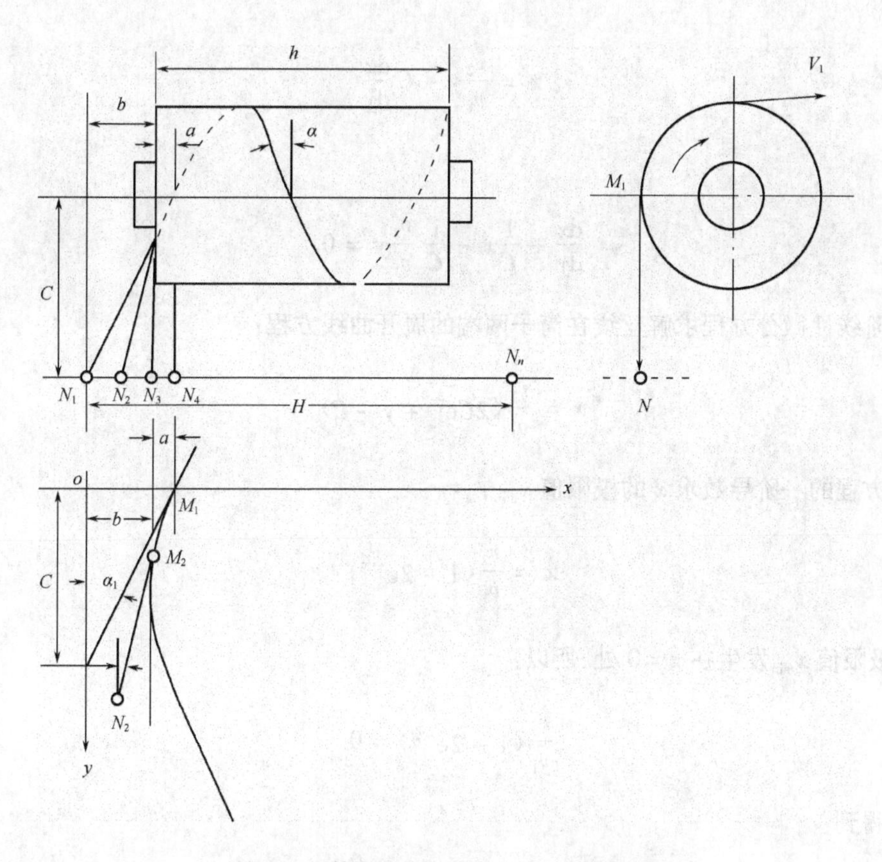

图 3-6 筒子边缘丝圈在平面上的展开图

由于自由丝段 C 值的存在,使导丝动程 H 和筒子绕丝高度 h 之间产生差异,其结果是筒子邻近两端处一定区域中丝线的卷绕角小于正常的卷绕角,从而使筒子两端的卷绕密度大于中间的密度,造成筒子凸边、硬边或攀丝、塌边等病疵。

导丝动程 H 大于筒子绕丝高度 h,即:

$$H - h = 2b$$

式中:b——筒子边缘至导丝器换向点之间的距离。

考察范围局限在筒子两端的极小部分,可以近似地把圆锥面看作圆柱面,从而简化分析过程。X 轴为通过 M_1 点和筒子轴心线平行的坐标轨迹,而 M_1 点为导丝器在左侧转向位置 N_1 点时丝圈在筒子上的卷绕点，y 轴通过 N_1 点并垂直于 x 轴。设导丝器作等速运动，并运动至筒子两端时系瞬时转向，则丝圈在两端展开曲线上任一点的坐标为：

$$x = v_2 t + C \cdot \tan\alpha_x$$
$$y = v_1 t$$
$$\tan\alpha_x = -\frac{\mathrm{d}x}{\mathrm{d}y}$$

因此：

$$x = \frac{v_2}{v_1} y - C\frac{\mathrm{d}x}{\mathrm{d}y}$$

即：

$$\frac{\mathrm{d}x}{\mathrm{d}y} + \frac{1}{C}x - \frac{1}{C}\frac{v_2}{v_1}y = 0$$

对一阶线性微分方程求解丝线在筒子两端的展开曲线方程：

$$x = \frac{v_2}{v_1}(2Ce^{\frac{y}{C}} + y - C) \tag{3-14}$$

曲线方程的一阶导数求 x 的极限值 $x_{\min}$：

$$\dot{x} = \frac{v_2}{v_1}(1 - 2e^{-\frac{y}{C}})$$

x 的极限值 $x_{\min}$ 发生在 $\dot{x}=0$ 处，所以：

$$\frac{v_2}{v_1}(1 - 2e^{-\frac{y}{C}}) = 0$$

计算得到：

$$y = 0.693C$$

筒子单侧导丝动程缩短量：

$$b = x_{\min} = 0.693\frac{v_2}{v_1}C$$

导丝动程与筒子高度的差值：

$$h = H - 2b = H - 1.386\frac{v_2}{v_1}C = H - 1.386C\tan\alpha \tag{3-15}$$

导丝动程与筒子高度的差值与丝圈卷绕角 α 的正切及自由丝段 C 的值有关。平行卷绕的卷绕角 α 很小，筒子高度与导丝动程基本接近，C 值对卷绕密度和成形影响小。交叉卷绕的卷

绕角 α 值较大,筒子卷绕高度与导丝器动程差值较大,即筒子卷绕高度的缩短量较大,影响筒子的卷绕密度和成形。

为了减少自由丝段 C 对筒子卷绕密度与成形的影响,在实际生产中常采用如下措施。

(1)在卷绕过程中,保持 C 值不变或随卷绕半径的增加而略有增加,使筒子上的卷绕高度随直径增大而逐渐减小,形成良好的卷装成形。如某些络丝机上形成筒子端面如图 3-7 所示的圆锥体,有助于丝圈的稳定,在搬运或退绕时丝圈不易滑脱。

(2)导丝器与筒子距离尽量接近,这样使筒子两端平整,减少凸边、塌边病疵。此外,导丝器以较快的导丝速度换向,一般两端导丝速度比中间快 3~4 倍,可消除由于自由丝段 C 影响产生的凸边。

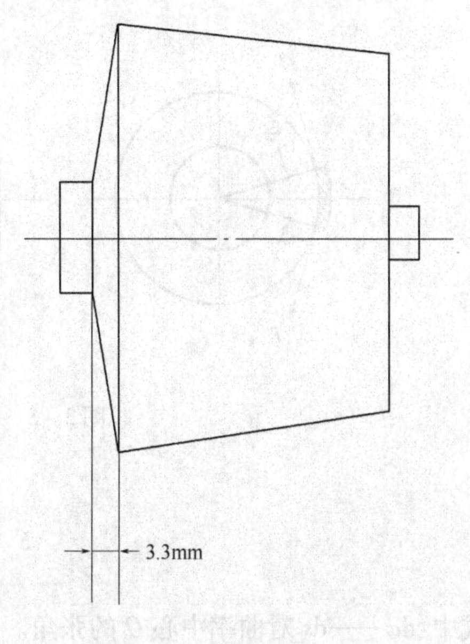

图 3-7　筒子大端成形图

三、筒子卷绕的稳定性

丝线在一定张力下绕在筒子表面上,那么它在丝层表面上就有走向最短线的趋势,即短程线。如丝圈曲线原来不是短程线,然后却移到了短程线位置,那么必然会使丝线原有张力松弛,使卷装松散。

圆柱面上的螺旋线是曲面上的最短线,因为把圆柱面展开为平面后,圆柱面上的螺旋线在展开平面上为直线,它不会因丝线张力而移动,即处于稳定的平衡状态。但是绕在圆锥面上的螺旋线却不是短程线,因为把圆锥面展开为平面后,锥面上的螺旋线并不是这展开面上的直线。那么,当所绕丝线不是短程线,绕在曲面上的丝线在张力作用下显然有拉成最短线的趋势,但在另一方面这张力同时也使丝线对曲面造成法向压力,于是丝层表面上丝与丝之间的摩擦阻力就阻止了丝线滑动的趋势。张力越大时,一方面显然是滑动的趋势越大;但另一方面法向压力也越大,摩擦阻力也越大。因此,在一定条件下虽非短程线也是可以取得平衡的。

丝层表面丝与丝之间的实际接触与摩擦力大小是一复杂问题,为分析简化起见,忽略实际上丝层表面的高低不平,近似地当作丝线与一平整曲面的接触与摩擦处理。

圆柱形卷装上丝圈在端点折回处的平衡要求如图 3-8 所示,取一长度为 ds 的微元丝段为脱离体,对卷装中心的张角为 $d\theta$,设丝线张力为 T,丝线对卷装表面的法向压力的反作用为 N,根据平衡原理得:

$$N = 2T\sin\frac{d\theta}{2} = Td\theta = \frac{Tds}{r_c}$$

式中:r_c——卷绕半径。

又设丝圈曲线在端点折回处的曲率半径为 ρ,根据平衡原理,同样可得丝线所受摩擦阻力 F:

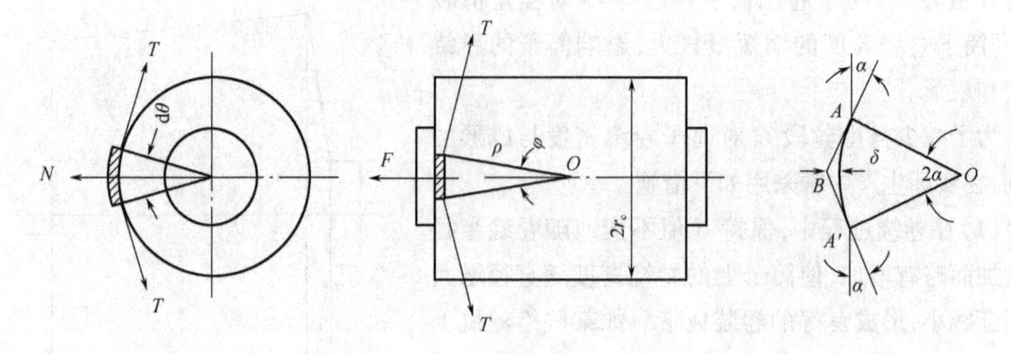

图 3-8　丝圈在圆柱筒子端点的平衡

$$F = 2T\sin\frac{d\varphi}{2} = \frac{Tds}{\rho}$$

式中：$d\varphi$——ds 对曲率中心 O 的张角。

丝线能稳定于其位置上而不滑动的条件是：

$$F \leqslant fN$$

式中：f——丝与卷装表面之间的摩擦系数。

整理得到：

$$\frac{1}{\rho} \leqslant \frac{f}{r_c} \quad (3-16)$$

如果 ρ 小于上述极限，丝线就处于不平衡状态，产生滑移。

假设整个转折曲线是一个半径为 ρ 的圆弧 AA′，图 3-8 所示。在 A 和 A′两点上的丝线应与圆弧相反，其倾斜角等于丝线在圆柱面上的卷绕角 α。如果丝线不是圆弧转折，而是突然转折，将继续沿 α 的倾斜方向达到 B 点，然后再折向 A′。丝线动程缩短值为：

$$\delta = \overline{OB} - \rho = \frac{\rho}{\cos\alpha} - \rho$$

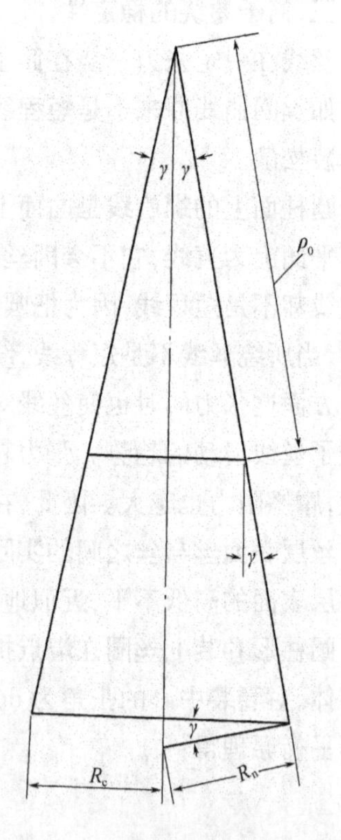

图 3-9　丝圈在圆锥形筒子上的稳定条件分析图

当圆锥形筒子卷绕时，设筒子的锥顶角为 2γ，筒子大端半径为 R_c，如图 3-9 所示。丝圈在筒子大端的稳定条件是：

$$\alpha \leqslant \sqrt{\frac{2\delta\cos\gamma}{R_c}(f - \tan\gamma)} \quad (3-17)$$

若 $\gamma = 0$,即为圆柱形卷绕的稳定条件:

$$\alpha \leqslant \sqrt{\frac{2\delta}{R_c} f} \tag{3-18}$$

丝圈在圆锥形筒子小端的稳定条件是:

$$\alpha \leqslant \sqrt{\frac{2\delta}{\rho_0}\left(\frac{f}{\tan\gamma} + 1\right)} \tag{3-19}$$

式中:ρ_0——圆锥顶点到筒子小端的斜高。

2δ——卷装两端的动程缩短总值。

摩擦系数 f 随原料种类不同有较大变化,如长丝与塑料筒管间的 f 值只有一般纱与纸筒管的一半。另外,长丝多有 S、Z 捻向,当捻向与锥筒方向不配合且张力较小时,中强捻的捻缩会使丝圈在圆锥形筒子大端滚动而破坏稳定。此外,考虑运输和后道加工过程中受振动或其他偶然的外力作用,丝圈滑动而且造成丝线张力降低,卷装松弛,引起乱丝和坏筒等情况。

四、丝圈的重叠与防止

采用交叉卷绕时,如果筒子转速与导丝器往复运动频率之比(称卷绕比)为整数或分数,那么导丝器在一个或几个往复,筒子回转整数转时,筒子上的丝圈就会前后重叠起来。

丝圈重叠的结果,使筒子上产生凹凸不平的重叠条带,随卷绕直径的增大,会产生塌边、攀丝。若筒子是摩擦传动,则上凸部分的丝线受到过度摩擦而损伤,造成后道工序丝身起毛、丝线断头。重叠的凸条中,层层丝圈紧密地堆叠在一起,增加退绕时的摩擦阻力,会产生脱圈和乱丝,如卷绕用于松式的网眼筒子,重叠过于紧密,将会妨碍染液的渗透,以致染色不匀,若是加捻丝线,则由于卷绕密度的不均匀而影响定型时湿热的渗透,造成定形不良。

1. 重叠种类 当导丝器作一次往复时,筒子回转转数的零数部分造成筒子端面上的丝圈位移 L,其所对的圆心角 φ,称丝圈位移角,如图 3-10 所示,以弧度表示,由式(3-20)计算:

$$\varphi = 2\pi(i - i_1) \tag{3-20}$$

式中:i_1——卷绕比 i 的整数部分。

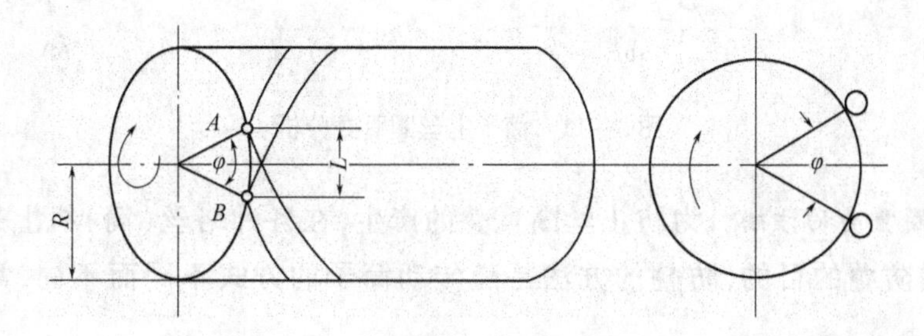

图 3-10 筒子端面上的丝圈位移及位移角

由于位移角的存在，丝线转向点在筒子端面处产生位移，使丝圈均匀分布在筒子表面上。

(1)完全重叠。当卷绕比 i 为正整数（丝圈位移角 $\varphi = 0$）时，导丝器一次往复以后，相邻丝圈则完全重叠，如图 3-11(a)所示，是完全重叠的一种类型，称连续重叠。连续重叠使筒子两端产生塌边，退解时丝圈相嵌。当卷绕比 i 的零数部分为$\frac{n}{k}$时，则 $\varphi = \frac{2\pi n}{k}$，当 $k = 2、3、4、\cdots$ 等自然数时，分别表示经过 2、3、4、…次导丝往复后，相邻丝圈重叠一次，是完全重叠的另一种类型，称交错重叠，如图 3-11(b)所示为 $k = 3$，丝圈位移角 $\varphi = \frac{2\pi}{3}$。k 值越大，重叠越不显著，当 $k \geqslant 3$ 时，因重叠造成筒子两端的塌边现象已不明显，当 $k \geqslant 5$ 时，重叠现象难以目测辩明。

(2)部分重叠。图 3-10 所示，当前后两个相邻丝圈互相紧靠，间距$\overset{\frown}{AB}$等于丝线直径 d_0 时，可把 ΔABC 看作直角三角形，则：

$$\sin\alpha = \frac{d_0}{L} = \frac{d_0}{R\varphi}$$

丝圈位移角：

$$\varphi = \frac{d_0}{R\sin\alpha} \tag{3-21}$$

如果机构上能保证丝圈位移角 $\varphi = \pm \frac{d_0}{R\sin\alpha}$，则第二次导丝往复时绕上的丝圈与前一丝圈紧紧相靠，出现紧密式交叉卷绕，如图 3-11(c)所示。

当 $-\frac{d_0}{R\sin\alpha} < \varphi < \frac{d_0}{R\sin\alpha}$，先后两次绕上去的丝圈部分地重叠起来，称部分重叠，如图 3-11(d)所示。

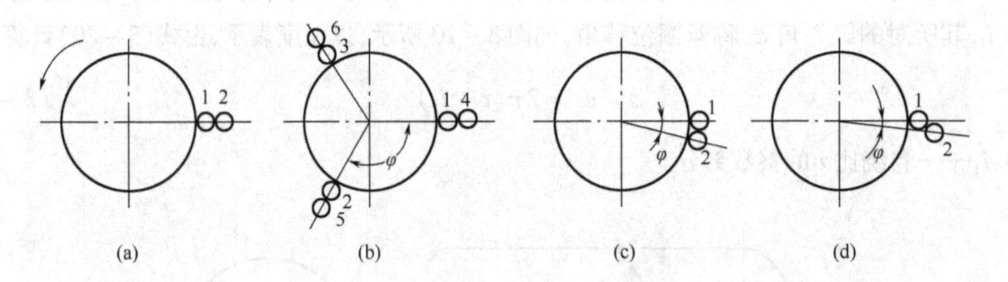

图 3-11 筒子上丝圈重叠分析

2. 防止丝圈重叠的方法 为防止丝圈重叠的产生，在各种络丝（筒）机上采用一种或几种措施，以达到防叠的目的，防叠的方法是随传动筒子的方式不同而不同，常用的有如下几种。

(1)筒子由锭轴直接传动时的防叠方法。锭子传动，锭速固定的络丝机的卷绕比 i 是固定不变的，卷绕比的小数部分$(i - i_1)$确定丝圈的位移角 φ，因此卷绕的防叠效果取决于卷绕比的

小数部分的正确选择,$(i-i_1)$被称为防叠小数。理想的防叠效果表现为:

①筒子两端丝圈转折点分布均匀、离散。

②重叠点之间相隔的丝层数多。

为此,防叠小数可设计为0.4或0.6左右的无限不循环小数,如图3-12所示。图3-12(a)为$(i-i_1)=0.4$时筒子端面丝圈位移;图3-12(b)为$(i-i_1)=0.6$时筒子端面丝圈位移。1,2,3,4,5表示导丝往复的次序。从图3-12中可知,筒子端面的丝圈分布状态为不规则的五角星形,所以丝圈在筒子表面分布均匀,而且相邻两次往复导丝所绕的丝圈分得较开,卷绕稳定性良好,退解时不易带动其他丝圈。

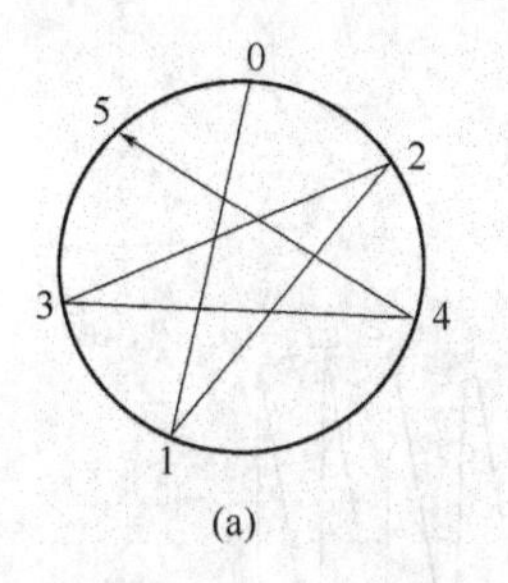

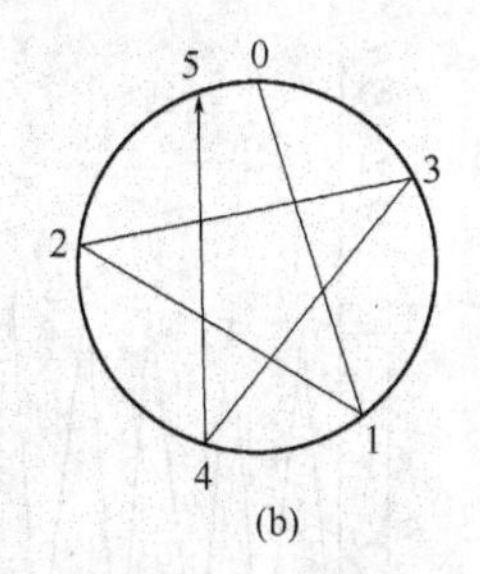

图3-12 $(i-i_1)$为0.4或0.6左右时筒子端面丝圈位移图

图3-13为KEK-PN型精密络丝机传动图。

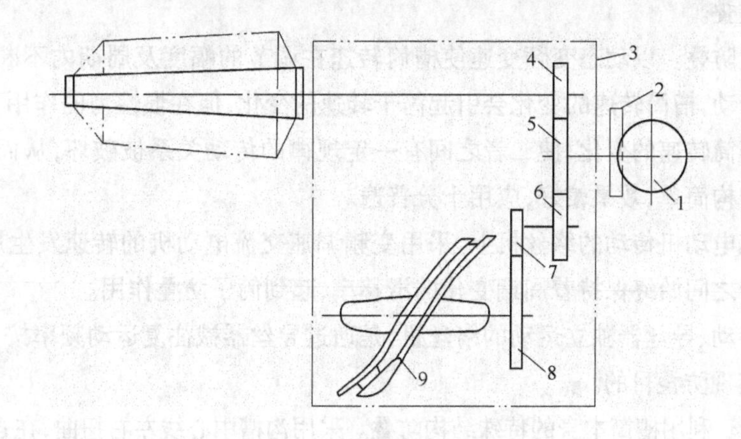

图3-13 精密络丝机传动图

1—主动摩擦盘 2—被动摩擦盘 3—油箱 4、5、8—齿轮 6、7—变换齿轮 9—成形凸轮

为保证丝线卷绕在筒子表面分布均匀,稳定性良好,退解顺利,该机选择了合理的卷绕比,同时为能适应多品种纤维络丝,设计了五挡卷绕比,它通过改变双联变换齿轮Z_6、Z_7来实现。

表3-1 KEK-PN型精密络丝防叠齿轮齿数

挡数	Z_4	Z_5	Z_6	Z_7	Z_8	i
Ⅰ	34	55	57	36	116	5.402…
Ⅱ	34	55	62	33	116	6.410…
Ⅲ	34	55	65	30	116	7.392…
Ⅳ	34	55	69	28	116	8.408…
Ⅴ	34	55	76	25	116	10.372…

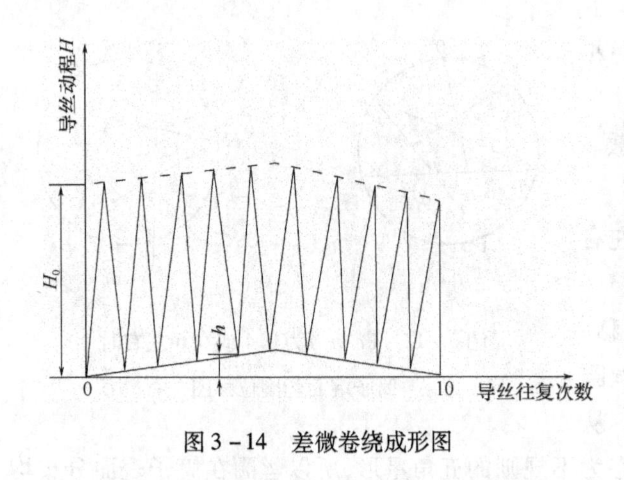

图 3-14 差微卷绕成形图

锭轴传动络丝机的另一种防叠方法是采用差微卷绕。差微卷绕就是在正常导丝运动的同时附加一个低频副运动，使导丝器的动程起始点不断发生差微变化，丝圈在筒子两端的折回点不断改变轴向位置。如图 3-14 为差微卷绕成形图。以十次左右往复导丝为一变化周期，每次往复导丝动程起始点位移 Δh，这样既可防止丝圈重叠，又能克服筒子两端凸起的弊病，筒子成形良好。

(2)筒子由滚筒或槽筒摩擦传动时的防叠方法。摩擦传动的络丝过程中，筒子直径逐渐增大，筒子转速逐渐降低，即卷绕比随卷绕直径的增大而减小，使丝圈位移角发生变化，筒子上丝圈有可能发生重叠。

①动态变速防叠。以动态变频变速使槽筒转速在调节的幅度及周期内不断变化。由于筒子靠槽筒摩擦传动，槽筒转速的变化会引起筒子转速的变化，但在惯性力的作用下，筒子转速变化总是滞后于槽筒转速的变化，使二者之间有一定规律的传动关系被破坏，从而达到防叠的目的。这种方法结构简单，效果较好，应用十分普遍。

以变频交流电动机传动的络丝机上，采用变频调速交流电动机的转速发生周期性变化，从而使槽筒和筒子之间始终保持着周期变化的滑移率，起到筒子防叠作用。

滚筒摩擦传动、导丝器独立运动的络丝机，是通过导丝器械往复运动频率按一定规律变化，即变频导丝来实现防叠目的。

②沟槽防叠。利用槽筒本身的特殊结构防叠。采用沟槽中心线左右扭曲，在自由丝段的作用下，让丝圈的卷绕轨迹与左右扭曲的槽筒沟槽不相吻合，当筒子表面形成轻度的丝线重叠时，丝线与槽筒沟槽的啮合现象不再发生，于是，避免进一步的重叠；自槽筒中央将丝线引导到两端的沟槽为离槽，相反引导丝线返回中央的沟槽为回槽。将回槽设计为虚纹或断纹槽筒，取消回槽的槽筒称为虚纹槽筒，在离槽与回槽交叉处将回槽取消，则称断纹槽筒。当丝圈开始重叠时，由于虚纹和断纹的作用，丝线依靠自身张力返回槽筒中央，丝线张力的变化可以调整丝圈位移角，起到防叠作用。同时将普通的 V 形槽口改为直角槽口，有利于将轻微重叠丝圈推出沟槽，减轻重叠。

③筒子托架周期性的轴向移动或摆动，能使相邻丝圈产生一定的位移角，以避免丝圈发生重叠。

第三节 筒子的成形及比较

一、筒子的成形方式及成形原理

1. 筒子的成形方式 筒子的卷装成形是根据工艺和下道工序的退解需要而定，通常半制品的卷装有圆柱形筒子、圆锥形筒子(cone)、纡子形筒子(quill)、瓶形筒子(bottle)和菠萝形筒子(barrel)等形式。

2. 筒子的成形原理　筒子成形一般采用电子控制成形和机械(一般是凸轮)控制卷装成形的两类成形机械。

(1)SP/102型络丝机。图3-15为其导丝成形控制简图。该机为电子式成形机构,既可卷绕成圆柱形有边筒子,也可卷绕成瓶形筒子和菠萝形筒子等。

该机成形机构包括导丝杆的往复、导丝动程的自动变换控制和差微防叠机构。该机的差微作用是通过限位触杆在A点、B点的时间延迟来获得的,最大差微量为10mm。

①卷绕圆柱形或圆锥形筒子。主电动机1启动后,经图示机件传动导丝杆16作往复运动,而导丝动程的大小由A点、B点感应器的距离决定。导丝杆16在往复运动的过程中,当其上的导丝动程限位触杆17运动至A点时,立即产生一电信号,控制电磁离合器9,关闭工作离合器,启动非工作离合器,从而使限位触杆17和导丝杆16一起改变方向朝B点运动;反之,当限位触杆17移至B点时,导丝杆16运动反向,朝A点运动。如此往复不断,卷绕成圆柱形有边筒子。

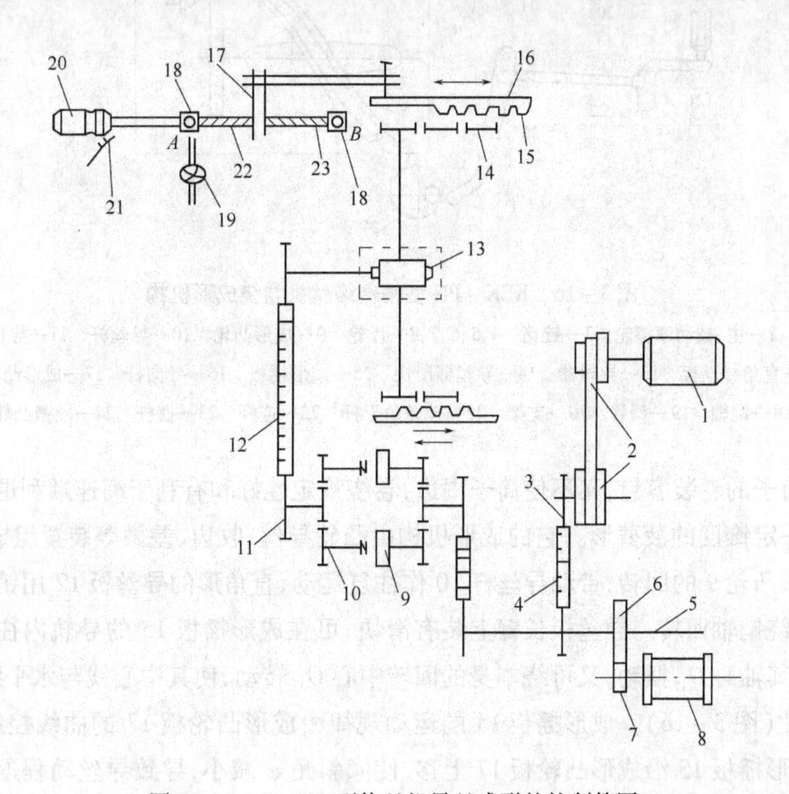

图3-15　SP/102型络丝机导丝成形的控制简图

1—电动机　2—三角皮带轮　3、11—同步皮带盘　4、12—同步皮带轮　5—摩擦轮轴　6—摩擦轮　7—顶针摩擦轮　8—卷绕筒子　9—电磁离合器　10、14—齿轮　13—减速器　15—齿条　16—导丝杆　17—导丝动程限位触杆　18—电子限位感应点　19—撞杆　20—微型电动机　21—行程开关　22、23—左右丝杆

②卷绕成菠萝形筒子。微型电动机20传动22、23左右丝杆运动,使A点、B点感应器相向运动或相背运动,这样就自动调节了每次导丝杆的横动距离。同时右旋丝杆的撞杆19随丝杆旋转而移动,当撞杆移至A'点(图中未示)时,A'点的行程开关21立即发出信号,控制微型电动

机改变丝杆 22、23 的转向，使撞杆向 B'点（图中未示）移去。同理，撞杆移至 A'点又立即反向移动，这样限制了 AB 点的变化范围，使 AB 点发生有规律的变位，使导丝杆的往复运动按一定规律进行。

③卷绕成瓶形筒子。只需拆去左右丝杆的连轴器，卸去左旋丝杆 22 的传动即可，其微型电动机 20 传动右丝杆 23 的运动原理同上。

（2）KEK－PN 型精密络丝机。图 3－16 为其卷绕成形机构简图，该机为机械式成形机构。

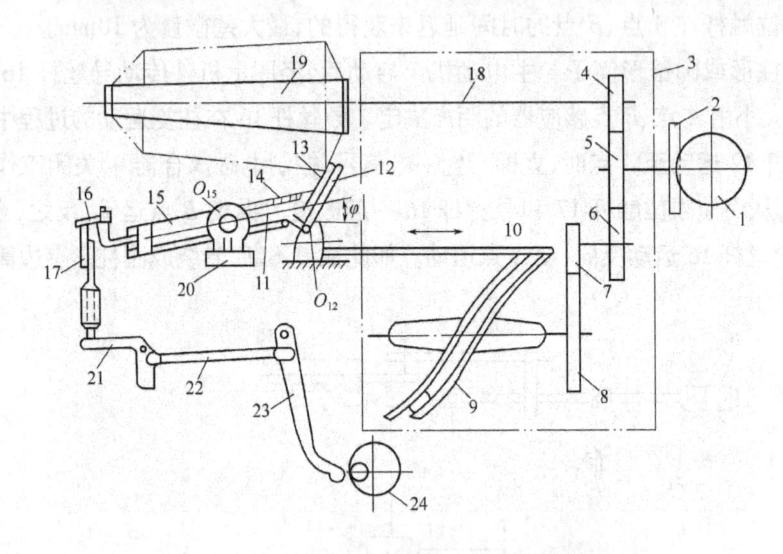

图 3－16　KEK－PN 型精密络丝机卷绕成形机构

1、2—主、被动摩擦轮　3—锭箱　4、5、6、7、8—齿轮　9—成形凸轮　10—导丝杆　11—导槽　12—直角导丝板　13—导丝器　14—导丝器滑快　15—成形摇板　16—导向杆　17—成形凸轮板　18—锭轴　19—筒管　20—支架　21—差微角形杆　22—连杆　23—摆杆　24—差微凸轮

为增加筒子的卷装容量，又不使筒子塌边，卷绕稳定性好和有利于高速顺利退解，故筒子卷绕成两端有一定锥度的菠萝形。它的成形机构由凸轮导丝、收边、差微等装置组成，如图 3－16 所示。由成形凸轮 9 的回转，带动导丝杆 10 作往复运动，直角形的导丝板 12 用销轴 O_{12}与导丝杆相连，故可绕销轴回转。导丝板长臂上装有滑块，可在成形摇板 15 的导轨内往复运动，成形摇板 15 可绕其轴心 O_{15}摆动，又可绕本身的回转中心 O_{12}转动，使其中心线与水平线之间的倾斜角 φ 发生变化（图 3－16）。成形摇板 15 的运动规律由成形凸轮板 17 的曲线控制。当卷绕直径增大时，成形摇板 15 沿成形凸轮板 17 上移，使倾斜角 φ 减小，导致导丝动程逐渐缩短，形成两端圆锥形的菠萝筒子。图 3－17 是筒子最表层时成形摇板处于水平位置，导丝动程 $H = H_{min}$，等于成形凸轮动程，为等速导丝，表层卷绕角相等，卷绕密度均匀，成形美观。

当需要改变筒子形状时，只需调换或修正成形凸轮板和导丝杆（图 3－16）在成形凸轮板上的起始位置即可。

该机构的差微是通过差微凸轮 24（图 3－16）、摆杆、连杆等，使成形凸轮板 17 有规律地升降，周期性地改变成形摇板的转角，于是导丝动程产生微量变化，改变丝线转向点的轴向位置，改善筒子两端过大的卷绕密度，达到防凸边的目的。差微凸轮的转速很慢，一般为 1～2r/min，使丝线转向点轴向位置缓慢地移动,丝圈分布较细密,筒子密度均匀。对于不同工艺的要求时,要使防叠效果好,只需合适调整差微凸轮转速或连杆在角形臂上的孔位。

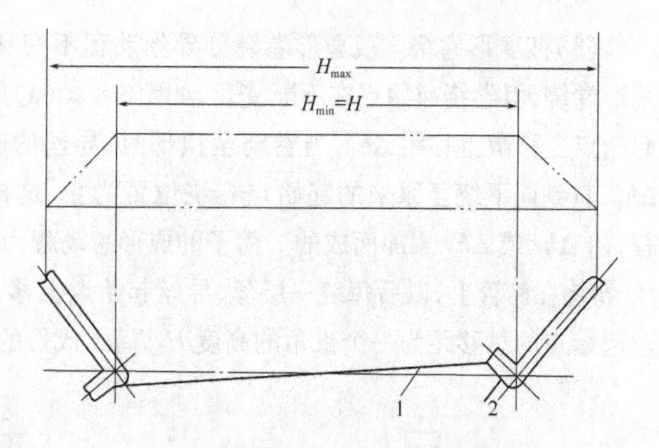

图 3－17　KEK－PN 型络丝机面形摇板位置变化示意图

1—成形摇板　2—角形导丝管

二、筒子成形方式的分析与比较

圆柱形、圆锥形卷绕大多采用等速导丝规律,形状随筒管而定,若筒管是圆柱形则做成圆柱形筒子,筒管是圆锥形就做成圆锥形筒子。通常圆柱形筒子轴向退解时,丝线与筒子顶端及丝圈之间产生摩擦,阻力较大,不利于高速退解;而圆锥形筒子则不同,在轴向退解时可减少丝圈与筒管之间的摩擦,适宜高速退解。

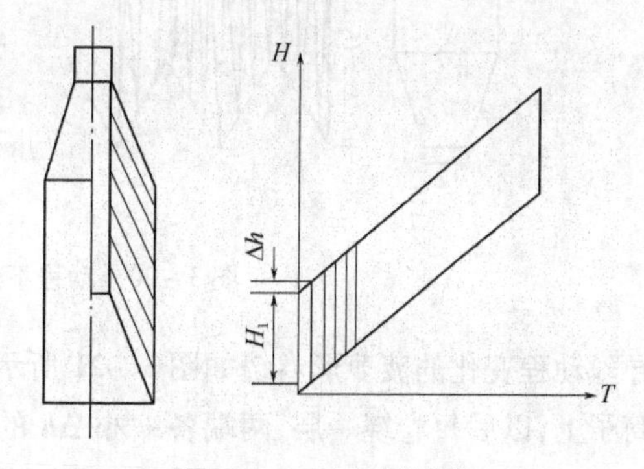

图 3－18　纡子形卷绕

1. 筒子成形分析　纡子形、瓶形和菠萝形筒子卷绕的成形分析如下:

(1)纡子形卷绕。如图 3－18 所示为纡子形卷绕的成形,它是短动程导丝。导丝器除以动程 H_1 导丝外,还有一个级升运动,使每次往复后,导丝起始点向管顶方向移动 Δh 的距离。纡子形筒管管底有锥度,因此,丝层便以圆锥形逐层卷绕在筒管上。成形机构采用左右不对称的等速直线运动的凸轮,使往复速度不等,导丝速度慢的为卷绕层,导丝速度快的为束缚层,束缚层用以束缚卷绕层,并把两个卷绕层分开,避免成形松弛及外层丝线嵌入内层。

(2)瓶形卷绕。图 3－19 所示为瓶形卷绕。其筒管为单侧有边圆柱形筒管。在卷绕过程中导丝的起始点始终不变,而导丝动程在不断变化,导致导丝终点的不断变化,即第一层以动程 H_1 卷绕于筒管上后,以后每绕一层丝,导丝动程在管顶方向缩小 Δh 距离,绕至根据设定的锥角高度,直到导丝动程减至 H_2 为止,然后导丝动程以 Δh 的移距向管顶方向逐层增加,也即导丝终点逐步上移,绕至顶部,形成管顶锥角。这样反复多个循环,完成一个卷绕周期。该卷绕多采用电子式成形机构完成。

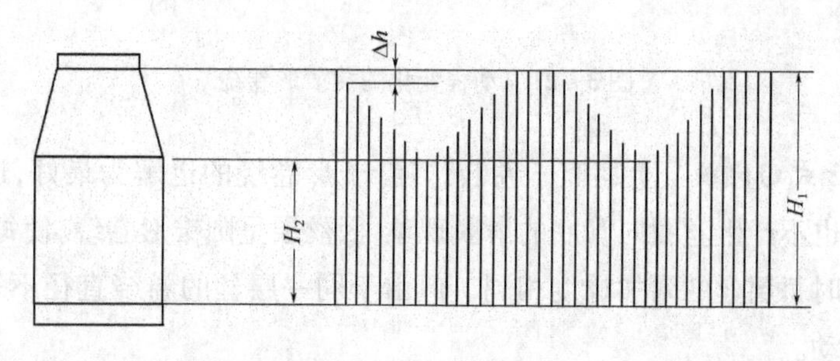

图 3－19　瓶形卷绕

(3)菠萝形卷绕。菠萝形卷绕分导丝动程不变和导丝动程变化两种。导丝动程不变的菠萝形卷绕,但卷绕起始点在不断变化,如图 3-20(a)所示。导丝动程为 H_1,每卷绕一层丝,导丝起始点上移微量移距 Δh_1,当卷绕至顶部时,导丝的起始位置就以相反方向逐步下降,移距为 Δh_2,直到向下绕至原来的起始点卷绕位置为止,这样完成一个卷绕周期。图中 H_2 为差微动程,由 Δh_1 或 Δh_2 累加而成的。筒子的成形总动程为 $H=H_1+H_2$。图 3-20(b)中,丝线经动程 H_1 卷绕在筒管上,以后每绕一层丝,导丝起始点上移 Δh 距离,绕满一只筒子为一个大周期,导丝起始点的总移距为一个锥角的高度 H_2,筒子成形的总动程为 $H=H_1+H_2$。

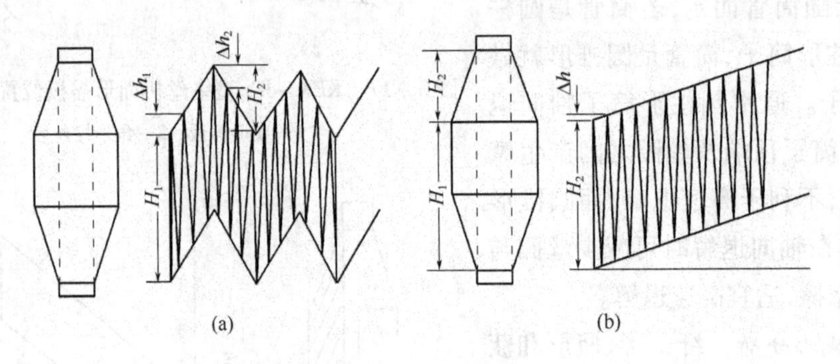

图 3-20　动程不变的菠萝形卷绕

导丝动程变化的菠萝形卷绕如图 3-21 所示。图 3-21(a)中,开始时丝线以 H_1 的动程卷绕于筒子上,以后每卷绕一层,两端各缩小 Δh 的距离,每层丝的起始位置不相重合,绕满一只筒子时,导丝器的动程缩短为 H_2。图 3-21(b)中,导丝动程逐步向筒子中间缩短,首次导丝动程 H_1,以后每卷绕一层,导丝动程两端各缩短 Δh 的距离,直到缩短为 H_2 动程时,则每绕一层,动程两端各增 Δh 距离,直到动程增至 H_1,即在一个成形周期内,导丝动程由大到小、由小到大的逐渐变化,直至完成一个筒子的卷绕。

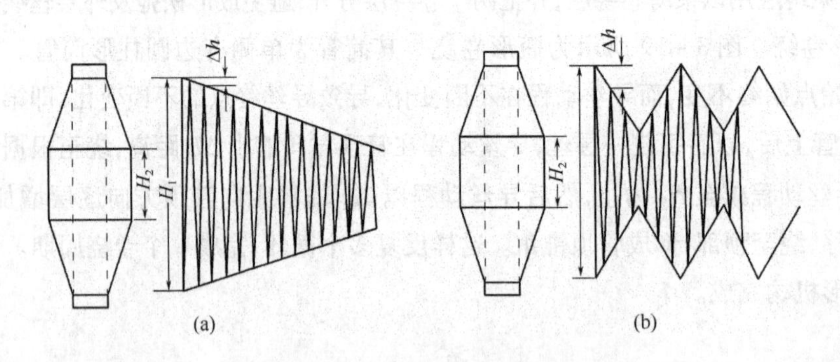

图 3-21　动程变化的菠萝形卷绕

2. 筒子成形方式的比较　上述筒子卷装,以纡子形卷绕的退解为最好,退解阻力小,丝圈不易从顶部带出,也不产生丝圈向管底的滑脱现象,因丝层呈圆锥形卷绕,使每层丝卷绕长度均相等,故轴向退解时每层丝的附加捻度相同。但由于同一层丝的卷绕直径不等,不是恒线速卷绕,使张力产生波动。

瓶形卷绕比同直径的纡子形卷绕,退解阻力大,丝圈不易从顶端带出,但在轴向退解过程中,附加捻度也随退解直径的减小而增大,张力波动较大。

菠萝形卷绕时,以动程变化的菠萝形筒子的退解性能为好,筒子两端不易松塌,退解时外层丝线不易带动内层丝线,筒子上的丝圈稳定性较好。动程不变的菠萝形筒子,在整个筒子的退解过程中,附加捻度差异大,丝圈易从顶部带出,停车时,丝圈也易向管底滑脱而造成断头。

第四节 络丝张力

一、络丝张力的作用及要求

络丝时,为使筒子获得必要的卷绕密度和良好的成形,丝线必须具有一定的张力;另外断头自停装置也需要丝线有适当张力;络丝时丝线张力的大小影响丝线的力学性能,张力过大,则丝线受到过度的拉伸,会损伤丝线的强力、伸长和弹性等,增加断头和回丝,在织物上形成亮丝疵点。张力过小,则筒子卷绕太松、成形不良,退解时会发生困难。若平行卷绕筒子径向退解时,会因外层丝线嵌入内层而乱丝,形成断头或无法退解。若交叉卷绕的无边筒子轴向退解时,会牵动松弛的丝层一同退出,产生脱圈现象。因此在络丝过程中,络丝张力在满足卷绕成形和密度要求的情况下,以小为宜;并要求张力波动要小,力求张力始终均匀一致。络丝时张力的大小,应根据丝线线密度、纤维种类、卷绕密度等要求加以确定。一般络丝张力的选择是丝线断裂强度的10% ~15%,也可根据线密度参考下列经验公式计算,单位为厘牛(cN):

桑蚕丝平行卷绕:0.18 × 线密度(dtex);

桑蚕丝交叉卷绕:0.36 × 线密度(dtex);

无捻涤纶长丝:0.22 ~0.25 × 线密度(dtex);

涤纶加工丝:0.18 ~0.20 × 线密度(dtex)。

二、络丝张力分析

(一)退解张力

1. 绞装丝的退解张力 桑蚕丝和部分化纤丝通常是以绞装形式的卷装进厂的,绞装丝络丝时,传统上将丝线套在八角绷架上,如图3-22所示。

设绷架转动时的角速度为ω,转角为θ,角加速度为ε。当丝线匀速卷绕,且θ角较小时:

$$AA'\cos\varphi = vt$$

由于:

$$AA' = 2R\sin\frac{\theta}{2}$$

$$\varphi = \frac{\pi}{2} - \left(\frac{\theta}{2} + \alpha\right)$$

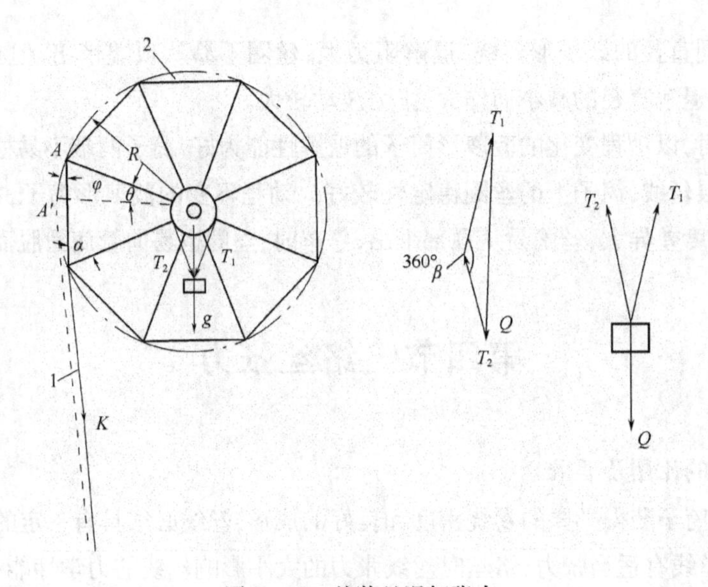

图 3-22　绞装丝退解张力

1—丝线　2—绷架

所以：

$$\cos(\theta+\alpha)-\cos\alpha=-\frac{v}{R}t$$

角速度为：

$$\omega=\frac{\mathrm{d}\theta}{\mathrm{d}t}=\frac{v}{R}\times\frac{1}{\sin(\theta+\alpha)} \tag{3-22}$$

角加速度为：

$$\varepsilon=-\frac{v^2\cos(\theta+\alpha)}{R^2\sin^3(\theta+\alpha)} \tag{3-23}$$

式中：v——络丝速度；

R——绷架多角形的半径；

α——绷架多角形的一个内角；

θ——绷架转角。

取绷架为脱离体，根据动态平衡原理，则：

$$KR\sin(\theta+\alpha)=(T_2-T_1)r_1+Fr+J\varepsilon$$

因为：

$$T_1=T_2\mathrm{e}^{f\beta},F=gf'$$

因此：

$$K=\frac{T_1(\mathrm{e}^{f\beta}-1)r_1+gf'r+J\varepsilon}{R\sin(\theta+\alpha)} \tag{3-24}$$

式中:K——丝线退解张力;

T_1、T_2——绷架轴制动皮带紧边/松边张力;

g——绷架、丝和重锤重量;

r_1——绷架轴壳半径;

r——绷架轴心半径;

J——绷架转动惯量;

f——制动带与轴壳间摩擦系数;

f'——绷架轴心与轴承间的摩擦系数;

β——绷架制动带对轴壳的包围角。

取制动重锤为脱离体(图3-22),Q为重锤量,则由Q、T_1、T_2的平衡力系:

$$Q^2 = T_1^2 + T_2^2 - 2T_1T_2\cos(2\pi - \beta)$$

整理后:

$$T_1 = \frac{Q}{\sqrt{1 + e^{2f\beta} - 2e^{f\beta}\cos\theta}}$$

$$K = \frac{1}{R\sin(\theta + \alpha)}\left(\frac{Qr_1(e^{f\beta} - 1)}{\sqrt{1 + e^{2f\beta} - 2e^{f\beta}\cos\theta}} + gf'r\right) + \left(-\frac{Jv^2\cos(\theta + \alpha)}{R^3\sin^4(\theta + \alpha)}\right) \tag{3-25}$$

$$= K_1 + K_2$$

其中$K_1 = \frac{1}{R\sin(\theta + \alpha)}\left(\frac{Qr_1(e^{f\beta} - 1)}{\sqrt{1 + e^{2f\beta} - 2e^{f\beta}\cos\theta}} + gf'r\right)$,为丝线从绷架上退解时由重锤制动力绷架轴承的摩擦阻力而产生的力,称为丝线的静张力。

$K_2 = \frac{Jv^2\cos(\theta + \alpha)}{R^3\sin^4(\theta + \alpha)}$为丝线退解时因绷架惯性力而产生的附加张力,称为丝线的动张力。它主要决定于络丝速度v。

绷架回转时丝线的静张力和动张力,随绷架的转角而变化,当$\theta = 0$时,K_1最大而K_2最小(负值);当$\theta = \frac{\pi}{2} - \alpha$时,$K_1$最小值而$K_2$为零;当$\theta = 2\pi - \alpha$时,$K_1$最大而$K_2$也最大,此时退解张力$K$最大。由此可见,多角形绷架的退解张力$K$有较大的波动,不利于高速退解。尤其是绷架从静止过渡到运动状态,附加的动态张力更大,这是传统绷架络丝的致命弱点。

为改善绷架络丝的缺点,可用图3-23所示的固定绷架,丝线1从与绷架一体的丝框2引出,通过瓷孔并绕过张力补偿杆6上的导丝轮,进入张力器3。丝线从原绷架的径向退解改为绷架的轴向退解,所以克服了因丝线拖动绷架回转而造成的络丝张力,及络丝线速受绷架转动的多角效应的影响,使络丝速度可大大提高,平均速度可达350~500m/min,使络丝实现了低张力、高速化工艺。

2. 筒装丝的退解张力　筒装丝轴向高速退解在络丝机、并丝机、倍捻机等的退解筒子,高速整经机和高速无梭织机的供纬筒子,丝线一方面沿筒子轴线方向上升作前进运动,同时又绕

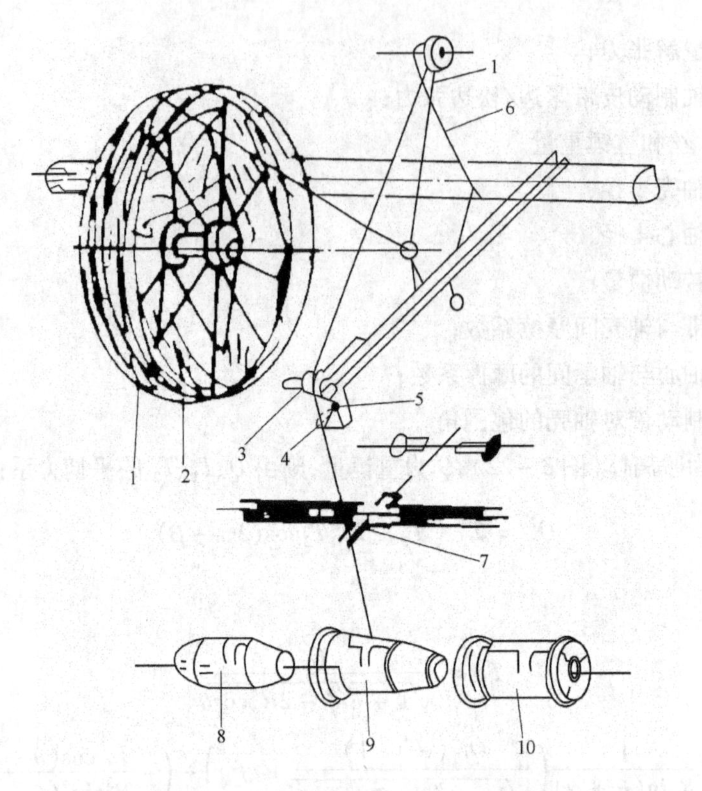

图 3-23　SP/102 型络丝机丝线行程图

1—丝线　2—丝框　3—张力器　4—断头感知器　5—指示灯　6—张力补偿杆
7—导丝钩　8—菠萝形筒子　9—纡子形（瓶形）筒子　10—圆柱形筒子

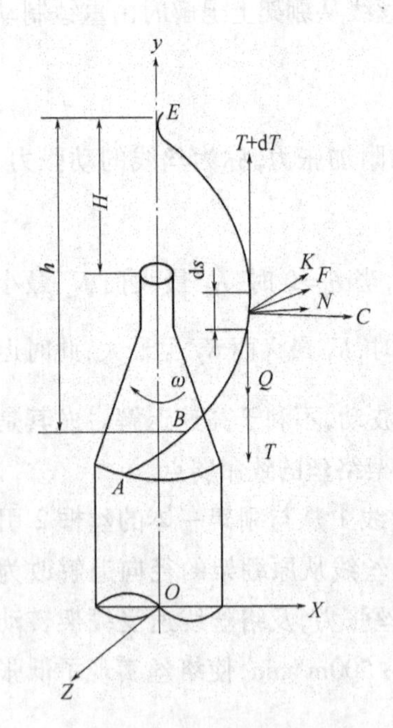

图 3-24　退解张力分析

轴线作回转运动，如图 3-24 所示。A 点为丝线开始运动的一点，称退绕点。B 点为丝线离开筒子表面的一点，称分离点。E 点为导丝圈位置。在丝线的重力、运动时产生的惯性力及空气阻力的作用下，丝线在空气中形成一个回转的封闭曲面，称为气圈。分离点至导丝圈的距离称为气圈高度 h 。

络丝时丝线的退解张力包括丝线从附着于筒子表面到脱离表面进入气圈时，需要克服的黏附力、惯性力和摩擦力和由于气圈而引起的张力。

（1）退绕点张力和分离点张力。处于退绕点和分离点之间的丝段称为摩擦丝段，它受到卷装表面的黏附力，丝线由静态过渡到动态需要克服惯性力等。其中黏附力起着十分重要的作用，其余力可略去不计，分离点的张力 T_1 可用欧拉公式计算：

$$T_1 = T_0 e^{f\alpha} \qquad (3-26)$$

式中：T_0——退绕点张力；

f——丝线对筒子的平均摩擦系数；

α——摩擦丝段对筒子的包围角。

(2)气圈张力。如图3－24所示,在气圈上截取微元丝段 ds,设丝线的退绕速度 v、回转角速度 ω 均为常数,则前进运动及回转运动的切向惯性力均为零,作用在 ds 上的力为:

①微元丝段 ds 的重力 Q:

$$Q = mg\mathrm{d}s \tag{3-27}$$

式中:m——单位长度丝线质量,g/cm;

g——重力加速度,cm/s^2;

ds——微元丝段长度,cm。

②空气阻力 F。丝线退绕时,同时作前进运动和回转运动,会受到气流的阻力。由于丝线直径较细,前进运动时所受阻力可以忽略不计。而气圈上微元丝段回转时的空气阻力 F 为:

$$F = K\omega^2 r^2 \mathrm{d}s \tag{3-28}$$

式中:K——空气阻力系数;

ω——气圈回转角速度,rad/s;

r——丝线 ds 处气圈的半径,cm。

③回转运动的法向惯性力 C。其方向与筒子轴心垂直。

$$C = m\omega r\mathrm{d}s \tag{3-29}$$

④前进运动的法向惯性力 N,作用方向垂直于作用点的切线方向。

$$N = \frac{mv^2}{\rho}\mathrm{d}s \tag{3-30}$$

式中:ρ——ds 处的气圈曲率半径,cm。

⑤哥氏惯性力 K。丝线的运动由前进与回转两运动合成,而回转运动又为牵连运动,会产生哥氏加速度。

$$K = 2m\omega v\sin(\vec{\omega} \times \vec{v})\mathrm{d}s \tag{3-31}$$

式中:$\sin(\vec{\omega} \times \vec{v})$——角速度向量到络丝速度向量间夹角的正弦值。

⑥ds 两端的张力。作用于微元丝段上的力处于平衡状态,计算结果表明,力的绝对值除 T 和 $T + \mathrm{d}T$ 外都很小,作用于1cm微段上力的矢量和仅为0.98～1.96cN,对丝线张力并无重要影响。但气圈形状会影响摩擦丝段对筒子的摩擦包围角,从而影响着分离点的张力。综上所述,气圈形状和摩擦丝段长度是筒子轴向退解张力的决定因素,对二者进行控制,可以减少退解张力的变化,使络丝张力均匀。

(二)张力装置给予丝线的张力

绞装丝或筒装丝在作轴向退绕时,丝线张力的绝对值很小,远不能满足工艺需要,必须使用张力装置,适当地增加丝线的张力,提高张力的均匀程度,卷绕成形良好、密度适宜的筒子。

张力装置有圆盘水平放置的张力装置(垫圈加压)、圆盘垂直放置的张力装置(弹簧加压)

和梳形张力装置等，如图 3 – 25 所示。其工作原理分下述两种。

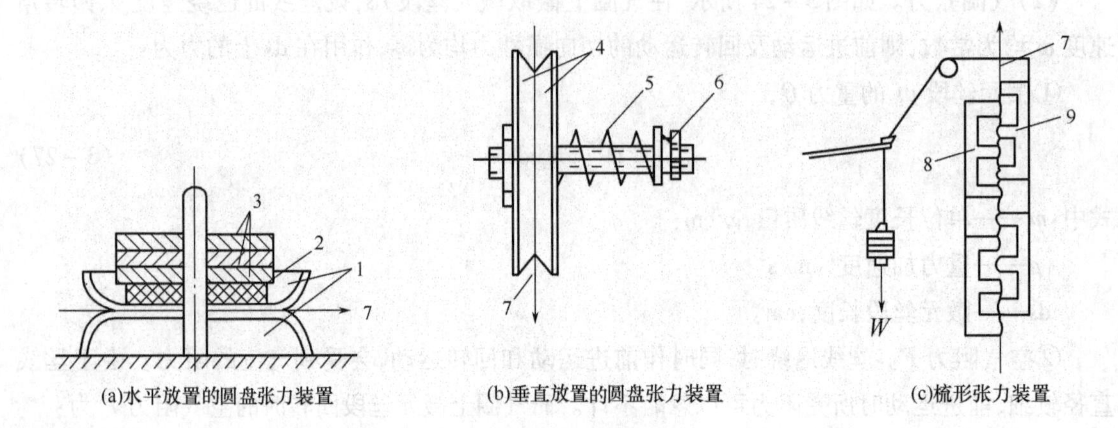

图 3 – 25　络丝张力装置

1—上下张力盘　2—缓冲毡块　3—张力垫圈　4—左右张力盘
5—张力弹簧　6—紧圈　7—丝线　8—固定梳栉　9—活动梳架

1. 累加法工作原理　如图 3 – 25(a)所示，丝线从两个相互紧压的平面之间通过，两平面对丝线施加压力而产生摩擦阻力，从而使丝线获得张力。设丝线进入张力装置前的张力为 T_0，通过张力装置后的张力为 T 为：

$$T = T_0 + 2fN \tag{3-32}$$

式中：f——丝线与张力装置表面之间的摩擦系数(丝线与金属间的摩擦系数：桑蚕丝为 0.13 ~ 0.35；化纤丝为 0.14 ~ 0.38)；

N——张力装置对丝线的正压力。

如果丝线通过一个以上的张力装置，则丝线最终张力 T_n 为：

$$T_n = T_0 + 2f_1N_1 + 2f_2N_2 + \cdots + 2f_nN_n = T_0 + 2\sum_{i=1}^{n} f_iN_i \tag{3-33}$$

式中：f_1、f_2、…、f_n——丝线与各张力装置间的摩擦系数；

N_1、N_2、…、N_n——各个张力装置对丝线的正压力。

由此可知，丝线通过各个张力装置后，其张力是累加的，所以称累加法工作原理。

动态条件下，垫圈加压和弹簧加压，所产生的正压力 N 分别可用下式表示：

垫圈加压：

$$N = (m_1 + m_2) \times (g + a)$$

张力装置水平放置时弹簧加压：

$$N = m_1 \times (g + a) + K \times \delta$$

张力装置垂直放置时弹簧加压：

$$N = m_1 \times a + K \times \delta$$

式中：m_1——上张力盘质量；

m_2——垫圈质量；

g——重力加速度；

a——由于丝线直径不匀(颡节、糙块)引起上张力盘及垫圈跳动的加速度；

K——弹簧刚度；

δ——弹簧压缩距离。

对于垫圈加压的方法，当丝线高速通过张力装置时，因丝线的直径不匀，会冲击上张力盘和垫圈，使其跳动十分剧烈，由跳动加速度带来的丝线附加张力使络丝动态张力发生明显波动，络丝速度越高，张力波动越大。相对地说，弹簧加压有利于克服这一弊病，因为 m_1 值小，上张力盘跳动引起的正压力变化就小，同时丝线上的糙块、颡节等疵点通过张力盘时引起弹簧压缩距离 δ 变化甚微，弹簧压力变化也小，从而络丝时动态张力的波动也不明显。

弹簧加压不计动态张力波动的影响，丝线张力 T_0 和 T 的变化可用图 3-26(b)表示。累加法张力装置不扩大张力的波动幅度，从而降低了丝线张力差异的相对值，不匀率下降。

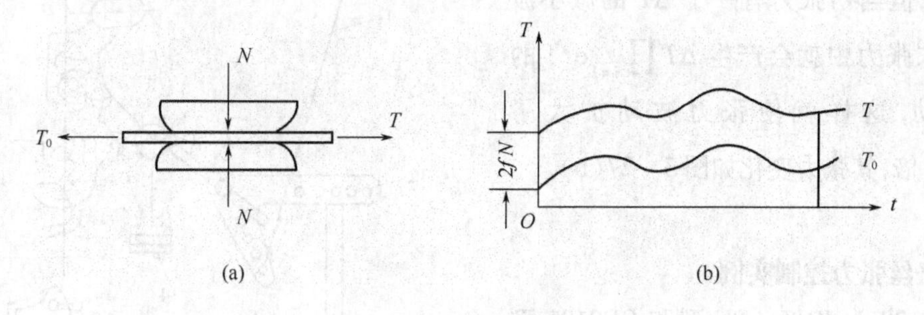

图 3-26　丝线通过紧压平面获得张力的工作原理

2. 倍积法工作原理　丝线绕过一个曲面，与其摩擦而增加张力，如图 3-27 所示。

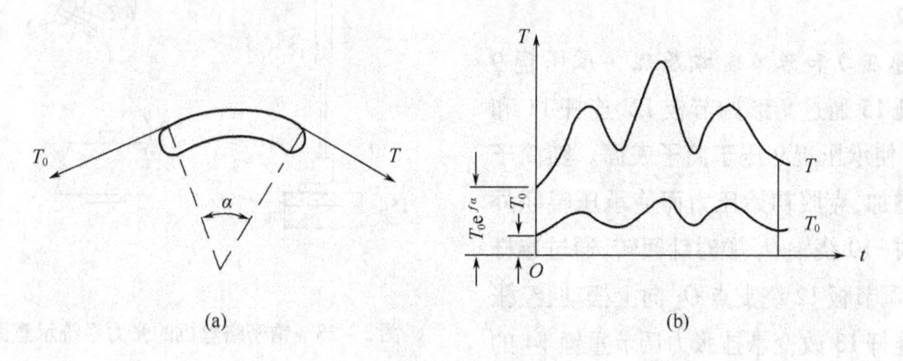

图 3-27　丝线绕过曲面获得张力的工作原理

丝线进入张力装置时的张力为 T_0，通过张力装置后的张力为 T 为：

$$T = T_0 e^{f\alpha} \tag{3-34}$$

式中:f——丝线与曲面间的摩擦系数;

α——丝线对曲面的包围角。

如果丝线绕过几个曲面,则其最终张力 T_n 为:

$$T_n = T_0 e^{f_1 N_1 + f_2 N_2 + \cdots + f_n N_n} = T_0 \prod_{i=1}^{n} e^{f_i N_i} \tag{3-35}$$

式中:f_1、f_2、…、f_n——丝线与各曲面间的摩擦系数;

α_1、α_2、…、α_n——丝线对各曲面的包围角。

由此可知,丝线通过数个曲面之后,其张力是按一定的倍数增加的,所以称倍积法工作原理。

当丝线有粗细不匀、有颣节或结头的丝线通过时,不会产生附加张力,即不会引起张力波动,但当初张力有一个 ΔT 的微小波动时,在末张力中就会产生 $\Delta T \prod_{i=1}^{n} e^{f_i N_i}$ 的张力波动,这样就使张力波动扩大了 $\prod_{i=1}^{n} e^{f_i N_i}$ 倍,其张力变化如图 3-27(b)。

三、络丝张力控制实例

图 3-28 为 KEK-PN 型和 GD0101 型精密络丝机的张力控制系统示意图,由筒子承压力递减装置、张力递减装置和变速卷绕机构组成。

1. 承压力和张力递减原理 承压辊 9 是由重锤 15 通过角形调节板 12、连杆 11 和摆杆 10,使承压辊 9 压于筒子表面。随筒子直径的增加,克服初始压力而使承压辊朝外摆动,摆杆 10 绕轴 O_1 顺时针回转,通过连杆 11,传递调节板 12 绕支点 O_2 向上摆动,经张力调节连杆 13 改变悬挂张力调节重锤 14 的吊绳与门栅式张力器 4 的角度,从而改变门栅式张力器的张力。

图 3-29 为筒子承压力和张力随筒子直径增加而递减的受力图。

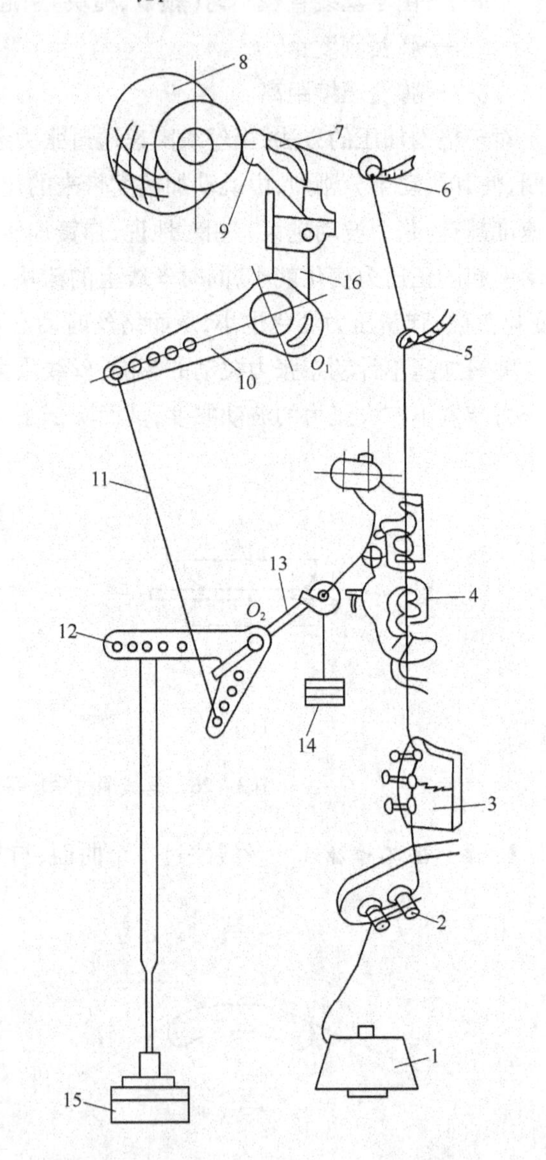

图 3-28 精密络丝机的张力系统示意图

1—退解筒子 2—超喂辊 3—预张力器 4—门栅式张力器 5、6—导丝钩 7—导丝器 8—卷绕筒子 9—承压辊 10—承压力摆杆 11—调节连杆 12—承压力调节板 13—张力调节连杆 14—张力调节重锤 15—承压力调节重锤 16—摇架

P_0 为筒子承压力；H_0 为 P_0 作用线与回转中心 O_1 的重直距离；H 为铰接点 a 与回转中心 O_1 之距，随 a、b、c、d、e 点而变；h 为铰接点 1 与回转中心 O_2 之距，随 1、2、3、4 点而变；W 为承压力调节重锤；W_T 为张力调节重锤；L 为重锤 W 悬挂点与回转中心 O_2 之距；$\angle\gamma$ 为承压力摆杆与调节连杆之夹角；$\angle\beta$ 为调节连杆与承压力调节板竖臂之夹角；$\angle\alpha$ 为承压力调节板横臂与水平线之夹角。

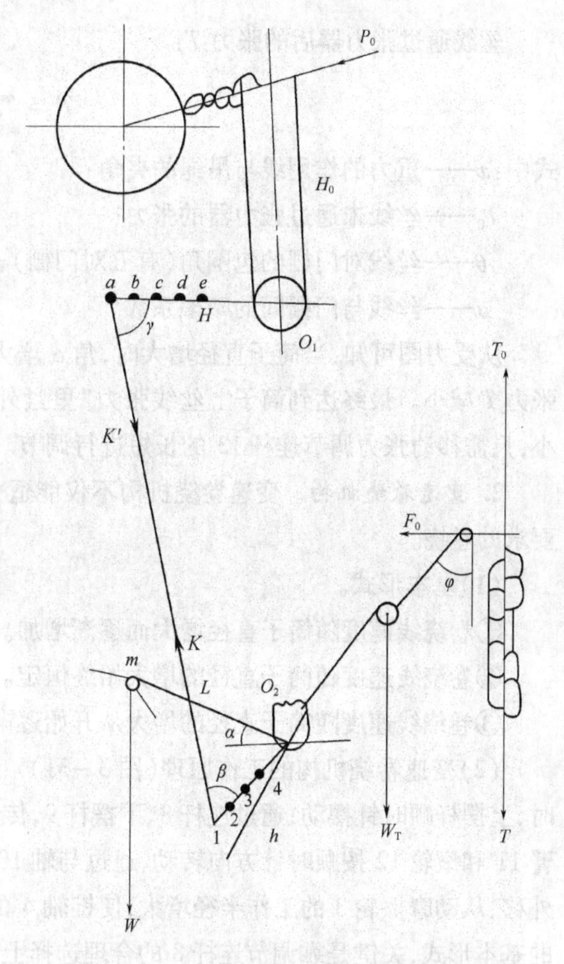

图 3－29　筒子承压力和张力递减受力图

根据受力平衡：$\sum M_{O_1} = 0$、$\sum M_{O_2} = 0$，得：

$$K'\sin\gamma \cdot H = P_0 \cdot H_0$$

$$K\sin\beta \cdot h = W\cos\alpha \cdot L$$

由于 $K = K'$ 两力方向相反，则得承压力：

$$P_0 = \frac{WLH}{H_0 h} \cdot \frac{\cos\alpha \cdot \sin\gamma}{\sin\beta} \quad (3-36)$$

当筒子卷绕直径增加时 γ 角减小，β 角、α 角增大，则承压力 P_0 减小。其减小的情况，有三种孔位搭配的基本规律，如图 3－30 所示。连杆 11 如图中为 a－1 连接是连杆 11 的标准位置；a－4 连接为快速减小压力；a－2 连接为缓慢减小压力。

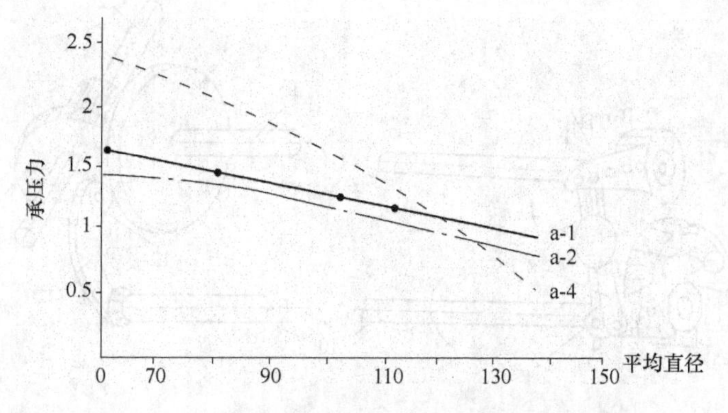

图 3－30　承压力随筒子直径增加而递减曲线图

在图 3－28 中，由于穿在张力调节连杆上的张力绳一端与门栅式张力器的活动门栅相连，另一端吊着张力调节重锤 W_T，则牵引活动门栅的拉力 F_0 为：

$$F_0 = W_T \sin\varphi \quad (3-37)$$

丝线通过张力器后的张力 T：

$$T = T_0 e^{5\mu\theta} \tag{3-38}$$

式中：φ——重力的作用线与吊绳的夹角；

T_0——丝线未通过张力器的张力；

θ——丝线对门栅的包围角（有五对门栅）；

μ——丝线与门栅间的摩擦系数。

从受力图可知：当筒子直径增大时，角 α 增大，则 φ 角减小，由公式得 F_0 减小，θ 减小，导致张力 T 减小。最终达到筒子上丝线张力"里紧外松"的目的，符合工艺要求。张力递减量的大小，只需移动张力调节连杆 13 的长短进行调节。

2. 变速卷绕机构 变速卷绕机构不仅能适合筒子的常规卷绕，而且设计成能按不同张力要求的卷绕。

(1)基本形式。

①卷绕线速度随筒子直径增大而逐渐增加。

②卷绕线速度随筒子直径的增大始终恒定。

③卷绕线速度随筒子直径的增大从开始逐渐增大到恒定。

(2)变速卷绕机构的工作原理（图 3-31）。变速上摆杆 6 装于摇轴 5 上，当筒子直径增大时，上摆杆顺时针摆动，通过连杆 8、下摆杆 9，传动轴 10 顺时针回转一角度，使轴上的变速控制臂 11 和滚轮 12 按顺时针方向转动，通过与轴 10 联动的一套拨叉机构，主动摩擦轮 1 沿主轴 2 外移，从动摩擦轮 3 的工作半径增大，使锭轴 4 的卷绕线速度发生变化。要完成上面三种卷绕的基本形式，关键是靠调节连杆 8 的合理选择上摆杆与下摆杆上的孔位来达到，上摆杆上有 A、B、C、D、E 共五个孔位，下摆杆上有 a、b、c、d 共四个孔位。

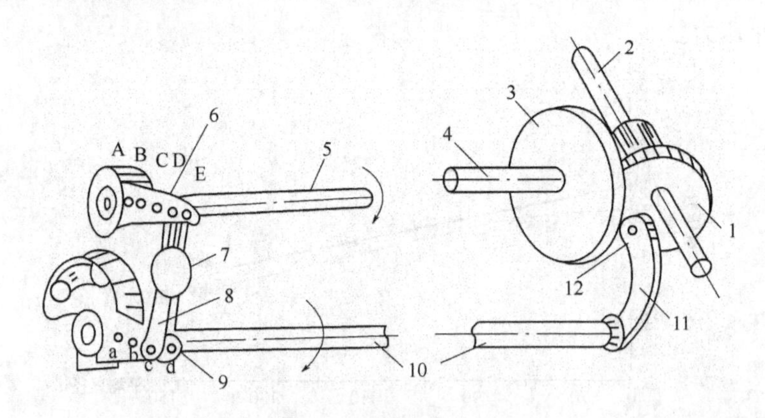

图 3-31 变速卷绕机构

1—主动摩擦轮 2—传动主轴 3—从动摩擦轮 4—锭箱主传动轴 5—摇轴 6—变速上摆杆 7—偏心调节盘 8—调节连杆 9—下摆杆 10—传动轴 11—控制臂 12—滚轮

(3)筒子卷绕线速度与卷绕直径的关系。由图 3-32 可知，调节连杆不同连接时，卷绕线速度随筒子卷绕直径增加的变化情况。

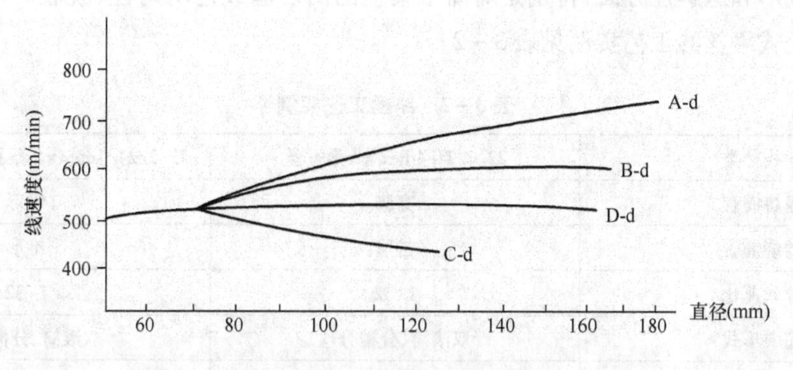

图3-32 筒子卷绕线速度—卷绕直径关系曲线

①筒子直径增加,卷绕线速度增加时,选择A-d连接和B-d连接;

②筒子直径增加,卷绕线速度不变时,选择D-d连接;

③筒子直径增加,卷绕线速度采用开有长孔的调节连杆,长孔的位置由偏心调节盘调节,由开始增大至恒定。开始时筒子直径增加,摇轴5转动时,由于铰接点在长孔中移动,传动轴10不发生转动,卷绕线速度逐渐增加;当铰接点碰到长孔中的偏心盘,传动轴10转动,使拨叉拨动主动摩擦轮外移,锭轴转速降低,使线速保持恒定。

3. 各机构间的相互调节 要获得不同原料及用途的络丝筒子,又能适应高速退解的工艺要求,必须采用不同承压力递减、张力递减和线速控制,可用改变承压力调节连杆、变速调节连杆的铰接位置和张力调节连杆的长短来达到。

(1)变速调节连杆D-d连接时,随卷绕直径增大,锭速减小,卷绕线速度基本恒定,这时承压力调节连杆a-1连接,随卷绕直径增加,压辊压力稍有减小,此时张力调节杆短些,随卷绕直径增大时,栅形张力器的活动门栅外加力矩变化小些,整个卷绕过程中丝线的线速、张力、筒子成形压力的平均值处于稳定状态。这种方式适用于高档原料或强力低的原料,适用于弹性伸长小,线密度细的丝线,如桑蚕丝、醋酯丝等,可使断头率降低,筒子内外张力均匀,成形良好,退解顺利。

(2)变速调节连杆B-d连接时,线速随卷绕直径增大而增加,丝线张力也趋向增大。这时承压力调节连杆a-2或a-4连接,使压辊压力随直径增大而减小,张力连杆调长一些,附加张力逐渐减小,以补偿丝线张力的增大。这种方式适用于高弹丝线,如涤纶、锦纶等。由于原料的伸长大,虽外层丝线卷绕张力增大,但不至于卷绕过硬。这样锭速下降不大,可提高生产率。

(3)变速调节连杆A-d连接,只有在一些要求低又要保证高产的情况下被采用,一般较少用。

(4)变速调节连杆E-d连接,一些特别薄弱的丝线要求特别松式的筒子时才被采用,一般很少用。

4. 工艺实例 由于精密络丝机的张力,包括承压力调节机构与线速调节机构是两个完全独立的、积极式的控制机构,所以它能进行松式络丝,这是有别于其他高速络丝机的工艺特性,它对筒子的成形和退解性方面，特别是对筒子染色的筒装丝吸色均匀性、脱胶均匀性等方面都十分有利。松式络丝的工艺实例见表3-2。

表3-2 络丝工艺实例

丝线种类	22.2/24.4dtex×3 桑蚕丝	22.2/24.4dtex×2 桑蚕丝-24 捻/cm
退解筒管	高脚	锥形
卷绕筒管	锥形	锥形
导丝速比	1:32	1:32
超喂形式	双滚筒、分槽分丝	双滚筒、分槽分丝
超喂圈数(圈)	1	2
线速度(m/min)	500~550	500~550
初始张力(cN)	10~12	8~9
结束张力(cN)	5~6	4~5
初始压辊压力(N)	7.5	7.5
结束压辊压力(N)	5	5
筒子容量(g)	400	400
筒子硬度	适中	适中
筒子成形情况	良好	良好
使用效果	退解顺利	退解顺利

四、影响络丝张力的因素

影响络丝张力的主要因素有丝线的线密度、车速快慢、导丝机件的光滑程度、张力重锤重量、卷绕方式、卷装容量、车间温湿度等。丝线的线密度大，丝段的重力与惯性力大，张力大；车速高，气圈回转角速度大，摩擦丝段长，会增加分离点处的丝线张力和动张力；张力重锤重量越大，静张力越大；车间的相对温度和导丝机件的光滑程度关系到丝线与导丝机件的摩擦系数，从而影响张力的大小。络丝张力的大小，通常以增减张力重锤重量、改变车速快慢以及调节张力装置来控制和调节络丝张力。

第五节 络丝疵点分析

络丝过程中会产生多种疵点，这会影响后道工序的顺利进行。为消除疵点，应维护好机器设备，提高操作人员的素质，并加强工艺技术管理，达到筒子良好的内在质量及卷装成形。

一、卷绕成形不良

圆柱形有边筒子的一端（或两端）隆起或嵌进，圆锥形无边筒子的攀丝、脱边，菠萝形筒子的绕丝位置不居中、偏向筒管一侧等,主要是导丝动程与筒子工作长度不一致、动程过长过短或导丝起始位置不正确、成形凸轮摩损、筒管没有插到底或筒管孔眼太大、导丝杆轧牢或不灵活之故。

铃形筒子是络丝张力过大或筒管位置不正而形成。

阶梯筒子是丝线断头后没有及时接上,形成筒子表面阶梯状。

松筒子是张力装置中有飞花、杂物嵌入,车间相对湿度太大,形成卷绕密度过小的筒子。

凸环筒子是丝线脱出导丝器形成筒子上某位置绕丝特别多。

二、双头、搭头

相邻断头的丝线卷入筒子形成双头卷绕。断头时结头不良,使断丝卷入丝层内部形成搭头,退解时出现断丝。

三、原料混淆

不同线密度、牌号、批号,甚至不同颜色的丝线绕于同只或同批筒子上。

四、油污

原料本身有油污,挡车工的手、筒管、机械不洁所致。

第四章　并丝

并丝(doubling)是将两根或两根以上的单丝并合成股线的过程。通过并丝可以满足织物品种设计对原料线密度规格的要求,还可以提高丝线的条干均匀性,以及增加丝线的强力,从而改善丝线的品质,有利于织造工艺的顺利进行。

并丝工艺要求:并丝张力适当且均匀,单丝间张力一致,并合根数始终相同,并丝筒子成形良好,便于后道工序退解。

并丝方式可分为无捻并丝(doubling without twist)和有捻并丝(doubling with twist)。无捻并丝仅将丝线并合,并合后的股线无捻度。有捻并丝在并合丝线的同时,对丝线加捻,并成的股线具有一定的捻度。

第一节　无捻并丝

强捻股线的线型在织物设计中应用甚广。在加工这类线型时,可采用无捻并丝机并合,再经倍捻机加捻的工艺路线。无捻并丝要求各单丝张力一致,以避免产生宽急股,且断头后筒子能立即停转,控制单丝卷入量,方便找头,减少回丝。

无捻并丝机主要有 DB120 型、GD103 型、WGD103 型等数种机型,它们的结构及工作原理基本相同。本节以 DB120 型无捻并丝机为主进行介绍。

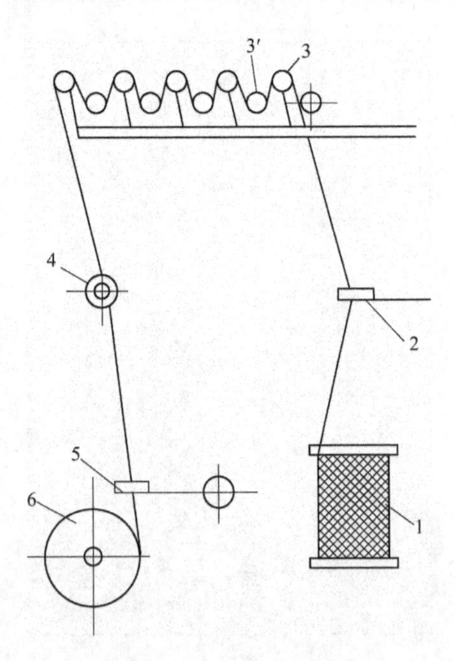

图 4－1　DB120 型无捻并丝机的丝线行程图
1—退解筒子　2—导丝圈
3、3′—固定梳栉与活动梳栉的导丝瓷眼
4—垫圈式张力装置　5—导丝器　6—并丝筒子

一、张力控制原理及调节方法

DB 型无捻并丝机为单层双面并丝机。图 4－1 为 DB120 型无捻并丝机的丝线行程图。并丝时,从退解筒子 1 上轴向引出的单丝,分别经过导丝圈 2,固定梳栉与活动梳栉的导丝瓷眼 3、3′,在垫圈式张力装置 4 处汇合成股线,股线经一字形导丝器 5,卷绕在并丝筒子 6 上。其并合根数 2 ~4 根,卷绕容量 500 ~ 600g,卷绕线速度 200 ~ 400m/min。

该机的张力控制装置由单丝张力控制和股线

张力控制两部分组成。单丝采用梳形张力器,股线采用垫圈式弹簧加压张力器。

1. 单丝张力控制原理及调节方法 单丝张力装置为梳形张力器,它由活动梳栉与固定梳栉及调节重锤组成,如图 4-2 所示。单丝通过活动梳栉及固定梳栉的导丝瓷眼,在重锤的作用下给予丝线一定的张力,其大小可参见式(3-35)。由于 f_i、n 为定值,因此包围角 α_i 的改变即可改变出张力装置的单丝张力。单丝张力的大小,通过改变重力臂而实现,即由移动重锤在活动梳栉上的位置来确定。并丝过程中,丝线张力波动时,可使活动梳栉上升或下降,这样活动梳栉与固定梳栉之间的相对位置随着发生变化,致使丝线对梳栉的包围角 α_i 发生改变,从而起到自动调节张力大小的作用。由于各单丝对应一套张力装置,而且并排在一起,故可通过观察各活动梳栉的相对高低、摆动大小,判断单丝张力大小及其张力波动情况,以便及时调整。

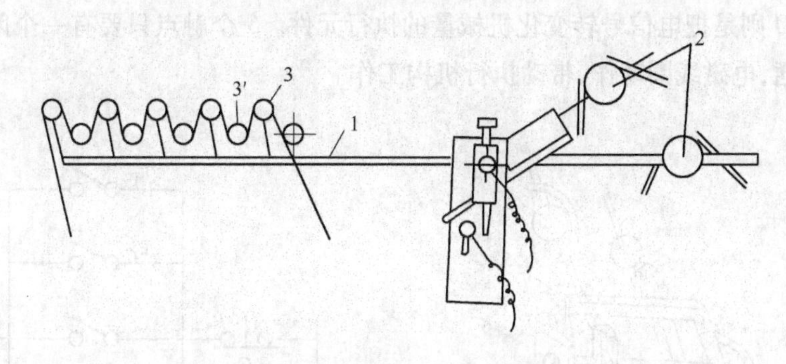

图 4-2 DB120 型无捻屏丝机单丝张力装置

1—活动梳栉 2—重锤 3、3′—固定梳栉与活动梳栉的导丝瓷眼

2. 股线张力控制原理及调节方法 股线张力装置如图 4-3 所示,采用的是垫圈弹簧加压式张力装置。股线从上往下垂直通过张力垫圈 1,张力垫圈活套在瓷管 2 上,通过拧转螺母 4 来调节弹簧 3 的弹力。股线张力大小则可以通过调节弹簧 3 的弹力来控制。该机的股线张力装置结构简单,调节方便,张力控制值为无级变化,可适应高速卷绕。

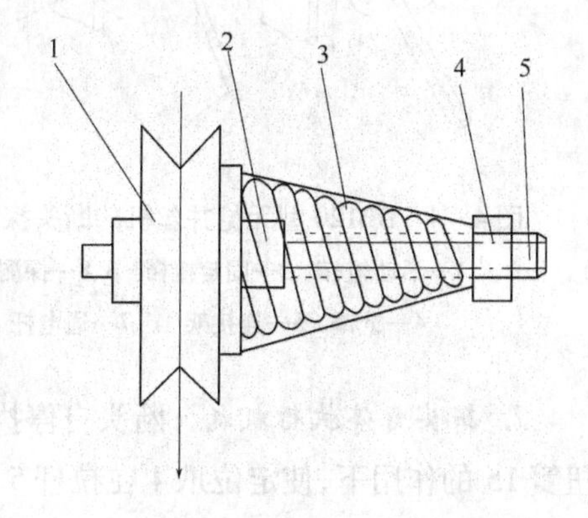

图 4-3 DB120 型并丝机股线张力装置

1—张力垫圈 2—瓷管

3—弹簧 4—螺母 5—螺杆

二、断头自停工作原理

断头自停装置采用电气自动控制,灵敏度对于并丝机是极为重要的,它直接影响设备的生产效率、卷绕筒子的质量及回丝量。DB120 型无捻并丝机的断头自停装置由断头探测机构和断头自停执行机构两部分组成。

1. 断头探测机构

(1)探测机构工作原理(图 4-4)。探测臂 3 与探测臂 8 分别固定在连接架 5 和通电杆 6 上,通电杆 6、7 各有一端接电。

正常并丝时,活动梳栉 1 以通电杆 6 为轴心,左端梳栉的重量及其上的丝线张力产生的总力矩，与右端重锤4产生的力矩保持平衡，通电杆6、7之间的回路不通。当丝线断头或失张力时，上述平衡遭到破坏，活动梳栉左端总力矩减小，受重锤4的力矩作用，探测臂8顺时针转动触及通电杆7，则通电杆6、7两固定触点回路接通，控制电路发出断头停止卷绕信号。同理，当丝线张力超过预定范围时，梳栉左端总力矩大于右端重锤4所产生的力矩，平衡遭到破坏，连接架5就带动探测臂3绕通电杆6逆时针转动触及通电杆7，通电杆6、7回路接通，控制电路发出停止卷绕信号。

(2)电气控制工作原理。每锭有一组电气控制线路，其触点关系如图4-5所示。

E_1、E_2、E_3、E_4是与4根活动梳栉相对应的探测臂信号触点，E_5为连接架上探测臂信号触点。由5个触点组成一个逻辑或门电路，串联在电路中的C触点是常闭手动复位机械闭锁开关。电磁线圈D则是把电信号转变化机械量的执行元件。5个触点只要有一个闭合，整个控制回路就立即导通，电磁线圈动作，带动执行机构工作。

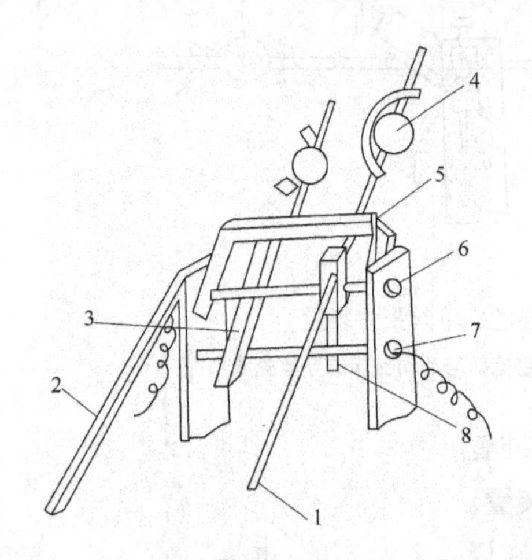

图4-4 DB120型无捻并丝机的断头探测机构

1—活动梳栉 2—固定梳栉 3、8—探测臂 4—重锤 5—连接架 6、7—通电杆

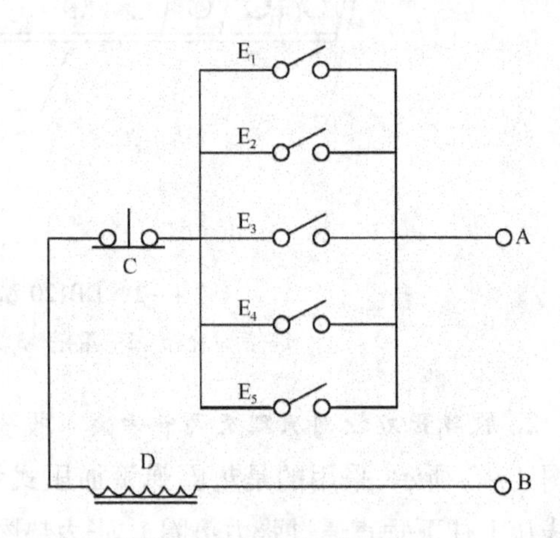

图4-5 触点关系图

2. 断头自停执行机构 断头自停执行机构如图4-6所示。开车时，拉动开关车拉杆5，在扭簧15的作用下，使定位爪4在拉杆5的缺口内准确定位，并丝正常进行。

丝线断头或张力超出设定范围时，控制线路导通，电磁线圈通电，活动铁2在磁场作用下上升，抬起触发杆3，使定位爪4从拉杆5的缺口中滑出，拉杆受扭簧7的作用向右摆(点划线)，摆杆6顺时针转动，压轮8顶起筒子摇架9。使摇架上的顶针摩擦轮11脱离主轴摩擦轮10，并与制动片接触(图中未示)，筒子立即停止卷绕。与此同时，开关板14因失去定位爪4的支撑，在扭簧15的作用下，整体顺时针回转。使触点13脱离铜片12，切断控制回路，电磁铁芯恢复原位。这样电磁线圈不会因停机时间长而通电受损。重新启动时，只需拉动开关车拉杆。带动开关板整体复位，便可重新工作。

断头自停执行机构的特点是，采用机电联合控制，动作完成迅速准确。断头自停灵敏度高，适应高速卷绕。

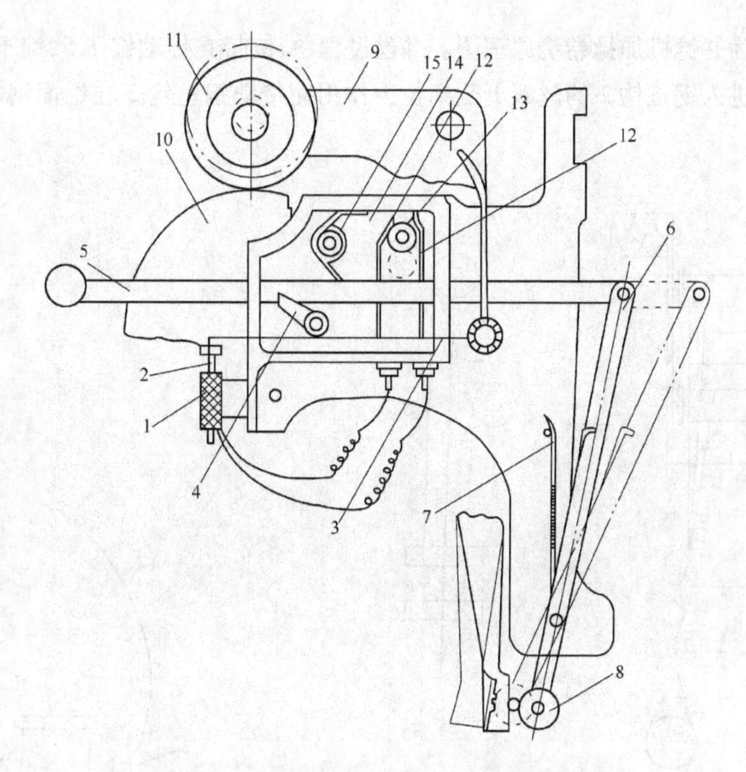

图 4-6　DB 型无捻并丝机的断头自停执行机构

1—电磁铁　2—活动铁芯　3—触发杆　4—定位爪　5—开关车拉杆　6—摆杆　7、15—扭簧　8—压轮　9—筒子摇架　10—主轴磨擦轮　11—顶针磨擦轮　12—铜片　13—触点　14—开关板

第二节　有捻并丝

有捻并丝是指在并合丝线的同时，对丝线进行加捻。有捻并丝路线是传统生产桑蚕丝常采用的工艺路线。实际生产中，视并丝捻度的大小不同，可采用络并捻工艺或络并工艺。加强捻时，由于在并捻机上已加了低捻，因而在捻丝机上退绕时，股线的集束性好，可避免因单丝间的多少转而引起的各种病疵；加中捻、低捻时，可直接采用并捻一次完成，省去捻丝工序，提高效率。

目前使用的有捻并丝机主要有 GD121 型、GD122 型、GD128 型等机型，它们分别与不同型号的络丝机、捻丝机相配套，但它们的加捻卷绕原理相同。

一、加捻卷绕原理

并捻机的丝线行程如图 4-7 所示。退解筒子 1 插在筒子架上，丝线 2 从退解筒子 1 径向引出，分别穿过断头自停瓷钩 3，在导丝钩 4 处汇合成股丝。股线绕导轮 6 及分丝小导轮 5 的表面若干圈，使丝线与导轮表面的摩擦力克服退解张力，带动退解筒子 1 回转而放出丝线。由导轮积极输出的丝线，经导丝圈 7 和钢丝钩 8 而卷绕到并丝筒子 9 上。

如图4-8为并捻机加捻卷绕原理图。并丝过程中，锭带6传动锭子5，锭子5带动并丝筒子4高速回转，进入钢丝钩2的丝线1受到拉力作用而带动钢丝钩2在锥面钢领3上回转，使丝线获得捻回。

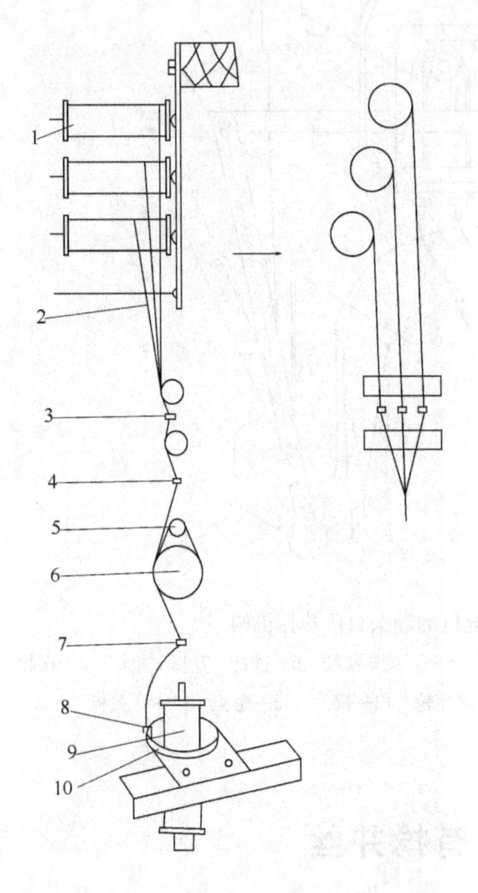

图4-7 并捻机的丝线行程图

1—退解筒子 2—丝线 3—断头自停瓷钩 4—导丝钩 5—分丝小导轮 6—导轮 7—导丝圈 8—钢丝钩 9—并丝筒子 10—钢领

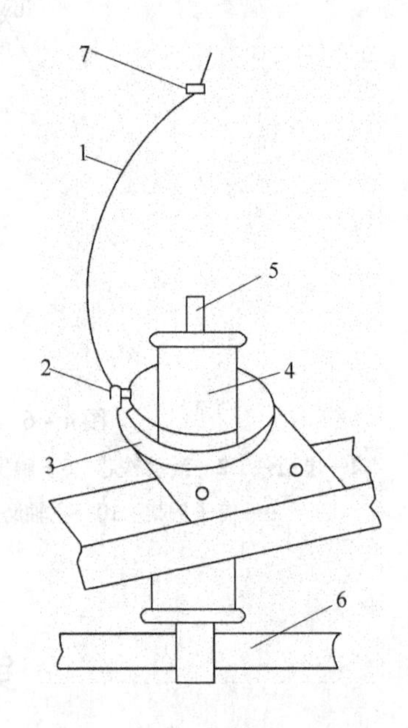

图4-8 并捻机加捻卷绕原理图

1—丝线 2—钢丝钩 3—钢领 4—并丝筒子 5—锭子 6—锭带 7—导丝圈

n_1为锭子转速（r/min），n_2为钢丝钩转速（r/min），钢丝钩的回转情况分析如下。

$n_1=n_2$即钢丝钩与锭子转速相等，此时只有加捻而无卷绕。

$n_1<n_2$即钢丝钩的转速大于锭子转速，此时丝线要从筒子上退解。

$n_2=0$即钢丝钩的转速等于零，此时只有卷绕而无加捻。

$n_1>n_2$即钢丝钩的转速大于锭子转速，此时既有卷绕，也产生捻回。

实际上第1、2两种情况是不可能产生的，因为没有卷绕就没有张力，钢丝钩也就不可能回转。第3种情况相当于无捻并丝，即并合丝线无捻度。第4种情况正是并捻机上的情况，钢丝钩的回转使丝线获得捻回，钢丝钩与锭子之间的转速差则产生丝线的卷绕。

二、并丝捻度计算

导轮的送丝速度 v 可由下式计算：

$$v = \pi dn \tag{4-1}$$

式中：d——导轮直径，cm；

n——导轮转速，r/min。

在正常并丝状况下，若不计因加捻及张力作用而产生的丝线长度等的微量变化，则丝线的卷绕速度 v_H 应等于导轮送丝速度 v，即：

$$v_H = v = \pi d_k(n_1 - n_2) \tag{4-2}$$

式中：d_k——卷绕直径，cm；

由式(4-2)可得

$$n_2 = n_1 - \frac{v}{\pi d_k} \tag{4-3}$$

并丝捻度 T 为：

$$T = \frac{n_2}{v} = \frac{n_1}{v} - \frac{1}{\pi d_k} \tag{4-4}$$

式(4-4)表明，并丝捻度 T 随着卷绕直径 d_k 增大而略有增加。如 GD122 型并捻机，当 d_k 由 45mm 增至 85mm 时，$\frac{1}{\pi d_k}$ 值从 7.07 捻/m 减至 3.74 捻/m。因此并丝捻度 T 的增量为 3.33 捻/m，捻度变化的平均值比 $\frac{n_1}{v}$ 值约小 5.4 捻/m。

三、并捻机捻度调整

并丝捻度 T 的大小取决于锭子转速与导轮送丝速度的比值，即 $\frac{n_1}{v}$。实际生产中，常根据捻度的大小来选择锭速，捻度高选用高锭速，捻度低选用低锭速。锭速确定后，只要改变导轮送丝速度，即可调整捻度的大小。图 4-9 所示为并捻机的传动系统。

电动机通过皮带传动、齿轮传动、链传动等实现锭子回转、导轮送丝、往复导丝及摆动自停等各种运动。

1. 锭子回转 电动机通过皮带轮 2、6 和锭带 3，带动锭子 4 转动。

2. 导轮送丝 主轴 5 通过蜗杆 Z_1，蜗轮 Z_2，链轮 Z_3、Z_4，捻度变换齿轮 $Z_{A\sim D}$，以及齿轮 $Z_{5\sim8}$，过桥齿轮 Z_m 使导轮传动轴 19 转动，再经齿轮 Z_7、Z_8 传动导轮 7 回转而积极送丝。导轮传动轴 19 通过链轮 Z_9、Z_{10}、Z_{11}、Z_{12} 及蜗杆 Z_{17}、蜗轮 Z_{18}，传动成形凸轮 8，带动成形机构工作，完成导丝。

3. 摆动自停 链轮 Z_{13} 传动链轮 Z_{14}，再经齿轮 Z_{15}、Z_{16} 传动偏心盘 16，带动摇杆连杆 18 摆动，使断头自停装置起作用。

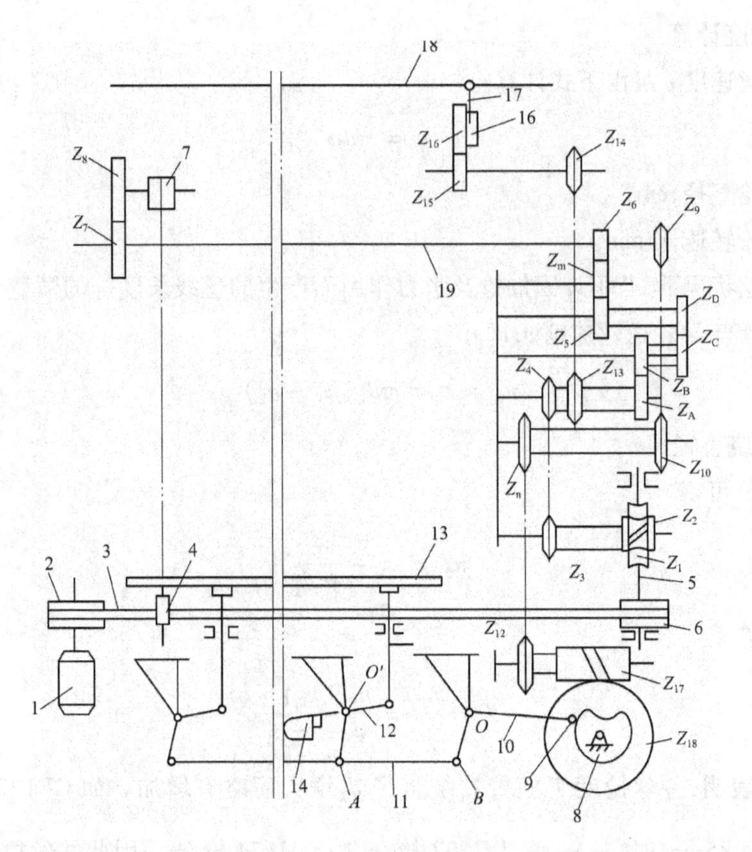

图4-9 并捻机传动系统

1—电动机 2—电动机皮带盘 3—锭带 4—锭子 5—主轴 6—主轴皮带盘 7—导轮 8—成形凸轮 9—转子 10—双臂杠杆 11—横连杆 12—三臂杠杆 13—钢领板 14—平衡重锤 15—升降轴 16—偏心盘 17—偏心连杆 18—摇杆连杆 19—导轮传动轴 Z_1、Z_{17}—蜗杆 Z_2、Z_{18}—蜗轮 Z_3、Z_4、$Z_{9\sim14}$—链轮 $Z_{5\sim8}$、Z_{15}、Z_{16}—齿轮 Z_m—过桥齿轮 $Z_{A\sim D}$—捻度变换齿轮

导轮送丝速度的改变，只要通过改变齿轮 Z_A、Z_B（图4-10）的齿数即可。根据传动关系可推得并丝捻度的计算公式如下：

锭子转速：

$$n_1 = n_D \frac{D_0}{d_1} \times (1 - \eta_1) \tag{4-5}$$

导轮转速：

$$n = n_D \frac{D_0\, Z_1\, Z_3\, Z_A\, Z_C\, Z_5\, Z_7}{d_2\, Z_2\, Z_4\, Z_B\, Z_D\, Z_6\, Z_8} \times (1 - \eta_2) \tag{4-6}$$

式中：n_D——电动机转速，r/min；

D_0——电动机皮带盘直径，mm；

d_1——锭壳直径，mm；

d_2——主轴皮带盘直径，mm；

η_1 ——锭子与锭带间的滑移率；

η_2 ——皮带传动的滑移率。

将式(4－2)、式(4－5)和式(4－6)代入式(4－4)得

$$T = \frac{d_2 Z_2 Z_4 Z_B Z_D Z_6 Z_8 (1-\eta_1)}{\pi d d_1 Z_1 Z_3 Z_A Z_C Z_5 Z_7 (1-\eta_2)} - \frac{1}{\pi d_k} = C \times \frac{Z_B Z_D}{Z_A Z_C} - \frac{1}{\pi d_k} \tag{4-7}$$

$$C = \frac{d_2 Z_2 Z_4 Z_6 Z_8 (1-\eta_1)}{\pi d d_1 Z_1 Z_3 Z_5 Z_7 (1-\eta_2)} - \frac{1}{\pi d_k}$$

式中：C——并捻机加捻常数。

4. 捻向改变 并捻机捻向的改变是通过改变电动机的转向，使锭子转向相反来实现的。与此同时，要将过桥齿轮 Z_m 的啮合位置作相应的改变，如图4－10所示，以使导轮和成形凸轮的转动方向保持不变。

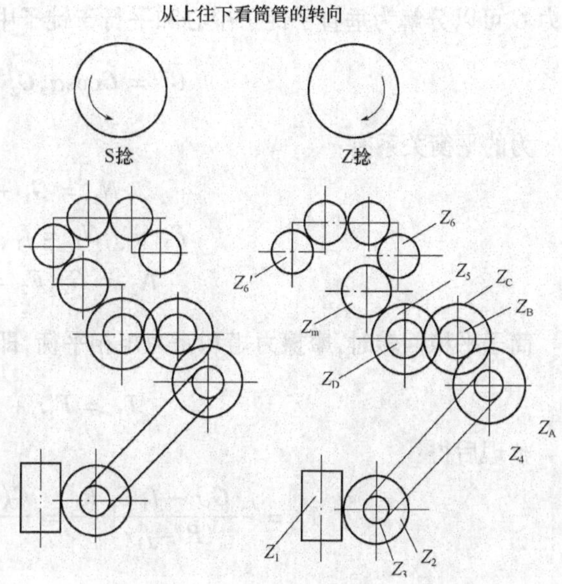

图4－10 不同捻向的齿轮搭配图

Z_1、Z_2—蜗杆、蜗轮 Z_3、Z_4—链轮 $Z_{A \sim D}$—捻度变换齿轮 Z_5—传动齿轮 Z_m—过桥齿轮 Z_6、$Z_{6'}$—导轮传动轴齿轮

四、张力分析

有捻并丝机并合的股线由导轮积极输出，因此，丝线张力以导轮为界分为导轮上部张力与导轮下部张力（简称上张力与下张力）两部分。

1. 退解张力 退解张力是导轮上张力，是单丝张力的主要组成部分，它是由克服筒子架上退解筒子的筒芯与锭杆摩擦而产生的丝线退解张力。退解筒子插在呈 α 倾角的筒子架锭杆上（图4－11），在张力 T_1 的作用下，丝线带动筒子回转，并从筒子上退解出来。

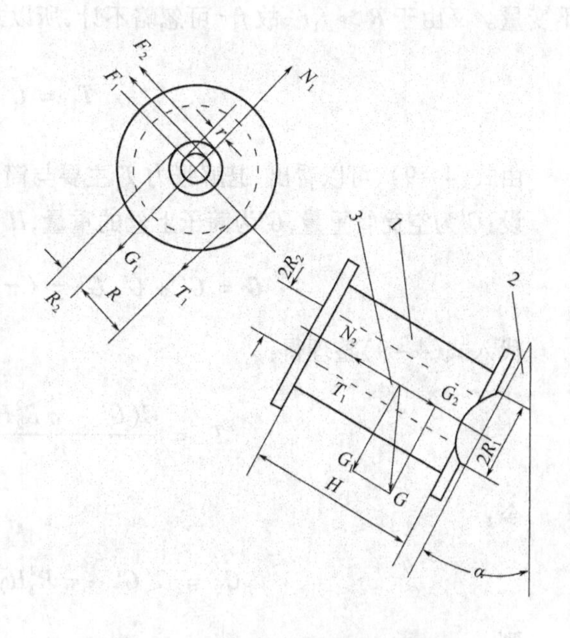

图4－11 筒子经向退解丝线受力图

1—退解筒子 2—筒子架 3—锭杆

设筒子重心与锭杆轴线重合，丝线与轴心线垂直，且在垂直平面内退取退解筒子为脱离体，退解筒子作匀速回转时，其受力情况如图4－11所示。有筒子重量 G，退解张

力 T_1，锭杆对筒子的支撑力 N_1 和摩擦力 F_1，以及锭杆座对筒子的支撑力 N_2 和摩擦力 F_2。筒子重力 G 可以分解为垂直于锭子中心和平行于锭子中心的两个分力 G_1 和 G_2，则：

$$G_1 = G\cos\alpha, G_2 = G\sin\alpha$$

力的平衡关系有：

$$N_1 = G_1 + T_1$$
$$F_1 = f_1 N_1 = f_1(G_1 + T_1)$$
$$N_2 = G_2, F_2 = f_2 G_2$$

筒子平稳回转时，摩擦力矩和张力矩相平衡，即：

$$T_1 = F_1 r + F_2 R_1$$

整理后得：

$$T_1 = \frac{f_1 G_1 r + f_2 G_2 R_1}{R - f_1 r} = \frac{G(f_1 r\cos\alpha + f_2 R_1 \sin\alpha)}{R - f_1 r} \tag{4-8}$$

式中：R——筒子退解半径；

r——锭杆半径；

R_1——锭杆座与筒子边盘的接触半径；

f_1——筒管与锭杆的摩擦系数；

f_2——锭杆座与筒管边盘的摩擦系数。

对于固定材料，其摩擦系数 f_1、f_2 为定值，r、R_1 及 α 为常数。令 $C = f_1 r\cos\alpha + f_2 R_1 \sin\alpha$，为一不变量。又由于 $R \gg f_1 r$，故 $f_1 r$ 可忽略不计，所以式(4-8)可写成：

$$T_1 = C\frac{G}{R} \tag{4-9}$$

由式(4-9)，可以看出，退解张力 T_1 主要与筒子重量 G 和筒子退解半径 G 有关。

设：G' 为空筒管重量，G'' 为筒子上丝的重量，H 为筒子长度，γ 为卷绕密度，则：

$$G = G' + G'', G'' = (\pi R^2 - \pi R_2^2) \cdot H\gamma$$

代入式(4-9)整理得：

$$T_1 = \frac{C(G' - \pi R_2^2 H\gamma)}{R} + C\pi R H\gamma \tag{4-10}$$

令：

$$C_1 = C(G' - \pi R_2^2 H\gamma), C_2 = C\pi H\gamma$$

则：

$$T_1 = \frac{C_1}{R} + C_2 R \tag{4-11}$$

由式(4－11)可见，当退解半径减小时，式中右边第一项 $\frac{C_1}{R}$ 的值与 R 成反比，并按双曲线关系变化，如图4－12中Ⅰ线；第二项 C_2R 的值与 R 成正比，如图4－12中Ⅱ线；图4－12中退解张力 T_1 的变化曲线Ⅲ，系由Ⅰ、Ⅱ线合成。

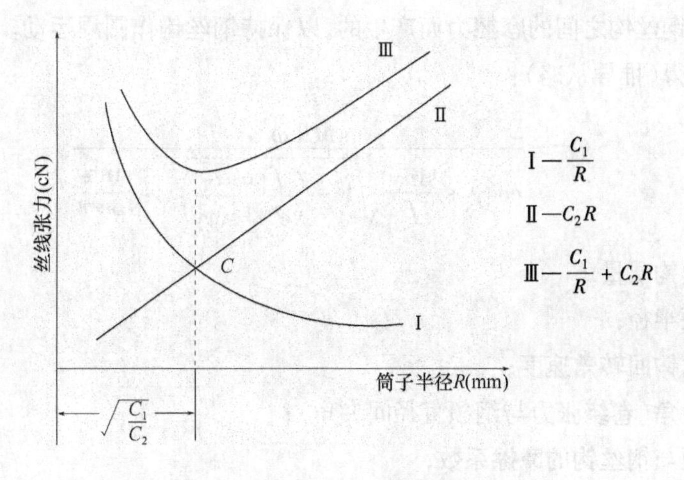

图4－12　丝线退解张力与筒子直径的关系

当退解半径减小时，退解张力的极小值可由一次导数等于零求出，即：

$$\frac{\mathrm{d}T_1}{\mathrm{d}R}=\frac{C_1}{R^2}+C_2=0$$

$$R=\sqrt{\frac{C_1}{C_2}}$$

当 $R=\sqrt{\frac{C_1}{C_2}}$ 时，丝线退解张力最小，图4－12交点 C 处：

$$T_{\min}=2\sqrt{C_1\times C_2}$$

当筒子的退解半径 $R>\sqrt{\frac{C_1}{C_2}}$ 时，退解张力 T_1 随 R 的减小而减小；当退解半径 $R<\sqrt{\frac{C_1}{C_2}}$ 时，退解张力 T_1 随 R 的减小而增大。这是因为筒子退解半径 R 的减小与筒子重量的减小不一致，前者表现为筒子上丝重的减小，使筒管与锭芯的摩擦力减小，从而使张力减小；而后者则表现为筒子退解半径的减小比筒子上丝重的减少来得快，为了保证一定的回转力矩，退解张力 T_1 必须增大。

从曲线Ⅲ还可以看出，退解过程中，筒子由大直径减小至小直径时退解张力波动较大，为使退解张力尽量均匀，要求筒子直径差异减小，这样，退解筒子的卷装容量就受到了限制。

由于筒管制作上的问题，筒子中心容易不正，而且装在锭杆上有一定间隙，筒子回转时就会剧烈地跳动。筒子回转不均匀，也会引起丝线张力的变化。当并丝速度一定时，随着筒子直径的减小，筒子回转的角速度增加，更加剧了筒子的跳动，使张力波动增大。

在有捻并丝机上并丝时,要求同一股丝中的各单丝张力一致,以免造成宽急股病疵。因此,同一锭中退解筒子直径要一致;退解筒子回转要灵活;合股丝线在导轮上要绕有一定圈数,使其与导轮的摩擦力大于退解张力,避免丝线与导轮产生滑移,使丝线顺利退解,且同股中的各根单丝,在导轮上绕丝圈数要一致。

2. 卷绕张力 卷绕张力是导轮下张力的重要部分,指钢丝钩至并丝筒子间丝线的张力,主要是克服钢领和钢丝钩之间的摩擦力而产生的,以保持钢丝钩作圆周运动。卷绕张力可由钢丝钩的受力分析求得(推导从略):

$$T_{\mathrm{w}} = \frac{MR\,\omega^2}{\cos\gamma + \dfrac{\sin\gamma}{f}\sqrt{1-\left(\dfrac{f\cos\alpha_{\mathrm{R}}}{e^{\mu_{\mathrm{R}}\theta_{\mathrm{R}}}\sin\gamma}\right)^2} - \dfrac{\sin\alpha_{\mathrm{R}}}{e^{\mu_{\mathrm{R}}\theta_{\mathrm{R}}}}} \tag{4-12}$$

式中:M——钢丝钩质量;

R——钢领半径;

ω——钢丝钩回转角速度;

γ——拉力角(卷绕张力与纲领直径间夹角);

f——钢领与钢丝钩的摩擦系数;

α_{R}——气圈底部张力 T_{R} 与 Z 轴的夹角;

μ_{R}——丝线与钢丝钩的摩擦系数;

θ_{R}——丝线与钢丝钩的包围角。

影响卷绕张力的主要因素如下。

(1)锭子转速。锭速增大,钢丝钩的离心惯性力增大,卷绕张力 T_{w} 增大。

(2)钢丝钩号数。钢丝钩号数小(质量大),钢丝钩的离心惯性力大,卷绕张力大。相反,钢丝钩号数大,钢丝钩的离心惯性力小,卷绕张力小。因此,可用改变钢丝钩号数的方法来调节卷绕张力。

(3)钢领半径。钢领半径大,钢丝钩回转的离心惯性力大,卷绕张力也就大。故在大卷装加大钢领直径时,会增大丝线张力。

(4)卷绕半径与拉力角。图 4-13 为卷绕张力与卷绕半径、拉力角的关系图。

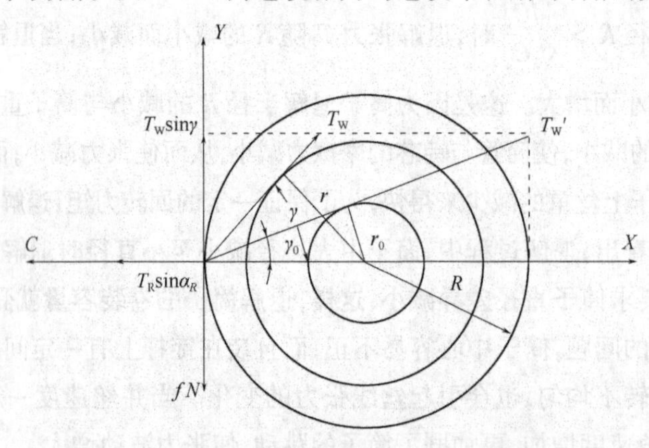

图 4-13 卷绕张力与卷绕半径的关系图

$$T_w \sin\gamma - fN = 0$$

因此：

$$T_w = \frac{fN}{\sin\gamma} = \frac{RfN}{r} \tag{4-13}$$

正常卷绕时，R 不变，fN 的变化也局限在一定范围内，因此卷绕张力近似与卷绕半径 r 成反比。当卷绕半径为 r_0（即空筒管）时，此时的拉力角称为初始拉力角 γ_0。γ_0 越小，则 T_w 越大。因此空筒管卷绕时，常由于张力过大，而造成断头。

若空筒管半径 r_0 不变，钢领半径 R 增大，则卷绕张力也增大，因此要求初始拉力角 γ_0 控制在一定的范围内。但 γ_0 与卷绕容量有关，γ_0 大虽可减小空筒管时的卷绕张力，却使卷绕容量减小。因此要求适当选择筒管半径与钢领半径的比值，对大卷装并捻机来说，此比值可选择为0.4。

第三节　并丝疵点分析

一、卷绕成形不良

主要原因是筒子规格不一；锭子太高或太低；并合根数改变后，没有调节钢领板的升降速度，使丝线叠起，筒子表面不平；成形凸轮磨损，钢领板升降失灵或发抖。

二、多头、少头

主要原因是退解筒子本身为多根丝，或筒子架上放着不用的单丝筒子，致使单丝带入造成多头；断头丝线飘到邻近锭子上造成多头；断头自停机构失灵，丝线断头时不停机造成少头。

三、捻度过多、过少

捻度过多（也称紧线）的主要原因是锭速太快，退解筒子回转不灵活，丝线退解受阻或导轮上绕丝圈数不足，丝线在导轮上滑移，钢丝钩跳出等。捻度过少（也称懈线）的主要原因是锭速太慢，钢丝钩回转不灵活，或导轮转速过快等。

四、毛丝（破股）

主要原因是断头自停瓷钩、导轮和钢丝钩起槽，或并丝筒子边缘有裂痕、不光滑。

五、油污丝

主要原因是操作工人手上有油污，或导丝机件有油污。

六、宽急股

主要原因是退解筒子半径不一致；个别筒子退解不灵活；同股单丝在导轮上的绕丝圈数不同。

七、压头(骑马头)

主要原因是未将已断丝头理清,并合丝中有丝头压在邻近丝层下面。

第四节　多种纤维的并合工艺

多种纤维的复合,包括不同种类纤维、不同线密度、不同纤维截面、不同染色特性或不同收缩率的原料之间的复合,最基本的手段是并合。并合的工艺目前有无捻并丝、有捻并丝和网络并丝。其中,多种纤维并合中,消除宽急股的有效工艺手段是加强单根纤维之间的抱合力度。较为常用的是网络抱合和并捻抱合,即网络并丝与有捻并丝两种工艺。

随着传统并捻机退绕方式的改进,即改径向退解为轴向退解,解决了径向退解张力大易损伤纤维的物理机械性能且差异明显,易造成宽急股等病疵。

一、无捻并丝

无捻并丝生产效率高,具有灵敏的断头自停装置,可降低操作工的劳动强度及回丝量。但实践中发现,无捻并丝,即使单丝张力调节得完全一致,股丝在加捻等后道工序中仍可能产生宽急股。其原因在于,等张力的单丝的并合只能并列,缺乏抱紧,实际上仍以分离的状态进入下一道工序加工,在经过众多的弯曲、摩擦后又将产生新的张力差异,导致宽急股。工艺路线为:

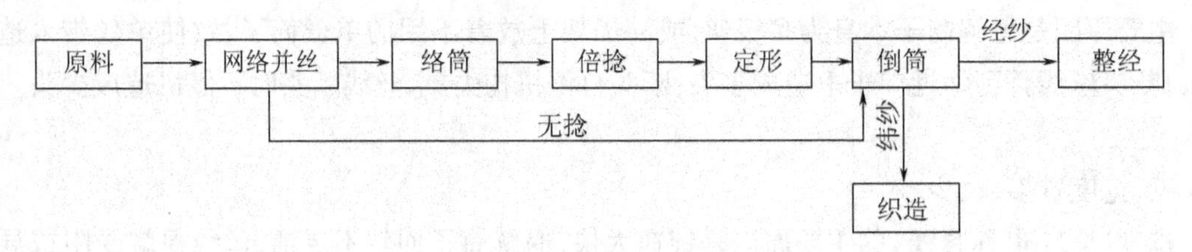

二、有捻并丝

有捻并丝是在并合丝线的同时给丝线加以一定的捻度,捻度的大小反映了并合丝线的抱合力度,一般可在43~943捻/m内任意调节,不存在失捻,即成捻牢度可达100%。既可满足后道倍捻所需的24~150捻/m的预捻区域,又可满足高速织造所需的100~200捻/m的保护捻区域,还可络并捻一步完成150~943捻/m的低捻区域,直接用于低捻或复捻风格的产品加工。工艺路线为:

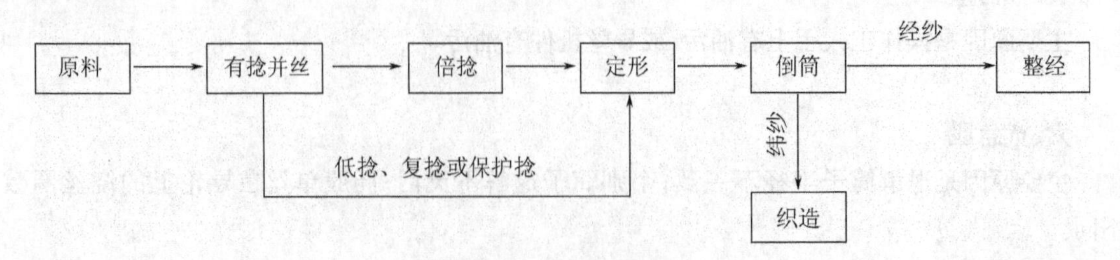

三、网络并丝

网络并丝是利用压缩空气高速喷射的湍流及旋流的冲撞作用,使各根丝中的多孔细旦单丝或纱中的单纤维松散、旋转,进而扭(抱)合成假捻点——网络点。网络点增强了并合丝的抱合力度,目前化纤织造业中多种纤维的复合大多数采用网络并丝。但网络并丝对由少孔单丝构成的化纤难以网络,对复捻丝更为困难。网络点也有消失的可能,即在储运和后道工序退解中消失,降低抱合牢度。另外网络并丝的网络度调节不能满足不同纤维或后道工序对抱合度的最佳选择要求。网络点还会影响染色性能。工艺路线为:

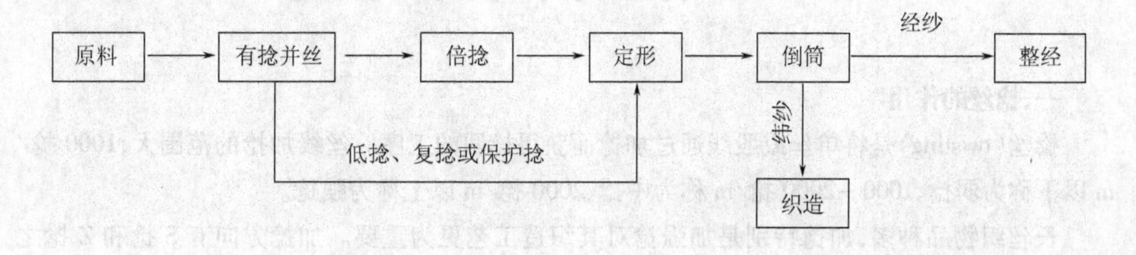

第五章　捻丝

第一节　捻丝的作用和加捻原理

一、捻丝的作用

捻丝(twisting)是将单丝或股线通过加捻而获得捻回的工序。丝线加捻的范围大,1000 捻/m 以下称为弱捻、1000～2000 捻/m 称为中捻、2000 捻/m 以上称为强捻。

长丝织物品种多,加捻特别是加强捻对其织造工艺更为重要。加捻方向有 S 捻和 Z 捻之分,加捻有单丝加捻和股线加捻两种。股线加捻中又有单丝先加捻后合并,再复捻;也有单丝无捻并合后再加捻;单丝与股线又有同向加捻与异向加捻之分。同向加捻的丝线弹性好,但手感较硬;而异向加捻能使单丝间的扭应力得到平衡,捻度易于稳定。

捻丝通过加捻可使丝线具有一定的外观效应并改变其力学性能。

(1)增加丝线的强力和耐磨性能,减少起毛和断头,提高织物牢度或增加丝线染色前的抱合力。

(2)使丝线具有一定的外形和花式,织物获得折光、绉纹、毛圈、结子等外观效应。

(3)增加丝线的弹性,提高织物抗折皱能力、凉爽感等服用性能。

二、加捻原理

加捻的过程是丝线表面的纤维产生螺旋线变形的过程,也是丝线相邻两横截面之间绕轴线产生相对角位移的过程。

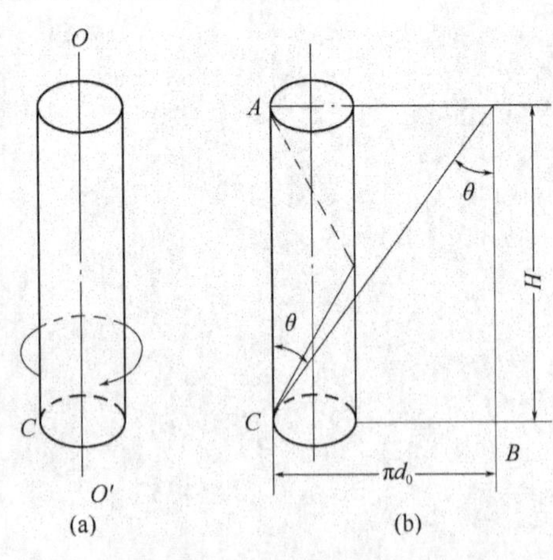

图 5－1　捻回展开图

如图 5－1 所示,设圆柱体丝线 AC 段的 A 点固定,C 点绕自身轴心线扭转一圈[图 5－1(a)],此时两截面间产生相对角位移 2π,由原来直线状的纤维 AC 扭转成螺旋状[图 5－1(b)]。丝线上的一个螺旋就是一个捻回,丝线单位长度内的捻回数称捻度,捻度的单位常用每米中的捻回数或每厘米中的捻回数表示。

$$T = \frac{1}{H} = \frac{1}{\pi d_0 \cot\theta} \tag{5-1}$$

式中:T——捻度,捻/m,捻/cm;

H——捻距(一个捻回的轴向长度)。

第二节 捻丝方法

捻丝方法有干捻和湿捻之分,干捻中又有单捻、倍捻、花式捻线和包覆丝之分。

一、干捻

1. 单捻 单捻为锭子一回转,丝线上产生一个捻回,常在普通捻丝机上完成,如图5-2为GD141-100型捻丝机的丝线加捻行程图。丝线1自锭子2上退解筒子3引出,由衬锭5加捻,经导丝钩6、导丝器7卷绕到筒子8上。

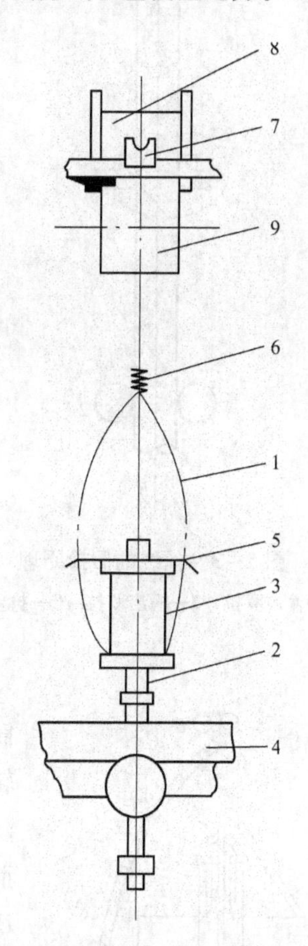

图5-2 GD141-100型捻丝机的丝线行程
1—丝线 2—锭子 3—退解筒子
4—龙带 5—衬锭 6—导丝钩
7—导丝器 8—卷绕筒子 9—摩擦滚筒

2. 倍捻 倍捻(Two-For-one twister)就是捻丝锭子每一回转能给予丝线两个捻回的捻丝方法。

(1)丝线假捻与倍捻。图5-3为丝线的假捻原理图,将丝线AB两端由输入罗拉1和输出罗拉2握持。当捻丝器C作逆时针回转一周时,则AC丝段产生一个S捻,CB丝段产生一个Z捻,因此AB段丝线获得数量相等方向相反的捻回。当丝线作轴向移动时,AC段、BC段丝线上大小相等捻向相反的捻回相抵消,结果是假捻,其根本原因是两握持罗拉在捻丝器的异侧。

图5-4为丝线的倍捻原理图。若把输出罗拉2移到捻丝器C的同一侧,同时设AC段丝线以自身的轴线作自转,而BC段丝线又以AB轴线作公转,这时捻丝器C逆时针回转一周时,则AC、BC段上的丝线各获得了一个S捻,当丝线作轴向移动时,AC段丝线上的S捻就移到BC段丝线上,即得到两个捻回。

设丝线沿轴向移动的速度为v(m/min),捻丝器的转速为n_1(r/min),在稳定状态时,则AC段上的捻度为:

$$T_1 = \frac{n_1}{v}$$

BC段上捻度同理,所以AB段上丝线的捻度为:

$$T_2 = T_1 + \frac{n_1}{v} = \frac{2n_1}{v} \quad (5-2)$$

即丝线 *AB* 段上获得捻度为加捻器转数的两倍。

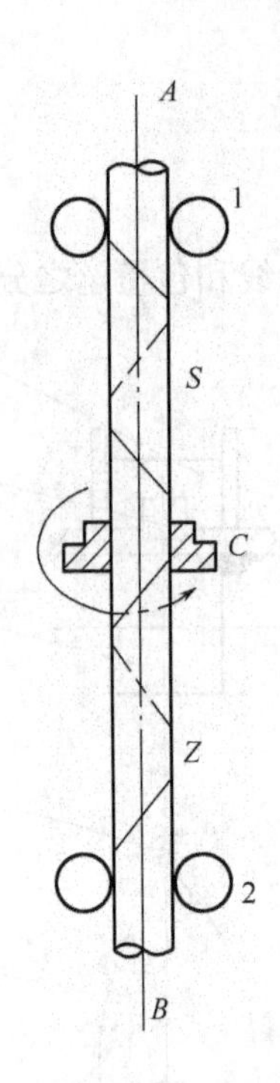

图 5－3 丝线的假捻原理

1—输入罗拉 2—输出罗拉 C—捻丝器

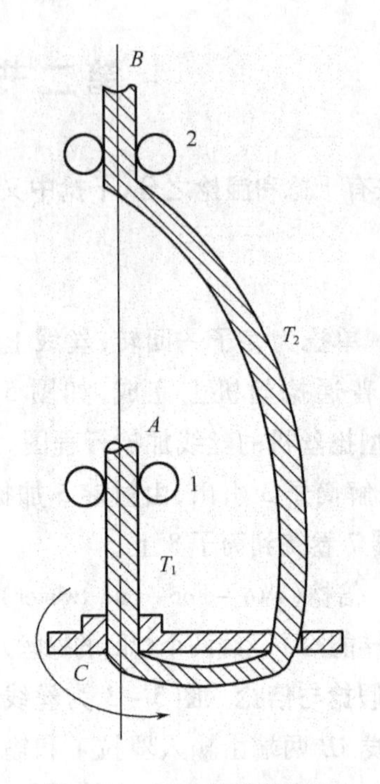

图 5－4 丝线的倍捻原理

1—输入罗拉 2—输出罗拉 C—捻丝器

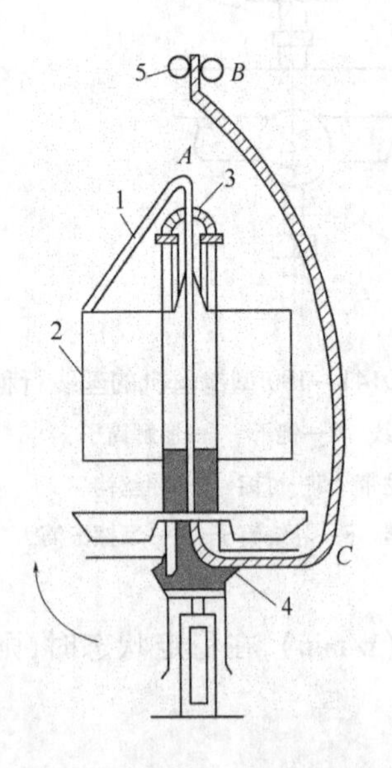

图 5－5 倍捻锭子捻丝原理简图

1—丝线 2—筒子 3—锭杆

4—储丝盘横向小孔 5—导丝钩

图 5－5 为倍捻锭子。需要加捻的丝线 1 自静止的供丝筒子 2 上引出，从锭子顶端穿入空心锭杆 3，随锭杆的一回转，*AC* 段丝线得到一个捻回，然后丝线再从空心锭杆下端储丝盘 4 的横向孔眼穿出引向上方的导丝钩 5。储丝盘随锭杆而回转，丝线随着横向孔眼对导丝钩固定点的一回转，丝线 *BC* 段又加了一个捻回。如图锭杆作顺时针方向一回转，*AC* 段丝线获得 Z 向一捻回，*BC* 段丝线也获得 Z 向一捻回，*AB* 段丝线移动时，相同捻向的两个捻回叠加，得到倍捻效果。

（2）三倍捻。三倍捻机（triple twister）的最大优点是产量高。锭子的结构见图 5－6，包括两个部分：锭杆和外导纱圆筒组成外捻丝系统，退解筒子和内导纱圆筒组成内加捻系统。其加捻的原理是：丝线靠离心力的作用从筒子上退解下来，沿内导丝圆筒内壁移动，然后通过空心锭杆通向外侧，这将产生两个固定点：上部固定点位于锭子内，下部固定点位于锭子外部，两点以同速逆向运转，因而在两点之间的丝线由锭子转一转产生两个捻回。此后纱再沿外导丝圆筒内壁向上运动，通过外导丝圆筒上端的导丝器再到卷取部分。由于外锭的回转和固定的导纱钩，丝线再获得第三个捻回。

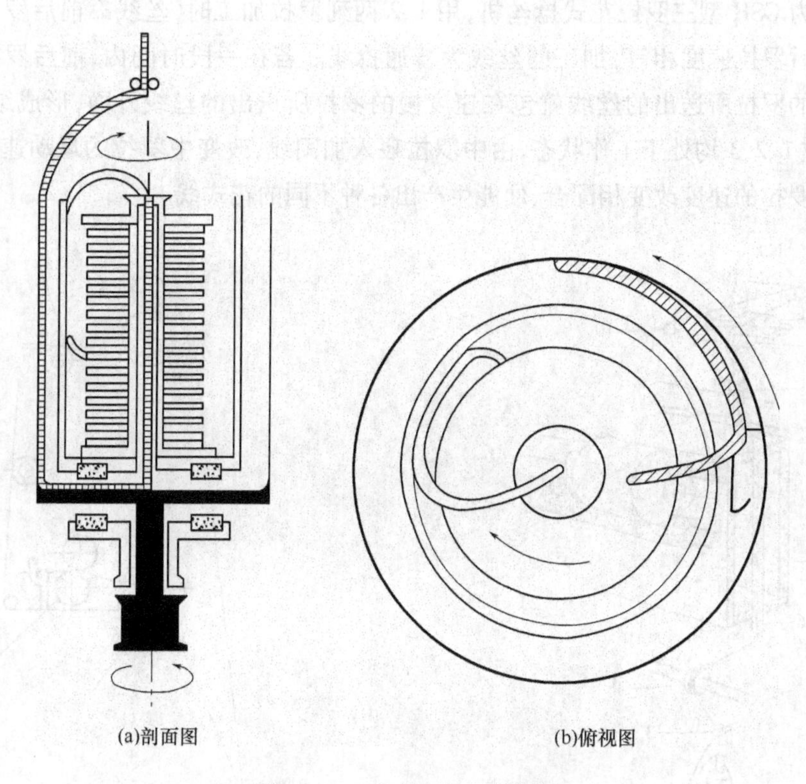

图5-6　三倍捻机锭子结构图

(3)一步法倍捻。一步法倍捻是一次完成倍捻、热定形和假捻加弹变形三个工序的加工，用于涤纶仿真丝、仿毛产品的加工。

图5-7为RATT1 R522-DFT型涤纶仿真丝一步法倍捻机，又称“三合一”倍捻机。

被倍捻的丝线1从菠萝形筒子2退绕，经过导丝钩3，进入第一只超喂罗拉4，使丝线以松弛的状态进入热定型箱5中的导丝管6进行热定型。倍捻丝出热箱后，穿过假捻锭子7进行假捻处理，丝线由于假捻锭子的高速旋转而被加捻，且丝线在热定型箱内和出热定型箱至假捻锭子之间是旋转的，即热定型箱对假捻加捻也起到一定的定型作用，使丝线的内部结构得到暂时的稳定，保持其扭曲的外形。在假捻装置至第二只超喂罗拉8之间为解捻过程，在这一过程中假捻加捻的捻度被解除，这时留下的实际捻度只有倍捻时所加的捻度，但假捻加捻时的丝线的扭曲外形则被保持了下来，与普通倍捻的丝相比，丝线具有更好的柔软性、卷曲膨松性和柔和的光泽，仿真效果好。最后，丝线经上油罗拉9、导丝罗拉10、卷绕到筒子11上。

3. 花式捻线　花式捻线(plycomplex yarn)是在花式捻丝机上加工完成。花式捻线是具有不同结构，不同色泽和不规则截面的特殊丝线。花式捻线的特点是将两根或两根以上的丝线，以不同速度喂入，并合加捻而形成。以较低速度喂入的丝线，张力较大，位于花式线的中心，构成基干，称为芯线(core)，以较高速度喂入的丝线，张力较小，绕在芯线的表面起装饰作用，称为饰线(effect yarn)，形成结子、结圈、螺旋、粗节、断丝等外观。为了使饰线和芯线的相互位置固定,获得稳定的外观,需要第二次加捻,即在芯线饰线上再加一固结线(tied yarn),给予加捻。

图 5-8 为 GSH 型三罗拉花式捻丝机,用 1、2 两列罗拉加工时,丝线靠前后罗拉分别向锭子传送,若前后罗拉速度相等,加工的丝线为普通捻线。若在一段时间内,前后罗拉的速度不等,则速度快的罗拉所送出的丝线就包在速度慢的罗拉所送出的丝线外面,形成结子的长短。如果三只罗拉 1、2、3 均处于工作状态,由中罗拉喂入加固线,改变中罗拉的运动速度或停顿时间,再与前后罗拉的速度改变相配合,便能生产出各种不同的花式线。

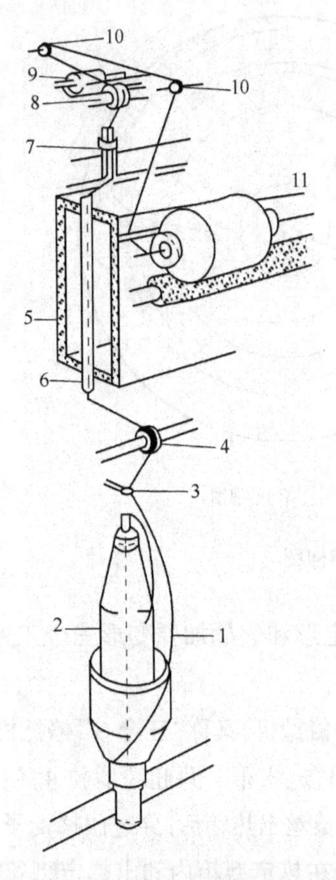

图 5-7　RATTI R522-DFT 型涤纶仿真丝"三合一"倍捻机

1—丝线　2—菠萝形筒子　3—导丝钩

4、8—超喂罗拉　5—热箱　6—导丝管

7—假捻锭子　9—上油罗拉　10—导丝罗拉　11—筒子

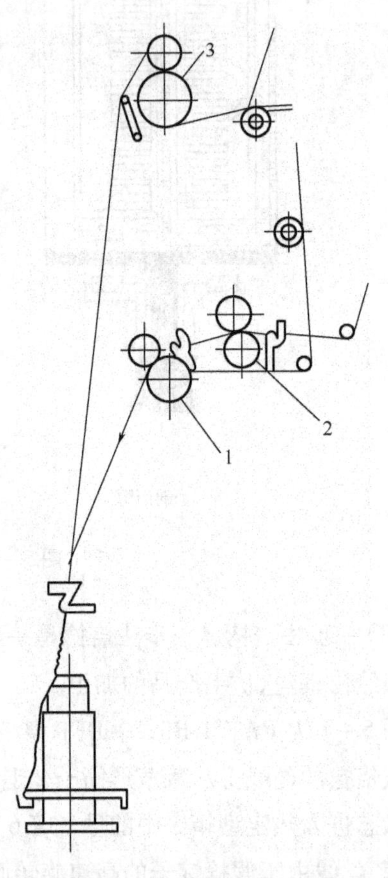

图 5-8　三罗拉加工原理图

1—前罗拉　2—后罗拉　3—中罗拉

该机采用 TECH-81 型单板机组成的计算机系统,通过控制 8 只电磁离合器的通断时间,实现各种不同的花式线加工。整个程序由"品种选定"、"代码检测"、"花样控制程序"、"显示程序"等主要程序段组成。面板上装有 6 只品种选择开关,从而选择生产所需的花式线,并可利用面板上的发光二极管对外部电路设备进行调试或对花式线进行监视。

机台左右两侧单独传动,可同时生产同一品种或两边不同线密度、不同捻度的花式线。图 5-9 为常见花式捻线示意图。

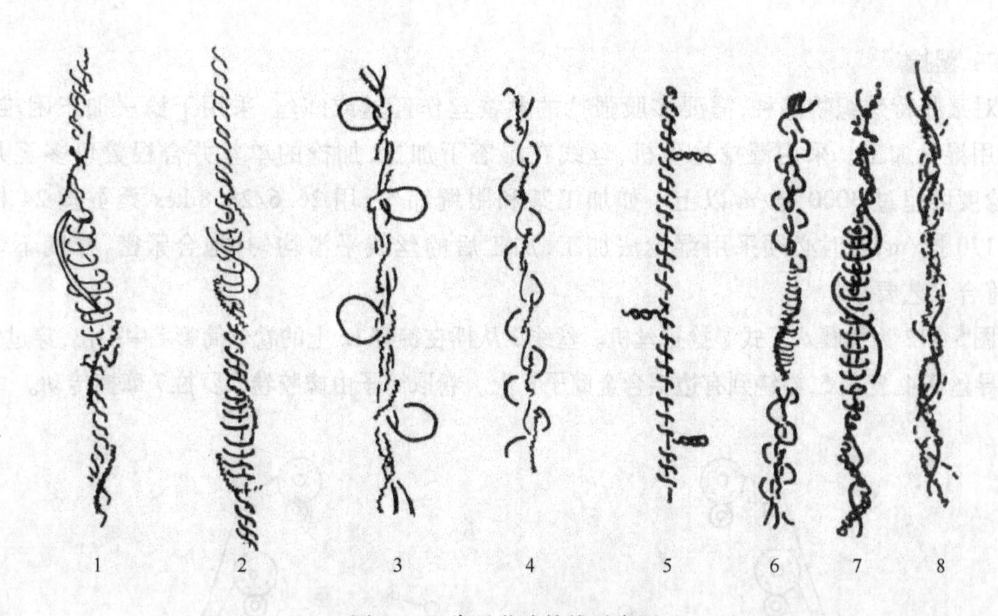

图 5－9　常见花式捻线示意图

1—单色结子线　2—双色结子线　3、4—环圈线　5—辫子线　6、7—环圈结子线　8—断丝线

4. 弹力包覆纱　捻线是弹力包覆纱(covered yarn with spandex)的一种加工工艺,中间的弹力芯丝被外面的短纤纱或长丝完整地保护着,基本没有受到扭转,如图 5－10 为弹力包覆纱结构。

弹力包覆纱加捻的获得主要是依靠其独特的锭子,如图 5－11 所示。弹力芯丝 1 从空心轴下端引入,短纤纱或长丝卷装 2 与锭子 3 一起旋转,锭子上端装有一只顶盖 4,形成一个密闭的空间,能减少丝线沾污。当有边筒子旋转时,纱线从筒子上退绕,因离心力而紧贴在锭罐 5 的内壁,并被从上部引出。弹力芯丝约以 1.5～4.5 倍的牵伸倍数由独立的喂入装置通过空心锭子底端喂入,当离开锭子时,短纤纱或长丝以极低的张力包覆在弹力芯丝上,弹力芯丝不会加上任何捻度。该独特的锭子密封无气圈,锭速高,可达 14000r/min,且加捻均匀度高。

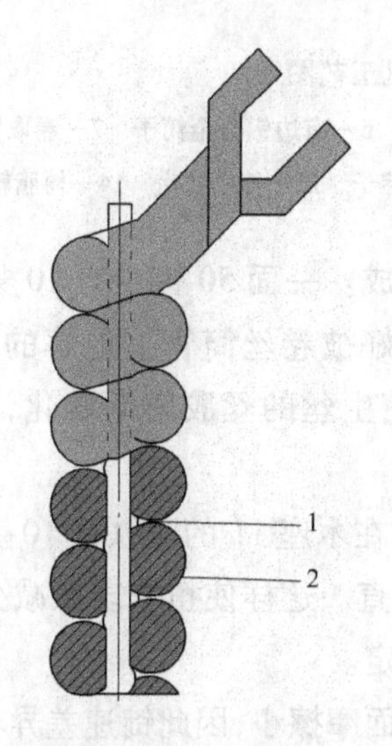

图 5－10　弹力包覆纱结构

1—弹力芯丝　2—包覆纱

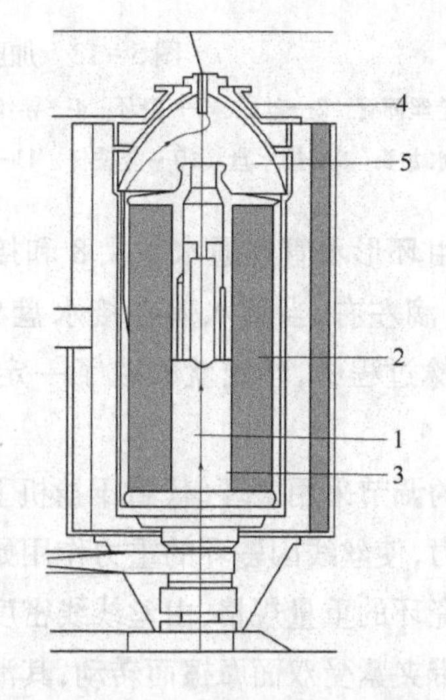

图 5－11　弹力包覆纱的捻线锭子

1—弹力芯丝　2—有边筒子　3—锭子
4—锭子顶盖　5—锭罐

二、湿捻

对某些特殊织物品种，需要多股强捻的桑蚕丝作经丝或纬丝，采用干捻法加工困难，必须采用湿捻加工。采用湿捻捻丝机，丝线在湿态下加捻，加捻的单丝并合根数可多至几十根，捻度可超过3000捻/m以上。如加工某和服绸纬丝，用26.6/28.8dtex桑蚕丝24根并合，3170捻/m，这时必须采用湿捻法加工，加工后的丝线平滑均匀，抱合紧密，捻度不匀率低，符合工艺要求。

图5-12为加藤八丁式湿捻捻丝机。丝线2从插在锭杆12上的卷丝筒管1中引出，穿过瓷环3，经导丝杆4、瓷山5，卷绕到有边铝合金筒子6上。卷取筒子由橡胶卷取罗拉7摩擦传动。

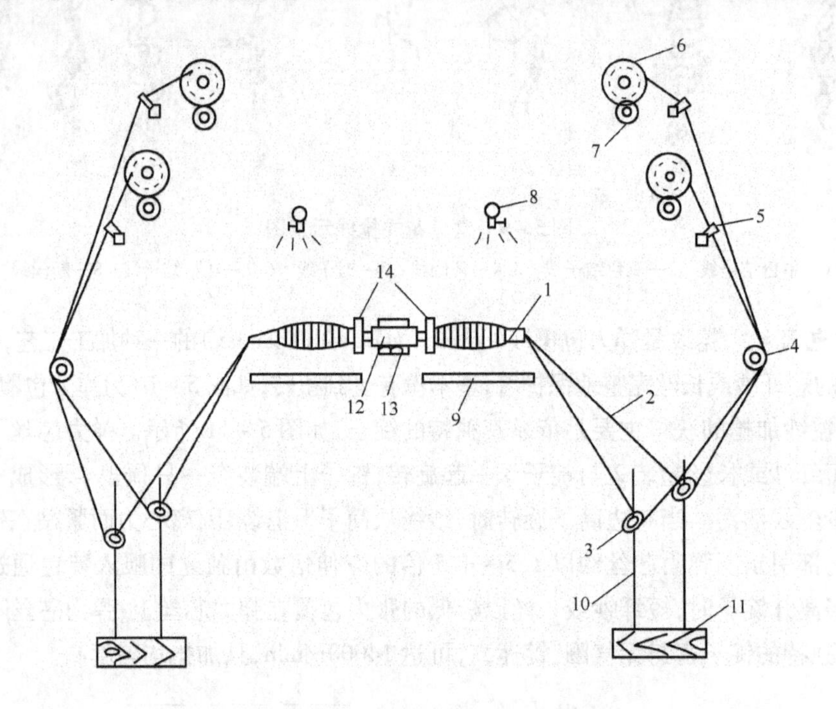

图5-12 加藤式湿捻丝机工艺图

1—卷丝筒管 2—丝线 3—瓷环 4—导丝杆 5—瓷山 6—有边铝合金筒子 7—卷取罗拉 8—水龙头 9—接水盘 10—竖铁杆 11—木座 12—锭子 13—传动龙带 14—树脂轴承

给湿部分由环形水管连通水龙头8和接水盘9组成。一面50锭中有10只水龙头，滴水量在每分钟60滴左右，当滴水落在接水盘9上时，正好被卷丝筒管上退解的丝线气圈所蘸到，这样，在加捻过程中，丝线就吸收了一定的水分，使生丝的丝胶膨润软化，有利于丝线的强捻扭转。

丝线张力的调节采用瓷环(代替干捻机上的衬锭)，在木座11的竖铁杆10上，给予强捻丝线以一定的张力，使丝线因瓷环的重力作用始终保持挺直。这样使扭缩现象减少，张力均匀且操作安全。其瓷环的重量规格，由丝线线密度和捻度决定。

锭子被龙带夹紧受双面摩擦而转动，其滑移率比单面摩擦小，因此锭速差异小，捻度不匀率低。当龙带按一定方向传动锭子时，锭子两面丝线的捻向始终相反，即一台机同时可加工S向和Z向的加捻线。

由于采用给湿捻丝，根据原料特性，湿捻不适用于人造丝和合纤丝的加捻，只适用于桑蚕丝加捻。

第三节　捻丝张力分析及控制调节

在捻丝设备中，单捻有采用衬锭的重量和形状来调节捻丝张力，也有采用圆盘捻丝器代替衬锭调节和控制捻丝张力。倍捻是采用钢珠的重量和数量来调节捻丝张力。

一、单捻张力分析

1. 衬锭捻丝的捻丝张力　丝线在中、强捻的加工中，锭杆上端活套一衬锭。衬锭跟随锭子回转，由于喂入筒子的退解运动和丝线张力作用，衬锭在整个捻丝过程中略快于锭子转速。捻丝张力主要是丝线为平衡衬锭运动阻力而作功的结果，这些阻力包括退解张力、气圈张力、衬锭增加的张力等，其中退解张力、气圈张力的作用原理参见第二章第四节。

(1)摩擦阻力与力矩。衬锭水平转动时与锭杆产生摩擦阻力包括两方向：一是锭杆上端对衬锭木环的摩擦阻力 F_y 与力矩 M_y，如图 5－13 所示。

$$F_y = f_1 N_y$$

$$M_y = F_y r_a = f_1 N_y r_a$$

式中：N_y——锭端对衬锭木环沿 y 轴向的反作用力；

f_1——锭端与衬锭木环间的摩擦系数；

r_a——锭端接触半径。

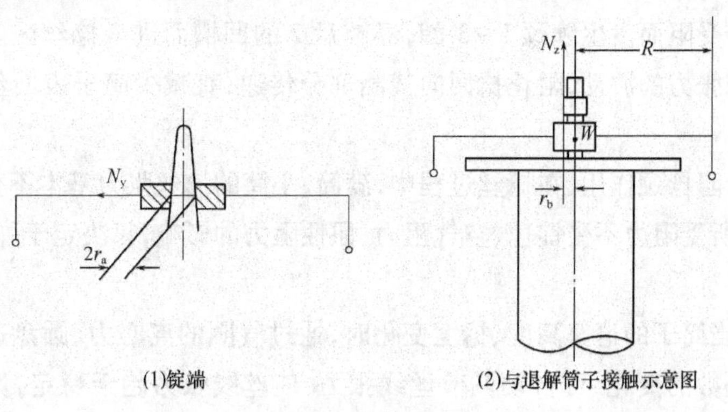

图 5－13　衬锭

二是退解筒子边盘对衬锭木环的摩擦力 F_z 与力矩 M_z：

$$F_z = f_2(W - N_z)$$

$$M_z = f_2 r_b(W - N_z)$$

式中：W——衬锭重量；

r_b——衬锭木环与退解筒子边盘接触的平均半径；

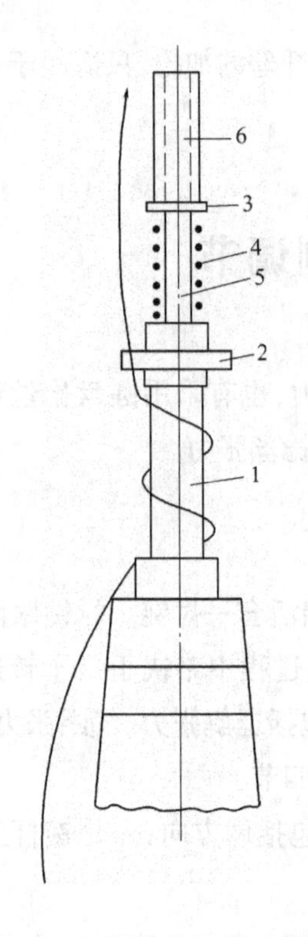

图 5 - 14　圆盘捻丝器示意图
1—阻捻颈　2—圆盘　3—垫圈
4—压簧　5—芯轴　6—调节螺母

f_2——衬锭木环与退解筒子边盘间的摩擦系数。

(2)捻丝张力的影响因素。

①锭速。捻丝张力与锭速平方成正比,锭速的变化对捻丝张力的影响最为突出。

②衬锭重量和丝线穿过衬锭的绕脚数。衬锭重,丝线与衬锭脚的摩擦力大,捻丝张力也大。衬锭有两脚、四脚和六脚之分。同重量衬锭,丝线绕过的脚数越多,捻丝张力越大。衬锭半径 R 增加时,张力也会增加。实际生产中,根据丝线捻度、原料种类选择适当规格的衬锭。在锭速一定的情况下,一般改变衬锭重量以调节捻丝张力。

③捻度。当锭速一定时,捻度大,退解速度慢,即卷绕速度及角速度相应减小,因此张力略有减小。但实际生产中,当捻度增大时,捻缩增加,必须采用较重衬锭来拉挺丝身或较高的锭速,这样表现为捻度大时张力大。

④筒子的退解半径和退解高度。当筒子的退解半径随退解过程的进行而逐渐减小时,捻丝张力逐渐增加,最大捻丝张力发生在小筒子处。当退解点自上而下移动时,丝线与筒子表面摩擦逐渐增加,捻丝张力也逐渐增加,最大张力发生在筒子底部。

2. 圆盘捻丝的捻丝张力　圆盘捻丝器如图 5 - 14 所示。捻丝时丝线由筒子引出,经圆盘 2 时由于圆盘的转动受弹簧 4 的压力而有摩擦阻力,使退解丝线的自由旋转受阻而发生缠颈 1 ~ 3 圈,经圆盘 2 的凹槽而进入捻丝区。丝线缠绕阻捻颈的作用是吸收气圈张力的波动,阻止捻回向气圈部分传递,有减少筒子表面丝线的摩擦起毛的作用。

圆盘捻丝由于阻捻颈作用,在捻丝过程中,满筒、小筒的捻丝张力基本不变。而且捻丝圆盘的尺寸小,其运动所受阻力不受锭速、空气阻力、惯性阻力的影响,只决定于弹簧压力,因而捻丝张力比较稳定。

圆盘捻丝中,当筒子的退解高度、捻度变化时,通过气圈的离心力、圆盘速度的变化和丝线在阻捻颈上绕丝圈数的变化,可自动调节丝线张力,使丝线张力趋于稳定,保持在一定的范围内。当退解张力增大时,圆盘加速使丝线阻捻颈上圈数减少,包围角减小,退解张力减小。反之圆盘速度减慢,包围角增大,退解张力增大,所以捻丝张力可以自行调节。

圆盘捻丝与衬锭捻丝相比,捻丝张力基本上不受锭速、筒子的退解半径、退解高度变化的影响。

二、倍捻张力分析

1. 倍捻锭子　倍捻丝线的张力主要来自于倍捻机的锭子。倍捻锭子主要由三部分组成:

锭子的张力装置部分、静止部分和转动部分。图5－15为GC240S型真丝倍捻机锭子。

（1）锭子的张力装置部分。倍捻锭子的张力装置部分主要是给予丝线一定的张力，并用来切断退解张力波动对丝线张力的影响，使捻丝过程中丝线张力保持均匀一致。如图5－16所示，锭子的张力装置采用PVC塑管1内装一套氧化铝座钢珠张力器2组成。塑管顶部有一只氧化铝导轮3，可采用不同的导丝方式，改变捻丝区的丝线张力。塑管内的钢珠规格及数量是根据丝线线密度、捻度等工艺要求选择。

在张力装置顶部活套有退解衬锭（图中未示），衬锭形式有用弹性钢丝制成的单脚和双脚两种，由退解丝线拖动旋转，帮助丝线退解和平衡退解张力。

（2）锭子的静止部分。锭子的静止部分如图5－17所示，由退解架1、锭罩2和筒子座3等组成。退解架为一金属三脚支承架，依靠其三脚之间的弹性支承在锭罩上，锭罩是一不锈钢筒套，套在静止部分的筒子座上。在筒子座内放有永久磁钢，它与固装在筒子座架上的外磁钢相互吸引，固定住锭子的静止部分，保证了退解筒子从满筒到空筒始终不转。

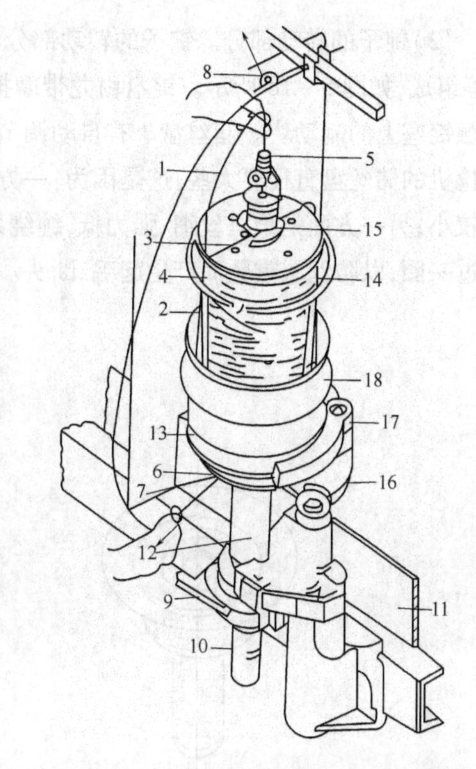

图5－15　GC240S型倍捻机锭子结构图

1—丝线　2—筒子　3—衬锭　4—环圈　5—导丝孔　6—储丝盘　7—瓷眼　8—导丝钩　9—角形手柄　10—锭轴　11—锭带　12—摩擦传动盘　13—捻丝圆盘　14—三脚圆形导丝罩　15—张力垫片　16—磁铁托架　17—磁铁罩壳　18—储丝罐

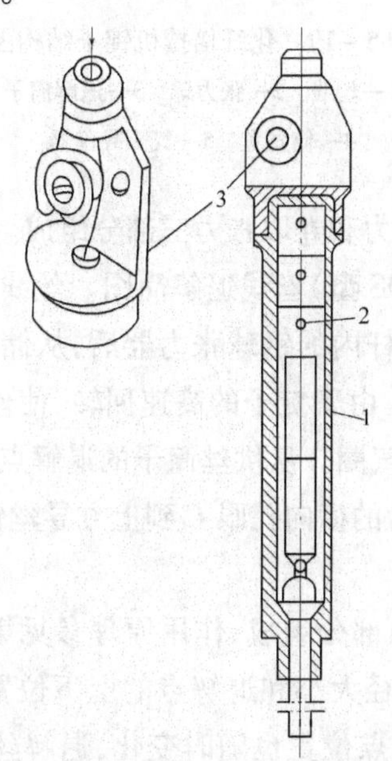

图5－16　锭子的张力装置部分

1—塑管　2—钢珠张力器　3—导轮

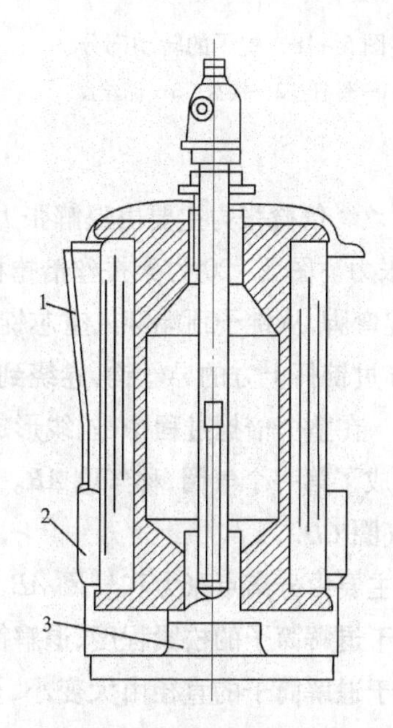

图5－17　锭子的静止部分

1—退解架　2—锭罩　3—筒子座

(3)锭子的转动部分。锭子的转动部分和静止部分用轴承分开,由锭杆1、锭盘2和储丝盘3等组成,如图5-18所示。锭盘由龙带摩擦传动,采用强制制动方式,通过用拉开锭子使锭盘接触锭座上的制动块。储丝盘3有自动调节张力的功能。桑蚕丝倍捻机的储丝盘一般比化纤倍捻机的储丝盘直径要大些,这是因为:一方面桑蚕丝表面光滑,张力装置对丝线施加的作用相对较小;另一方面是桑蚕丝细、强力低,缠绕易断头,所以丝线在储丝盘上的绕丝量应尽量避免超过一圈,以防丝线重叠而产生起毛、断头。化纤倍捻机的锭子结构如图5-19所示。

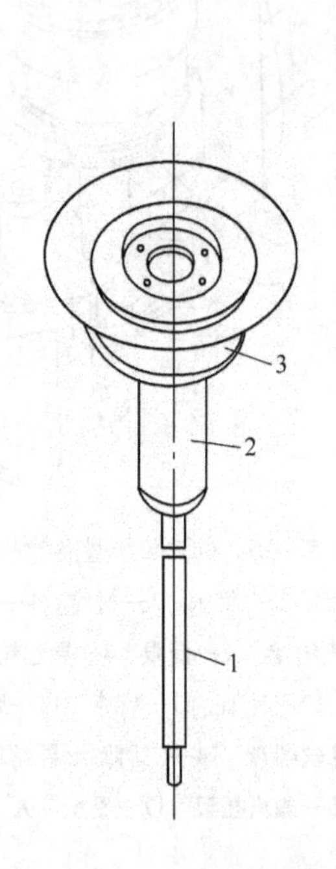

图5-18 锭子的转动部分
1—锭杆 2—锭盘 3—储丝盘

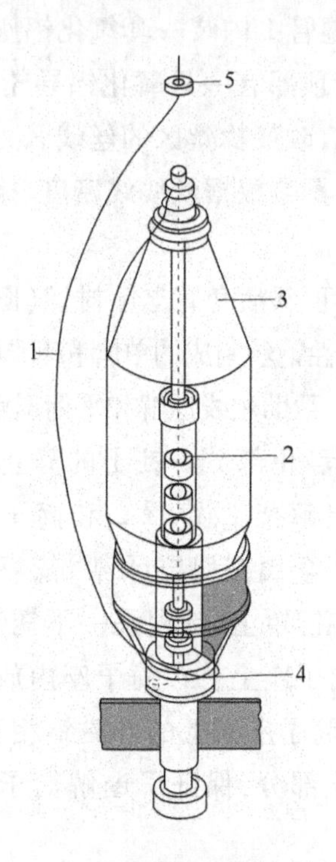

图5-19 化纤倍捻机锭子结构图
1—丝线 2—张力球 3—退解筒子
4—储丝盘 5—气圈导丝器

2. 倍捻张力 倍捻张力主要由退解张力、捻丝张力和卷取张力三部分组成。

(1)退解张力。图5-20为桑蚕丝倍捻机(GC240S型)丝线退解简图。丝线从退解筒子引出后,绕过衬锭弯脚,从锭子顶端穿入空芯锭杆,经锭杆内的钢球张力器后,从储丝盘的横向孔眼中引出,再穿过锭杆上方的导丝钩,卷绕到筒子上。由于锭子的高速回转,使丝线一面扭转,一面向前移动。在整个倍捻过程中,丝线形成了两个气圈。从供丝筒子的退解点 *A* 到空心锭杆的入口处 *B* 形成了第一个气圈,称气圈 *AB*。从储丝盘的横向孔眼 *C* 到上方导丝钩 *D*,形成了第二个气圈,称气圈 *CD*。

退解张力主要由分离点张力和气圈 *AB* 作用力两部分组成,作用原理参见第二章第四节。退解张力取决于退解筒子的松紧程度、退解筒子的半径大小和退解点的上下位置,还与丝线线密度有关。由于退解筒子的直径由大变小,丝线退解点位置也随时变化,退解丝段 *AB* 的气圈形状和张力大小也随之变化,致使在倍捻过程中丝线退解张力很不稳定,波动较大。

(2)捻丝张力。捻丝张力包括第一捻丝区段张力和第二捻丝区段张力。

第一捻丝区段张力是丝线通过锭杆内钢球张力器所获得的张力。对于不同线密度和捻度的丝线,可通过钢球的数量和规格的选择进行调整,达到符合工艺要求的张力。

第二捻丝区段的张力是丝线与储丝盘的摩擦力,及储丝盘随锭子高速回转时,丝线形成气圈 *CD* 的张力。

捻丝张力的大小直接影响卷绕张力的稳定和成形筒子的质量,捻丝过程中要求气圈 *CD* 的张力稳定,当退解筒子的退解点上下变化、退解直径由大变小以及瞬间阻力变化致使捻丝张力波动时,卷绕在储丝盘上的附加张力,通过丝线在储丝盘上绕丝量变化来进行补偿的,从而达到自动调节捻丝张力的目的。卷绕在储丝盘上的附加张力取决于储丝盘表面和加捻丝线间的摩擦系数、加捻丝线的线密度和丝线在储丝盘上的包角。在捻丝过程中,其丝线线密度和摩擦系数是一定的。

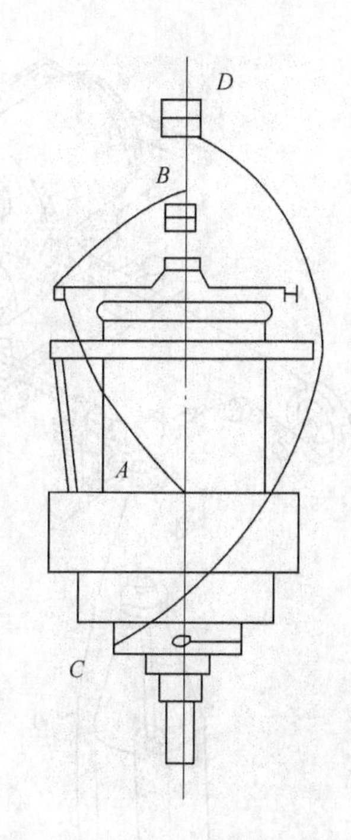

图 5-20　桑蚕丝倍捻机丝线退解简图

(3)卷取张力。图 5-21 为 R362S 型桑蚕丝倍捻机的丝线卷取图,图 5-22 为 RF310G 型化纤倍捻机丝线卷取图。从图 5-21 可知,桑蚕丝倍捻时丝线从气圈导丝器引出,通过导丝杆即卷绕至捻丝筒子上,其卷取张力基本近似或稍大于捻丝张力。要特别指出的是,化纤倍捻时由于丝线线密度大、锭速高,致使捻丝张力大,所以一般设置一超喂罗拉装置。在丝线卷绕到捻丝筒子前,通过超喂罗拉控制不同的超喂率来调节丝线张力,获得低而均匀的卷取张力,满足工艺要求。超喂罗拉的转动是通过一对链轮传动,可以变换被动链轮齿数实现不同的超喂率。

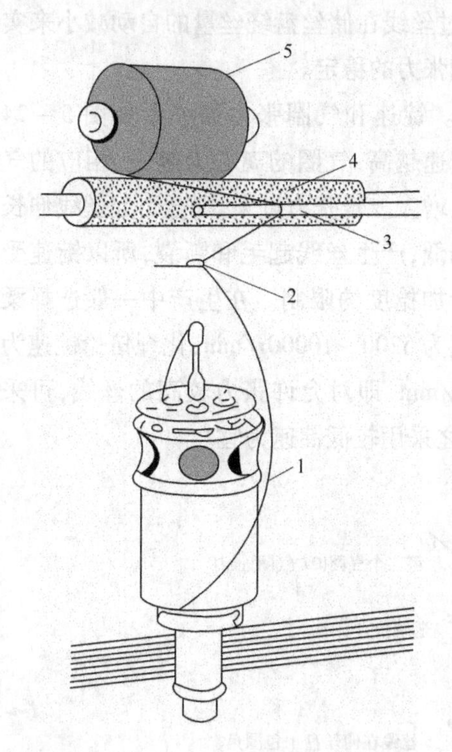

图 5-21　桑蚕丝倍捻机丝线卷取图

1—丝线　2—气圈导丝器　3—导丝杆　4—摩擦辊　5—倍捻筒子

3. 捻丝张力的控制与调节

(1)张力装置及丝线在储丝盘上的包围角。倍捻机的张力装置是影响捻丝张力的主要因素之一,是否符合工艺要求,可以由丝线在储丝盘上的包围角进行检验。若张力装置给予丝线张力过大,会使丝线在储丝盘上的包围角过小,储丝量少,甚至储丝不能形成,气圈凸形小,这样对于任何可能出现的张力波动无补偿能力,易引起断头。但若张力装置给予丝线的张力过小,会使丝线在储丝盘上的包角过大,甚至形成多于一圈的储丝

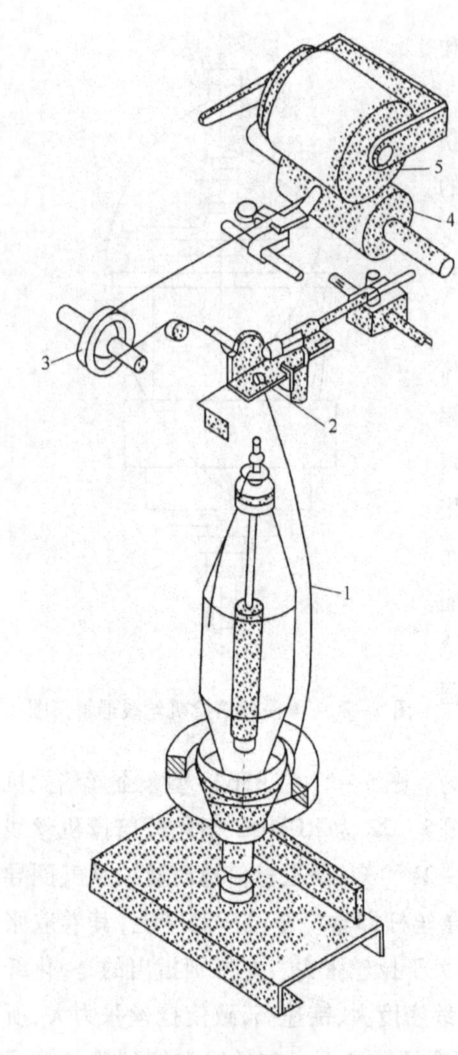

图 5-22 化纤倍捻机丝线卷取图

1—丝线 2—气圈导丝器 3—超喂罗拉 4—摩擦辊 5—倍捻筒子

(桑蚕丝倍捻),使气圈的凸形过大,当丝从导丝钩中引出时,使丝圈收紧,同样引起断头。图 5-23 是丝线的退解张力、丝线在储丝盘上的包角、第二个气圈张力(即 *CD* 气圈)与退解筒子直径之间的关系曲线。从图 5-23 中可知,随着退解筒子直径的减小,退解张力逐渐增大;丝线在储丝盘上的包围角逐渐减小,从而使 *CD* 气圈张力基本保持不变。所以要稳定丝线张力,必须合理选择丝线在储丝盘上的包围角。从图 5-23 中还可知,当随退解筒子直径减小,包围角减小接近临界包角 α_0 时,气圈张力突然增大,此时工艺条件严重恶化。所以退解筒子为最里层时,丝线在储丝盘上的包围角必须控制在临界包围角以上。

通常倍捻机的张力装置到丝线在储丝盘上的包围角:桑蚕丝倍捻在 180°~270°之间,临界包围角以 30°为宜;化纤倍捻在 180°~540°之间,临界包围角以 45°为宜。以保证在退解筒子直径减小,退解张力逐渐增大时,通过丝线在储丝盘绕丝量的自动减小来实现捻丝及卷绕张力的稳定。

(2)锭速。锭速和气圈张力的关系如图 5-24 所示。锭子转速越高,气圈的离心力越大,相应的气圈张力也随之增大。若张力过大,则会引起丝线伸长度和强度的降低,产生丝线起毛和断裂,所以锭速受丝线特性及所加捻度的限制。在生产中一般选择桑蚕丝倍捻锭速为 5200~10000r/min,化纤倍捻锭速为 6500~16000r/min,即对允许张力较高的丝线,可采用高锭速,反之采用较低锭速为宜。

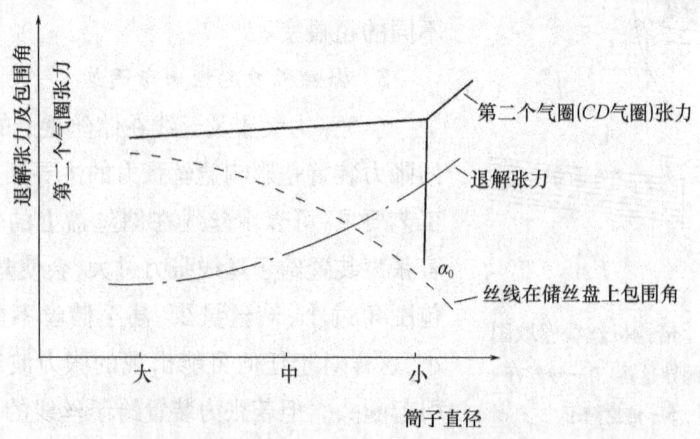

图 5-23 退解张力、包围角及气圈张力与筒子直径关系

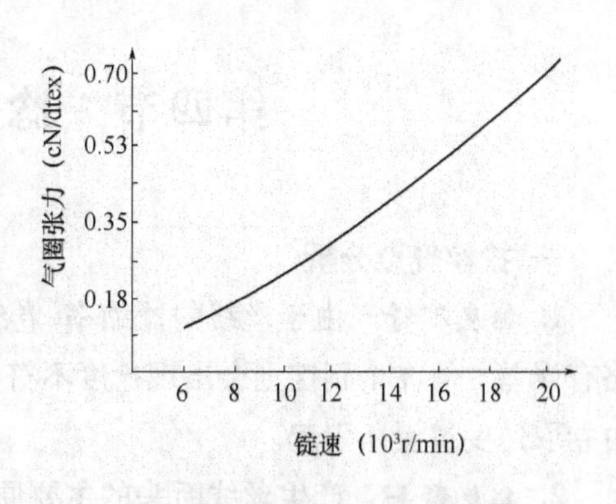

图 5－24　锭速与气圈张力关系曲线

(3)气圈导丝器位置。气圈导丝器位置的高低决定了气圈高度,而气圈高度影响气圈形态和气圈张力。气圈高度随丝线线密度、锭速和捻度的不同而不同。控制气圈高度的原则是在气圈不触及退解丝和其他任何零部件的前提下,尽可能选择较低的高度。如图 5－25 为化纤倍捻的气圈高度与气圈形态的选用。图 5－25(a)为合理的气圈高度,气圈高度较低,气圈张力小,又不触及其他部件。但气圈高度过低,气圈会触及到张力器或退解筒子上端,如图 5－25(b)所示,这时气圈形态遭破坏而丝线断头。若气圈过高,气圈张力会过大,特别对线密度小丝线,使丝线下部接触套管而出现不必要的张力突变,同样气圈形状遭破坏而丝线断头,如图 5－25(c)所示。

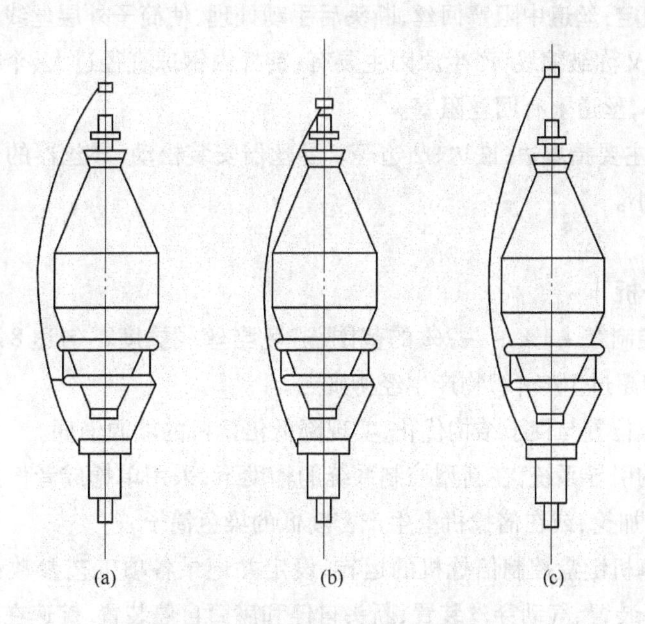

图 5－25　气圈高度与气圈形态的选用

(4)原料线密度及捻度。织造厂的原料品种多,尤其是合纤丝中的涤纶长丝、网络丝、阳离子丝、POY 丝、丙纶丝、锦纶丝及其相互间的混合丝等,丝线线密度范围也大,最高达 1000dtex,捻度要求也不断增大,达 3000 捻/m 以上。而倍捻机上丝线线密度越大,运动惯量越大,张力越大;捻度越高,相对地说锭速就高,则张力也越大。一般情况下,捻度低,由于卷取速度快,倍捻机的气圈变小,为获得稳定的气圈,可减少张力球的粒数或减小球的规格,以获得相对较大的丝线在储丝盘上的包围角;此外,也可适当降低锭速,以减慢卷取线速,从而获得稳定的气圈形态。

第四节　捻丝疵点及工艺分析

一、捻丝疵点分析

1. 捻度不符　由于丝线的捻缩率、卷绕角和丝线本身的伸长率不同,设定捻度与实际捻度略有误差。但在个别锭上会出现捻度不符,通常捻度过多称紧捻,捻度过少称松捻。紧捻主要由卷取速度过慢所引起。

2. 丝线断头　产生丝线断头的主要原因有:退解筒子内有单丝断头或嵌头;锭子外表层或张力装置表面起糙,损坏丝线;锭子中心与气圈导丝器中心不对正,气圈不稳定;退解筒子内层时,丝线张力过大,在储丝盘上的包围角小于临界值。

3. 丝线起毛　产生丝线起毛的主要原因有:退解筒子有毛丝;锭子、张力装置储丝盘孔眼、气圈导丝器、往复导丝器、超喂罗拉等丝道上的器件,起糙损伤丝线;锭子中心与气圈导丝器中心不对正,气圈不稳定;丝道中阻塞回丝,断头后手动处理,使筒子外层丝线与摩擦辊摩擦起毛。

4. 丝线扭结　又称皱缩线,产生原因主要有:锭杆内钢球直径过大、个数少,所产生的张力集中;卷绕张力过小,丝道上有回丝阻塞。

5. 成形不良　主要指塌边、嵌边、凸边等。导丝器安装松动,导丝器的位置不正确,导丝器运动幅度过大或过小。

二、捻丝工艺分析

(1)丝线捻度控制在 +3% ~ -7% 的范围,避免当丝线捻度不匀达 8%,织物产生横档疵点;当丝线捻度不匀超过 10%,织物产生经柳疵点。

(2)气圈导丝点位置与锭子结构优化,实现降低倍捻机的能源消耗。

(3)改善纱线的引导系统,在新型控制系统的辅助下,采用单捻或者倍捻生产高线密度,如1200tex 工业用纱的加捻,或在倍捻机上生产密度低的染色筒子。

(4)直接用计算机键盘控制倍捻机的运转,设定并记录各项工艺参数;有一系列的自动装置,如筒子自动升降装置、气动穿丝装置、断头自停和满筒自停装置、锭速在线监测等。

第六章　定形

定形(twist fixing)是加捻丝线须经过的一道工序,俗称伏捻。由于加捻时,丝线受到外力的作用,产生了以自身轴线为中心的旋转,其纤维按加捻方向扭曲而变形,但它内部分子间的排列并没有破坏,因此就存在着恢复原状的内应力。当外力去除,捻丝处于自然状态时,由于内应力的作用,会产生退捻、卷缩、起圈,不利于后道各工序的顺利进行,且会影响产品的质量。因此,为了保证丝线具有良好的可织性,对加捻后的丝线需进行定形,以消除纤维大分子的内应力,使捻度暂时稳定,便于整经、倒筒、织造等顺利进行。而坯绸一经练染,加捻丝线所具有的扭矩获得释放,某些强捻织物就可获得理想的绉效应。

定形时,要求不影响丝线的力学性能,特别是不能损伤丝线的强力、伸长度、弹性等性能。

第一节　定形方法及其原理和工艺

丝线在加捻过程中,纤维同时产生了急弹性变形、缓弹性变形与塑性变形,但由于纤维的变形是在较短的时间内发生的,所以在总形变中,主要为急弹性变形。定形的目的是为了消除丝线因加捻产生的内应力,利用纤维的松弛特性和纤维的应力弛缓过程,把纤维的急弹性变形转化为缓弹性变形。应力弛缓过程就是在总的形变不变时,由于急弹性变形产生的内应力,使纤维内部的大分子不断发生改组位移,调整到与变形相适应的位置,使缓弹性变形与塑性变形得到发展,而急弹性变形不断减少,使形状在新的分子排列下稳定下来,最后使内应力消失,达到新的平衡。而应力弛缓现象的主要原因,就是大分子之间的滑移(改组位移),它与温度、湿度及纤维本身性质有关,因此,可通过热、湿等方法加速弛缓过程的进行。

一、加热定形法

1. 定形原理　加热方法有外部加热和内部发热两种。外部加热系利用蒸汽或电热丝将丝线加热。内部发热则是利用能够辐射波长为5.6~100μm肉眼看不见的远红外线的热元件,远红外线被丝线吸收后,产生共振,引起分子和原子的振动和转动,加剧内部分子、原子运动,动能增加,从而使丝线温度升高。

加热后,随着温度的升高,纤维分子链节的振动加剧,分子的动能增加,这时,分子处于活动状态,使线型大分子相互作用力减弱,从而促使内应力消失。这样,在一定的温度和适当时间的条件下,无定形区中的分子重新排列,使纤维的弛缓过程加速进行,从而使捻度取得暂时稳定。

2. 加热定形工艺　加热定形可以用烘房定形或卧式圆筒蒸箱定形。

烘房定形可用蒸汽管、红外线或电热丝加热。烘房温度在40℃左右,时间在16~24h,适用于低捻黏胶丝的定形。

卧式圆筒定形箱作加热定形,蒸汽只通入蒸箱夹层和散热器中,此法适宜中捻、强捻化纤丝的定形。

加捻化纤经丝在浆丝机拖水后经过烘筒加热定形,这是加捻化纤经丝的一种辅助定形法。

二、给湿定形法

1. 定形原理 给湿定形是使水分子渗入丝纤维长链分子之间,扩大分子间的距离,减弱分子间的相互作用力,减小大分子链段移动的阻力,从而加速弛缓过程的进行,达到稳定捻度的目的。

2. 丝线给湿定形的方法及工艺

(1)潮间定形。潮间为一专用定形室,地上开有水槽,室内相对湿度保持在90%~95%,捻丝筒子放在水槽上面,靠水槽中蒸发的水分湿润捻丝。低捻的桑蚕丝存放2~3天后,即可得到较好的定形效果。此法除单独应用外,也常作为强捻桑蚕丝倒筒后的辅助定形。

在棉织生产中,常用喷雾法使室内相对湿度保持在80%~85%,纱线存放12~24h后取出即可使用。

(2)捻丝机上给湿定形。在捻丝机上安装给湿导辊和液槽,使丝线经给湿导辊给湿后再卷绕到捻丝筒子上。给湿液可以用清水、薄浆或着色染液。这种方法吸湿均匀,可使加捻与定形、着色结合进行,省去着色及单独的定形工序。可用于中捻、强捻的黏胶丝的定形和着色。

棉织生产中,还常用水浸法及机械给湿法(如毛刷式给湿机或喷嘴式给湿机)对纱线进行给湿定形。

三、热湿定形法

1. 定形原理 热湿定形兼有热、湿的作用。捻丝在高温、高湿的作用下,加速应力弛缓过程,缩短定形所需的时间,提高定形效率。

2. 定形工艺及设备 热湿定形是采用蒸汽使捻丝定形。通常使用卧式圆筒形蒸箱,如F101型卧式圆筒形蒸箱、SGD135型真空热定形箱、SC705型高压真空蒸汽定形箱等。

图6-1为F101型卧式圆筒形蒸箱,它由两只钢板圆筒1、2套合而成。高温蒸汽可根据需要进入蒸箱和夹层。蒸箱顶部附有真空泵阀,可与真空泵相连接。因此这种蒸箱既可在非真空状态下也可在真空状态下对捻丝进行定形。定形时,可先将装有捻丝筒子的蒸箱抽真空,然后通入蒸汽,使热、湿量加速进入捻丝筒子的里层,并充分渗透到纤维内部,消除内应力。

蒸箱的工作温度可在40~120℃之间选择,蒸汽压力可在0.06~0.1MPa之间选择。

图6-2为SGD135型真空热定形箱,它由卧式圆筒1、真空泵2、管道部件等组成。圆筒外围包有隔热材料,在筒内下部设有两根喷汽管3,每根管子的两侧下方各有一排出汽小孔(图中未示),当蒸汽喷出小孔后,先喷在筒壁上,可使蒸汽内水滴撞碎,防止喷射在原料上。圆筒两侧及下部设置片式散热器4,可根据要求实现干预热工艺;圆筒上部装有不锈钢防滴板,蒸汽先

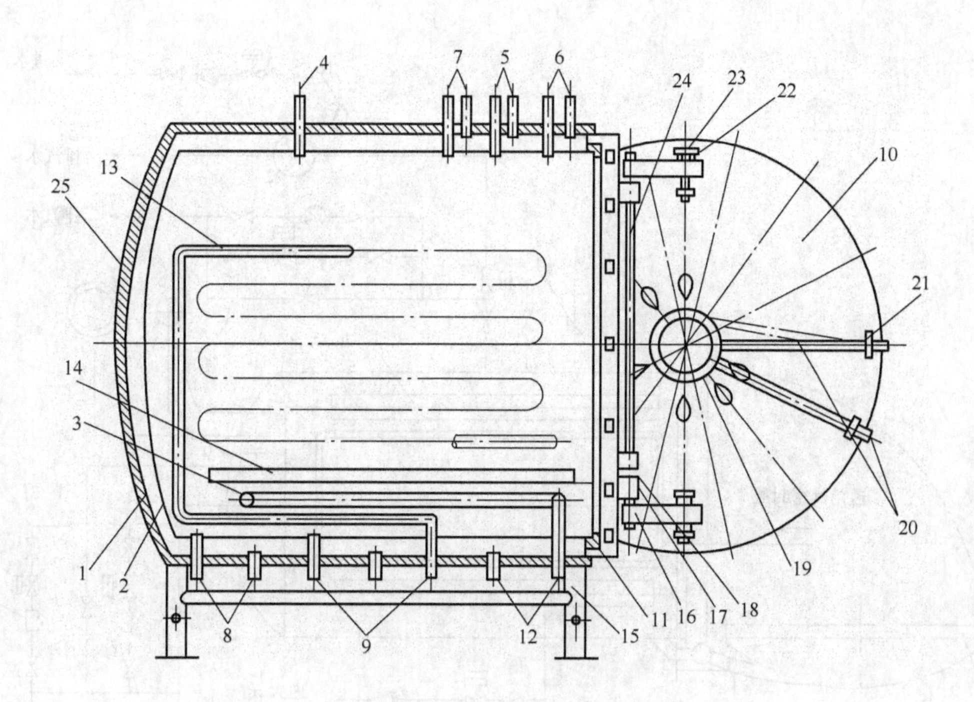

图6-1 F101型卧式圆筒形蒸箱示意图

1、2—箱体的外筒和内筒 3—O形管 4—接真空泵阀 5—接温度计 6—接压力表 7—接安全阀 8—接排水阀 9—接疏水器 10—箱盖子 11—盘根 12—进汽管 13—加热管 14—导轨道 15—座架子 16—回转托架 17—挡卷 18—轴承 19—手轮子 20—压紧方钢 21—固定扣 22—轴承 23—回转蜗杆 24—回转轴 25—保温层

经过汽水分离器，去除蒸汽内水滴再通入筒体内部，这样可以减少水渍的生成。

在筒体前端面装有带气封的离合器式快开门门盖5，且能发出信号，实现电器自锁，如门盖未关好，机器不能进入工作状态。筒体后封头装有进汽管道及温度检测元件，通过温度自动记录仪7可记录定形过程温度随时间变化的情况。筒体顶部装有安全阀14、真空压力表11等。

抽真空定形工艺过程如下：

定形箱预热→进筒→第一次抽真空→通蒸汽加热→定时保温→第二次抽真空→筒内接通大气→定形结束

热湿定形适宜中捻、强捻的桑蚕丝、化纤丝的定形。

四、自然定形法

1. 定形原理 自然定形，是利用纤维本身的松弛特性，将加捻后的丝线在常态下放置一段时间，使纤维中的内应力随时间的延长而逐渐消失，达到稳定捻度的目的。

2. 定形工艺 自然定形即将加捻后的丝线筒子放置在车间里，利用自然环境的温度和湿度进行定形。适用于低捻化纤丝的定形。自然定形不需要占用机械设备，但其定形时间较长，一般需3~10天，因此在原料周转较为充余的情况下，可以采用这种方法。

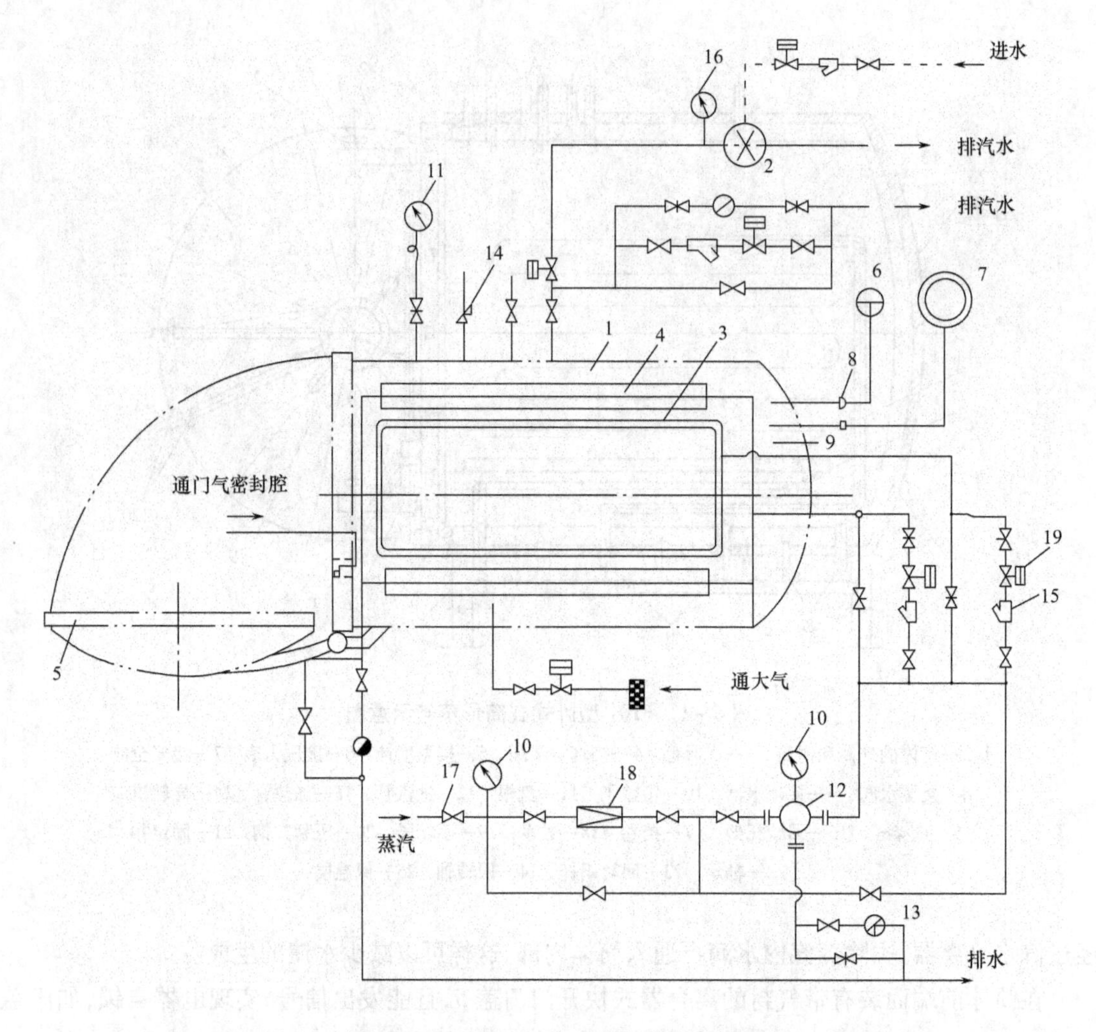

图6-2 SGD135型真空热定形箱示意图

1—卧式圆筒 2—真空泵 3—喷汽管 4—散热器 5—门盖 6—温度指示调节仪 7—温度自动记录仪 8—热电阻 9—含湿量测定接出口 10—蒸汽压力表 11—真空压力表 12—汽水分离器 13—疏水器 14—安全阀 15—过滤器 16—真空表 17—减压阀 18—调压阀 19—薄膜气动切断阀

第二节 定形工艺参数分析

自然定形、烘房定形、潮间定形对工艺要求不高，而定形箱热、湿定形对工艺要求较高，必须严格控制各项工艺参数。定形的主要工艺参数有温度、湿度、时间、蒸汽压力等。

一、温度

提高定形温度可以加强分子的热运动，减弱分子间的作用力，使大分子链段能较快地调整至与变形相适应的位置，使应力驰缓过程加速完成。

对于桑蚕丝和化学纤维，定形温度是一个主要的参数。它的控制既要考虑止捻效果，保证整经、倒筒以及织造生产的顺利进行，也要使加捻织物获得良好的绉效应。因而定形时，应使捻度“伏而不死”。

桑蚕丝的定形温度过高，会使桑蚕丝中的丝胶溶失过多，造成丝线强力下降明显；当丝胶重新凝结时，丝条的手感会变硬，丧失弹性，有类似“钢丝”的发硬感，丝线的屈曲性变差，织纹不佳；丝胶的过多溶失还会导致丝线扭矩下降，进而影响织物的绉效应。

化学纤维具有独特的热性质。在不同的温度下，纤维内部分子运动有三种情况：温度较低时，分子链段运动很困难，这时纤维具有玻璃态物质的特性，大分子链的柔曲性完全消失，物质处于固态；当温度升高时，纤维内部无定形区域的链段开始自由运动，分子链具有一定的柔曲性，纤维变形增加，出现高度的弹性变形，此时称为高弹态。由玻璃态向高弹态转变的温度，称为玻璃化温度。随着温度的继续升高，到熔点温度前属于软化点温度，此时非整列区的链段开始激烈运动，整个纤维呈软化状态。当温度升高到熔点温度时，纤维内部整个分子链及链段都能自由运动，纤维成为熔融态或黏流态。不同的化学纤维有不同的玻璃化温度和熔点温度。如锦纶丝的玻璃化温度为40～60℃左右，软化点温度为160～195℃，熔点温度为215～220℃；常规涤纶丝的玻璃化温度为68～81℃，软化点为230～240℃，熔点温度为255～265℃；丙纶丝的玻璃化温度为－15℃，软化点为140～150℃，熔点温度为165～173℃。对于化学纤维长丝来说，加捻后的热定形要在玻璃化温度以上，但不超过软化点温度的条件下进行，这样才能使分子结合力削弱，内应力消除，捻度稳定。考虑到不影响织物的染整后加工，一般捻丝的定形温度宜控制在略高于玻璃化温度。

合纤丝的定形温度对产品的绉效应及缩率大小起着决定性的作用。如中捻、强捻涤纶丝，当定形温度为80～85℃时，丝的沸水收缩率较大，织物一经练染，丝线就容易收缩，可以形成较为理想和明显的绉效应，且止捻效果较好；当定形温度达到90℃以上时，丝的沸水收缩率明显减小；当定形温度超过100℃时，丝的沸水收缩率趋向于零，这种情况下，织物将得不到良好的绉效应。

当然，若是用合纤丝制织仿麻织物，为了达到织物手感硬爽、抗皱性优良的特点，而不追求织物的绉效应，那么定形温度可适当提高。

二、湿度

提高定形的相对湿度，使水分子渗到纤维大分子之间，减弱大分子间的作用力，降低纤维的退捻扭矩。相对湿度愈高，纤维的退捻扭矩愈低，丝线也就易于定形。

对于桑蚕丝来说，在干态下加热至100℃以上，只会烧焦炭化，而不会产生丝胶的溶解。所以说湿度也是一个重要的参数，必须同时考虑热与湿两个因素。而对于化学纤维定形时湿度能改善定形效果，但并不像桑蚕丝那样，湿度是必不可少的因素。

一般在给湿定形或热湿定形时，相对湿度在90%以上，甚至过饱和。

三、时间

定形时间越长，大分子链段的位移也越完全，丝线内存在的退捻扭矩也越小，但定形的时间过长，除影响生产周转时间外，也会影响丝线的品质。因此定形时间要根据丝线的组合、卷装容量、定形温湿度等加以控制。其原则是，在保证获得良好定形效果的前提下，定形时间以短些为好。如卧式圆筒定形箱定形，桑蚕丝热湿定形时，采取逐步加热（约0.5h），再进行1h或稍长时间的较高温度（70～95℃）的定形；对于合纤丝，以低温长时间为宜，如涤纶丝可取温度80～90℃，时间30～120min；自然定形一般需3～10天；桑蚕丝热湿定形后也希望有4～7天的自然定形允许丝胶再凝固的时间。

四、蒸汽压力

一定的蒸汽压力可使湿热蒸汽较快地进入丝线的内部而加速定形过程，尤其是对于大卷装筒子更为重要。无论是桑蚕丝还是化学纤维，定形时一般都加以适当的蒸汽压力，常控制在0.06MPa左右。

不同纤维、不同线密度、不同捻度等丝线的退捻程度不同。纤维大分子排列的整齐度越高，它的急弹性变形占总变形的比例也较大，捻丝的退捻能力强；线密度大、捻度大的丝，纤维的变形大，退捻能力也大。因此，应根据丝线的退捻状况及纤维对温湿度等作用的情况制订合适的工艺参数，定形时间要根据丝线的组合、卷装容量、定形温度等加以控制。

五、真空度

卧式圆筒蒸箱抽真空的目的是为了使热湿蒸汽较快地渗入到丝线内部，从而满足内外层丝线热湿状态均匀的要求，达到丝线定形效果一致的目的，且缩短定形时间。

根据桑蚕丝的定形机理，以缓慢定形为宜，这样，丝胶在湿热状态下能缓慢溶解，均匀地包覆在丝线外层，定形效果较为理想。若抽真空，则外层丝线的丝胶会急速大量地溶解，造成内外层丝线定形效果不均匀。但在进筒之前进行一次抽真空，则可以抽去冷凝水，有利于减少桑蚕丝的水渍。

而强捻的合纤丝的定形则以抽真空为好，这样可以使分子间的相互作用力减弱，减小大分子链段移动的阻力，从而加速弛缓过程的进行。

第三节　定形疵点分析及效果鉴定

一、定形疵点分析

1. 定形不良　定形不良包括定形不足及定形过度。

（1）定形不足。定形不足使捻度不稳定，丝线退绕时仍会卷缩，影响后道工序的顺利进行及产品质量。其产生的主要原因是定形温度过低或定形时间过短，未达到工艺规定的要求。

（2）定形过度。定形过度易使捻丝中的塑性变形过多发展，从而影响织物的绉效应。桑蚕丝易造成丝胶粘搭，使倒筒发生困难，丝条的手感变硬，弹性丧失，屈曲性变差，织纹不佳。黏胶丝会影响其色泽，易发黄变脆。合成纤维丝会影响其绉效应与收缩率。其产生的主要原因是定形温度过高或定形时间过长。

2. 水渍 形成水渍的主要原因是定形箱内有冷凝水滴落在丝线上。在定形过程中,由于温度较高,被冷凝水滴到的丝身(桑蚕丝)丝胶溶失较多,影响退解,有些原料还会影响强力、染色均匀性等。

二、定形效果的鉴定

定形质量的优劣主要表现在两个方面:一是捻度的稳定程度;二是内外层丝线稳定程度是否一致。定形效果可用止捻率(捻度稳定度,twist stability)指标或目测法进行鉴定。

1. 止捻率测定 取50cm长的丝段,将其一端固定,另一端向固定端移动,当丝身悬垂产生第一个扭结时,记录下丝线两端之间的距离。计算公式如下:

$$P = \left(1 - \frac{B}{A}\right) \times 100\% \qquad (6-1)$$

式中:P——止捻率;

A——试验丝长,为50cm;

B——产生第一个扭结时,丝线两端之间的距离,cm。

当止捻率在40%~60%时,即能满足下道工序(整经、倒筒、织造等)的工艺要求。

2. 目测法鉴定 取100cm长的丝段,两手捏住其两端,然后缓慢移近至两手距离为20cm时,观察悬垂丝线的扭结程度,一般以不超过3~5转为佳。此方法可粗略鉴定定形效果。

第七章　整经

整经(warping)是由单根丝卷装的筒子形式变成多根丝卷装的经轴形式的过程,它是将一定数量的筒子丝线,按织物规格所要求的总经丝数、门幅及长度,以适当的张力平行地卷绕成经轴或织轴,供浆丝或织造使用。

整经是十分重要的织前准备工序,整经工序的加工质量直接影响织造的生产效率及所织织物的质量,对需上浆的经丝,还将影响浆丝工序的顺利进行。因此,对整经工序提出了较高的技术要求。

(1)整经张力应适度,不能损伤丝线的力学性能,保持丝线的强力和弹性,同时尽量减少对丝身的摩擦损伤,从而减少高速织造中经丝断头和织疵。

(2)全片经丝张力应一致,并且在整经过程中保持恒定,减少病疵,提高织物质量。

(3)全片经丝排列均匀,整经轴卷绕形状正确,经轴表面平整,无凹凸不平现象,避免上浆、织造退解时出现宽经、急经。

(4)经轴卷绕密度适当且均匀,软硬一致,边丝卷绕结构正常。

(5)整经根数、整经长度、整经幅度、丝线排列应符合工艺设计的规定。

(6)丝线断头时,应有灵敏的断头自停机构,接头质量符合规定。

第一节　整经方式及其应用

织造生产中,根据丝线的类型及所采用的生产工艺,整经方式可分为分条整经、分批整经和分段整经等几种。

一、分条整经

分条整经(sectional warping and beaming)亦称带式整经,它是将织物所需的总经丝数分成若干个条带,按工艺规定的幅度和长度,先在整经滚筒的头端卷绕第一条,而后一条挨一条地卷绕至工艺设计所规定的条数为止,然后再将整经滚筒上的全部经丝,通过倒轴(beaming)机构卷绕成经轴或织轴。

分条整经的特点在于多种原料、多色丝线或不同捻向丝线的整经时,花纹排列十分方便,而且可以用较少的筒子数,经过条经并合即可得到总经丝数较多的织轴,回丝也较少,故特别适宜于根据市场需求来组织织物的小批量、多品种生产。对于不需要上浆的经丝可以直接在整经过程中获得织轴,缩短了工艺流程。所以广泛应用于花色品种多变的色织、丝织和毛织厂。

分条整经的缺点是:各条带之间张力不易均匀,容易引起织轴上片丝张力不一致,织造时,可能造成织机开口不清,经丝断头或产生织疵。对于弹性较好的丝线(如桑蚕丝、化纤长丝等),这种现象不明显,不会带来太大的影响。而对于弹性较差的丝线(如麻纱、玻璃纤维、金属丝等),这种张力不均的弊病就比较突出。各经丝条带需逐条卷绕,换条、接头等停车操作时间多,而且需要倒轴,其生产效率不高,故在筒子架容量许可,且不影响整经质量的条件下,条带数应少些为好。

二、分批整经

分批整经(batch warping)亦称轴经整经(beam warping),是将织物所需的总经丝数等分成几批(其中少数几批的根数可略多或略少些),分别卷绕到几个整经轴上(每轴称一批),然后再把这几个整经轴在浆丝机或并轴机上并合,卷绕成一定数量的织轴。织轴上的经丝根数即为织物所需的总经丝根数,而每个整经轴中丝线根数远较织轴为少。分批整经的经轴卷绕长度大约是织轴卷绕长度的10~30倍,一批经轴可以做成许多个织轴,为了不出小轴,应尽可能使整经轴上的经丝长度为织轴上经丝长度的整数倍(其中应考虑浆丝伸长)。

分批整经的特点是生产效率高,片丝张力比较均匀,整经质量较好,适宜于大批量生产,因而广泛应用于棉织厂及喷水、喷气织造厂。

分批整经在整经轴丝片并合时,不易保持色丝的排花顺序,对于花纹复杂或隐条、隐格织物有一定技术难度,因此,这种方法主要适宜于单色经丝的整经。少数花纹排列不很复杂的织物也可应用。

三、分段整经

分段整经(sectional beaming)是将织物所需的总经丝数等分成几份,分别卷绕在数只狭幅的整经轴上(每一只小经轴为一段),然后再将这几段经丝并在一起卷绕成织轴。狭幅整经轴上的经丝排列密度与织轴上的经丝排列密度相同。这种整经方法用在有对称花纹的多色丝线整经时,只要将相同排花的狭幅整经轴正反组合,即可组成较大的对称循环花纹,操作方便。在针织行业的经编织物生产中采用分段整经,分段整经机是狭幅的,编织时,只要将数个狭幅整经轴串连起来,即可制成宽幅的经编织物。另外,在特宽的产业用机织物生产中,有时也使用这种分段整经加工方式。

第二节　整经机

一、分条整经机

分条整经机高速度、阔门幅、大卷装、自动化程度高,能适应各种原料、品种的整经。其主要技术特点如下:

第一,整经采用机、电、气一体化,计算机控制,精确、可靠。

第二，采用交流变频调速，实现整经、倒轴无级调速，恒线速卷绕。

第三，条带依靠定幅筘的引导横移向大滚筒在地轨上由伺服电动机控制移动发展，倒轴部件、分绞筘架、筒子架及定幅筘等固定。整经时条带相对位置不变，保持片丝张力均匀。

第四，整经滚筒坚固，斜角板由集体可调，向固定倾斜角发展。

第五，设置定幅筘随条带增厚自动升高装置，使条带相对滚筒的卷绕位置不变，有利于卷绕成形。

第六，采用经丝自动对绞，自调中心，灵敏的断头自停等电气控制系统。

第七，采用 PLC 控制新技术，具有计长、计匹、计条和满长、满匹、满条、断头自停及断头记忆等功能。

第八，设置上油、上蜡、静电消除和织轴加压装置。

1. 丝线行程 图 7－1 是分条整经机的丝线行程图。丝线从筒子架 1 上的筒子 2 引出，绕过张力器（图中未示），穿过导丝瓷板 3，经分绞筘 5、定幅筘 6、导丝辊 7 卷绕至整经滚筒 10 上。当条经卷绕至工艺要求的长度（即整经长度）后剪断，重新搭头，逐条依次卷绕于整经滚筒上，直至所需的总经纱根数为止。然后将整经滚筒 10 上的全部经丝，经上腊辊 8、引丝辊 9，卷绕成织轴（经轴）11。

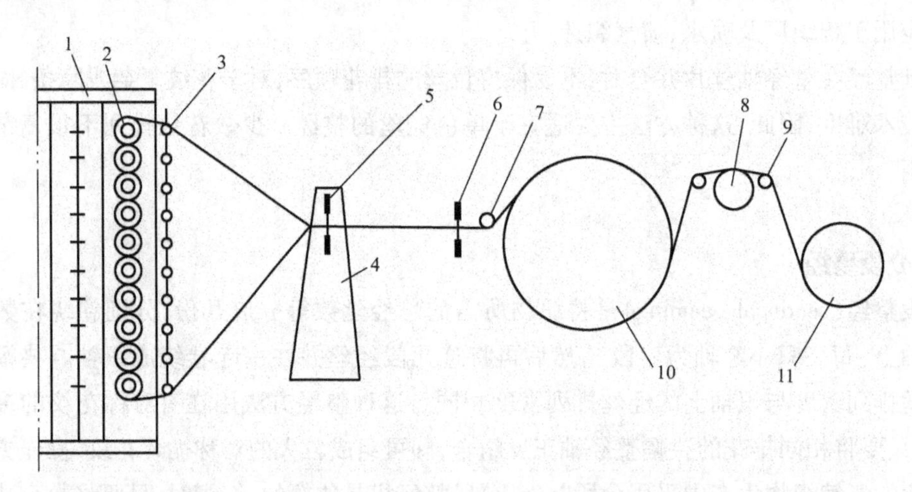

图 7－1 分条整经机丝线行程图

1—筒子架 2—筒子 3—导丝瓷板 4—分绞筘架 5—分绞筘 6—定幅筘

7—导丝辊 8—上腊辊 9—引丝辊 10—整经滚筒 11—织轴（经轴）

2. 传动机构 图 7－2 所示为 GD201J 型分条整经机的传动图。该机采用两只功率不同的电动机传动。整经负荷较小，采用小功率电动机。倒轴负荷较大，采用大功率电动机。整经时，由电动机 1，经滚筒传动变速箱 2，传动整经滚筒 4 回转。电磁离合器 3 通过旋钮作用，可控制滚筒倒转、顺转，以适应整经操作的需要。倒轴由双速电动机 10，经倒轴传动减速箱 11，齿轮传动箱 Ⅰ 传动经轴 12，进行卷取。前、后走丝杆 6、13 通过定幅筘移动变速箱 5 传动，箱内设有前、后走丝分离机构，可以防止因操作失误造成前、后走丝机构的损坏。

图 7－3 所示为 SC－S 型分条整经机的传动系统，其由电动机、无级变速器以及伺服调速系

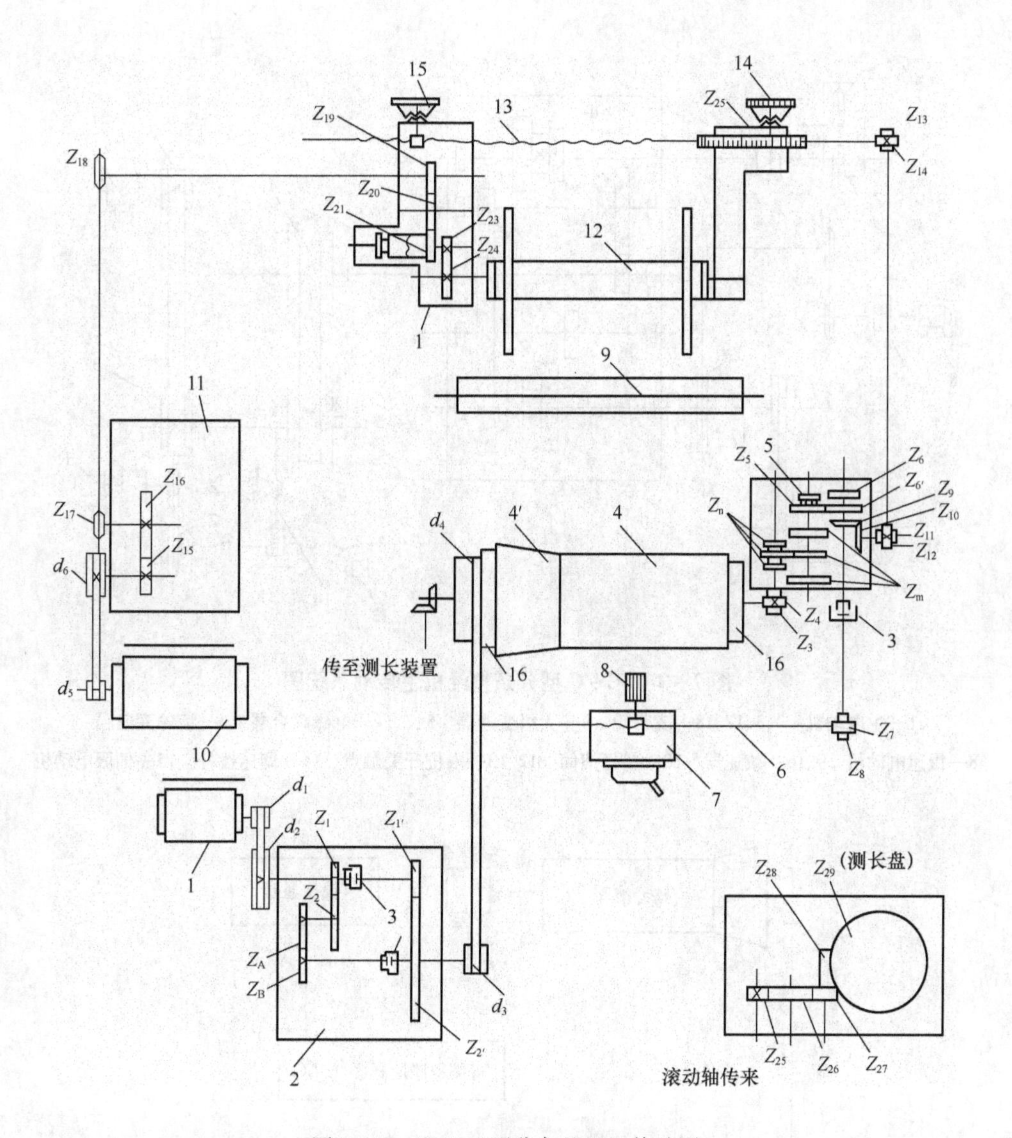

图 7－2　GD201J 型分条整经机传动图

1—整经电动机　2—滚筒传动变速箱　3—电磁离合器　4—整经滚筒　4′—斜角板　5—定幅筘移动变速箱　6—前走丝杆　7—定幅筘架　8—定幅筘　9—导辊　10—倒轴双速电动机　11—倒轴传动减速箱　12—经轴　13—后走丝杆　14—倒轴门幅调整手轮　15—经轴位置调节手轮　16—整经滚筒制动盘

Z_A、Z_B、Z_m、Z_n—调速齿轮

统、电磁离合器、齿轮变速系统等组成。主电动机 1 经皮带轮 2、3，无级变速器 4，电磁离合器 5，使轴Ⅱ转动，经齿轮变速箱 6，调速杠杆系统控制，可形成整经、倒轴、慢速运转等运动。

为了保证整经、倒轴恒线速卷绕，并且线速度无级可调，整经机采用变频调速技术。图7－4 为交流变频调速原理图。由变频器驱动电动机，经皮带轮带动整经滚筒回转，通过与滚筒同轴安装的旋转编码器检测滚筒的角速度，可编程序控制器依据测量的角速度和面板设定的参数计算出线速度，并对变频器进行速度的调节控制，实现恒线速卷绕。

3. 整经滚筒与斜角板　条带的卷绕机件是大滚筒和斜角板。整经滚筒有木质及钢质滚

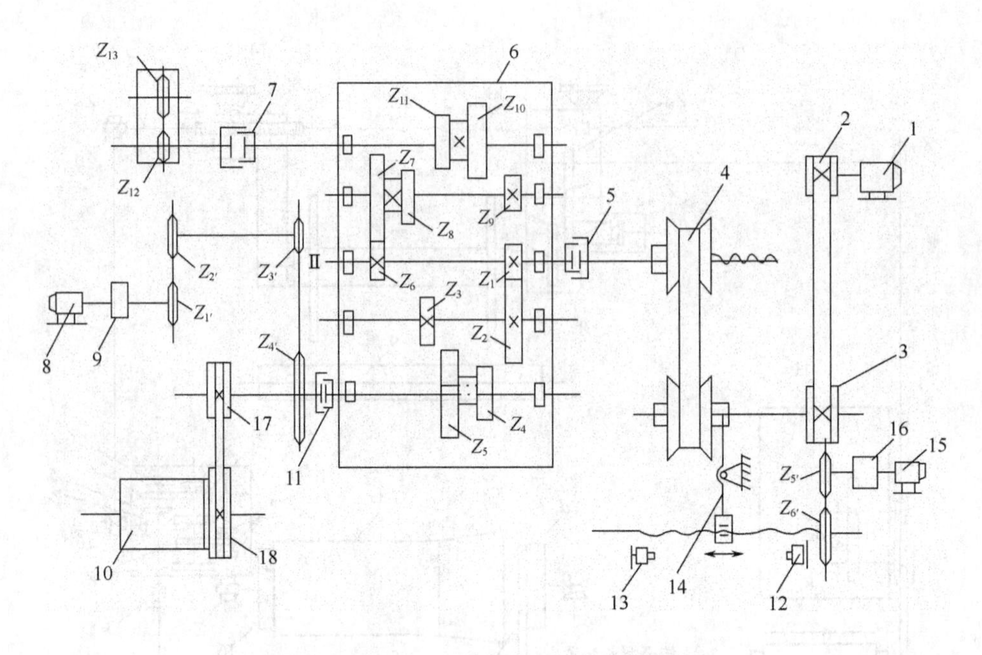

图 7-3　SC-C 型分条整经机主传动系统图

1—主电动机　2、3、17、18—皮带轮　4—无级变速器　5、7、11—电磁离合器　6—齿轮变速箱
8—慢速电动机　9、16—减速器　10—整经滚筒　12、13—限位开关触点　14—调速拨杆　15—伺服电动机

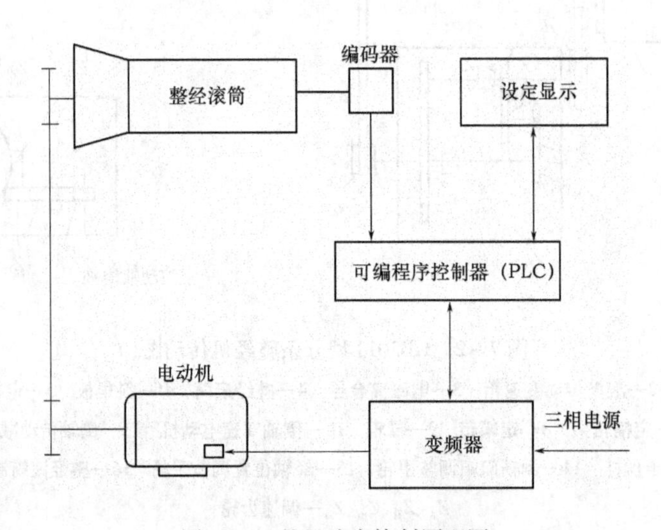

图 7-4　整经速度控制原理图

筒。木质滚筒一般有 16 档框木，用铝板密封，滚筒中间设有合金圆环支撑，以增加滚筒的强度。目前多数为钢质滚筒，采用轻质高强度玻璃钢制成，滚筒强度大，能承受合纤强捻丝的回缩力的作用，不会变形。整经滚筒的直径有 800mm、1000mm、1025mm 等几种，工作宽度按机型不同而不同，一般有效幅宽为 1600～3800mm。

整经滚筒头端装有斜角板，以支撑第一条经丝免于脱落。斜角板有可调式和固定式两种。可调式斜角板可通过选用最小的斜角板倾斜角来达到最大的定幅筘移动距离，使丝层将斜角板几乎盖满，丝圈稳定性最佳。斜角板可无级调节，可以精确地满足定幅筘移动所形成的丝层锥角与斜角板锥角相等的要求。因而丝层卷绕成形良好，卷装表面圆整。

图7-5为SC-S型分条整经机斜角板调节装置。斜角板1与整经滚筒4铰接，且均匀分布在滚筒周长上。2为调节锥体，其上有调节滑轨与斜角板相配，转动调节手柄5，通过调节手柄的内齿轮与调节丝杆3上的齿轮，使调节丝杆3转动，带动调节锥体2左右移动，从而使斜角板上升或下降。斜角板的倾斜角可根据经丝线密度、密度、整经长度、整经门幅等而定。该机配有小型专用计算机及专用图表，可方便地决定斜角板的倾斜角。斜角板可调角度按机型不同而不同，一般可调角度为0～15°，长度为500～1200mm，固定式斜角板锥角一般为8°～9°。

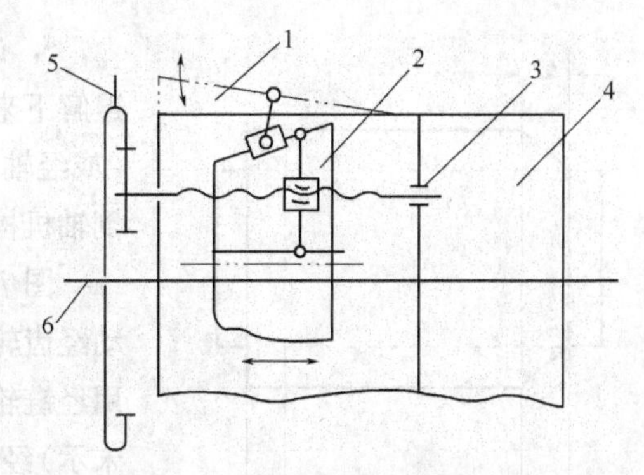

图7-5　SC-S型分条整经机斜角板调节装置

1—斜角板　2—调节锥体　3—调节丝杆　4—整经滚筒　5—调节手柄　6—整经滚筒主轴

4. 定幅筘与导条机构　定幅筘决定条带的幅宽及经丝密度。整经过程中，条带依靠定幅筘的横移引导，向圆锥底部方向均匀移动，丝线以螺旋线状卷绕在滚筒上。以后逐条卷绕的条带都以前一条带的圆锥形为依托，条带的截面呈平行四边形。

定幅筘的横移速度和斜角板的倾斜角是条带成形的两个重要参数。对于固定斜角板来说，条带的成形只取决于定幅筘的横移速度。图7-6为SC-S型分条整经机走丝运动传动机构示意图。扳动手柄1，使变速齿轮组中某一对啮合，就可得到所需的速比。当整经滚筒转动时，通过齿轮Z_1、Z_2、已啮合的变速齿轮、链轮Z_3、Z_4，前走丝杆Ⅳ，使定幅筘按一定速度向整经滚筒上斜角板圆锥底部的方向移动。

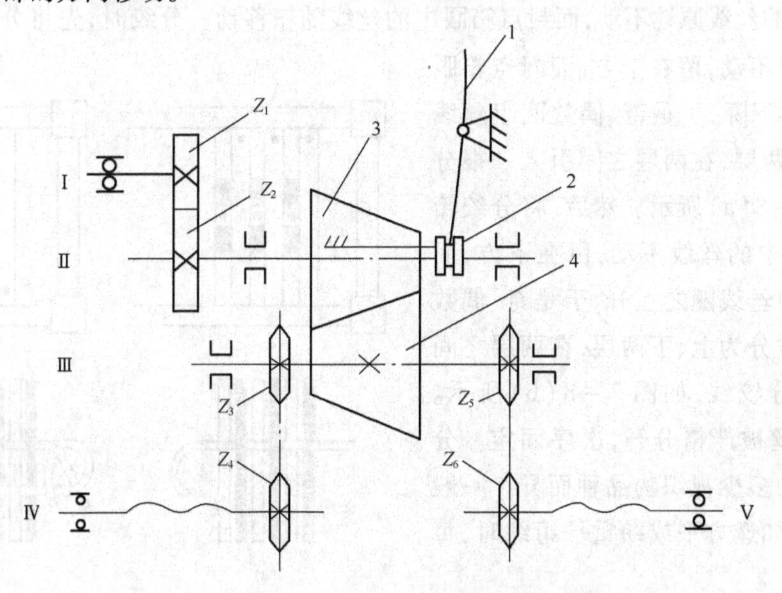

图7-6　SC-S型分条整经机走丝运动传动示意图

1—手柄杠杆　2—滑套　3、4—主、被动变速齿轮　Ⅰ—整经滚筒主轴　Ⅳ—前走丝杆　Ⅴ—后走丝杆（倒轴丝杆）

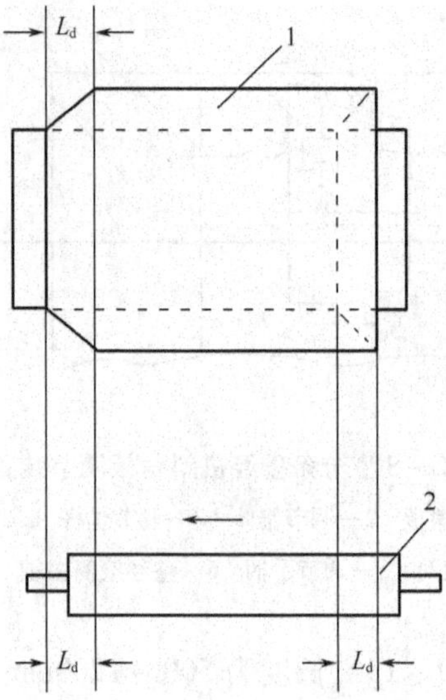

图 7 – 7　倒轴时经轴横向移动图
1—整经滚筒　2—经轴

5. 倒轴(又称上轴)　将卷在整经滚筒上的全部经线退解下来,以适当的张力整齐地卷绕到织轴上,制成织轴(或经轴),这个过程叫织轴的再卷绕即倒轴,又称上轴。倒轴机构由经轴的转动和横向移动机构组成。

图 7 – 7 所示,SC – S 型分条整经机倒轴时,轴Ⅱ的转动经齿轮 Z_6、Z_7 与 Z_8、Z_{11} 或 Z_9、Z_{10} 啮合,由电磁离合器作用经链轮 Z_{12} 或 Z_{13} 及辅助墙板箱内齿轮与链条传动(图中未示)经轴转动。经轴卷绕的恒线速装置是由整经滚筒的恒转速控制系统完成的。由于经丝条带在滚筒上以螺旋线状卷绕,而在织轴上要求以平行状卷绕,为达到良好的织轴卷装成形,织轴在卷绕丝线的同时要作横动。倒轴时,丝线从滚筒上退绕下来,带动滚筒反向回转。在图 7 – 6 中,通过链轮 Z_5、Z_6 及后走丝杆(倒轴丝杆)Ⅴ,使经轴作与定幅筘反向的同步运动。绕完一只经轴时,其移距等于整经时绕完一条经丝的定幅筘移距 L_d,如图 7 – 7 所示。同理,滚筒一转所对应的织轴横动量与导条装置横动量保持一致。

6. 分绞　为使织轴上的经丝排列有条不紊,保证穿经工作顺利进行,要对经丝进行分绞工作。分绞工作借助于分绞筘完成,分绞筘的筘齿和普通筘的筘齿不同,其中一半筘齿的间隙是长孔眼,另一半筘齿的中间部位被焊封成小孔眼,且两种筘齿相间排列。

分绞原理如图 7 – 8 所示,条带上的经丝依次穿过长孔眼和封点筘眼,当分绞筘上下移动时,长孔眼中的丝线原地不动,而封点筘眼中的丝线随筘移动。分绞时,先将分绞筘压下,筘眼 1 中的丝线不动,留在上方,而封点筘眼 2 中丝线随之下降,于是奇、偶数两组丝线被分为上、下两层,在两层之间引入一根分绞线,如图 7 – 8(a)所示。然后,将分绞筘上抬,筘眼 1 中的丝线不动,留在下方,而封点筘眼 2 中丝线随之上升,于是奇、偶数两组丝线又被分为上、下两层,在两层之间再引入一根分绞线,如图 7 – 8(b)所示。这样相邻经丝被严格分开,次序固定。分绞筘内穿丝的多少视织物品种而异。一般每眼穿一根,如逢方平或纬重平组织时,每眼可穿二根。

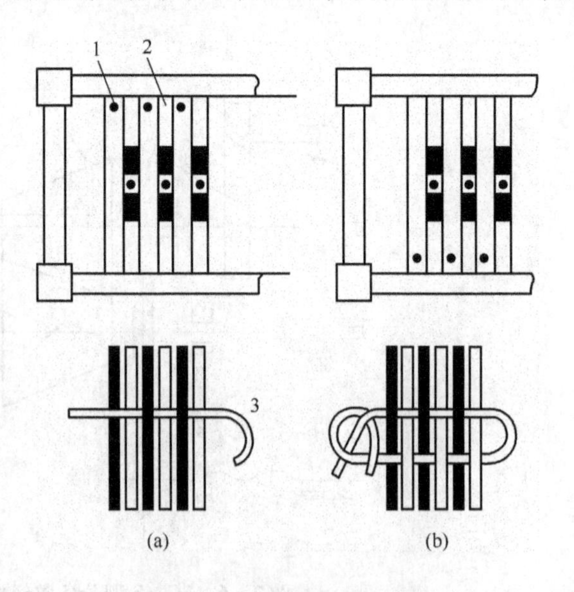

图 7 – 8　分绞筘及经丝分绞
1—筘眼　2—封点筘眼　3—分绞线

7. 上油(蜡)　为提高经丝的织造性能,对于免浆丝线及某些短纤纱(如毛纱)

等,在分条整经倒轴时进行上油或上蜡。经丝上油(蜡)后,可在丝线表面形成油膜,降低丝线摩擦系数,使织机开口清晰,有利于经丝顺利通过停经片、综、筘,减少起毛、断头和织疵。

上油(蜡)装置使用时提起,不用时可落下,使其与经丝接触或脱离。上油(蜡)装置由上油(蜡)辊、液(油)槽、变换齿轮和加热器等组成。常用的上油(蜡)方法如图7-9所示。经丝从滚筒1上退解下来,通过导辊2、3后,由上油(蜡)辊4给经丝上油(蜡),然后经导辊5卷绕到织轴6上。上油(蜡)量的多少,可以通过变速电动机调节上油(蜡)辊的转速来进行调整。一般上油(蜡)量为经丝重量的2%~6%左右。

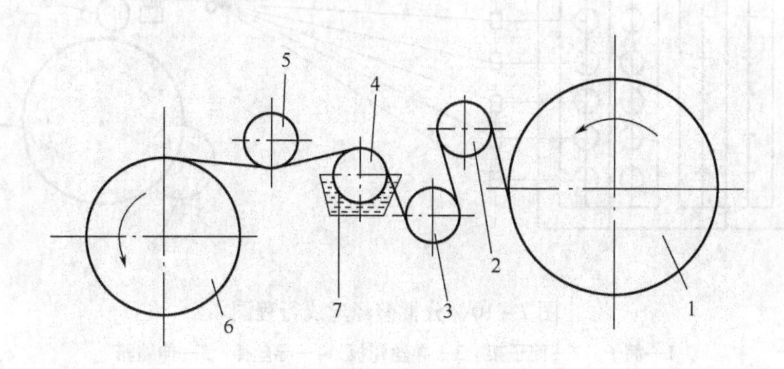

图7-9　上油(蜡)装置示意图

1—滚筒　2、3、5—导辊　4—上油(蜡)辊　6—织轴　7—液(油)槽

用作上油(蜡)的成分主要有白油、白蜡、防腐剂、抗静电剂和其他一些助剂。具体材料性能可参见浸渍助剂及浆料两节。

二、分批整经机

分批整经机的任务是将筒子架引出的经丝平行地卷绕成经轴,供上浆和并轴用。分批整经机的主要技术特点如下。

第一,高速度、大卷装、自动化。分批整经机的设计速度可达1000~1200m/min,经轴直径达1000mm,具有经轴转速自调、停车制动时压轴自动脱离、断经自停及显示、电子测长及满轴自停、自动上落轴等自动化功能。

第二,用直接传动方式传动经轴。采用液压变速、可控硅无级变速或变频调速方式传动经轴,保持整经线速度恒定和可调。

第三,采用精密、微量上下及横动伸缩筘、吹风清洁和防护装置。精密伸缩筘可确保丝线排列均匀,上下运动可延长筘齿的寿命。横向运动的结果是经轴表面平整。吹风清洁装置可清洁伸缩筘。安全防护装置可保护操作人员的安全。

第四,采用高效制动装置。分批整经机筒子架至整经机经轴卷绕点的距离一般在4m左右,故停车制动距离不能超过4m。为此分批整经机的制动装置大多采用高效能的液压式制动装置。

1. 丝线行程　图7-10所示是分批整经机的丝线行程图。丝线从筒子1上引出,绕过筒子架2上的张力器及断头自停装置(图中未示),穿过导丝瓷板3,引向整经机,经导丝棒4,穿过伸缩筘5,绕过测长辊6,卷绕到经轴7上。

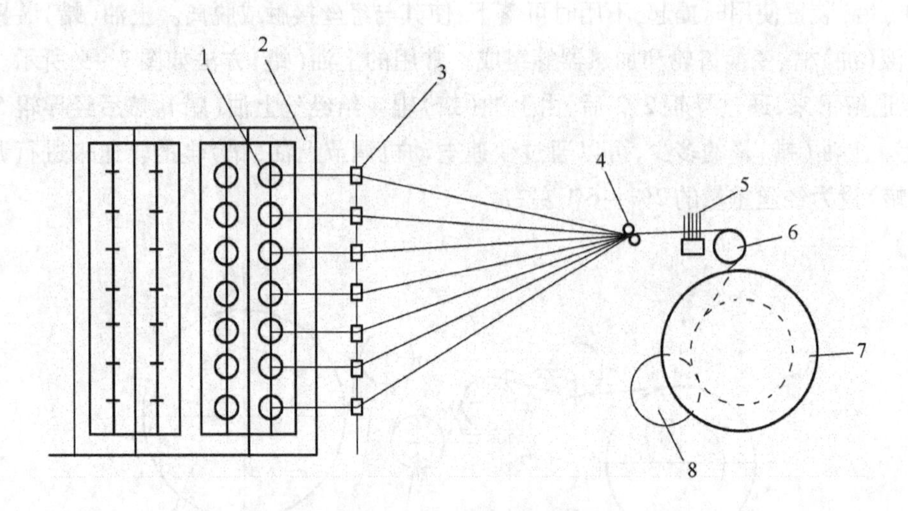

图7-10 分批整经丝线行程图

1—筒子 2—筒子架 3—导丝瓷板 4—导丝棒 5—伸缩筘
6—测长辊 7—经轴 8—加压辊

2. 机构的传动 分批整经机的传动以其传动经轴方法的不同有滚筒摩擦传动和直接传动等两种。

(1)滚筒摩擦传动。中、低速整经机通常采用滚筒摩擦传动。它是用恒速交流电动机传动滚筒,再由滚筒摩擦传动经轴。

图7-11为滚筒摩擦传动原理图。恒速交流电动机4经各传动部件传动滚筒1回转,经轴2与滚筒间存在压力,经轴得到滚筒的摩擦传动而卷绕经线。由于滚筒的表面线速度恒定,所以这种方法可以使整经线速度保持不变,获得卷绕张力均匀,成形良好的经轴。

这种传动系统简单可靠,维修方便。但由于滚筒与经轴的摩擦,易损伤丝线,尤其是经丝断头停车时,丝线磨损更为严重。另外,在提高整经速度时,经轴容易跳动,速度越高,跳动越严重,由此引起经丝张力不匀,经轴成形不好,机件损坏严重等弊病。

滚筒摩擦传动的整经机可通过调换传动皮带轮,或经有级变速齿轮、无级变速器来改变整经速度。

(2)直接传动。经轴直接传动的形式有变速电动机(直接可控硅控制电动机或电磁转差电动机)传动、液压无级变速马达传动、交流变频调速电动机传动。

①调速直流电动机传动。典型的由调速直流电动机直接传动的经轴卷绕机构如图7-12所示。直流电动机4传动经轴1回转卷绕丝线。压辊2紧压在经轴表面,施加卷绕压力,并将丝线线速度信号传递给测速发电机5,测速发电机发出卷绕直径增大而线速增大的信息,经电气控制系统自动降低电动机的转速,控制整经线速度恒定。

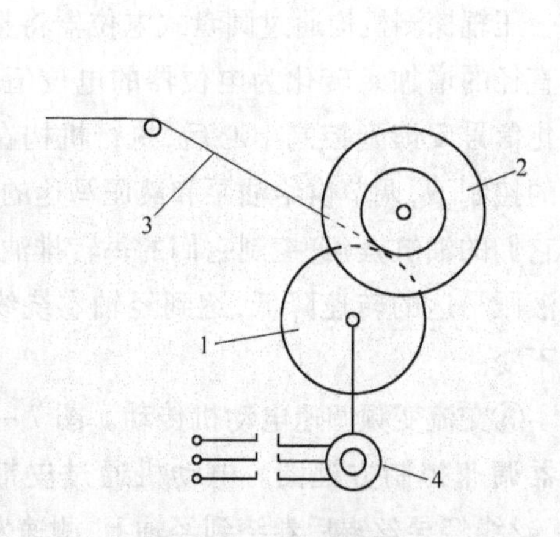

图 7－11　滚筒摩擦传动

1—滚筒　2—经轴　3—经丝　4—电动机

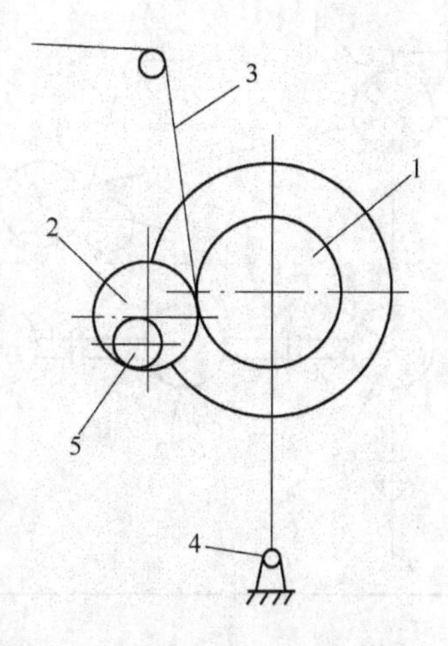

图 7－12　调速直流电动机直接传动

1—经轴　2—压辊　3—经丝

4—电动机　5—测速发电机

电气控制系统的工作原理如图 7－13 所示。这是一个线速度闭环调节系统，U_{vg} 为线速度给定电压，是一个可调的恒定值。测速发电机 5 将线速度转换成电量，并取一部分 U_{vf} 作线速度反馈信号。线速度调节器 1 为比例调节器，它将信号偏差 $\Delta U = U_{vg} - U_{vf}$ 放大。在运行过程中，由于卷绕直径不断增大，丝线线速度成正比增加，使线速度反馈信号 U_{vf} 也成正比上升，而给定电压 U_{vg} 不变，于是 ΔU 逐渐下降。偏差 ΔU 的下降，使脉冲变压器 2 发出触发脉冲的时刻推迟，引起可控硅整流电路 3 的导通角减小，从而降低直流输出电压平均值，导致直流电动机 4 转速下降，以维持线速度恒定。

直流电动机调速范围宽广、平滑、启动力矩大，因此直流电动机直接传动经轴的方式在分批整经机上广泛应用。

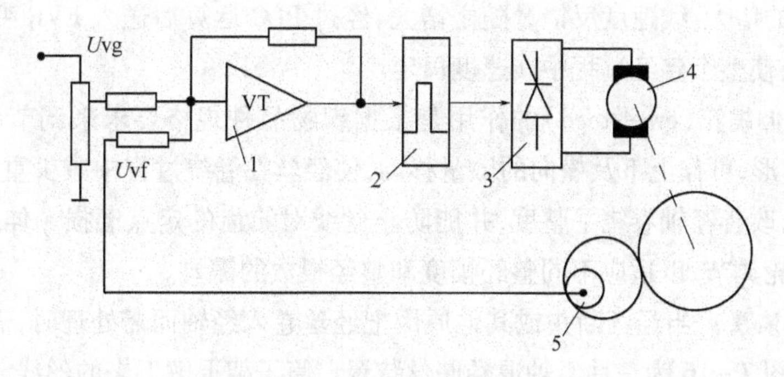

图 7－13　电气控制系统原理图

1—线速度调节器　2—脉冲变压器　3—可控硅整流电路　4—电动机　5—测速发电机

②液压马达传动。液压马达直接传动经轴卷绕的传动原理如图 7－14 所示。丝线 1 经导丝辊 2，卷入由液压马达 4 直接传动的经轴 3。在电动机 5 的拖动下，油泵 6 向液压马达供油，驱动其回转。串联油泵 7 将高压控制油供给油泵和液压马达，控制它们的油缸摆角，改变液压

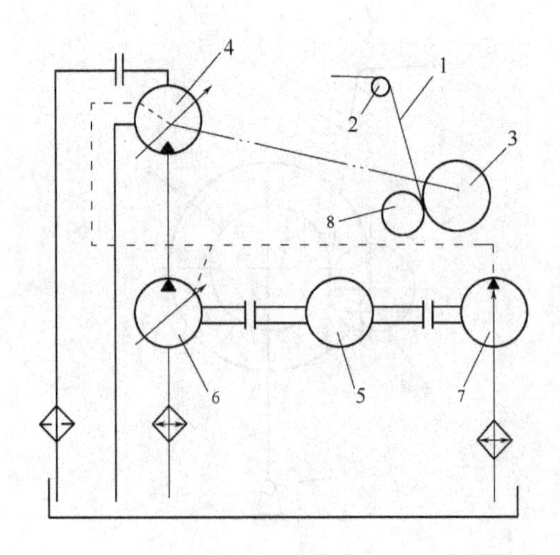

图 7-14　液压马达直接传动的经轴卷绕

1—丝线　2—导丝辊　3—经轴　4—液压马达

5—电动机　6—油泵　7—串联油泵　8—压辊

马达的转速。

压辊探测机构通过圆盘式电位器将整经轴卷绕直径的增加量转化为电位器的电位值，电位值变化信号反馈到控制中心后，执行机构在控制中心的控制下，调节供给油泵和液压马达的油量，改变它们的油缸摆角，控制它们的每转排油量，从而使液压马达的转速降低，达到经轴卷绕线速度恒定不变。

③交流变频调速电动机传动。图 7-15 为变频器调速控制方框图。电动机通过皮带传动经轴，丝线经导丝辊后卷绕到经轴上，测速发电机与导丝辊同轴安装，当丝线带动导丝辊运行时，测速发电机与导丝辊同步旋转。

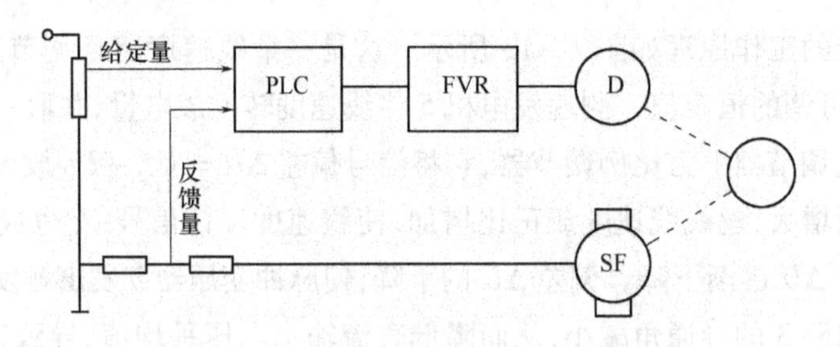

图 7-15　变频器调速控制方框图

由电位器给定一个模拟量，测速发电机将线速度转换成电量，并取出一个模拟量，经过模数(AD)转换，PLC 运算后输出一个模拟调节量，送入 FVR 变频器，从而控制交流电动机速度。随着经轴卷绕直径的增大，线速度反馈量随之增大，经过 PLC 运算后送入 FVR 变频器，控制电动机速度不断下降，使整个整经过程中线速度恒定。

3. 伸缩筘　伸缩筘(creel reed)的作用是根据织物品种规格要求来调节和控制整经的幅宽。伸缩筘为 W 形，可作上下及横向的微量移动，使经丝在卷绕过程中减少重叠，消除嵌边，确保丝线排列均匀，改善经轴卷绕平整度，并能防止丝线对筘齿的定点磨损。伸缩筘幅度及筘齿的密度可通过手轮调节，以适应不同整经幅度和整经根数的需要。

4. 退卷储丝装置　当经丝断头或其他原因把经丝卷入经轴而需处理时，需将经轴倒转，进行接头等处理。图 7-16 为一种经轴退卷储丝装置。筒子架退解下来的丝线，暂时由一对导丝杆 3 压住，储丝辊 2 自动缓慢提升，经轴便缓慢倒转，使断头经丝或其他疵点的经丝从经轴上退解出来，储丝辊则把倒出经丝储存起来，并使丝片保持一定的张力，便于处理。退解丝线长度最大可达 3.8 ~4m。

5. 制动装置　分批整经机采用了液压式制动装置。液压制动系统的制动力大，制动效果好，在丝线卷绕直径达 800mm，卷绕线速度 1000m/min 的条件下，制动距离仅为 4m 左右。但液压系统加工要求较高,有时会因工作油的泄漏而污染丝线和工作环境。

如图 7-17 为一种液压制动装置原理图。压力油经进油管输到储能缸 1,使缸内储有经调压阀 2 调控的一定压力的油。当制动时,电磁阀被激发,压力油使刹车卡片 4 动作,将刹车片 5 制动。电磁阀延时释放,压力油回流油箱,刹车片 4 松开,继续开车。

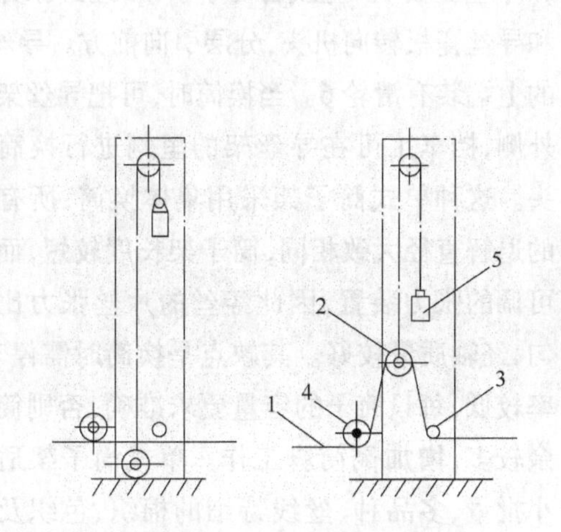

图 7-16　经轴退卷储丝装置

1—经丝　2—储丝辊　3—导丝杆

4—导丝辊　5—平衡重锤

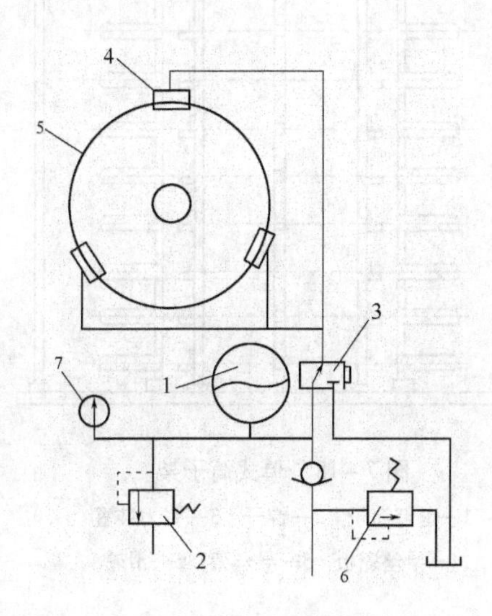

图 7-17　液压制动原理

1—储能缸　2—调压阀　3—电磁阀　4—刹车卡片

5—刹车片　6—限压阀　7—压力表

在整经轴制动的同时,压辊与导丝辊同步制动。对压辊的同步制动,保证了测长的精确性,并避免损伤丝线。对导丝辊的同步制动,减少经丝对导丝辊的摩擦,防止丝线扭结。

第三节　整经筒子架

整经筒子架(warper creel)位于整经机的后方,其功能已由单一的放置整经用喂入筒子逐步发展为具有丝线张力控制、断经自停、信号指示、自动换筒等多项功能。筒子架在整经工艺中起着重要的作用,对整经速度、整经效率及整经质量有直接的影响。

一、筒子架形式

筒子架的形式有多种,按筒子的退解方式分,有回转筒子经向退解筒子架和固定筒子轴向退解筒子架两类。回转筒子经向退解筒子架用于小卷装有边筒子。由于筒子惯性作用,整经启动与停车时,丝线受到附加张力作用,因而这种方式不宜于高速整经,一般仅为 50m/min 左右,而且筒子容量也受到限制,整经质量差,已逐渐淘汰。固定筒子轴向退解筒子架用于各种菠萝形筒子、圆锥形筒子、大卷装有边筒子等,适用高速整经,其按形状可分为矩形筒子架和 V 形筒子架两种。

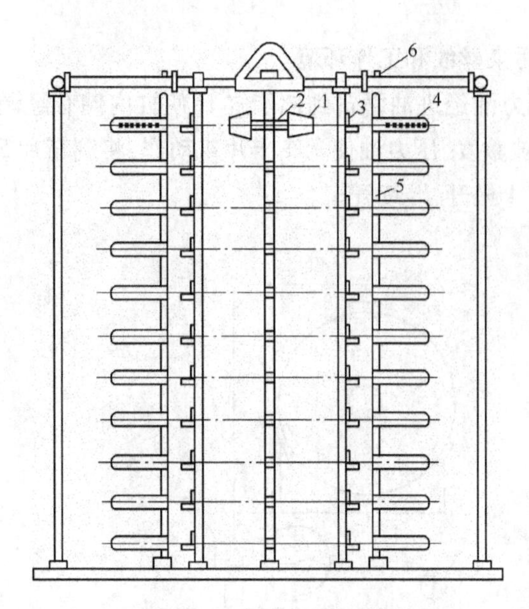

图 7-18 单式筒子架

1—退解筒子 2—锭子 3—张力装置

4—导丝瓷板 5—导丝架 6—滑轮

1. 矩形筒子架 根据丝线种类、整经方法、占地位置等的不同，矩形筒子架主要有以下几种形式。

(1)单式筒子架。如图 7-18 所示，退解筒子 1 装在固定的锭子 2 上，两侧装有张力装置 3 和导丝瓷板 4。丝线自筒子引出，经过张力装置和导丝瓷板转向机头，分层引向前方。导丝架 5 的上端装有滑轮 6。当换筒时，可把导丝架拉至外侧，挡车工可在导丝架的里侧进行换筒和接头。这种单式筒子架采用集体换筒，所有筒子的退解直径大致相同，筒子架长度较短，而且有可调的张力装置，因此经丝的片丝张力比较均匀，经轴质量较好。其缺点是换筒时需停车，效率较低，每只筒子的容量要求准确，否则筒脚剩余较多，增加倒筒脚工作。单式筒子架适宜于小批量、多品种、丝线特细的棉织、色织及丝织厂整经使用。

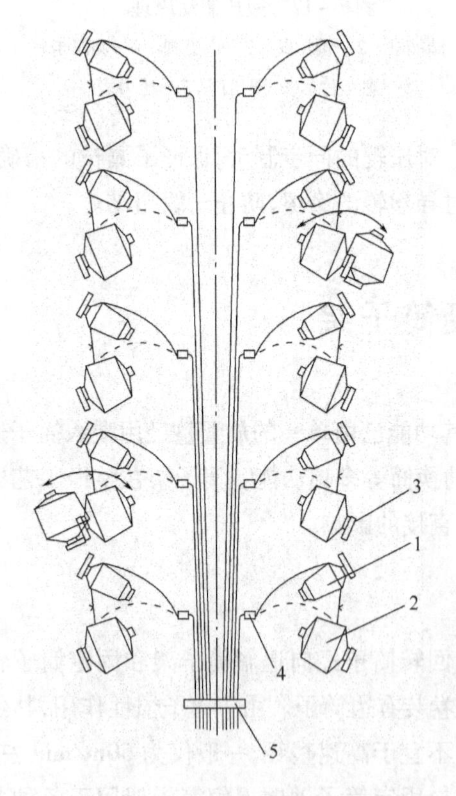

图 7-19 复式筒子架

1—工作筒子 2—预备筒子 3—可扳动锭子

4—张力装置 5—断经自停装置

(2)复式筒子架。图 7-19 所示为复式筒子架。复式筒子架的特点是每个工作筒子 1 旁都有一个预备筒子 2。工作筒子的丝尾和预备筒子丝头相连结，当工作筒子上的丝线用完后，就自动引出预备筒子上的丝线继续整经。筒子装在可扳动锭子 3 上，换筒时将空筒锭子扳至换筒位置，换上满筒后，接好头，扳回工作位置，作为新的预备筒子，两个筒子互相替换，互为预备。

复式筒子架可不停车换筒，提高了整经效率，且无换筒回丝。缺点是整经时全架工作筒子的退解半径不一致，造成片丝张力不匀，尤其是从工作筒子换到预备筒子时，张力有明显突变，增加断头概率。筒子架长，占地面积大，同时加长了寻找断头的引丝路程及加大了因前后位置不同所产生的张力差异。因此这种筒子架适宜大批量的粗毛纱、棉纱的整经。

(3)车式筒子架。图 7-20 所示车式筒子架是将单式筒子架，由若干“手推车”代替，地面和筒子架上均设有导轨，当筒子用完时，剪断丝线，把手推车从筒子架中沿轨道推出，并将满筒手推车装入到工作位置。当一批手推车进行整经时，另一批手推车可以在筒子架外换上新筒子，这样可减少停车时间，提高整经效率。但是，备用的手推车数量多，设备价格昂贵，并且手推车占地也大。

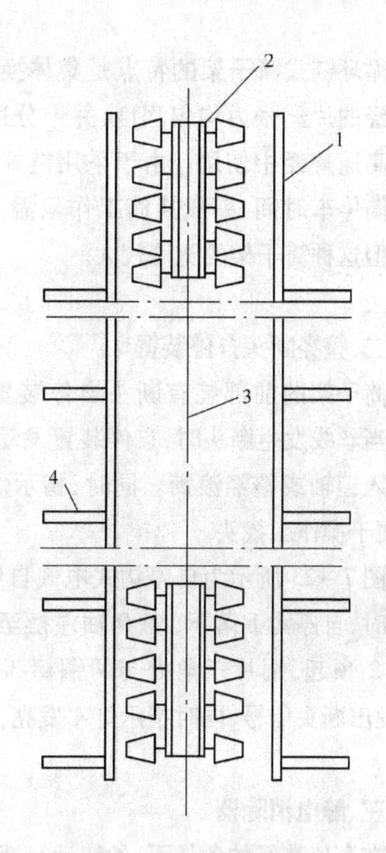

图 7－20 车式筒子架

1—导丝架 2—筒子车 3—铁链 4—导丝瓷板

(4)旋转式筒子架。如图 7－21 所示，筒子架分成若干可转动的几组，上下有滚珠轴承支撑。一侧筒子工作时，在另一侧可换上新筒子。换筒时，剪断丝线，将筒子架旋转 180°，由挡车工接好头后再开车。这种换筒方式也属整批换筒，故整经的片丝张力均匀。但换筒仍需人工剪头和接头，且筒脚也多。这种筒子架适用于筒子重量较重，用车式筒子架操作不便的场合。

2. V 形筒子架 V 形筒子架如图 7－22 所示，筒子架成锐角（V 形）配置。筒子架两翼各有一对循环链条，筒子插座立柱 1 安装在由电动机驱动的传送链条 2 上。里侧装预备筒子，外侧装工作筒子。工作筒子用完后，启动换筒电动机，由链条传动将预备筒子传送到工作位置，同时将原工作筒子传送到预备位置，再从新的筒子上引出丝线至前方，继续整经。

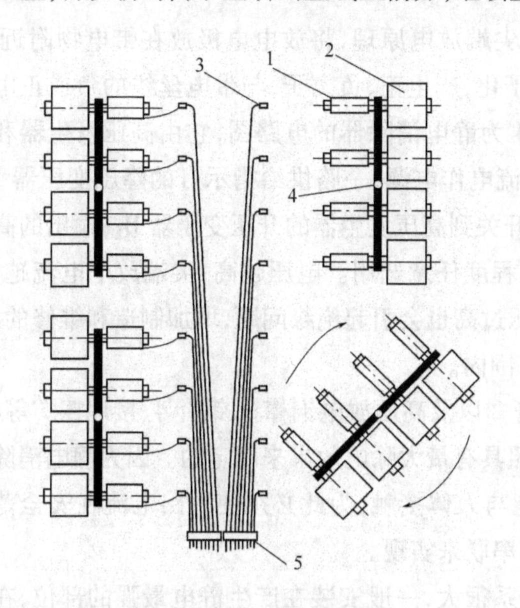

图 7－21 旋转式筒子架

1—工作筒子 2—预备筒子

3—张力装置 4—滚珠轴承 5—导丝瓷板

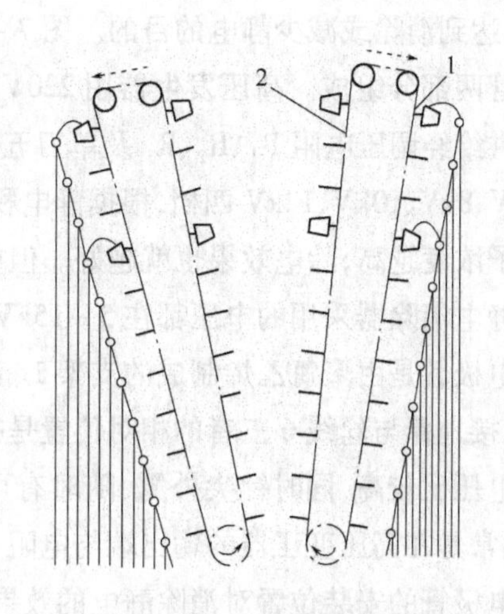

图 7－22 V 形筒子架

1—立柱 2—传送链条

循环链式筒子架的特点是集体换筒，有利于提高整经的片丝张力均匀程度，并十分适宜于在低张力的高速整经中使用。由于采用链式换筒，可以缩短换筒停车时间，一般换筒工作只需 15min 即可完成。但这种筒子架的宽度较大。

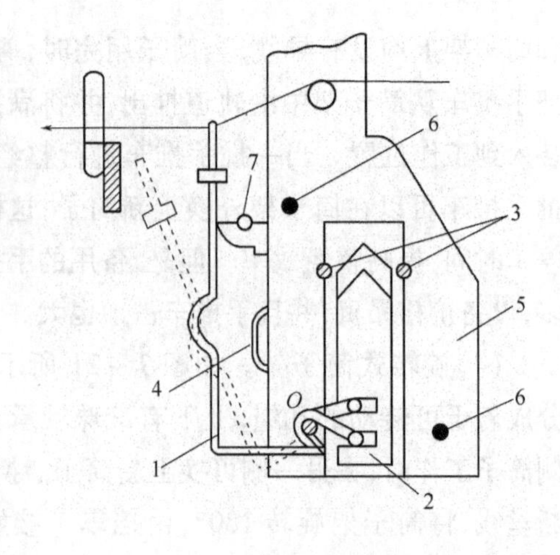

图 7－23 接触式断头自停装置

1—自停钩 2—铜片 3—铜棒 4—指示灯 5—架座 6—杆 7—分离棒

二、整经断头自停装置

筒子架的前部装有断头自停装置和信号指示灯。当丝线发生断头时，自停装置发动关车，以免断丝卷入经轴或整经滚筒。同时，指示灯指示断头位置，便于操作工找头。

图 7－23 所示为自停钩式电气自停装置。丝线断头时，自停钩 1 落下，绕 O 轴左摆至虚线位置，将铜片 2 顶起，铜片三角处与两铜棒 3 接触，电路导通，发出断头信号，同时指示灯 4 发亮，指示经丝断头位置。

三、静电消除器

在高速整经的条件下，丝线运行速度快，丝线之间及丝线与导丝器之间的摩擦剧烈，这对导电性能差的纤维(如合成纤维)，摩擦后产生的电荷一时不易传导，积累的静电使丝线在整经过程中产生扭结、起毛，严重时造成断头。这不仅会影响产品质量，而且增加加工困难，因此在高速整经机上要安装静电消除器。

静电消除器一般采用高压放电法，利用尖端放电原理，将放电电极放在带电物附近 30～50mm 处，加上高电压，使电极附近的空气离子化，产生正、负离子，与带电丝线的负或正电荷中和，以达到消除或减少静电的目的。图 7－24 为静电消除器的电路图，它由高压发生器和放电电极管两部分组成。高压发生器用 220V 交流电作电源，一路供给指示灯的降压变压器 B_1，另一路供给经调压电阻 R_1、R_2、R_3 及单刀五掷开关到高压发生器的升压变压器 B_2；输出的高压电有 6kV、8kV、10kV、12kV 四档，根据静电积累程度任意选用。电压越高，尖端放电电流越大，空间离子浓度越高，除电效果也就越好。但电压过高也会引起绝缘问题，增加制造和维修的困难。普通静电消除器采用的电压都在 5～15kV 范围内。

电极管是由聚氯乙烯制成的支架 1、套管 2 以及高压放电铜棒 3、钢针 4、接地棒 5 等构成。钢针、接地棒与丝线 6 三者的相对位置是按照具有最大除电效果来确定的。因为静电消除器使用的电压比较高，同时针尖外露，随时有可能与人体接触，为此必须使短路电流在安全范围以内，通常是在高压变压器的输出端与电阻 R_4 串联来实现。

电极管的安装位置对消除静电的效果关系很大，一般安装在产生静电最强的部位，在高速分条整经机上安装在定幅筘托架上方，高速分批整经机安装在张力装置架、断经自停装置、测长辊附近。

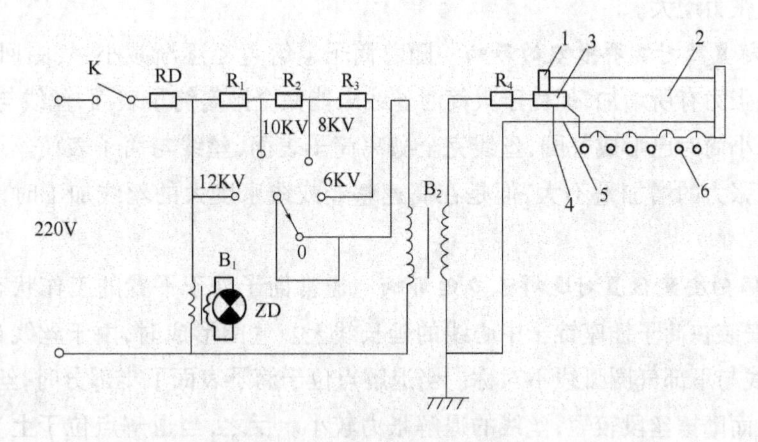

图 7-24　静电消除器的电路图

1—支架　2—套管　3—放电铜棒　4—钢针　5—接地棒　6—丝线　B_1—降压变压器　B_2—升压变压器

第四节　整经张力

整经张力(warping tension)是否适当、均匀,是提高整经质量的关键。整经张力过大,会损伤经丝的强力及弹性,在后道工序中,尤其是在织造过程中经丝的断头增加。整经张力过小,经轴卷绕密度小,绕丝量少,成形不良。整经片丝张力不匀,造成经轴卷绕不平整,影响浆丝生产及浆轴质量,引起织机开口不清,严重的松丝或紧丝会造成断头,产生织疵,降低生产效率。而且这种片丝张力不匀在后道工序中难以调整而直接反映在织物的表面,影响织物的外观质量。

整经张力包括单丝张力及片丝张力两个方面。

一、单丝张力

整经过程中,丝线从筒子上退解出来,经过张力装置、导丝部件等的机械作用,使丝线张力达到工艺设计要求。

形成整经单丝张力的因素有丝线的退解张力、张力装置给丝线的附加张力及导丝部件对丝线的摩擦形成的张力。

1. 丝线退解张力　丝线退解张力是指筒子上丝线分离点至进入张力装置前的导丝圈之间所受到的张力。它取决于丝线对筒子表面丝层的黏附力、丝线在筒子表面丝层上摩擦滑移所产生的摩擦阻力、丝线的运动惯性、空气阻力及气圈离心力等。

2. 卷装结构对退解张力的影响　要使丝线顺利地从筒子上退解出来,就必须施加一个微小的力以克服丝层间的黏附力及滑移摩擦力。卷装紧密,丝层间的摩擦系数大,则丝层间的黏附力和摩擦力就大,退解张力就大;反之则小。

3. 筒子退解高度对退解张力的影响　整经过程中,丝线自筒子表面沿轴向引出时,筒子退解高度发生周期性变化。自筒子顶端引出时,丝线张力小;退至筒子底部时,丝线与筒子表面的摩擦增大,丝线张力增大。

4. 筒子退解直径对退解张力的影响 随着筒子退解直径逐渐减小,气圈回转速度逐渐提高,丝线的退解张力有所增加,但由于大筒时丝线未能完全抛离筒子表面,丝线与筒子表面丝层摩擦较大,而中小筒时已形成气圈,丝线完全抛离筒子表面,丝线与筒子表面丝层的摩擦较小。因此,丝线退解张力的增加量不大,但是在高速整经或线密度大的丝线加工时,这种影响较为明显。

5. 导丝瓷眼的安装位置对退解张力的影响 通常筒子处于平置的工作状态,张力装置的导丝瓷眼中心安装在筒子插座锭子中心线的延长线上。气圈形成时,由于丝线自重的作用,导致上部气圈弧线与下部气圈弧线不对称。当退解点位于筒子表面下半部分时,丝线比较容易抛离筒子表面,从而摩擦丝段较短,丝线的退解张力较小。反之,当退解点位于上半部分时,丝线不易完全抛离筒子表面,摩擦丝段较长,丝线的退解张力较大。为减少这种张力差异,可将导丝瓷眼上移一段距离,如10~20mm,这样有利于均匀丝线的退解张力,如图7-25所示。

6. 导丝距离对退解张力的影响 导丝距离是指筒管顶部至张力装置导丝瓷眼间的距离。导丝距离 l 不同,丝线的平均退解张力 T 也发生变化,如图7-26所示。实践表明,存在着最小张力的导丝距离,大于或小于此距离,都会使平均张力增加。这是由于导丝距离增大时,气圈部分的丝线质量及离心惯性力增大,使退解张力增大;导丝距离缩小时,则丝线在退解时易与筒子摩擦,摩擦阻力增大,又使退解张力增大。一般采用的导丝距离为140~250mm。实际生产中,对容易扭缩的丝线(如加捻丝等),宜采用较小的导丝距离,以减少丝线的扭结,降低整经断头率。

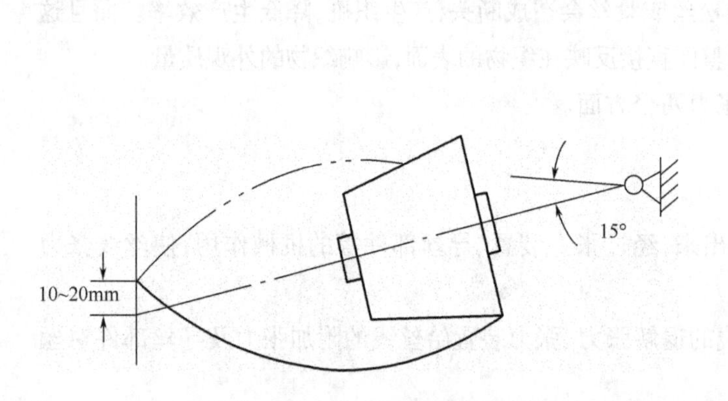

图7-25 导丝瓷眼与筒子锭座相对位置

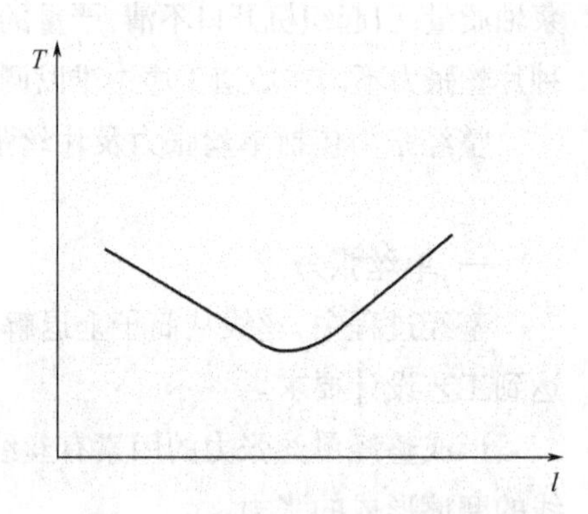

图7-26 导丝距离对退解张力的影响

7. 整经速度对单丝张力的影响 整经速度高,气圈离心力大,丝线张力大;速度低,离心力小,张力小。实际生产中,提高整经速度可提高整经效率,但也引起整经张力的增大和不匀,从而增加整经断头,恶化整经质量,反而降低整经效率。因此,在选择整经速度时,既要考虑提高产量,同时也要兼顾质量。目前实际采用的整经机速度一般为300~600m/min。

8. 张力装置产生的丝线张力 丝线从固定筒子轴向退解时,所产生的退解张力较小,不能满足整经工艺的要求,为了使经轴获得良好成形和一定的卷绕密度,还需附设以累加法和倍积法工作的张力装置,给丝线以附加张力,达到经轴卷绕的要求。

图7-27为单张力盘式张力装置。经线1从筒子退解出来,穿入导丝瓷眼2,进入张力盘3,并在张力盘和瓷座间通过,绕过瓷轴(芯轴)4,出张力盘再绕过导辊5,引向前方。张力盘上加有绒毡及张力垫圈。张力盘活套在瓷轴4上。该装置可通过改变张力垫圈的重量来调节丝线张力,但张力装置的整经张力波动较大。在张力盘中加一块绒毡,可缓冲垫圈的跳动,降低张力波动率。

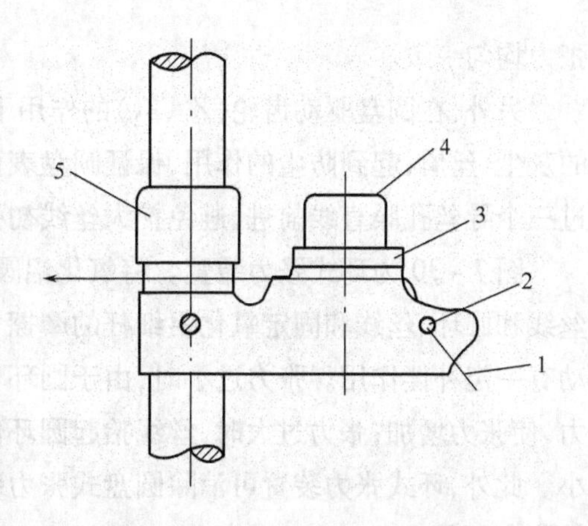

图7-27 单张力盘式张力装置

1—经线 2—导丝瓷眼 3—张力盘 4—瓷轴(芯轴) 5—导辊

图7-28为双圆盘罗拉可调式张力装置。其中图7-28(a)为双圆盘可调式张力装置。它主要通过改变两只张力盘的重量和改变两芯轴的角度来改变丝线包围角,起到调节丝线张力的作用。图7-28(b)为带导丝棒的双圆盘张力装置,张力调节可通过两个芯轴之间的导丝棒位置来改变丝线对芯轴及导丝棒的包围角;或按工艺要求配置张力盘重量来加以调整。

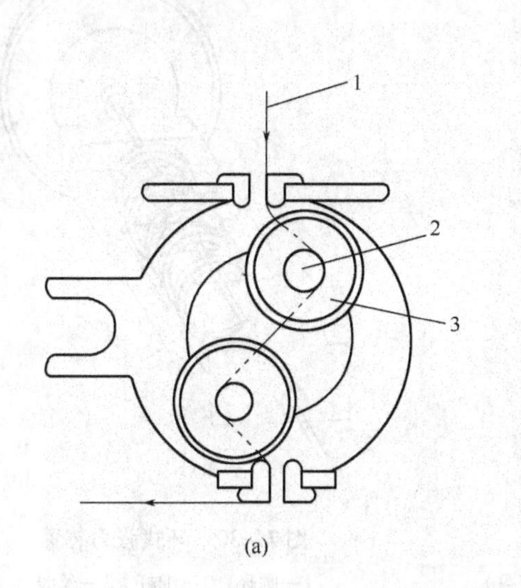

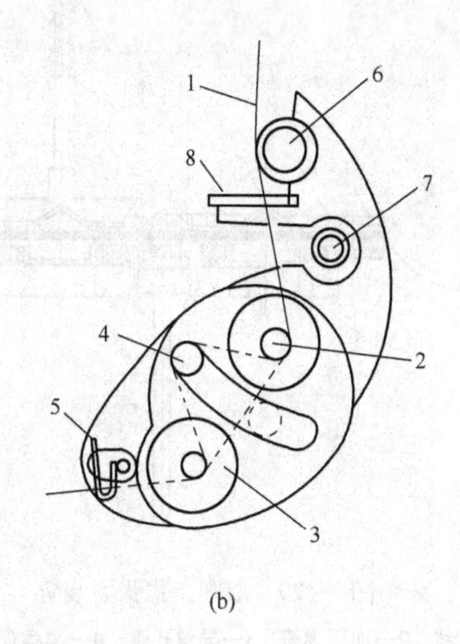

图7-28 双圆盘罗拉可调式张力装置

1—丝线 2—瓷轴(芯轴) 3—张力盘 4—导丝棒 5—导丝钩 6—立柱 7—调节轴 8—档丝板

图7-29为双圆盘式张力装置。它是利用弹簧压力对丝线提供所需张力。该张力装置有两个盘,第一个圆盘的底盘靠在减振环上,具有减振作用,可减少因粗结通过而引起的附加张力,配合第二个圆盘的作用,使丝线能平稳的运行。张力通常是由第二个圆盘利用弹簧加压而产生的。同一侧筒子架的张力,可以通过手轮集体调整弹簧压力的大小,使丝线张力经常保持在预定的水平上,达到恒定的张力,而不受筒子退解直径减小或其他因素的影响,从而保证整经

张力均匀一致。

另外,在圆盘驱动齿轮(Z_1、Z_2)的作用下,两个底盘慢速回转,可自动清除张力盘表面积聚的灰尘、丝屑,起到防尘的作用,保证圆盘表面受到相同的压力。由于张力盘不设芯轴,丝线经过三个导丝孔眼直线前进,避免扩大丝线初张力的变化。

图7-30为环式张力装置。将氧化铝圆环(或钢环)挂在运行的丝线上,依靠圆环的重量,丝线和圆环、丝线和固定氧化铝细杆的摩擦,使丝线获得一定的张力。环式张力装置对张力波动有一定补偿作用。张力过小时,由于圆环自重下降,丝线接触固定细杆,增加了对丝线的摩擦力,使张力增加;张力过大时,丝线抬起圆环使丝线与细杆接触包角减小或脱开细杆,使张力减小。此外,环式张力装置可消除圆盘式张力装置张力盘回转不灵活,或丝线逃出张力盘而带来的张力不匀。

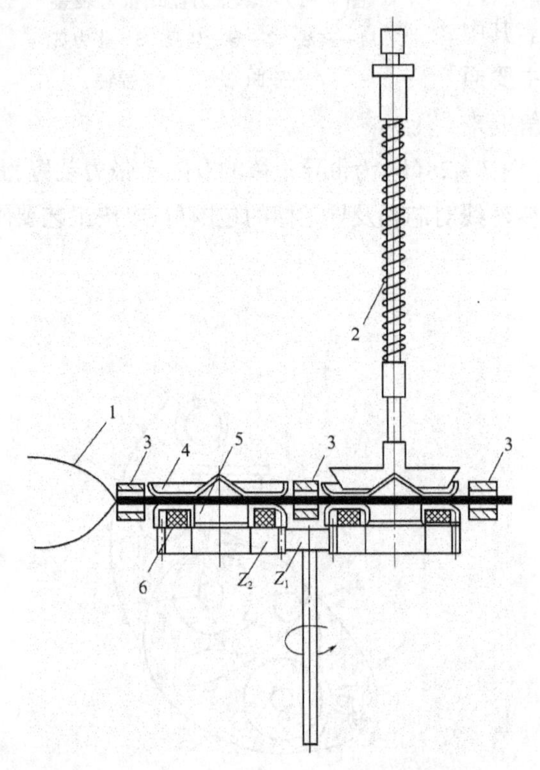

图7-29 双圆盘式张力装置

1—丝线 2—加压弹簧 3—导丝孔眼 4—顶盘(上张力盘) 5—底盘(下张力盘) 6—减振环 Z_1、Z_2—主、从动齿轮

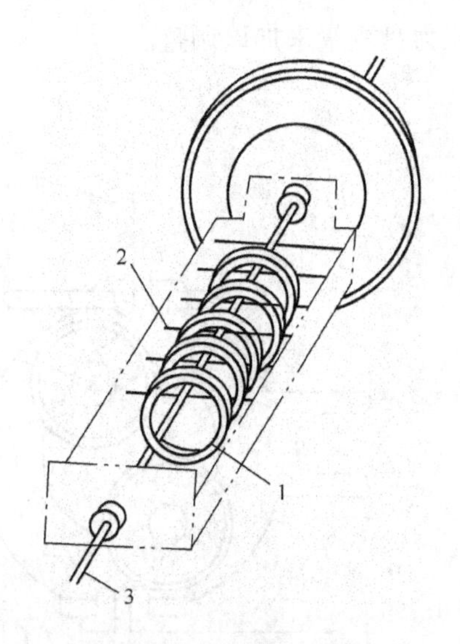

图7-30 环式张力装置

1—圆环 2—细杆 3—丝线

9. 导丝部件摩擦形成的张力 丝线从张力装置导丝瓷眼引出,经过筒子架和整经机各导丝部件(如导丝瓷板、断头自停装置、分绞筘、定幅筘等)的摩擦,以倍积法方式增加丝线的张力。与丝线离开张力装置时的张力有关,同时受到丝线与各导丝部件的包围角及摩擦系数影响。

二、均匀片丝张力的措施

根据前述影响丝线整经张力的各种因素,为使片丝张力趋于一致,可采取以下措施。

1. 采用集体换筒　筒子退解直径对丝线退解张力产生一定的影响,尤其是在高、中速整经和线密度大的丝线加工时,影响较为明显。因此,为减小这种影响,可采用集体换筒,一次性更换全部筒子,使退解筒子直径基本一致,均匀片丝张力。同时,还可对络丝提出定长卷绕要求,以保证筒子架上的退解筒子具有相同的初始卷装尺寸,并可大大减少筒脚丝的数量。

2. 合理设定张力装置的工艺参数　筒子在筒子架上的放置位置存在着前后差异及上下差异,造成整经片丝张力的差异。由于前排筒子引出的丝线引出距离要小于中排和后排,中层筒子引出的丝线所经的曲折程度小于上层和下层,其结果是:前排筒子引出的丝线张力要小于中排和后排,中层筒子引出的丝线张力要小于上层和下层。如图 7-31 为筒子位置与丝线张力的关系。为减少这种差异,均匀丝线张力,可适当调整筒子架上不同区域张力装置的工艺参数(如张力垫圈重量、丝线包围角、弹簧压力等)。

如可采取分段分层配置张力垫圈重量。根据筒子架长度及丝线种类等因素,将筒子架前后分为 2~3 段,或同时将筒子架分为上、中、下三层而成六个区或九个区进行配置。配置的原则是:前排重于后排,中层重于上、下层。另外还可以采用弧形分段配置张力垫圈重量,如图 7-32 为弧形分段法,张力垫圈重量 A 区 > B 区 > C 区 > D 区,这种配置方法可使片丝张力更为均匀。显然,分段分层越多,张力越趋于均匀一致,但管理越不方便。实际生产中常采用分 3 段配置张力垫圈重量的方法。

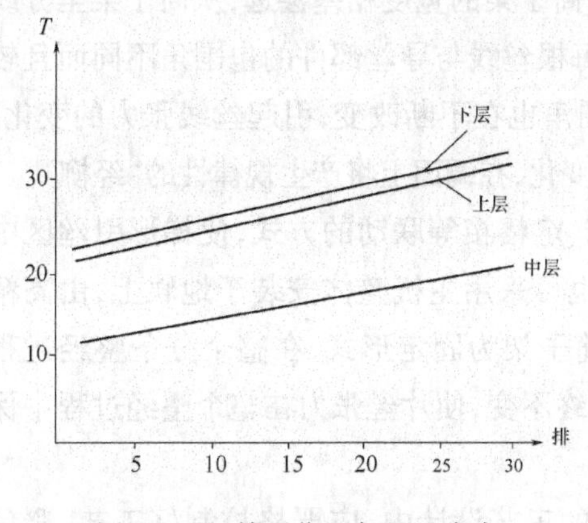

图 7-31　筒子位置与经丝张力

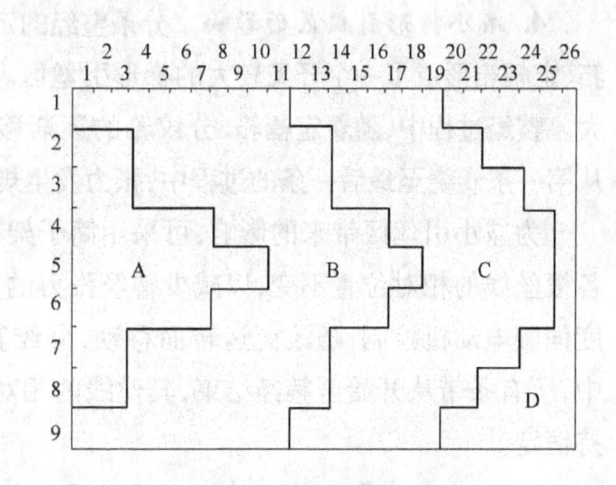

图 7-32　弧形分段法

3. 丝线合理穿入伸缩筘　分批整经过程中,丝线穿入伸缩筘的位置不同,丝线对筘片的摩擦包围角也就不同,这会引起丝线张力的不均匀。丝线穿入伸缩筘既要达到均匀丝线张力的目的,又要兼顾操作的方便。丝线穿入伸缩筘的方法一般有两种,即分排穿筘法(又称花穿)和分层穿筘法(又称顺穿)。

分排穿筘法把筒子架上前排的筒子丝线穿入伸缩筘的中间,然后逐排往外穿。穿的时候由上而下或由下而上逐根逐筘穿入。如图 7-33(a)所示。由于前排丝线穿入伸缩筘中部,引丝折角(包围角)较大,而后排的丝线穿入伸缩筘的边部,引丝折角小,故这种穿法可以补偿前后排位置不同而产生的张力差异,起到均匀丝线张力的作用,且此法丝线断头时也不易缠绕相邻的丝线,但操作较不方便。

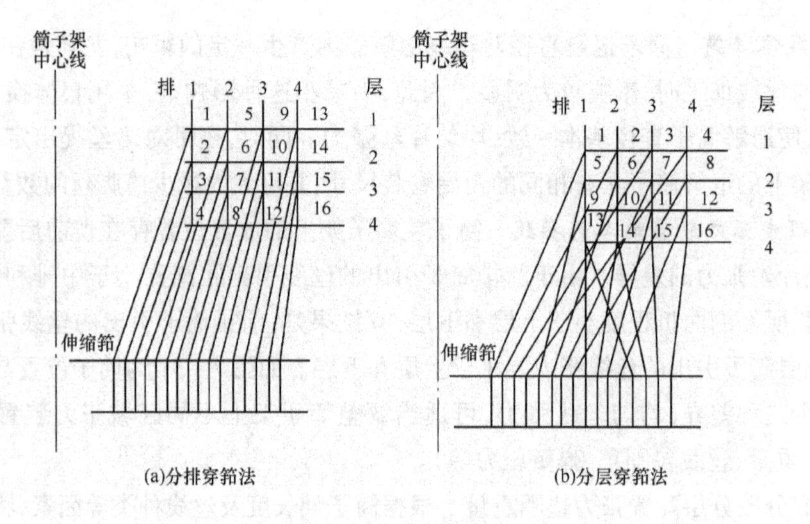

图 7-33 伸缩筘穿法

分层穿筘法则是从上层(或下层)开始,将丝线穿入伸缩筘中部,然后逐层往外穿,而下层(或上层)的丝线穿入伸缩筘的最外侧。如图 7-33(b)所示。分层穿法丝线层次清楚,找头、引丝十分方便。但由于把张力大的上层或下层丝线穿入引丝折角大的中间筘齿,加大了张力差异,影响整经质量。因此,目前多数工厂采用分排穿法。

4. 减小梯形引丝区的影响 分条整经的定幅筘与筒子架的宽度相差甚远,从筒子架至分绞筘、定幅筘形成了一个开叉较大的梯形引丝区。因此,每根丝线与导丝部件的包围角不同而且较大。整经过程中,随着定幅筘、分绞筘的逐渐移动,包围角也在不断改变,引起丝线张力的变化。从第一条卷绕至最后一条的过程中,张力发生规律性的变化,在绸面上将产生规律性的"经柳"。

为减小引丝区带来的影响,可采用筒子架、分绞筘、定幅筘等联动的方式,使梯形引丝区中各根丝线的相对位置不变,以减少整经张力的变化。也可采用主机整体安装于地轨上,由高精度伺服电动机控制,随滚筒运转而移动,分绞筘架和筒子架为固定形式,在整个分条整经过程中,所有条带从开始至整经结束,其丝线的相对位置始终不变,使片丝张力在整个整经过程中保持恒定。

5. 加强工艺管理,保持良好设备状况 分条整经的工艺设计中,应严格控制好工艺,避免首条头端上凸或塌陷,均匀张力。换条时控制好搭头间隙,避免出现叠头和稀弄。

分批整经的工艺设计中,应尽可能多头少轴,减小整经轴上丝线的间距,避免丝线过大的左右活动范围,同时伸缩筘排丝要匀,并左右一致,使经轴形状正确、表面平整、片丝张力均匀。

半成品管理中应做到筒子先到先用,减少筒子回潮率不同所造成的张力差异,尤其是黏胶纤维易吸湿,吸湿后易伸长。使用高速整经机时,应加强络丝半成品质量的控制(quality control of semi-manufactured goods),减少整经过程中丝线断头停车次数,避免频繁的启动、制动所引起的张力波动。

加强张力装置的检查、清洁工作,保持张力盘回转轻快灵活,保证张力装置的工艺参数符合工艺设计规定。

三、经轴加压装置

为了获得卷绕密度均匀、适度，卷绕平整，成形良好的经轴，除了控制适当的整经张力外，还应选用合理的加压装置。经轴加压装置应压力均匀，运转平稳，调节和操作方便，按压力源不同可分为重锤式和液压式等。

1. 重锤式经轴加压装置　重锤式经轴加压装置如图7－34所示，经轴1安放在轴承滑动座2上，滑动座可沿滑轨3前后滑动，齿杆4的一端与滑动座2用螺母连接，另一端与齿轮5啮合。重锤7挂在绳轮6上，使齿轮5顺时针方向回转，带动齿杆将整经轴压向滚筒8。整经过程中，随着经轴卷绕直径逐渐增大，经轴沿滑轨水平外移，卷绕加压压力N保持基本不变。因此，这种加压装置亦称恒压加压装置。加压压力的大小由重锤调节。

重锤式经轴加压装置的压力大小与经轴卷绕直径无关，卷绕过程中，压力保持大体稳定，并可明显地减少经轴的跳动现象，提高了经轴的质量。

2. 液压式经轴加压装置　液压式经轴加压装置如图7－35所示，液压工作油进入加压油缸1将活塞上抬，使托臂2升起，压辊3紧压在织轴4上。工作油压力恒定，于是卷绕加压压力也维持不变。不同的经轴卷绕密度可通过工作台油压力来调节。

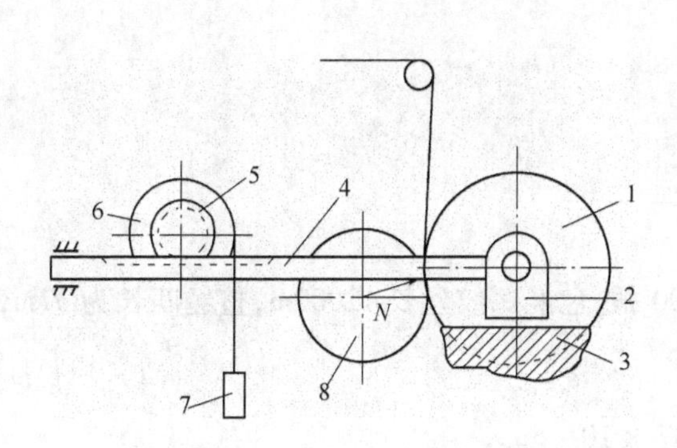

图7－34　重锤式经轴加压装置

1—经轴　2—轴承滑动座　3—滑轨　4—齿杆　5—齿轮　6—绳轮　7—重锤　8—滚筒

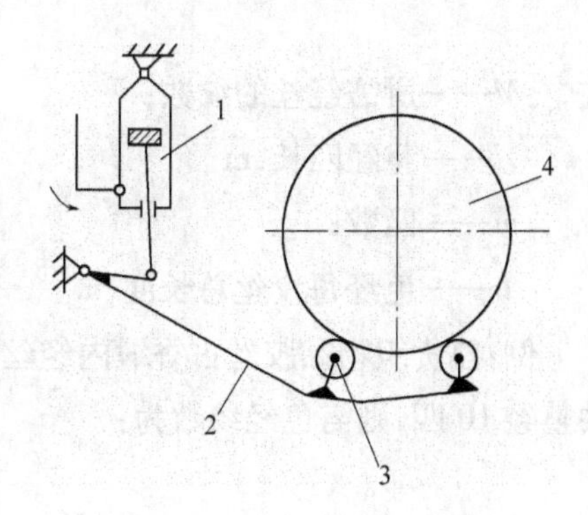

图7－35　液压式经轴加压装置

1—加压油缸　2—托臂　3—压辊　4—织轴

第五节　分条整经工艺计算

一、整经条数

$$n = \frac{H_0}{H_c} \tag{7-1}$$

式中：n——整经条数；

H_0——经丝总根数；

H_c——每条经丝根数。

每条经丝的根数(也称上排数)一般取整经筒子架所能容纳的筒子数。当式(7-1)无法除尽时,应调整为整数,同时应使最后一条的经丝根数少于整经筒子架上的筒子数,与前面各条的经丝数相差不宜过大。

在条、格织物生产中,整经条数:

$$n = \frac{H_0 - H_b}{H_c} \tag{7-2}$$

式中:H_b——两侧边经丝根数之和。

每条经丝根数为每条中的花数与每花配色循环数之积。同时,第一和最后一条的经丝根数还需修正。即加上各自一侧的边经丝根数;对应整经条数取整数后多余或不足的根数作加、减调整,但应注意每条经丝根数不应超过整经筒子架最大容量。

对于桑蚕丝熟织物的整经条数,一般应先计算所需经丝的绞数,再决定每条的经丝根数,即:

$$M = \frac{H_0 l m}{l_j} \tag{7-3}$$

式中:M——所需经丝的绞数;

l——整经匹长,m;

m——匹数;

l_j——色经每绞丝总长度,m。

例:熟货织物黏胶丝古香缎内经丝数为10800根,色经每绞丝长12000m,整经匹长为37m,共整经10匹,则需色经绞数为:

$$M = \frac{10800 \times 37 \times 10}{12000} = 333$$

每条经丝根数应为偶数,故每条经丝根数应取334根。另因色丝挑剔,要剔除色差等疵点的绞丝,实际比计算所需的绞丝数多加10绞左右。

二、整经条宽

整经条宽即定幅筘中所穿经丝的幅宽。

$$B_c = \frac{B_0 - [(n-1) \times b_c]}{n} \tag{7-4}$$

因 $n \gg 1$,所以:

$$B_c \approx \frac{B_0}{n} - b_c \tag{7-5}$$

式中:B_c——整经条宽,cm;

B_0——整经筘幅,cm;

b_c——搭头间隙,cm。

整经时,为了避免条经之间的经丝相互叠压,条经之间一般需有0.5~1.5mm的间隙。人造丝或加捻合纤丝整经时间隙为0.5~1mm,而桑蚕丝或合纤丝整经时间隙为1~1.5mm。

另外,条带经定幅筘后发生扩散,使定幅筘至整经滚筒的条带宽度比定幅筘宽度略宽,因此,实际的整经门幅要宽一些。尤其是高经密的品种,整经时条带的扩散现象较严重。为了减少扩散现象,可将定幅筘尽量靠近整经滚筒表面。

三、定幅筘密度

单位宽度内的筘齿数也称筘号。定幅筘密度:

$$N_c = \frac{H_c}{B_c \times n_c} \tag{7-6}$$

式中:N_c——定幅筘密度,齿/cm;

n_c——每筘齿穿入经丝根数,根/齿。

定幅筘每筘齿穿入经丝根数,随原料种类、线密度和经密等不同而异。每筘齿穿入经丝根数过多,滚筒上丝线排列不齐,且易造成"滚绞",使通绞困难,对于需上浆的原料还易造成"搭浆"等病疵;穿入数过少,则筘齿太密,给整经带来困难。桑蚕丝的穿入数一般为6~10根;黏胶丝因线密度较粗,同时需要上浆,穿入数一般取4根;合纤丝、醋酯纤维丝因摩擦易生静电,穿入数一般取2~4根。

四、整经长度

整经长度即条带的卷绕长度:

$$L = l \times m + h_s + h_i$$

$$L = \frac{l' \times m}{(1-a_0) \times (1+b)} + h_s + h_i$$

$$L = \frac{l'' \times m}{(1-a_0) \times (1-a_1) \times (1+b)} + h_s + h_i \tag{7-7}$$

式中:L——整经长度,m;

l'——坏绸匹长,m;

l''——成品匹长,m;

a_0——经丝织缩率;

a_1——经丝练整缩率;

b——浆丝伸长率;

h_s、h_i——分别为织造上、了机回丝长度,m。

五、最大整经长度

$$L_{max} = n_{max} \times C = \frac{L_m}{L_s} \times C \tag{7-8}$$

式中：L_{max}——最大整经长度，m；

n_{max}——定幅筘相对滚筒最大移距时整经滚筒的转数；

L_m——定幅筘最大移距，cm；

L_s——整经滚筒一转时定幅筘相对滚筒的移距，cm；

C——整经滚筒周长，m。

定幅筘相对滚筒的最大移距一般等于斜角板的基础长度。

六、斜角板倾斜角

正确选择斜角板的倾斜角是提高整经质量的重要措施之一。为了使条带截面呈平行四边形，必须使定幅筘相对滚筒移动所形成的丝层倾斜角 α' 与斜角板的倾斜角 α 相等。如图 7－36 所示。

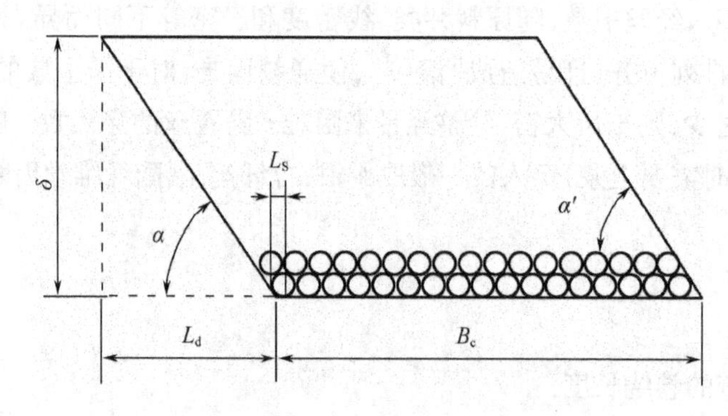

图 7－36　条带截面

条带截面平行四边形面积：

$$S = B_c L_d \tan\alpha$$

式中：L_d——定幅筘相对滚筒移动总距离，cm。

滚筒上一条条带的体积：

$$V = S\pi d = B_c L_d \pi d \tan\alpha$$

式中：d——条带平均卷绕直径，cm。

条带中丝线重量：

$$G = V\gamma = B_c L_d \pi d \gamma \tan\alpha$$

式中：γ——条带卷绕密度，g/cm^3。

条带中每圈丝线的平均重量：

$$g = \frac{\mathrm{Tt}\pi d}{10^6}$$

条带截面中丝线的总根数：

$$K = \frac{G}{g} = \frac{10^6 B_c L_d \gamma \tan\alpha}{\mathrm{Tt}}$$

又因为：

$$K = nB_cP = \frac{L_d}{L_s} \times B_cP$$

式中：n——卷绕一条条带滚筒的转数；

P——滚筒轴线方向丝线排列密度（即条带经密），根/cm。

整理后得到：

$$L_s = \frac{\mathrm{Tt}P}{10^6 \gamma \tan\alpha} \tag{7-9}$$

式(7-9)表明，定幅筘相对滚筒位移速度的大小与丝线线密度、条带经密成正比，与倾斜角 α 的正切和卷绕密度成反比。

根据条带的卷绕密度、丝线线密度、条带经密及定幅筘相对滚筒的移距，可确定可调斜角板的倾斜角 α：

$$\alpha = \mathrm{arzcot}\left(\frac{\mathrm{Tt}P}{10^6 \gamma L_s}\right) \tag{7-10}$$

条带的卷绕密度与纤维种类、丝线的捻度、丝线表面的光滑程度及整经张力、车间湿度等因素有关。一般短纤维纱的卷绕密度为 0.5～0.6g/cm³，加捻丝的卷绕密度为 0.55～0.6 g/cm³，长丝的卷绕密度为 0.65～0.7g/cm³。

如图 7-37 所示为条带截面三种情形的对比。

图 7-37(a)为正常，斜角板的倾斜角 α 与定幅筘相对滚筒移动所形成的丝层倾斜角 α' 相等，即 $\alpha = \alpha'$，条带截面呈平行四边形，各层丝都平行于滚筒轴线，倒轴时经丝张力均匀一致。

图 7-37(b)出现丝圈塌陷现象。在这种情形下，倒轴时塌陷部分的经丝张力就大，形成

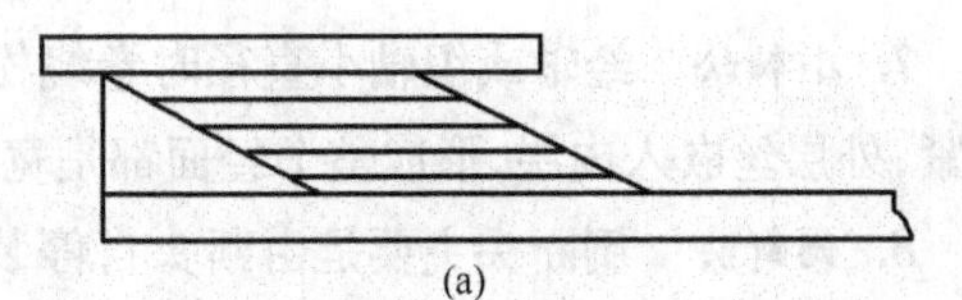
(a)

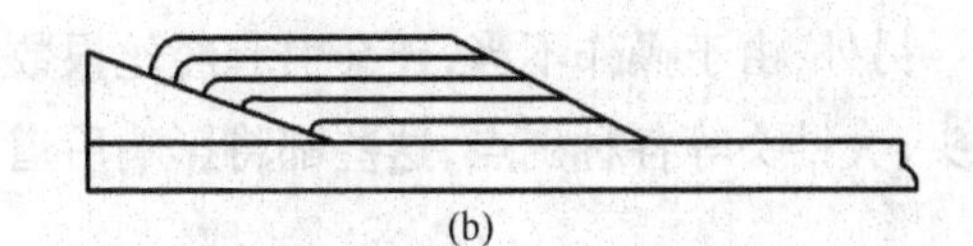
(b)

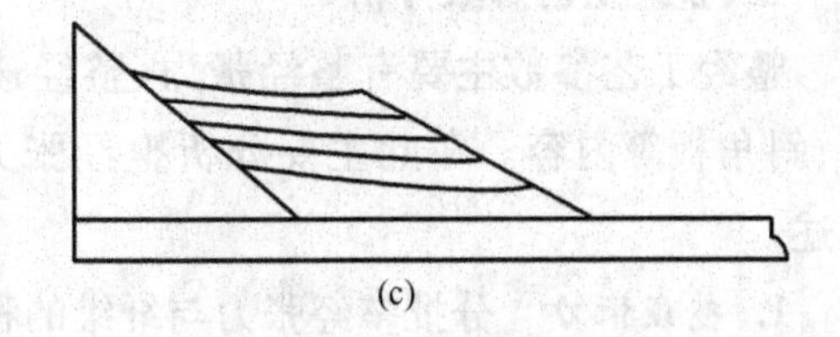
(c)

图 7-37　整经滚筒上条带截面的三种情形

紧边丝，严重的造成断边丝。产生的原因是斜角板所构成的锥角太小，或定幅筘相对滚筒移动速度太慢，使 $\alpha<\alpha'$，造成边缘经丝在斜角板处下陷。

图7－37(c)出现丝圈上凸现象。在这种情形下，倒轴时凸起部分的经丝张力就小，形成松边丝。产生的原因是斜角板所构成的锥角太大，或定幅筘相对滚筒移动速度太快，使 $\alpha>\alpha'$，造成边缘经丝在斜角板处隆起。

第六节　整经疵点及工艺参数分析

一、整经疵点分析

1. 叠头和稀弄　定幅筘移动丝杆磨损，定幅筘座螺丝松动，或操作不当所造成。将影响张力的均匀，浆丝质量及织造断头。分批整经轴上经丝根数偏少，丝线间距较大，造成经轴表面凹凸不平，造成张力不匀。

2. 长短码　长短码是指分条整经各条带长度不一及分批整经各经轴绕丝长度不一。主要是由测长装置失灵或操作失误所造成。

3. 经柳　产生原因是退解筒子的张力过大或过小，不同牌号、批号、种类、等级、色泽及线密度等经丝混淆使用。

4. 滚绞（闭口绞）　主要是由整经张力过小及操作不当所造成。整经张力小，丝线横向移动的可能性大，丝线之间易互相纠缠，特别是导电性能差，加强捻的丝线更易产生滚绞。

5. 并绞（浮绞）　产生原因是整经打绞时分得不清，或分绞筘筘齿穿错。

6. 嵌边和凸边　经轴或织轴的边盘歪斜，轴芯弯曲，伸缩筘与经轴的幅度或左右位置调整不当，分条整经机倒轴时对位不准等，都可能引起经轴或织轴的嵌边和凸边疵点。嵌边和凸边经轴或织轴在上浆、并轴或织造时，会造成边经丝松驰或断边。

7. 小轴松　经轴或织轴小直径时卷绕松软，而随着卷绕直径的增大，张力变大，造成内松外紧，外层丝嵌入内层，形成整个经面都是宽急经柳，严重时无法织造。

8. 倒断头　倒断头主要是由断头自停装置失灵或操作不当所造成。如整经断头时，经轴不及时刹车，使断头卷入，嵌入邻层不易寻找，倒轴找头没有倒够或补丝没有补够。

另外，由于操作不当，还会引起经丝根数不符、错线密度、杂物卷入、油污、丝线排列错乱、乱接头、大结头等各种疵点，这些都将影响后道工序的进行，降低织物质量。

二、整经工艺参数分析

整经工艺参数主要有整经张力、整经速度，还包括整经根数、整经条数、整经长度、定幅筘、斜角板等内容。在此主要分析整经张力和整经速度，其他内容在工艺计算一节中已有叙述。

1. 整经张力　分批整经张力与纤维的种类、线密度、整经速度、筒子及筒子架形式、筒子分布位置及伸缩筘的穿法等因素有关。整经张力在保证丝条之间不发生相互交错、相互振荡，满足工艺要求的卷绕结构下，以小为宜。一般实际生产中可按$\sqrt{\frac{D}{2}}$（D表示丝线的线密度，旦尼尔）计算值为标准进行张力控制。张力过大，经轴卷取表面变硬，使下道工序丝条退解不良或损伤丝条。此外，张力不匀则易造成经柳。整经张力可通过张力装置的工艺参数（如张力垫重量、弹簧压力、摩擦包围角等）以及伸缩筘穿法来调节。整经张力大小可用机械式或电子式单丝张力仪进行测定。

分条整经张力分为滚筒卷绕和织轴卷绕两个部分。

滚筒卷绕时，整经张力的控制可参照分批整经。

织轴卷绕（倒轴）时的片丝张力取决于制动带对滚筒的摩擦制动程度。片丝张力应均匀、适度，以保证织轴卷装达到合理的卷绕密度。张力过大、过小或不均匀都会影响浆丝和织造的顺利进行。卷绕密度的大小应根据纤维种类、线密度、工艺特点等合理选择。织轴的卷绕密度一般控制在0.4～0.7g/cm^3。为防止小轴松弛的现象，应加大摩擦制动力矩使小轴卷绕结实，随着织轴卷绕直径的增大，摩擦制动力矩应随之减小，以获得卷装良好的织轴。

2. 整经速度　高速整经机的最大设计速度（designed speed）可达1000m/min左右。随着整经速度的提高，丝线断头将会增加，影响整经效率。整经断头率与原料质量、筒子卷装质量有着十分密切的关系，只有在丝线品质优良和筒子卷绕良好时，才能充分发挥高速整经的效率。因此，实际生产中应根据丝线质量及筒子加工质量来选择整经速度，既要考虑提高整经产量，也要兼顾整经质量，片面追求高速度会引起断头率剧增，而严重影响机器效率，反而达不到应有的高速整经的效果。根据丝线质量和筒子卷绕质量，整经速度以选择300～400m/min的中速度为宜。分条整经机的效率受分条、断头处理等工作的影响，整经速度一般为200～350m/min。

第八章 浆丝

浆丝即经丝上浆(warp sizing)是浆液在丝线表面的披覆(coverage)和在丝线内部的渗透(soakage)。经烘燥后,在丝线表面形成柔软、坚韧、富有弹性的均匀浆膜(sizing films),使丝身光滑、毛羽贴伏;在丝线内部,浆液与丝线的黏着增强了纤维之间的抱合,由此赋予经丝在织造过程中承受复杂的机械外力作用的能力,如拉伸、屈曲和摩擦,提高经丝的可织性(weavablility),保证高效率的织造顺利进行。经丝上浆目的由于原料品种不同而存在差异。长丝在织造前上浆主要使单纤维相互黏着,提高集束性,防止毛羽;短纤维纱线上浆则主要使毛羽贴伏、增加强度和耐磨性;而股线、单纤维长丝、加捻长丝、变形丝、网络度较高的网络丝等一般不需上浆,有时中、强捻长丝上浆,俗称拖浆(水),主要使捻度稳定,抱合好,有利于织造。

随着织造技术的发展,对经丝上浆技术提出了更高的要求。现代织造速度极高,其中又以喷射引纬过程中纬丝控制是消极的,经丝要求断头少、开口清晰。上浆经丝必须具备足够的强度和适当的伸长度,使经丝能够承受高速开口的拉伸变形;上浆经丝还必须具备必要的平滑性,短纤维纱线使毛羽贴伏,长丝防止毛羽产生,避免因丝线之间的纠缠而引起的开口不良。喷水织造利用水流进行引纬,故浆料必须具备较好的防水性,以避免在织造中润湿后被水溶解,使织造无法顺利进行。

第一节 浆料

浆料(sizing material)是浆丝必不可少的组成部分。浆料主要由黏着剂和助剂组成。黏着剂的作用是黏着纤维并在丝线表面形成均匀、富有弹性、光滑的薄膜,是浆料的主要成分。助剂的作用是提高浆液的渗透性、改善成膜性、减少摩擦、防止产生静电和防霉变等。将各种浆料按一定的配方,用水或其他溶剂调制而成浆液,以供上浆使用。

一、浆液的性能要求

为使经丝获得理想的上浆效果,并满足现代织造的要求,浆液必须具备:具有适当的浓度和黏度;对经丝具有良好的黏着性、渗透性与成膜性;化学物理性能的均匀性和稳定性;成本低、调浆、上浆、退浆方便,符合现代社会的环保要求。

1. 浆液浓度 浆液浓度(concentration),也称含固率,直接决定浆液的黏度,进而影响经丝上浆。

含固率(solid contents)是指各种黏着剂和助剂的干燥重量相对浆液重量的百分比。其表达式为:

$$C = \frac{A}{B} \times 100\% \tag{8-1}$$

式中:C——含固率;

A——浆液中各种黏着剂和助剂的干燥重量;

B——浆液的重量。

浆液含固率使用烘干法和糖度计(折光仪)检测法得到。

烘干法是将已知重量的浆液先置于沸水浴上,待蒸发大部分水分之后,再在温度为105~110℃的烘箱中烘至恒重,然后放入干燥器内冷却并称重,最后通过式(8-1)计算得到浆液含固率。

糖度计(折光仪)检测法是基于溶液的折射率与含固率成一定比例的原理,在糖度计(折光仪)上测定浆液的折射率,然后换算成浆液的含固率。

糖度计不适合淀粉浆液的含固率测定,使用Baume比重计(hydrometer)测定淀粉浆液的波美浓度,间接地反映无水淀粉与溶剂水的重量比。

淀粉浆液的波美浓度与体积密度的关系为:

$$\gamma = \frac{145}{145 - Be} \tag{8-2}$$

式中:Be——淀粉浆液的波美浓度,°Bé;

γ——淀粉浆液的体积密度,g/cm^3。

例如淀粉生浆的波美浓度为5°Bé,其体积密度为$\gamma = 1.0357 g/cm^3$。

2. 浆液黏度 浆液黏度(viscosity)用于描述浆液流动的流动特性,是指浆液流动时所受的内部摩擦阻力,其表达式为:

$$\eta = \frac{\tau}{D} \tag{8-3}$$

式中:η——浆液黏度,Pa·s;

τ——浆液流动时的剪切应力,Pa;

D——浆液流动的速度梯度,s^{-1}。

黏度η使用回转式黏度计测得。衡量浆液黏度,也可以使用相对黏度值,即浆液的绝对黏度与介质(水)的绝对黏度之比:

$$\eta_t = \frac{\eta}{\eta_0} \tag{8-4}$$

式中:η_t——相对黏度值;

η_0——介质(水)的绝对黏度。

相对黏度η_t值使用漏斗式黏度计或恩格拉黏度计测得。

黏度是浆液性质的重要指标之一,与浆液对经丝的披覆和渗透有密切的联系。上浆过程中,黏度应适当并保持稳定。

3. 黏附性 黏附性(adhesion)是指浆液对丝线的吸附能力。经丝上浆是浆液的流动性将浆液扩散到丝线表面及其内部,并在浆液和丝线之间的亲和力作用之下,使浆液牢固地附着在经丝上。黏附性表现为上浆丝线受到外力拉伸时,纤维与纤维之间相互滑脱的一种阻力。如果上浆丝线要承受较大外力,浆料与纤维之间的黏着力必须相应增大,以防止产生黏着破坏。黏附性主要与化学键、氢键与分子间力(范德瓦耳斯力)有关,如表 8-1 所示为化学键、氢键键能与分子间力。浆液和丝线之间的主要是氢键与分子间力,氢键的键能比分子间力大,因此,浆料分子中如具有可形成氢键的基团,同时在两个大分子中的一个分子有供氢原子的基团,如羟基—OH、羧基—COOH、酰胺基—$CONH_2$等;另一个分子必须有供电子基团,如羟基—OH、羧基—COOH、酰胺基—$CONH_2$、胺基—NH_4、醚基—O—等,则有利于提高黏着强度。

氢键有强弱之分,形成氢键的原子的负电荷越大,半径越小,则氢键越强。常见氢键的强弱排列次序为:

$$F-H\cdots F > O-H\cdots O > O-H\cdots > N-H\cdots N > C-H\cdots N$$

分子间力在高聚物的纤维材料和浆料的黏附中,也起到非常重要的作用,即纤维材料和浆料的化学结构相似性是十分重要的。

表 8-1 化学键、氢键键能与分子间作用力

项目		键距(nm)	键能(kJ/mol)
化学键		0.1~0.2	239.1~418.7
氢键		0.2~0.3	20.9~41.9
分子间力	色散力	0.3~0.5	0.8~8.4
	诱导力		6.3~12.6
	取向力		12.6~20.9

4. 成膜性 成膜性(film-forming)是浆料的又一个重要性能。浆液不仅要有良好的成膜能力,而且要求浆膜尽可能完整地包裹在丝线上,还要求浆膜的力学性能(拉伸变形)与丝线相近,从而能较好地承受织造过程中的机械作用。

一般,分子链较为柔顺的线型高分子化合物,或具有短支链的线型高分子化合物,具有较好的成膜性。浆膜性能与高分子化合物的玻璃化温度 Tg 有密切关系。Tg 较低的线型高分子化合物其薄膜较为柔韧,如聚乙烯、聚丙烯及聚乙烯醇(PVA)等。Tg 较高的线型高分子化合物其薄膜较硬脆、刚性大,如羧甲基纤维素钠(CMC),直链淀粉等。但 Tg 太低的高分子化合物,其薄膜虽然非常柔软,但强度太低,再黏性严重,也不适合作主体浆料应用,如聚丙烯酸丁酯等。

5. 浆液的 pH 浆液的 pH 是指浆液中氢离子浓度(负对数)。氢离子浓度大,浆液呈酸性;反之,则呈碱性。pH 对浆液黏度、黏着力以及上浆的经丝都有较大的影响。棉纱的浆液一般为中性或微碱性,毛纱则适宜于微酸性或中性浆液,黏胶丝宜用中性浆,合成纤维不应使用碱性较强的浆液。

浆液 pH 用精密 pH 试纸及 pH 计来测定。

二、黏着剂

黏着剂(adhesive)是一种具有黏着力的材料,浆液的上浆性能主要由它决定。经丝上浆用黏着剂见图8－1所示,常用黏着剂为羧甲基纤维素等纤维素衍生物、淀粉浆料、丙烯酸类浆料,但绿色生产要求配方中无PVA浆料。

- 浆丝用黏着剂
  - 天然黏着剂
    - 植物性
      - 各种淀粉:小麦淀粉、玉米淀粉、甘薯淀粉、木薯淀粉、米淀粉
      - 海藻类:藕藻酸钠
      - 植物性胶:阿拉伯树胶、白芨粉、田仁粉
    - 动物性
      - 动物性胶:鱼胶、明胶、骨胶、皮胶
      - 甲壳质胶:蟹壳、虾壳
  - 变性黏着剂
    - 纤维素衍生物:羟甲基纤维素、甲基纤维素、乙基纤维素、羟乙基纤维素
    - 变性淀粉
      - 转化淀粉:酸化淀粉、氧化淀粉、可溶性淀粉、糊精
      - 淀粉衍生物:交联淀粉、淀粉酯、淀粉醚、阳离子淀粉
      - 接枝淀粉:淀粉的丙烯腈接枝共聚物、淀粉的水溶性接枝共聚物
  - 合成黏着剂
    - 乙烯类
      - 聚乙烯醇
      - 乙烯类共聚物:醋酸乙烯－丁烯酸共聚物、乙烯酸－马来酸共聚物
    - 丙烯酸类:聚丙烯酸、聚丙烯酰胺、丙烯酸酯共聚物

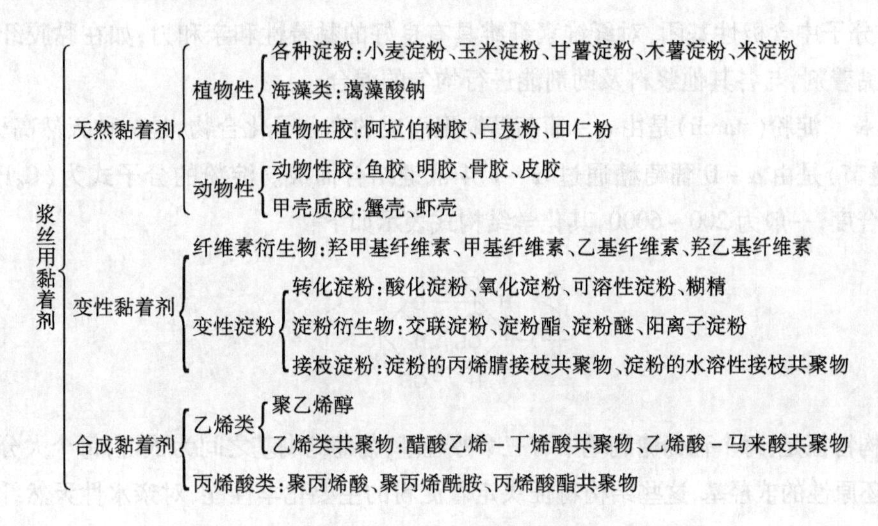

图8－1　经丝上浆常用黏着剂

1. 纤维素衍生物　纤维素是由β－葡萄糖缩聚而成的天然高分子化合物,在水中不溶解。利用β－葡萄糖基环上羟基的特性,使纤维素发生醚化,生成纤维素衍生物(cel1ulose derivative)纤维素醚,从而转化为水溶性物质,用于经丝上浆。

羧甲基纤维素CMC(carboxymethl cellulose)、羟乙基纤维素HEC(hydroxyethyl cellulose)、甲基纤维素MC(methyl cellulose)等,为浆丝常用的纤维素醚。

CMC是由碱纤维素同一氯醋酸经醚化反应葡萄糖单元羟基被羧甲基取代制得。其化学结构式为:

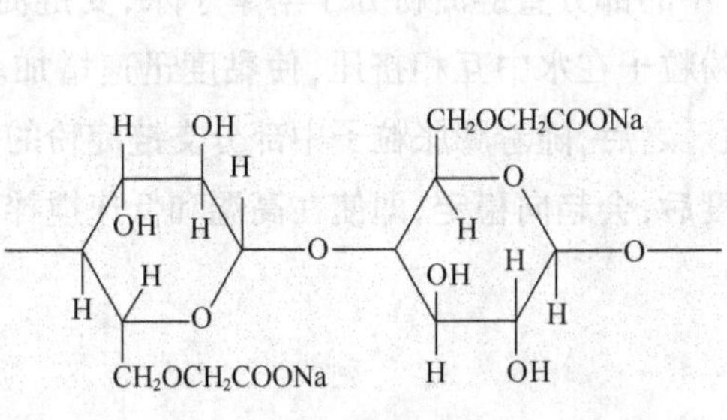

CMC的水溶性由取代度决定。取代度大于0.4时,CMC才具有水溶性。取代度越高,水溶性越好,但过高的取代度会提高CMC的制备成本。因此,用于浆丝的CMC取代度一般为0.65以上。

CMC的聚合度决定了其水溶液的黏度,CMC的黏度范围较大,在4～4500mPa·s(1%浓度)之间,经丝上浆用黏度在400～600mPa·s(2%浓度、25℃)。CMC浆液浓度增加,黏度急剧上升,说明CMC有很强的增稠作用。使用时浆液浓度不宜高,否则会影响流动性能。CMC浆液的黏度随温度升高而下降;温度下降,黏度又重新回升。浆液在80℃以上,长时间加热,黏度

会发生下降。在浆液 pH 偏离中性时,其黏度逐渐下降,当 $pH < 5$,会产生沉淀析出。为此,上浆时浆液应呈中性或微碱性。

CMC 浆液成膜后光滑、柔韧,强度也较高。但是浆膜手感过软,以至浆丝刚性较差。CMC 浆膜吸湿性能好。车间湿度大时,浆膜容易吸湿发软、再黏。

CMC 分子中含极性基团,对纤维素纤维具有良好的黏着性和亲和力,如在黏胶纤维上浆中作为辅助黏着剂,与各其他浆料及助剂能进行均匀的混合。

2. 淀粉 淀粉(starch)是由 α－葡萄糖缩聚而成的高分子化合物,是一种天然高聚糖,其基本单元(链节)是由 α－D 葡萄糖通过 α－1,4 甙键结合而成。淀粉的分子式为 $(C_6H_{10}O_5)_n$,n 为淀粉聚合度,一般为 200～6000,其化学结构式表示如下:

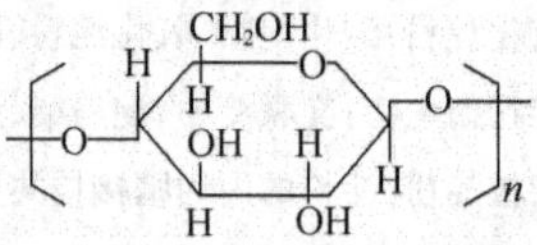

其结构特征是:每个葡萄糖剩基中有三个醇羟基,葡萄糖剩基之间为甙键,每个大分子的一端含有一个还原性的甙羟基,这些结构特征决定着淀粉的主要化学性能,对亲水性天然纤维有较好的黏着力,但对疏水性合成纤维的黏着性较差,一般是纯棉和涤棉混纺织物经纱上浆用黏着剂。

淀粉的上浆性能比较复杂。淀粉有直链(linear chain)淀粉和支链(branched chain)淀粉两种。直链淀粉的大分子呈线型,能溶于热水,水溶液不很黏稠,形成的浆膜坚韧,弹性较好,在一般淀粉中直链淀粉含 20%～25%。支链淀粉不溶于水,在热水中膨胀,使浆液变得极其黏稠,形成的浆膜比较脆弱。直链淀粉和支链淀粉相辅相成,起到各自的作用。

淀粉浆的黏度主要由支链淀粉决定,如图 8－2 所示为几种淀粉浆液的黏度变化曲线。淀粉粒子在较低温(50℃以下)的水中只吸收少量水分,粒子发生十分有限的膨胀,浆液黏度仅略有增加。温度上升后,粒子中的部分直链淀粉分子溶解于水,支链淀粉分子也由于水分子进入而开始膨胀。膨胀了的淀粉粒子在水中互相挤压,使黏度迅速增加。温度继续升高,浆液黏度急剧上升,并逐步达到峰值。之后,随着膨胀粒子中部分支链淀粉的分子链裂解,浆液黏度开始下降。黏度下降到一定程度后,会趋向稳定,即使在高温和低速搅拌作用下,浆液黏度仍维持一

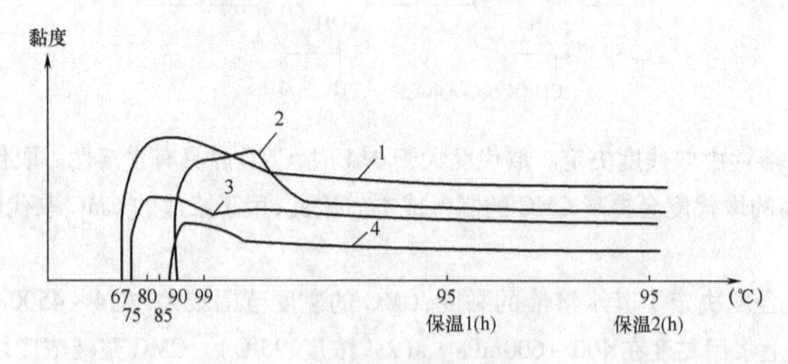

图 8－2 几种淀粉浆液的黏度变化曲线

1—山芋淀粉 2—米淀粉 3—玉米淀粉 4—小麦淀粉

段相对稳定时间，这段时间一般为3~6h。过后，浆液黏度又逐渐下降。黏度开始稳定时的浆液温度称为完全糊化温度，黏度稳定阶段的淀粉浆液处于完全糊化状态，是用于上浆的阶段。

未经分解的淀粉浆液浸透性极差，不适宜上浆使用。经分解剂分解作用后，部分支链淀粉分子链裂解，浆液黏度下降，浸透性得以改善。

由于淀粉大分子的环状结构，玻璃化温度高，浆液的成膜性一般，浆膜比较脆硬，弹性较差，断裂伸长小。

3. 丙烯酸类浆料　丙烯酸类浆料（acrylatic sizing agent）是丙烯酸类单体的均聚物、共聚物或共混物的总称。能用于锦纶长丝、涤纶长丝、醋酯纤维和涤/棉混纺纱等各类丝线的上浆。

丙烯酸类浆料的化学结构式为：

$$\begin{array}{cccccccccc} CH_2 & — & CH & — & CH_2 & — & CH & — & CH_2 & — CH \\ & & | & & & & | & & & | \\ & & COOR_1 & & & & COOH & & & COOR_2 \end{array}$$

R_1为—H或—CH_3；R_2为—H或—CH_3，—C_2H_5，等等。

由于使用不同的单体聚合，丙烯酸类浆料侧链上的R基团不同，其性能差异也较大。一般，丙烯酸类浆料常用的聚合单体见表8-2。

表8-2　丙烯酸类浆料常用的聚合单体

名称	结构式	名称	结构式
丙烯酸	$CH_2=CH—COOH$	甲基丙烯酸	$H_2C=C(CH_3)COOH$
丙烯酸盐	$CH_2=CH—COO^-$	甲基丙烯酸盐	$H_2C=C(CH_3)COO^-$
丙烯酸甲酯	$CH_2=CHCOOCH_3$	甲基丙烯酸甲酯	$H_2C=C(CH_3)COOCH_3$
丙烯酸乙酯	$CH_2=CHCOOC_2H_5$	丙烯腈	$CH_2=CH—CN$
丙烯酸丙酯	$CH_2=CHCOOC_3H_7$	丙烯酰胺	$CH_2=CHCONH_2$
丙烯酸丁酯	$CH_2=CHCOOC_4H_9$		

（1）均聚浆料。均聚浆料（homopolymer size materials）是利用一种单体聚合而制得。

①聚丙烯酸及其盐。聚丙烯酸PAA（polyacrylic acid）溶于水，酸性强，pH为2~3，对聚酰胺纤维有良好的黏着性。聚丙烯酸盐（polyacrylic salt）有钠盐、铵盐、钙盐等。浆料水溶性好，浆膜柔韧，强度低，吸湿性强，有再黏性。

聚丙烯酸及其盐很少单独用于上浆。丙烯酸单体常用作共聚浆料的组分，以提高浆料的水溶性；聚丙烯酸盐与淀粉浆混用时，使淀粉易于糊化，提高浆丝的耐屈曲性能。

②聚丙烯酰胺。聚丙烯酰胺（polyacryl amide）分完全水解型和部分水解型两种。完全水解型聚丙烯酰胺水溶性好，部分水解型聚丙烯酰胺则略差。聚丙烯酰胺浆液黏度较大，具有低浓高黏特点，浆膜机械强度大，弹性、柔软性、耐磨性较差。吸湿性强，容易产生再黏。由于大分子中酰胺基的作用，聚丙烯酰胺对蚕丝、羊毛和锦纶的黏着性较好。

一般聚丙烯酰胺不单独上浆，而与淀粉和各种合成浆料混合，用于经纬丝密度、丝线线密度小的天然纤维上浆。

(2)共聚浆料。通常,经丝上浆根据纤维种类,将各种黏着剂和助剂进行混合,综合各种性能,以达到经丝上浆所要求的性能。但使上浆操作繁琐。

共聚浆料(copolymer size materials)是利用两种或两种以上性能各异的单体,以不同的配比共聚而制得,尽可能达到所需的性能,即满足了各种纤维的上浆要求,又简化了上浆操作。

①聚丙烯酸甲酯。聚丙烯酸甲酯 PMA(polymethyl acrylat,简称"甲酯浆")是由丙烯酸甲酯(85%)、丙烯酸(8%)、丙烯腈(7%)共聚而成,分子结构为:

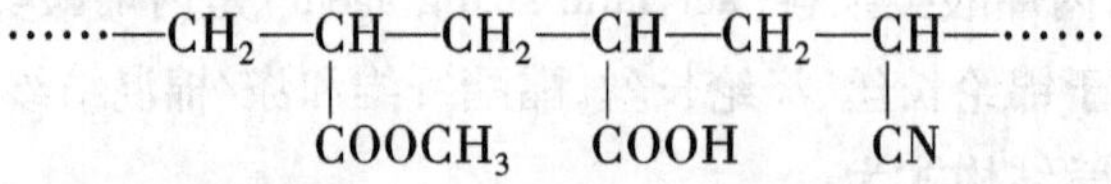

$$\cdots\cdots-CH_2-\underset{\displaystyle COOCH_3}{\underset{|}{CH}}-CH_2-\underset{\displaystyle COOH}{\underset{|}{CH}}-CH_2-\underset{\displaystyle CN}{\underset{|}{CH}}-\cdots\cdots$$

聚丙烯酸甲酯浆料为总固体率约14%的乳白色黏稠胶体,带有大蒜气味,pH 为7.5~8.5。

聚丙烯酸甲酯可与任何比例的水相互混溶,水溶液黏度随温度升高而有所下降,恒温条件下黏度比较稳定。由于聚丙烯酸甲酯大分子中含有大量酯基,所以,对疏水性合成纤维具有良好的黏着性,特别是聚酯纤维。浆膜光滑、柔软、延展性强,但强度低、弹性差(急弹性变形小,永久变形大)。聚丙烯酸甲酯玻璃化温度低($T_g=100℃$),浆膜具有较强的吸湿性、再黏性。

聚丙烯酸甲酯一般只作为辅助黏着剂使用。

②丙烯酸酯类共聚物。丙烯酸酯类共聚物(acrylic ester copolymer)是由丙烯酸甲酯、乙酯或丁酯、丙烯酸或丙烯酸盐等丙烯酸类单体多元共聚而成。共聚物发扬了各种单体的优势,具有对疏水性合成纤维优异的黏着性,浆膜柔软、光滑,浆液黏度稳定,并有一定的抗静电性能。

普通聚丙烯酸酯(polyacrylate)浆料一般为丙烯酸、丙烯酸甲酯、丙烯酸乙酯(或丁酯)的三元共聚物,或加入丙烯腈等硬单体,成为四元共聚物,提高三元聚丙烯酸酯浆膜硬度、强度,降低吸湿再黏性。聚丙烯酸酯浆料对合成纤维的黏着性较好,是喷水织机疏水性合纤长丝的上浆浆料。

喷水织机聚丙烯酸酯浆料以丙烯酸、丙烯酸丁酯、甲基丙烯酸甲酯、醋酸乙烯酯单体为原料,用乳液聚合法共聚而成的水分散型乳液。烘燥时水分子的逸出,乳胶粒子相互融合,形成耐水性较好的连续浆膜。织物退浆用碱液煮炼。在整个加工过程中浆料分子的化学结构变化如下:

调浆、预烘:

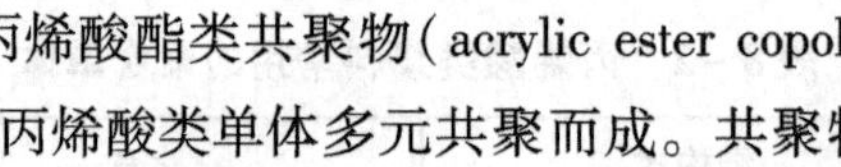

$$\cdots\cdots-CH_2-\underset{\displaystyle COOR}{\underset{|}{CH}}-CH_2-\underset{\displaystyle COOH}{\underset{|}{CH}}-\cdots\cdots$$

退浆:

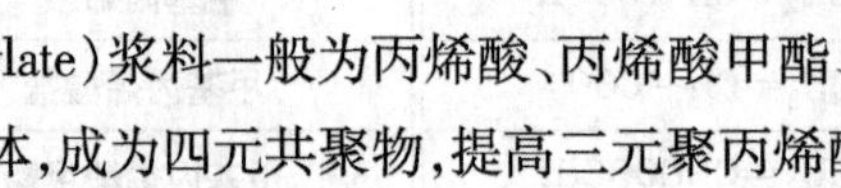

$$\cdots\cdots-CH_2-\underset{\displaystyle COOR}{\underset{|}{CH}}-CH_2-\underset{\displaystyle COONa}{\underset{|}{CH}}-\cdots\cdots$$

喷水织机疏水性合纤长丝的另一类上浆浆料是聚丙烯酸盐类浆料。

聚丙烯酸盐类浆料是丙烯酸及其酯在引发剂的引发下聚合,用氨水增稠生成铵盐,使浆料具有水溶性,满足调浆的需要。烘燥时铵盐分解放出氨气,使浆膜在织造时具有耐水性,符合喷水织造的要求。织物退浆时用碱液煮练，浆料变成具有水溶性基团的聚丙烯酸钠盐，达到退浆目的。在整个加工过程中浆料分子的化学结构变化如下：

调浆：
$$\cdots\cdots-CH_2-\underset{\underset{COOR}{|}}{CH}-CH_2-\underset{\underset{COONH_4}{|}}{CH}-\cdots\cdots$$

烘燥：
$$\cdots\cdots-CH_2-\underset{\underset{COOR}{|}}{CH}-CH_2-\underset{\underset{COOH}{|}}{CH}-\cdots\cdots$$

退浆：
$$\cdots\cdots-CH_2-\underset{\underset{COOR}{|}}{CH}-CH_2-\underset{\underset{COONa}{|}}{CH}-\cdots\cdots$$

共聚单体不仅仅局限在丙烯酸系列，如醋酸乙烯、苯乙烯、氯乙烯、顺丁烯二酐、丁烯酸及乙烯甲基醚等，共聚浆料的品种与用途也越来越广泛。表 8－3 所示为常见共聚浆料。

表 8－3　常见共聚浆料

名称	结构	主要性能与用途
丙烯酸酯共聚物	$\cdots-CH_2-\underset{\underset{COOR}{|}}{CH}-CH_2-\underset{\underset{COOMe}{|}}{CH}-\cdots$ R：$-CH_3$、$-C_2H_5$、$-C_4H_9$ 等 Me：—H、Na、NH_4、Ca 等	按上浆的不同要求，改变 Me 与 R 的比例，可得到所需的黏附性、成膜性及吸湿性
醋酸乙烯—丁烯酸共聚物	$\cdots-\underset{\underset{OOCCH_3}{|}}{CH}-CH_2-\underset{\underset{CH_3}{|}}{CH}-\underset{\underset{COOH\,(Na)}{|}}{CH}-\cdots$	1. 水溶性浆料 2. 浆膜坚牢 3. 黏附性好 4. 用于涤纶、醋酯丝上浆
醋酸乙烯—马来酸共聚物	$\cdots-\underset{\underset{OOCCH_3}{|}}{CH}-CH_2-\underset{\underset{COOH\,(Na)\,(NH_4)}{|}}{CH}-\underset{\underset{COOH\,(Na)\,(NH_4)}{|}}{CH}-\cdots$	1. 水溶性浆料 2. 提高对疏水性纤维的黏附性，但不增加吸湿性和再黏性 3. 铵盐可用于喷水织机的经丝上浆
苯乙烯—马来酸共聚物	$\cdots-\underset{\underset{C_6H_5}{|}}{CH}-CH_2-\underset{\underset{COOH\,(Na)}{|}}{CH}-\underset{\underset{COOH\,(Na)}{|}}{CH}-\cdots$	1. 钠盐呈水溶性 2. 浆膜脆硬，需与柔软剂混用 3. 无再黏性，易分丝 4. 主要用于醋酯丝上浆
醋酸乙烯—丙烯酸共聚物	$\cdots-\underset{\underset{OOCCH_3}{|}}{CH}-CH_2-\underset{\underset{COOH\,(Na)}{|}}{CH}-CH_2-\cdots$	1. 溶解性好，浆膜坚牢 2. 黏附性及柔软性好 3. 适合于合成纤维及混纺纱上浆
乙烯醇—马来酸共聚物	$\cdots-\underset{\underset{OH}{|}}{CH}-CH_2-\underset{\underset{COOH\,(Na)}{|}}{CH}-\underset{\underset{COOH\,(Na)}{|}}{CH}-\cdots$	1. 提高对疏水性纤维的黏附性 2. 适合于合成纤维及混纺纱上浆，也可用于长丝上浆

4. 聚乙烯醇 聚乙烯醇(polyvinyl alcohol 简称 PVA)是聚醋酸乙烯通过甲醇作用,在甲醇中进行醇解而制得的产物。经丝上浆用 PVA 的聚合度(dp)为 500 ~ 1700;根据醇解度(dh)有完全醇解 PVA(dh 约 99%)和部分醇解 PVA(dh 约 88%)。前者分子结构式为:

$$\left[\!-CH_2-\underset{\displaystyle OH}{\underset{|}{CH}}-\right]_n$$

后者分子结构式为:

$$-CH_2-\underset{\displaystyle OH}{\underset{|}{CH}}-CH_2-\underset{\displaystyle OOCCH_3}{\underset{|}{CH}}-CH_2-\underset{\displaystyle OH}{\underset{|}{CH}}-$$

完全醇解 PVA 的大分子侧基中只有羟基(—OH),对纤维素等亲水性纤维具有较好的黏着性;而部分醇解 PVA 的大分子侧基中既有羟基(—OH),又有醋酸根(CH_3COO—),不仅与纤维素等亲水性纤维具有较好的黏着性,而且与涤纶等疏水性纤维同样具有较好的黏着性。

因此,聚合度 dp 和醇解度 dh 是决定 PVA 主要性能的两个重要指标。PVA 常以这两个指标表示产品的规格。如 1799,1795,1792,1788,1099,1088,0588,0599 等,前两位数字的 100 倍即是该 PVA 的聚合度,后两位数字是醇解度(%)。如 1799PVA 聚合度 dp = 1700,醇解度为 dh = 99%。

PVA 为无味、无臭的白色或淡黄色粉末状、片状或絮状颗粒,PVA 的上浆性能取决于聚合度和醇解度。聚合度增大,PVA 的溶解性下降,PVA 在醇解度 dh = 85% 时的溶解性最好。PVA 大分子链侧的羟基和醋酸根对水表现不同的亲和性。当醇解度 dh < 85% 时,疏水的醋酸根作用占主导地位,使 PVA 的溶解性随醇解度的减小而下降;当醇解度 dh > 85% 时,亲水的羟基作用占主导地位,但大分子之间通过羟基已经形成较强的氢键,以致削弱了对水分子的亲和能力,使 PVA 的溶解性随醇解度的增大而下降。只有在适量的醋酸根存在,由于醋酸根占有较大的空间体积,使羟基之间的氢键削弱,从而表现为良好的水溶性。

PVA 浆液在定温条件下,黏度和浓度成正比关系;在定浓条件下,黏度和温度成反比关系。如图 8-3 所示为 PVA 浆液黏度与醇解度的关系,当醇解度为 87% 时,PVA 浆液的黏度最小。

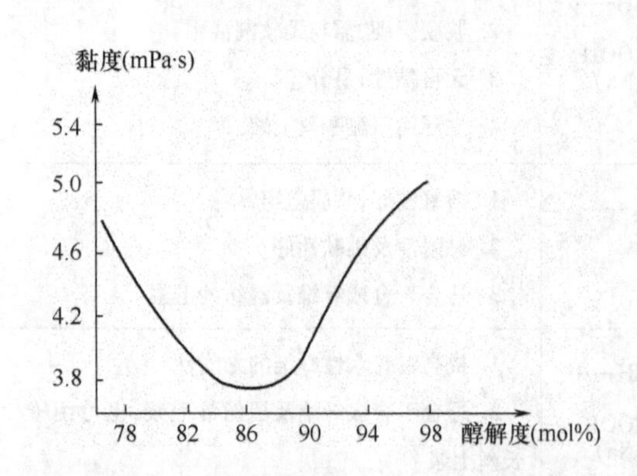

图 8-3 PVA 浆液黏度与醇解度(4%,25℃)

由于 PVA 大分子侧链上的羟基作用,玻璃化温度较高(T_g = 85℃),但在现有浆料中,PVA 形成的浆膜性能最好,弹性好,断裂强度高,断裂伸长大,耐磨性好。PVA 大分子侧链上的羟基作用,还使浆膜具有一定的吸湿性能,在相对湿度 65% 以上的空气中能吸收水分,使浆膜充分发挥优良的力学性能。然而,PVA 浆膜分纱性较差,在浆纱分绞时分纱阻力大,浆膜容易撕裂,毛羽增加,其次,PVA 浆液易起泡,退浆及退浆污水处理困难。

三、助剂

助剂(sizing additives)是用于改善黏着剂的缺陷,使浆液得到良好上浆性能的辅助材料。助剂的种类很多,其中大部分助剂是表面活性剂,具有乳化浸透、柔软润滑、起泡消泡、抗静电或防霉变等作用。

1. 乳化浸透剂 乳化剂(emulsion)即浸透剂(penetrant)能使两种互不相溶的液体(水与油),一种以微小粒子稳定分散在另一种液体中,形成乳化液,经长时间放置也不分层。油水是不能互相混合的,即使经过机械搅拌或共振使其相互分散,细小油滴分散在介质水中,虽然增加了分散相油滴的表面积,使油滴处在具有较高表面能的不稳定状态下,搅拌一停止,油与水又会重新出现分层现象。因此,棉纱中的蜡质、合成纤维中的油剂,均会阻碍浆液的渗透与黏着,恶化上浆质量。加入乳化剂,乳化剂分子吸附在油与水的两个界面上,形成吸附层,乳化剂的极性基团朝向水,非极性基团朝向油滴,从而降低了界面张力,并在油滴周围形成一层保护膜,从而使油滴稳定地分散在水中,成为水包油型乳化液,如图 8-4(a)所示,油滴为分散相,水为连续相。另一种乳化液为油包水型,如图 8-4(b)所示,水滴为分散相,油为连续相。

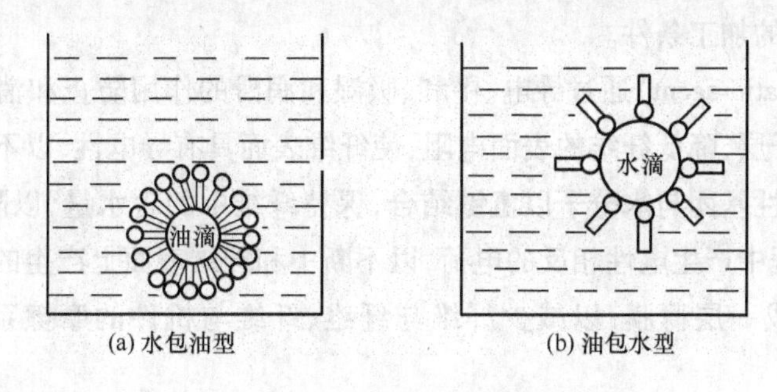

图 8-4　乳化液的结构

(1)平平加 O。平平加 O 是烃基聚氧乙烯醚,其化学结构式为:

$$C_{18}H_{37}(H_2C\overset{O}{—}CH_2)_nOH \qquad n=12\sim15$$

平平加 O 为非离子型表面活性剂,亲油亲水平衡值(HLB) = 16.5,pH = 7 ~ 7.5,极易溶解于水,具有良好的乳化、渗透性能。一般为黏着剂用量的 1% ~ 1.5%。

(2)渗透剂 T。渗透剂 T 和快速渗透剂 TX 是琥珀酸辛酯磺酸钠盐,其化学结构式为:

$$\begin{array}{l} CH_2—COO—C_8H_{17} \\ | \\ CH—COO—C_8H_{17} \\ | \\ SO_3Na \end{array}$$

渗透剂 T 为阴离子型表面活性剂,HLB = 13.5,pH 呈中性,极易溶解于水,渗透性能特强而迅速,但容易起泡。一般为黏着剂用量的 0.2% ~ 0.3%。

2. 柔软润滑剂 柔软剂(softening agent)是通过减小浆膜大分子之间的结合力,增加浆膜的可塑性,并同时提高浆膜表面的平滑程度,来改善浆膜粗糙、脆硬的缺点。润滑剂(lubricant)

是通过减小浆丝表面摩擦系数,使浆丝表面润滑,提高浆丝的耐磨性。

(1)柔软剂 SG。柔软剂 SG 是硬酯酸和环氧乙烷的缩合物,为非离子型表面活性剂。柔软剂 SG 进入高聚物分子链之间,拉开分子链间的距离,以削弱高聚物分子间力,从而使大分子链之间易产生相对运动。

柔软剂 SG 的 HLB = 10,pH 呈中性,具有良好的柔软、润滑作用,并兼有渗透作用。一般为黏着剂用量的 1%,多用于化纤长丝上浆用。

(2)柔软剂 HC。柔软剂 HC 为含蜡两性离子型表面活性剂。柔软剂 HC 的极性基团与高聚物侧链上的极性基团互相作用,使高聚物分子与柔软剂分子之间既产生分离,又产生吸引,构成一种动态的增塑过程,即柔软剂 HC 的极性基团与高聚物侧链上的极性基团相互吸引,与其他分子的碰撞而使高聚物分子链分离,使高聚物达到增塑效果。

柔软剂 HC 多用于黏胶丝、合纤长丝上浆用。

3. 抗静电剂 纺织纤维,特别是合成纤维的导电性很差,在加工过程中,由于纤维间的互相摩擦,纤维与机件的摩擦等原因,使纤维带上一定电性的电荷,从而发生静电现象,造成纤维抱合性差,恶化纤维的加工条件。

抗静电剂(antistatic agent)通过导电、中和、吸湿和润滑的作用防止和消除静电。抗静电剂在纤维表面形成离子层,降低纤维的表面电阻,使纤维表面具有导电性,以不断地导通产生的静电荷;抗静电剂的极性基团与水分子以氢键结合,保持纤维中的含水量,以降低纤维的绝缘性;抗静电剂在摩擦过程中产生电性相反的电荷,以不断中和纤维表面上产生的静电荷;此外,抗静电剂在纤维表面形成一层薄膜,以减少纤维与纤维、纤维与机件的摩擦系数,防止静电荷的产生。

(1)抗静电剂 BP。抗静电剂 BP 是由十二碳醇与磷酸作用后再用烧碱中和而制得,其分子结构式:

$$\mathrm{RO}\underset{\substack{\|\\ \mathrm{O}}}{\mathrm{P}}\begin{matrix}\mathrm{ONa}\\ \mathrm{ONa}\end{matrix}$$

抗静电剂 BP 是阴离子表面活性剂,对化纤的抗静电效果较好,缺点是吸湿性很强。一般为黏着剂用量的 0.1% 以下。

(2)防静电剂 SN。防静电剂 SN 是十八烷基羟乙基硝酸季铵盐,其分子结构式为:

$$C_{18}H_{37}-\underset{\substack{|\\ CH_3}}{\overset{\substack{CH_3\\ |}}{N}}-CH_2-CH_2-OHNO_3$$

抗静电剂 SN 是阳离子表面活性剂,对合纤有较好的抗静电效果,为黏着剂用量的 0.1%。

4. 起泡、消泡剂 浆液起泡使浆丝操作不便,浆丝质量恶化。某些表面活性剂可作为浆液的起泡剂(foamer)或消泡剂(defoamer)。松节油、硅油等也可作为消泡剂使用。消泡剂是通过降低气泡膜的强度和韧度,使气泡破裂,达到消泡的目的。自然表面活性剂还能抑制气泡的产生。

5. 其他

(1)防腐剂。防腐剂(antisepticagent)用于淀粉等浆料的配方中,能有效地抑制霉菌的生长,防止坯布产生霉变。

(2)淀粉分解剂和中和剂。分解剂(starch splitter)是对天然淀粉进行大分子裂解,以降低淀粉大分子的聚合度和黏度,使浆液达到适合经丝上浆的良好流动性和均匀性。中和剂(neutralizing)用于控制淀粉分解程度。

(3)增重填充剂。增重填充剂(weighter)用于坯布有特殊要求的上浆配方中,使坯布手感丰满厚实,外观悦目。

(4)吸湿剂。吸湿剂(deliquescent)含有大量的亲水基团,提高浆膜的吸湿能力,使浆膜的弹性、柔软性得到改善。

(5)溶剂。溶剂(solvent)将浆料调制成一定浓度的液体,一般是水,硬度不超过5mg/L为宜。

第二节 浆液的配置和调制

浆液的配置是根据丝线种类、织物结构和织造工艺等,进行浆料组分(size ingredient)的选择及其配比(size recipe)。浆液的调制是根据浆料的特性,采用科学的方法将浆料调制成适合于经丝上浆的浆液。

一、浆料组分选择的依据

浆料组分的选择包括黏着剂和助剂的选择。现代织造生产对浆料组分的选择提出了更高的要求。

1. 丝线种类 浆料组分中的黏着剂对上浆经丝的纤维应具有良好的黏着性。根据“相似相容”原理,黏着剂和纤维应具有相同的基团或相似的极性,必要时应确定部分助剂,以弥补黏着剂的性能不足。无梭织造的车速较高,经丝张力大,黏着剂对纤维的黏着力要大一些,形成浆膜的耐磨性、抗屈曲性要更好一些,表8-4所示为常用纤维与黏着剂的化学结构特点。

表8-4 常用纤维与黏着剂的化学结构特点

浆料名称	结构特点	纤维名称	结构特点
淀粉	羟基	棉纤维	羟基
氧化淀粉	羟基、羧基	黏胶纤维	羟基
CMC	羟基、羧甲基	醋酯纤维	羟基、酯基
完全醇解 PVA	羟基	涤纶	酯基

续表

浆料名称	结构特点	纤维名称	结构特点
部分醇解 PVA	羟基、酯基	锦纶	酰胺基
聚丙烯酸酯	羧基、酯基	腈纶	酯基、腈基
聚丙烯酰胺	酰胺基	羊毛	酰胺基
		蚕丝	酰胺基

亲水性黏胶丝、棉纤维上浆时，显然可以采用淀粉、完全醇解 PVA、CMC 等黏着剂，因为这些丝线和黏着剂的大分子中都有羟基，相互之间具有良好的相容性和黏着力。

疏水性醋酯纤维和涤纶的大分子中都有酯基，使用含有酯基的部分醇解 PVA、聚丙烯酸酯浆料作为黏着剂。

羊毛、蚕丝(榨蚕丝)和锦纶的大分子富含酰胺基，因此，带有酰胺基的聚丙烯酸酯浆料是较好的黏着剂。

除了黏着剂以外，必要时还必须加入助剂。醋酯长丝、锦纶、涤纶长丝上浆时，在浆料组分中加入浸透剂和抗静电剂。淀粉作为主黏着剂时，浆液中要加入适量的分解剂(对天然淀粉)、柔软剂和防腐剂，当气候干燥和上浆率高时，还可以加入少量的吸湿剂。

2. 织物结构 线密度小的丝线，表面光洁、强力偏低，使用黏着剂性能比较优秀的合成浆料，浆料组分中应加入适量浸透剂。线密度大、表面毛羽较多的丝线，黏着剂的选择应以披覆为主，尽量使丝线毛羽贴伏、表面平滑。

加捻丝线一般不需要上浆。有时，为稳定捻度，可进行上些轻浆或拖水。捻度较大的纱线，由于其吸浆能力较差，浆料组分中加入适量的浸透剂，以增加浆液流动能力，改善浆液浸透能力。

经丝密度大的织物，织造时经丝相互摩擦多，易起毛，而且上浆时不易吸浆，浆液中适当增加渗透剂和柔软剂。

平纹织物的经丝交织次数多于斜纹织物和缎纹织物，对经丝的耐磨性要求高，使用的黏着剂黏着性要好，浆料组分中适当加入渗透剂。

此外，浆料组分的选择应考虑调制简便，根据丝线上浆要求设计的共聚浆料或组合浆料，可以少加或不加助剂，浆液质量稳定，上浆效果好。

浆料组分的选择还应符合环保要求，具有良好的安全性。

二、浆料组分的配比

浆料组分的配比是指浆液浓度及各组分在浆料中所占的比例。浆料组分的配比是影响丝线上浆率的主要参数之一，与丝线种类、织物结构及织造工艺有密切关系。表 8－5 所示为几种丝线浆料组分的配比实例。丝线种类、线密度及有无捻度，合成纤维的根数、截面形状及含油率均与浆料组分的配比有关。

表 8-5 几种丝线浆料组分的配比实例

丝线种类		锦纶丝	涤纶丝		涤纶加工丝	大有光涤纶丝
		77dtex/24f	83dtex/36f	55dtex/36f	165dtex/48f	75dtex
		无捻	无捻	异形丝	—	800T/m
浆料组分的配比(%)	W-500D	7.0~8.0	9.0~11.0	11.0~13.0	7.0~9.0	—
	V-2 渗透剂	0.2~0.4	0.4	0.4~0.5	0.2	—
	214 抗静电剂	0.05~0.1	0.1	0.1	0.1	—
	其他	—	—	—	—	2%SV-8

注 SV-8 为一种综合助剂。

此外,浆料组分的配比与选用浆料的黏度有关,高浓低黏的浆料可调制浓度稍高一些的浆液;与助剂的活性作用有关,表面活性剂使用浓度在临界胶束浓度范围内;还与浆丝工艺有密切的关系。综合各个因素,合理进行浆料组分的配比,得到符合织造工艺要求的上浆率。

三、浆液的调制

浆液的调制是浆丝工程中一项关键性工作。浆液的调制必须在规定的温度,严格按投料顺序,投放规定重量或体积的浆料,并搅拌一定的时间,使各种浆料的组分在最合适的时刻参与混合或参与反应,达到恰当的混合与反应效果,并避免浆料之间不应发生的相互影响。

1. CMC 浆液调制

(1)CMC 浆料先用 30~60 倍的冷水浸泡,并不断搅拌,直至全部溶解为止。如加温搅拌,溶解速度可加快,但会降低黏度。

(2)CMC 浆料用量范围为含固体量 0.2%~0.25%,黏度 60~70s。

2. 淀粉浆液调制

(1)原淀粉加水浸泡,配置成一定浓度的淀粉生浆液。

(2)加入防腐剂等助剂,边搅拌边加温,升温到 40℃时,用烧碱溶液校正 pH 等于 7。

(3)继续加热至定浓温度 50℃,煮 15min 后校正浆液至规定的浓度。

(4)继续加热至 60℃,投入硅酸钠分解剂,搅拌均匀;继续升温至 65℃,加入乳化油酯,搅拌均匀。

(5)最后升温至供浆温度。半熟浆供应,可升温至 80~85℃,焖一定时间后供浆;熟浆供应,升温至 98℃,并焖煮 30min 即可使用。

3. 聚丙烯酸酯浆液调制

如图 8-5 所示为聚丙烯酸酯浆液调制过程。

(1)将适量的水(60%~70%)加温至 60℃。

(2)当温度升到 60℃左右时,加入聚丙烯酸酯浆料,搅拌约 20min,再加入必要的助剂。

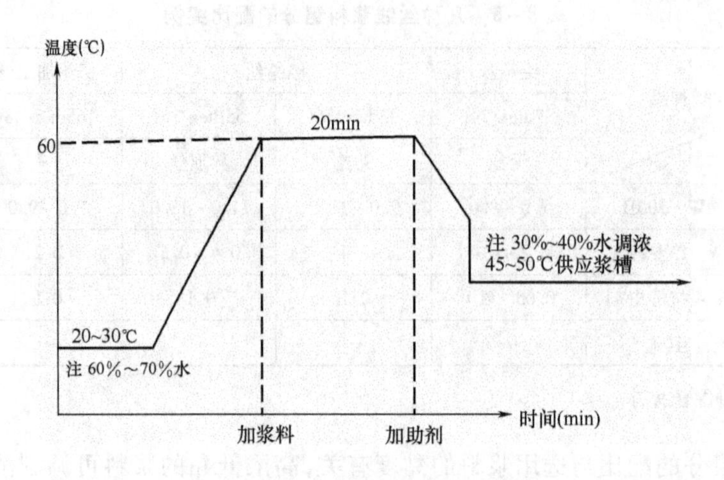

图 8-5　聚丙烯酸酯浆液调制过程

(3)冷却混合均匀的浆液,在 45 ~ 50℃时,即可测定浆液黏度和浓度,并调整至工艺规定值。

(4)浆液的黏度范围为 60 ~ 65s,含固体量 7% ~9% 。

4. PVA 浆液调制

(1)先用 20 ~ 30 倍冷水浸泡 PVA 浆料,使它充分膨润,然后逐渐注入制浆桶,边注边搅拌;或者直接以 PVA 固体逐渐加入制浆桶并搅拌均匀;也可以边注入边搅拌边加温,加料时间为 15 ~ 30min。

(2)加温搅拌到 80 ~ 90℃,煮 30 ~ 60min,到浆液清澈为止。

(3)添加适当冷水,使温度降低到 70℃,陆续加入助剂,再煮 15min,测定黏度,并调整到工艺规定值。

(4)PVA 浆料用量范围为含固体量 2% ~4%,黏度 70 ~ 75s。

5. 助剂的调制

(1)渗透剂和吸湿剂除固体必须先用水溶解后加入浆液中外,都可直接注入浆液,然后加热搅拌直到全部溶解。

(2)柔软剂中油脂类可先投入煮釜内加 5 ~ 10 倍水,然后边搅拌边加热,使溶解均匀,待油脂充分乳化,即可徐徐加入浆液中混合。一般油剂可以直接投入浆液中混合乳化。水化白油可以直接用 10 倍沸水乳化后加入浆液中。乳化蜡的乳化液在浆液中混合。

(3)防静电剂大多在浆丝烘干后直接施加在丝条表面。

第三节　经丝上浆

一、上浆的经丝质量

经丝在浆丝机上上浆后质量应符合织造工艺的要求。上浆的经丝质量直接影响织机的生产效率及织物质量,必须严格控制。衡量上浆的经丝质量的指标主要有上浆率、伸长率、回潮率、毛羽指数、耐磨次数及经丝卷绕密度等。在生产过程中,根据纤维种类、丝线性质等要求,选择合适的指标,对上浆质量进行检测与控制。

1. 上浆率 上浆率(size loading)反应经丝上浆量的指标,是十分重要的浆丝质量指标。上浆率过大,会使丝线发脆,织造时断头增多、落浆增多,浆膜易堵塞综眼和筘眼,导致织造工艺恶化;反之,上浆率过小,经丝经不起摩擦,易于起毛,经丝断头增多,容易造成织疵。

上浆率是经丝上浆后所增加的干重对上浆前经丝干重的百分率。其表达式为:

$$S = \frac{G - G_0}{G_0} \times 100\% \tag{8-5}$$

式中:S——经丝上浆率;

G——上浆后经丝的干重,kg;

G_0——上浆前经丝的干重,kg。

经丝上浆率可通过计算法和退浆试验法得到。

(1)计算法。计算法是通过测得浆丝机上浆千米经丝所耗用的浆液重量计算而得到。其计算公式是:

$$S = \frac{C \times W}{\mathrm{Tt} \times m} \times 10^4 \tag{8-6}$$

式中:W——浆千米经丝所耗用的浆液重量,g;

m——经丝总经根数;

C——浆液浓度。

(2)退浆试验法。取相同重量(2g)的原丝和浆丝试样,烘干后冷却称重,测得丝线干重。然后,根据黏着剂的特性,在规定条件下进行精练退浆,把纱线上的浆液退净。将精练退浆后的试样放入烘箱烘干,冷却后称重,测得精练退浆后丝线干重。最后计算上浆率。

$$\beta = \frac{B - B_1}{B} \times 100\%$$

$$S = \frac{G - G_1}{G} \times 100\% - \beta \tag{8-7}$$

式中:G_1——浆丝退浆后的干重;

B——原丝精练前的干重;

B_1——原丝精练后的干重;

β——浆丝毛羽损失率。

退浆试验的测定时间较长,操作也比较复杂,但以它估计浆丝上浆率比较准确。计算法具有速度快、测定方便等特点,但部分数据存在一定误差,计算的浆丝上浆率不如退浆法准确。

2. 伸长率 浆丝伸长率(elongation rate)反应了浆丝过程中丝线的拉伸情况。拉伸过大

时,丝线弹性损失,断裂伸长下降。因此,伸长率是十分重要的浆丝保伸性质量指标。其表达式为:

$$E = \frac{L - L_0}{L_0} \times 100\% \quad (8-8)$$

式中:E ——浆丝伸长率;

L ——浆丝长度;

L_0 ——原丝长度。

伸长率通过浆丝机上两只传感器分别测定一定时间内经轴送出的丝线长度 L_0 和车头拖引辊传递的丝线长度 L,然后计算得到浆丝伸长率。

3. 强伸性 经丝强伸性在上浆前后的变化以增强率(tensile strength increasing rate)和减伸率(elongation decreasing rate)来表示,即经丝通过上浆后,断裂强力增大和断裂伸长率减小的情况。其增强率表达式为:

$$Z = \frac{P - P_0}{P_0} \times 100\% \quad (8-9)$$

式中:Z ——浆丝增强率;

P ——浆丝断裂强力;

P_0 ——原丝断裂强力。

减伸率的表达式:

$$\Delta E = \frac{\varepsilon_0 - \varepsilon}{\varepsilon_0} \times 100\% \quad (8-10)$$

式中:ΔE ——浆丝减伸率;

ε ——浆丝断裂伸长率;

ε_0 ——原丝断裂伸长率。

断裂强力、断裂伸长率在单纱强力试验机上测定。

4. 耐磨性 耐磨性直接反应浆丝的可织造性。是必须受重视的浆丝综合质量指标。

浆丝耐磨试验有很多形式,典型的是浆丝模拟织机上经丝的织造条件,进行耐磨试验。浆丝耐磨试验有干态耐磨试验和湿态耐磨试验。抱合力与毛羽指数常用于表示浆丝的耐磨性。

(1)抱合力。抱合力是将浆丝在0.1~0.2g/dtex 的负荷下,在耐磨试验仪上摩擦10次后,读取分散的单丝数。该方法适合作为长丝耐磨性指标的测定。

(2)毛羽指数。毛羽指数(index of fiber lay)是在毛羽测试仪上,用肉眼观测到的单位长度浆丝,或经过若干次摩擦的浆丝单边上,超过某一投影长度的毛羽累计根数。合纤长丝上浆后,在一定负荷下将试样中部切断,切断截面上的单丝根数和长度是毛羽指数的另一种表达方式。

5. 回潮率 浆丝回潮率(moisture regain)是浆丝含水量(moisture content)的质量指标,它

反映浆丝烘干程度。烘干程度不仅关系到浆丝的能量消耗,而且影响浆膜的性质(弹性、柔软性、强度、再黏性等)。其表达式为:

$$w_j = \frac{G_1 - G}{G} \times 100\% \qquad (8-11)$$

式中:w_j——浆丝回潮率;

G_1——浆丝(含水)重量。

浆丝回潮率可使用烘干称重法测得,也可使用插入式回潮率测定仪测定。浆丝机烘房前装有回潮测湿仪,能及时、连续地反应浆丝的回潮率。

6. 浆轴卷绕质量　浆轴卷绕密度是浆轴卷绕紧密程度的质量指标。浆轴的卷绕密度应适当,卷绕密度过大,纱线弹性损失严重;卷绕密度过小,卷绕成形不良,织轴卷装容量过小。

墨印长度用作衡量浆轴卷绕长度的正确程度。墨印长度可利用浆丝机上的伸长率仪的墨印长度测量功能进行测定。

二、浆丝机

上浆经丝的种类及卷装不同,使用的上浆设备也有差异。如图8-6所示为一种典型的长丝上浆设备图,工艺流程如下:经丝从轴架1上的经轴上退解,进入浆槽2吸收规定的浆液,然后通过烘燥装置3,进行合理的烘燥,达到规定的回潮率,最后经必要的浆后处理,卷绕成一定密度的浆轴4。

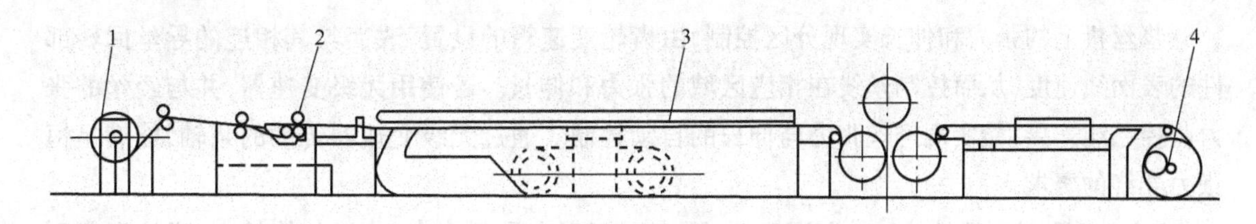

图8-6　典型的长丝上浆机

1—轴架　2—浆槽　3—烘燥装置　4—浆轴

1. 浆丝机的传动　浆丝机(slasher)的传动方式很多,为了保持上浆工艺中各区域丝线张力和伸长适度并稳定,特别是高速、大卷装的浆丝工艺,要求浆丝机传动速度变化范围广、过渡平滑,并具有自动控制能力。

如图8-7所示为浆丝机的传动简图,各部分的机构分别由各自的电动机独立传动。主电动机1分二路传动,一路经PIV无级变速器2、链轮带动浆轴3回转,卷绕经丝;另一路经齿轮变速箱(change gear box)4又分成二路传动,一路经链轮传动经丝牵引辊5,另一路由主轴6直接输出,主轴6通过一对锥形齿轮、链轮传动烘筒7回转,主轴6上的链轮、齿轮变速箱8传动边轴9,边轴9通过链轮传动轴10,轴10通过一对锥形齿轮、链轮传动上浆辊(sizing roller)11回转,轴10通过齿轮变速箱12、链轮又传动经丝拖引辊(carrier roller)13及直筘14。图中经轴15、分丝辊(dividing roller)16及伸缩筘17均由独立的电动机传动,此外,循环风机的传动、排风风机的传动、循环浆泵的传动等,也由独立的电动机传动,与主电动机的传动存在着电气上的联动关系。

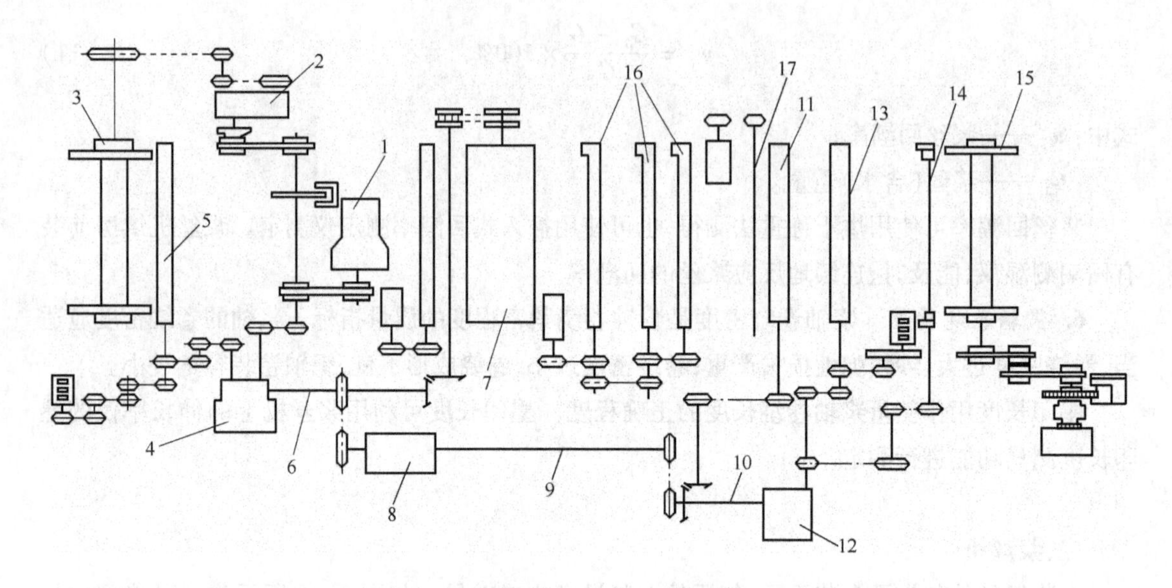

图 8－7　浆丝机的传动简图

1—主电动机　2—PIV 无级变速器　3—浆轴　4—齿轮变速箱　5—经丝牵引辊
6—主轴　7—烘筒　8、12—齿轮变速箱　9—边轴　10—轴　11—上浆辊
13—经丝拖引辊　14—直筘　15—经轴　16—分丝辊　17—伸缩筘

浆丝机上的张力和伸长实现分区控制,由齿轮变速箱的设置,改变与其相连的导丝回转部件的表面线速度,从而控制丝线在相应区域的张力和伸长。若使用无级变速器,并与经丝的张力监控系统连接,能实现经丝张力与伸长的自动控制。通过无级变速器传动的浆轴,能满足恒张力卷绕的要求。

2. 经丝退解　经丝从经轴上退解时,要求退解张力尽可能小,使经丝伸长小,弹性和断裂伸长得到较好的保护,并保持在上浆过程中,无论是经轴直径减小,还是浆丝速度发生变化,退解张力恒定不变。一般单丝退解张力为 0.15 ~0.18g/旦。

图 8－7 中,经丝是从单经轴上退解(轴对轴上浆),经轴由一只 3.7kW 的 EC 电动机传动,产生经丝退解的制动力矩,称为积极式经丝张力控制。如图 8－8 所示为积极式经丝张力控制装置工作原理。根据经丝退解张力的要求,通过电动机 1 对电磁制动器 2 的外磁鼓提供一个预定的转速,对经轴设定一个制动力,即使与经轴 13 相连的内磁鼓停止转动,内外磁鼓之间仍存在相对滑动,制动器的相对滑动可在较大范围内调节,以满足浆丝机车速的任何变化,如正常运转、慢速启动、停车等。由于经轴始终受到一个逆回转力矩的作用,当经丝张力 F 受到外部干扰而发生变化时,由张力检测器 11 进行检测,并通过自动改变 EC 电动机的转速,实现经丝退解张力的自动控制。失速张力 8 的设置,使浆丝机在停车时,仍可使经丝保持一定的张力。

积极式经丝张力控制装置的控制精度极高,从启动到正常运转(加速),或从正常运转到静止(减速),分别通过加速控制放大器 3 和减速控制放大器 4,进行精确的控制,避免经丝退解张

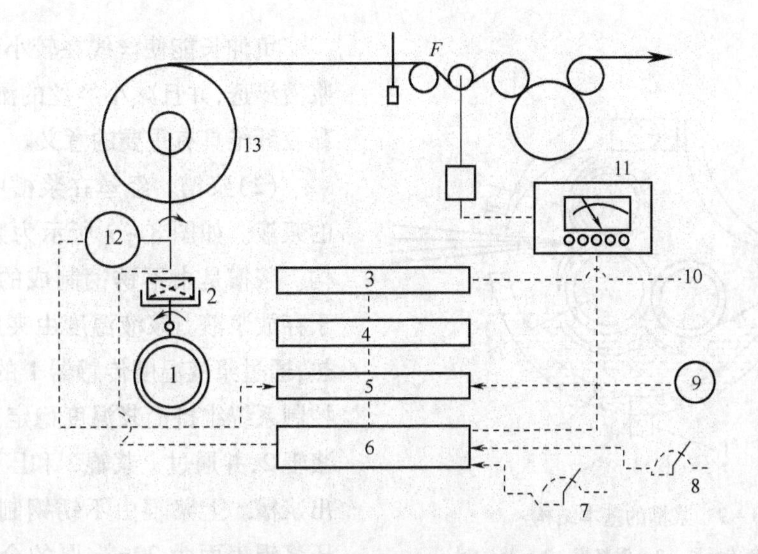

图 8-8 积极式经丝张力控制装置工作原理

1—EC 电动机 2—电磁制动器 3—加速控制放大器 4—减速控制放大器 5—卷绕直径比例控制放大器 6—可控硅控制放大器 7—张力设置器 8—失速张力 9—主测速电动机 10—线速度 11—站力检测器 12—经轴测速电动机 13—经轴

力急增或急减。

在多经轴浆丝机上,使用消极式经丝张力控制装置。消极式经丝张力控制装置是通过对经轴制动和合理的经丝退解方式,达到经丝退解张力的控制。经轴制动有弹簧夹摩擦制动、皮带重锤摩擦制动、气动式摩擦制动等多种形式。经丝退解方式有平行退解法和互退解法。

3. 上浆装置 上浆装置是由经丝牵引辊、浆槽和湿分绞棒等组成。

(1)经丝牵引辊。经丝牵引辊将经丝从经轴上退解并积极送入浆槽。图 8-7 中,齿轮变速箱 12 用于调节拖引辊 13 的表面线速度,使拖引辊 13 的表面线速度略大于上浆辊 11 的速度,于是,在退解区内产生的部分经丝伸长,在上浆区内得到恢复,这种经丝伸长减小称为负伸长。表 8-6 所示为上浆区经丝伸长率与齿轮变速箱 12 的齿轮搭配实例。

一些传统的浆丝机通过调整拖引辊的包布厚度来改变拖引辊的直径,从而改变上浆区的经丝负伸长。

表 8-6 上浆区经丝伸长率与齿轮变速箱的齿轮搭配实例

伸长率(%)	齿轮齿数			
	A	B	C	D
0	44	44	45	45
0.1	43	45	46	44
0.2	42	46	47	43
0.3	41	47	48	42
0.4	40	48	49	41

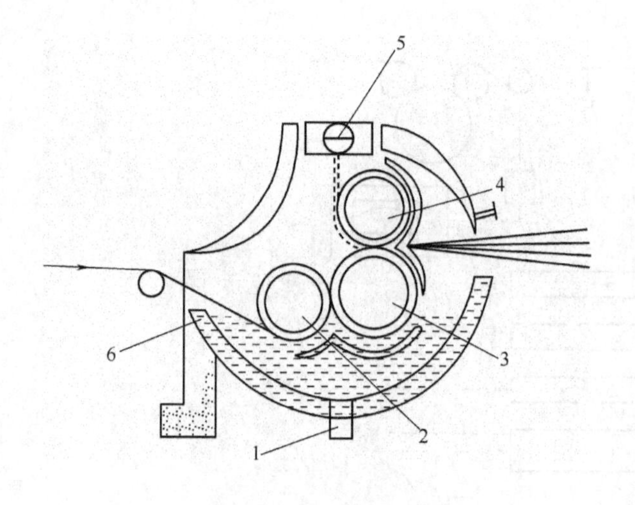

图 8－9　浆槽的基本结构

1—浆液温度传感器　2—浸浆辊　3—上浆辊
4—压浆辊　5—淋浆口　6—溢出口

负伸长能使丝线在较小张力进行良好浆液渗透，并且减小经丝的湿伸长，尤其对黏胶纤维具有重要的意义。

(2)浆槽。经丝在浆槽中吸收规定量的浆液。如图 8－9 所示为浆槽的基本结构。浆槽是由不锈钢制成的一种容器，用于存放浆液。浆液温度由夹层内的蒸汽加热，通过浆液温度传感器 1 的检测，由浆丝控制系统维持上浆温度稳定。经丝绕过浸浆辊 2，并通过上浆辊 3 和压浆辊 4 之间引出浆槽。上浆辊由不锈钢制成，浸没辊和压浆辊表面为 20mm 厚的合成橡胶，一些包复的合成橡胶表面带有微孔。浸浆辊上下移动，调节经丝在浆槽中的浸没长度，前后移动则调节与上浆辊的挤压力，压浆辊上下移动，调节与上浆辊的挤压力。挤压力也可使用气动法进行施加。

因此，经丝的吸浆过程是：当丝线开始进入一定黏度的浆液中时，主要是丝线表面的纤维进行润湿并黏附浆液，渗透到丝线内部的浆液很少，纤维之间存在空气间隙。经浸浆辊的浸压和压浆辊的挤压，浆液渗透到丝线内部，同时保持一定的披复，得到所需的上浆率。

新浆液通过顶部的淋浆口 5 不间断地输入浆槽，浆槽中多余的浆液从溢出口 6 返回贮浆槽，使浆槽中浆液的液面保持一定的高度，保证经丝与浆液接触的长度和时间一定。贮浆槽内的浆液通过循环浆泵，由浆槽底部的输浆口输入浆槽。上浆经丝的纤维不同，上浆要求存在一定的差异，因此，上浆方式，即经丝在浆槽中的浸浆方式及挤压程度也不同。如图 8－10(d)所示，当经丝在浸浆辊和上浆辊之间存在挤压时，称为单浸双压，即一次浸浆和二次挤压的上浆方式；而当经丝在浸浆辊和上浆辊之间没有挤压时，称为单浸单压，即一次浸浆和一次挤压的上浆方式；当经丝直接通过上浆辊与压浆辊之间上浆，称为沾浆。如图 8－10(e)所示，浆液有上浆辊回转时带进上浆辊与压浆辊之间的挤压区，经丝通过时沾上浆液。

合成纤维上浆一般使用单浸单压或单浸双压；短纤维纱使用双浸多压方式；黏胶长丝由于湿伸长大，宜使用沾浆方式。

(3)湿分层装置。湿分层装置是将出浆槽的经丝分成清晰的几层，使湿浆丝之间保持一定的距离，相互不接触地进入烘房，防止丝线黏搭和缠绕，有利于浆丝的烘干和浆膜的完整。如图 8－11 所示为湿分层装置。分梳筘 1 的筘齿用锡焊形成阶梯状结构，将相邻的丝条分离，并保持一定的间隔，同时形成上下四层，然后使用湿分绞棒 2 固定。

为了减少在长时间的上浆过程中，浆液黏附在湿分绞棒上而影响浆丝质量，在独立电动机的传动下，湿分绞棒作缓慢回转。同时，将冷水通过湿分绞棒，这样冷却的湿分绞棒与热浆丝接触后，在湿分绞棒表面产生结露，使其表面润滑。

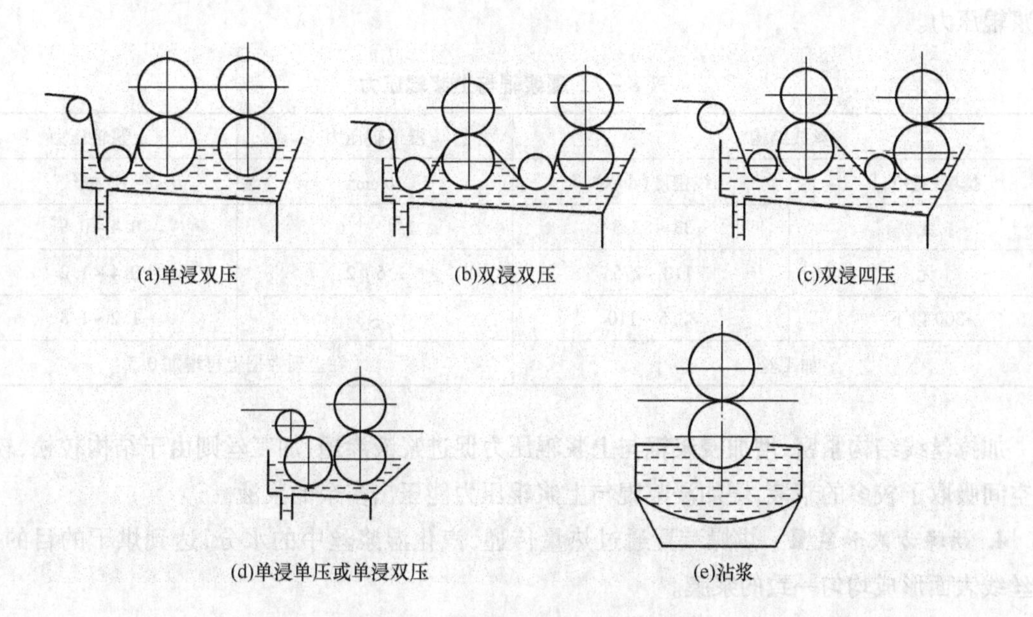

图 8-10 各种浆槽形式及浸压方式

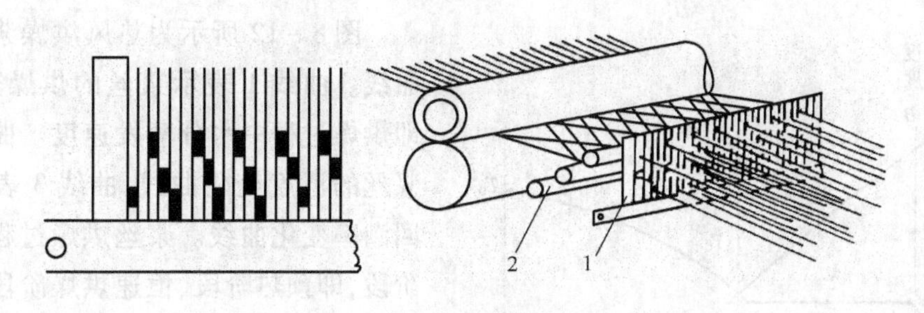

图 8-11 湿分层装置

1—分梳筘 2—湿分绞棒

(4)上浆工艺。

①上浆线速度。浆丝机线速度调节范围较宽,一般在 100m/min 左右,根据经丝种类调节。黏胶丝和加工丝上浆线速度宜小些为好,一般为 90m/min。前者由于吸湿量大,并由于烘燥温度不宜过高;后者由于上浆率要求较大。涤纶长丝和锦纶长丝的上浆线速度大些,在 100 ~ 120m/min 范围内。

②上浆温度。上浆过程中浆液温度会影响浆液的流动性能,使浆液黏度改变,浆液温度升高,分子热运动加剧,浆液黏度下降,渗透性增加,温度降低,则易出现表面上浆。对于纤维表面附有油脂、蜡脂、胶质、油剂等拒水物质的纱线,浆液温度会影响纱线的吸浆性能和对浆液的亲和能力。

上浆温度取决于纤维的种类和浆料特性。例如,涤纶和锦纶用丙烯酸类浆上浆,温度采用室温即可;棉纱采用淀粉上浆,温度在95℃以上。

③浸浆辊与上浆辊压力。浸浆辊与上浆辊压力取决于丝线结构。表 8-7 所示为浸浆辊与

上浆辊压力。

表 8－7 浸浆辊与上浆辊压力

丝线结构		浸浆辊压力	上浆辊压力
捻度(捻/m)	线密度(dtex)	N/cm^2	N/cm^2
无	33～82.5	1.4～1.6	0.4～0.8
无	110～275	1.6～2	0.4～1.2
300 以下	82.5～110	2～3	1.2～1.8
加工丝		在上列数据上再增加 0.5	

加捻丝线结构紧密，增加浸浆辊与上浆辊压力促进浆液渗透；加工丝则由于结构较松，较大的空间吸取了较多的浆液，增加浸浆辊与上浆辊压力能压出多余的浆液。

4. 烘燥方式和装置 烘燥装置通过热量传递，汽化湿浆丝中的水分，达到烘干的目的，并在丝线表面形成均匀一致的浆膜。

(1)烘燥方式及其原理。烘燥方式按热量传递可分为热传导烘燥(drying by heat conduction)法、热对流烘燥(drying by heat convection)法和热辐射烘燥(drying by radiation)法等。

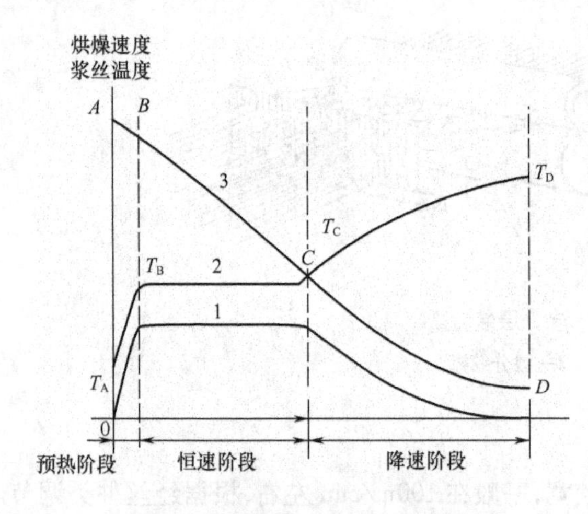

图 8－12 热风烘燥浆丝的烘燥曲线

1—浆丝的烘燥速度曲线 2—浆丝的温度变化曲线
3—浆丝的回潮率变化曲线

图 8－12 所示为热风烘燥浆丝的烘燥曲线。曲线 1 表示浆丝的烘燥速度曲线，即烘燥过程中水分蒸发速度。曲线 2 表示浆丝的温度变化曲线，曲线 3 表示浆丝的回潮率变化曲线。浆丝烘燥过程分为三个阶段，即预热阶段、恒速烘燥阶段和降速烘燥阶段。

在预热阶段，浆丝温度迅速从 T_A 增高到 T_B。回潮率由曲线 3 的 A 点降至 B 点，变化很小。烘燥速度从 0 上升到一个最大值。

在恒速烘燥阶段，浆丝表面水分吸收热量而汽化，向周围空气蒸发，与液体从自由表面的汽化相似，其水分蒸发速度(烘燥速度)可表示为：

$$\overline{v_1} = 0.04075\, v^{0.8}(P_1 - P_2)\gamma \qquad (8-12)$$

式中：$\overline{v_1}$——水分蒸发速度，$kg/(m^2 \cdot h)$；

v——空气流速，m/s；

γ——空气比重，kg/m^3；

P_1——浆丝表面蒸汽压；

P_2——周围空气部分蒸汽压。

随着浆丝表面失去水分，浆丝内外层发生回潮率不平衡，由于毛细管的作用，浆丝内层湿传递速度大于外层湿传递速度，使足够的水分源源不断地传递到丝线表面，满足汽化需要，水分蒸发速度保持不变，因此，浆丝回潮率线性下降。汽化带走的热量与浆丝吸收的热量相等，浆丝温度保持不变。当烘房内循环通风为定值时，烘燥速度 $\overline{v_1}$ 与 $(P_1 - P_2)$ 成正比。

在降速烘燥阶段中，由于浆丝内层湿传递速度与浆丝内外层发生回潮率之差成正比，当浆丝回潮率下降到 C 点，即临界回潮率时，内层湿传递速度小于外层湿传递速度，浆液从浆丝表面开始向内层逐渐结膜，由于浆膜形成，阻挡了浆丝内层水分向外迁移和热量向内传递，于是浆丝表面供汽化的水分不足，水分蒸发速度下降，浆丝吸热量大于汽化带走的热量，结果浆丝温度上升，回潮率变化渐渐缓慢，烘燥速度逐步下降为0。

(2)烘燥装置。浆丝机常采用热风式、烘筒式和热风—烘筒联合式的烘燥装置，对湿浆丝进行烘燥。热风式烘燥装置先用高压蒸汽通过散热器加热空气，然后热空气以一定的速度吹到浆丝上，以热对流方式对丝线传递热量，进行烘燥。烘筒式烘燥装置由多个烘筒组成，浆丝在烘筒表面绕行，烘筒内通入高压蒸汽，加热后的高温筒壁以热传导方式对浆丝传递热量，进行烘燥。热风—烘筒联合烘燥装置先利用热风式烘燥装置对湿浆丝进行预烘，达到浆膜初步形成，然后再以烘筒式烘燥装置对浆丝作最后的烘干。

浆丝机还可采用远红外烘燥装置，它是利用远红外线的频率与高分子物质和水分子振动的固有频率相近，使浆丝内分子发生共振，吸收远红外辐射能，从而加热丝线，蒸发水分。其特点是丝线内外加热均匀，但因采用电加热，耗电量大。

①热风式烘燥装置。热风式烘燥装置(hot air dryer)采用对流烘燥法。热空气是载热体，向浆丝传递热量，同时又是载湿体，带走浆丝蒸发的水分。与浆丝进行热湿交换后的热空气进行循环回用，以节约能量。为防止热空气中含湿量过度增加，进而引起周围空气部分蒸汽压 P_2 过高，烘燥势降低，影响热量传递，一般在热空气循环回用过程中要排除部分热湿空气，并补充一些干燥空气，经混和、加热后再投入使用。这种载热体、载湿体合二为一的形式，热湿空气的不断排除不仅带走水分，同时也带走了热量，引起能量损失。在恒速烘燥阶段中，增大烘燥势 $(P_1 - P_2)$，可以加快烘燥速度，其途径是提高热风温度，增大浆丝表面蒸汽压 P_1，或增加湿空气排出量，使 P_2 降低。但是，湿空气排出量的增加造成热能损失严重，并且排出量过多还会导致热风温度下降，因此湿空气的排出量受到限制，烘燥速度难以增长。这是对流烘燥法能量消耗大、烘燥速度低的主要原因。

提高热风速度 v，选择合理的热风流向，也能加快烘燥速度。热风相对浆丝前进方向有一致、相逆和垂直三种流向。过大的热风速度、不合理的流向会吹乱丝片，使湿浆丝互相粘结成柳条状，影响浆丝质量。

浆丝内水分的迁移运动与温度梯度、湿度梯度有关，水分从温度高、湿度高的部位向温度低、湿度低的部位移动。热风中的浆丝表面温度高，内部温度低，所形成的温度梯度指向浆丝内部，与湿度梯度相反，对湿度梯度作用下水分由里向外的移动产生阻挡效果。其次，在降速烘燥阶段中，浆膜的形成，均影响水分向外迁移。因此，烘燥速度降低，热量不易向浆丝内部传递，烘燥时间延长，这是对流烘燥法烘燥速度低的另一主要原因。

热对流烘燥法的烘燥速度较低,因此烘燥装置(烘房)中绕丝长度大,以增加浆丝的烘燥时间。由于长片段的浆丝运行时缺乏有力的握持控制。当丝线排列密度较大时,因热风的吹动浆丝会粘成柳条状,以致干分绞十分困难,分绞时浆膜撕裂,影响浆丝质量。

热对流烘燥法浆丝与烘房导丝件表面接触很少,特别是湿浆丝经分绞、分层后烘燥,经丝相互分离,浆液很少粘贴在导丝件表面,对于保护浆膜,减少毛羽十分有利。为此,热对流烘燥法常被用作湿浆纱的预烘(特别是长丝和变形纱上浆),预烘到浆膜初步形成即止,在初步形成浆膜之前的等速烘燥阶段中,水的汽化速度快,对流烘燥的烘燥速度并不低。

如图 8-13 所示为热风式烘燥装置的结构示意图。热空气以一定的方向吹向经丝,通过热湿交换之后,部分湿热空气回流到循环风机 5、8,与空气入口 7 进入的新鲜空气混合、加热后,投入循环使用。

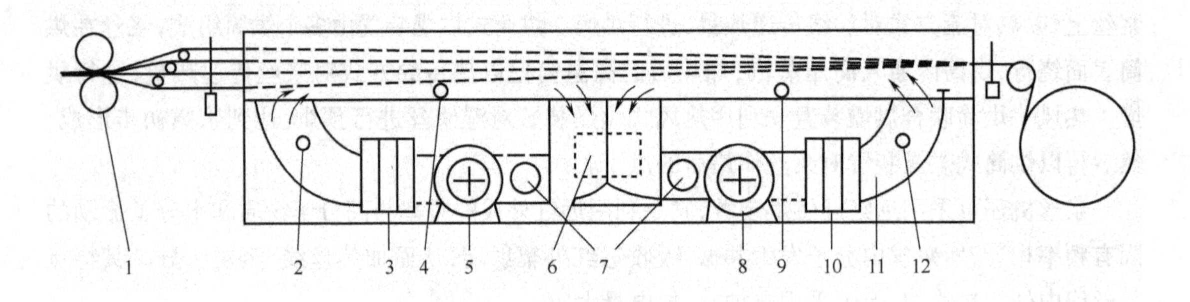

图 8-13 热风式烘燥装置的结构示意图

1—上浆辊 2、12—温度调节传感器 3、10—加热器 4、9—温度记录传感器
5、8—循环风机 6—排汽口 7—空气入口 11—热风管

循环热风吹入烘房的方向与浆丝质量和烘燥速度有关。浆丝与热风在运行时,往往会使浆丝发生振动,使丝线相互粘着。如果循环热风沿浆丝的运行方向吹入烘房,图 8-13 中的第一烘房,能减少热风对浆丝振动的影响,在形成浆膜时不至于发生粘着。如果循环热风逆浆丝的运行方向吹入烘房,图 8-13 中的第二烘房,提高热风相对浆丝运行速度,可提高的烘燥速度,即使丝条相互接触,由于在第一烘房已形成浆膜,也不至于发生粘着。

②烘筒式烘燥装置。烘筒(heat cylinder)式烘燥装置采用热传导烘燥法,烘燥速度高。烘筒作为载热体,通过接触向浆丝传递热量,而周围的空气是载湿体,带走浆丝蒸发的水分,载热体和载湿体是分离的。烘燥过程中水分蒸发,在烘筒表面形成蒸汽层,使烘燥势下降,影响水分蒸发速度。因此,在烘筒外装排气罩,以高速气流作为载湿体迅速排走蒸气,让干燥的空气补充到浆丝表面,维持整个烘燥过程中较高的烘燥势。

与热对流方式相比,热传导方式的导热系数高。在烘燥过程中,烘筒向纱线传递热量快,其烘燥速度比热风式明显提高。因为,浆丝靠近烘筒的一侧温度高,于是蒸汽排走方向和温度梯度方向一致,促进浆丝内的水分逆湿度梯度方向移动,有利于加快烘燥速度,缩短烘燥时间。

热传导烘燥法在烘燥速度上明显优于热对流烘燥法,如图 8-14 所示为烘燥速度曲线。

热传导烘燥法中,浆丝紧贴主动回转的烘筒前进,使浆丝受到良好的控制,并且浆丝运行中排列整齐有序。因此,热传导烘燥法对浆丝伸长控制十分有利,浆丝的伸长率小,并且浆丝之间伸长均匀,伸长率易于调整。热传导烘燥法形成的浆膜容易粘贴烘筒,破坏浆膜的完整性,为此,对最早接触湿浆纱的几只烘筒要进行防粘处理,防粘方法通常为喷涂聚四氟乙烯。另外,烘筒上相邻浆丝之间有粘连现象,特别是浆丝排列密度较大时,产生严重粘连,应采用合适的分层烘燥。

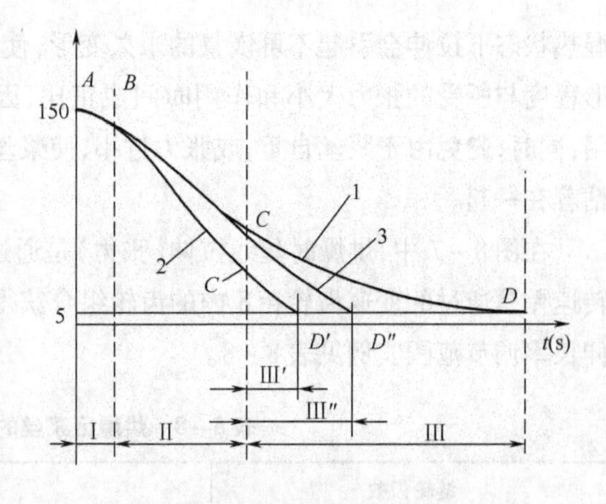

图 8-14 烘燥速度曲线

1—热对流烘燥法 2—热传导烘燥法 3—联合烘燥法

如图 8-15 所示为烘筒结构。筒壁由不锈钢制成,厚 2~3mm,烘筒直径为 800mm,工作压力有高压型和低压型两种,高压型烘筒的最高使用压力为 4.0kg/cm^2,低压型烘筒的最高使用压力在 2.0kg/cm^2 以下。烘筒的一侧设有蒸汽管 1 和冷凝水管 2,蒸汽 3 通过旋转接头 4 进入烘筒 5,筒内冷凝水 6 在蒸汽压力作用下经虹吸管 7 排出。

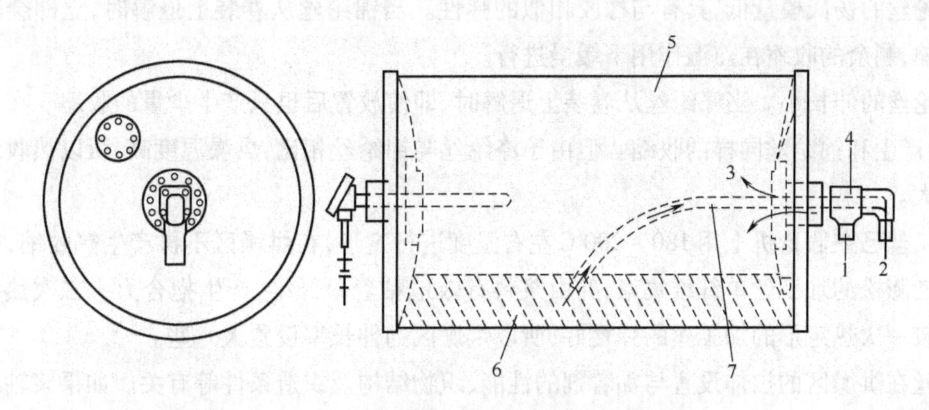

图 8-15 烘筒结构

1—蒸汽管 2—冷凝水管 3—蒸汽 4—旋转接头 5—烘筒 6—冷凝水 7—虹吸管

③热风烘筒联合式烘燥装置。浆丝质量要求不断提高,浆丝速度向高速化发展,单独的热风式烘燥装置或烘筒式烘燥装置已逐步淘汰。常用的是热风烘筒联合式烘燥装置(hot air-heat cylinder)。

热风烘筒联合式烘燥装置中,浆丝先经过烘房预烘,在热风作用下初步形成浆膜,然后由烘筒烘干为止。

(3)烘燥工艺。

①张力与伸长。浆丝在烘燥区内由湿态转变为干态,干态和湿态条件下丝线的拉伸特性不同。干态条件下丝线可以承受一定的拉伸作用,并且拉伸后的变形也容易恢复。但是,丝线在

湿热状态下拉伸会引起不可恢复的永久变形,使丝线弹性损失,断裂伸长下降。丝线的永久变形程度与所受的张力大小和作用时间成正比,因此烘燥过程中要尽量减小对湿浆丝的拉伸作用,同时,避免由于浆丝自重,或张力过小,使浆丝在通过烘燥区时,产生过分松弛而使相邻丝线粘着在一起。

在图8-7中,烘燥时丝线拉伸(张力)是通过烘筒7与上浆辊11之间的转速差调整的。其转速差是通过的变速齿轮箱8内的齿轮组合获得,输入轴上链轮齿数为29T、30T、31T时的浆丝伸长率调节范围实例见表8-8。

表8-8 烘燥区浆丝的伸长率调节范围实例

链轮齿数	伸长率调节范围(%)
29	-4.8 ~ -1.8
30	-1.5 ~ 1.5
31	1.8 ~ 4.8

浆丝在烘燥区的拉伸设置与纤维种类有关。合成纤维易产生热收缩,特别是在湿热条件下,它们的热收缩就更大。

锦纶丝的杨氏模量低,具有与橡胶相似的弹性。当锦纶丝从卷装上退解时,立即会产生较大的收缩,剩余的收缩在热湿作用下缓慢进行。

涤纶丝的伸长小。当涤纶丝从卷装上退解时,即使放置后也只产生少量的收缩。在湿热作用下,会产生和锦纶丝同样的收缩。但由于涤纶丝与锦纶丝相比,烘燥温度高,所以热收缩要比锦纶丝大。

加工丝已在假捻机上用180~200℃左右温度进行定形,在烘燥区不再产生热收缩,轻微的牵伸能使膨松的加工丝单纤维集束,并由浆料有效地粘着单纤维,产生抱合力。二次热定形的加工丝较一次热定形的加工丝的弹性好,所以烘燥区的伸长率设置大一些。

浆丝在烘燥区的拉伸设置与黏着剂的性能、织物结构及织造条件等有关。如果浆轴织造时间长,则经丝在织机上会产生收缩,若浆膜的黏附性高,很容易发生织机开口不良,这就要求浆丝在烘燥区充分收缩。此外,平纹组织织造时容易出现开口不良,在烘燥区宜使用低张力,以获得充分收缩的、质量好的上浆经丝。

②烘燥温度。烘燥温度必须考虑浆丝遇热的性能变化和浆丝回潮率要求。如纤维的软化点温度,锦纶丝的软化点为180℃,涤纶丝的软化点为240℃,因此,锦纶丝的烘燥温度必须比涤纶丝低。在热风烘燥中,锦纶丝合适的烘燥温度为120℃,涤纶丝合适的烘燥温度为130℃。加工丝在假捻工序中的定形温度为180~200℃,如果烘燥温度过高,就有可能使丝线失去膨松性。因此,一次热定形加工丝的最高烘燥温度应为120℃,但二次热定形加工丝易受温度影响,其最高烘燥温度应为110℃。黏胶丝则不适应高温加工,烘房温度以100℃为宜。

浆丝与烘筒表面接触进行烘燥,浆丝的拉伸或热收缩使丝线与烘筒表面产生摩擦,浆膜受损。此外,烘燥后的浆膜在高温下会软化,产生再粘。因此,烘筒温度必须低于热风烘房的温度10℃以上。

5. 浆后处理 烘干的浆丝离开烘燥区时温度较高,必须进行快速冷却后卷绕,避免热丝进行浆轴卷绕,防止浆丝发生再粘。必要时,在冷却之前进行上油处理。多经轴上浆还必须进行卷绕前的干分绞。

(1)上油上蜡。浆丝烘干后上油或上蜡是使丝条平滑,减小织造时经丝所受的摩擦阻力,并防止静电产生。

上油上蜡装置如图8-16所示。上蜡槽1是夹层式的,当上蜡时,夹层内用蒸汽加热使蜡熔化,而上油时可采用常温上浆。上蜡辊2一部分浸没在蜡液或油中,由独立的电动机传动,以0.3~0.5r/min缓慢回转,将蜡或油附着在上蜡辊的表面,当浆丝通过时,得到上蜡或上油。

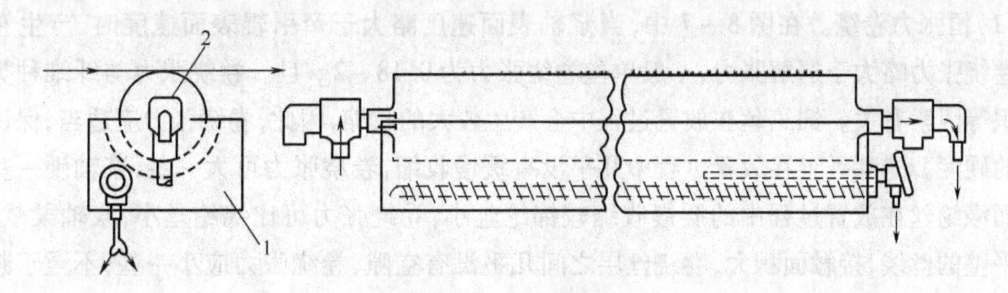

图8-16 上油上蜡装置

1—上蜡槽 2—上蜡辊

(2)冷却与干分绞。由于浆丝上蜡温度较高,同时,高温时在浆丝表面的蜡液具有一定的黏性,因此,浆丝冷却应在上油上蜡之后进行,及时将蜡液固着在浆丝表面。

冷却是通过循环冷风来达到的。如图8-17所示为冷却装置,冷风运行方向与浆丝运行方向相反。

浆丝用干分绞棒分成若干层,使粘着的丝线相互分离。干分绞也是一个降温冷却的过程。

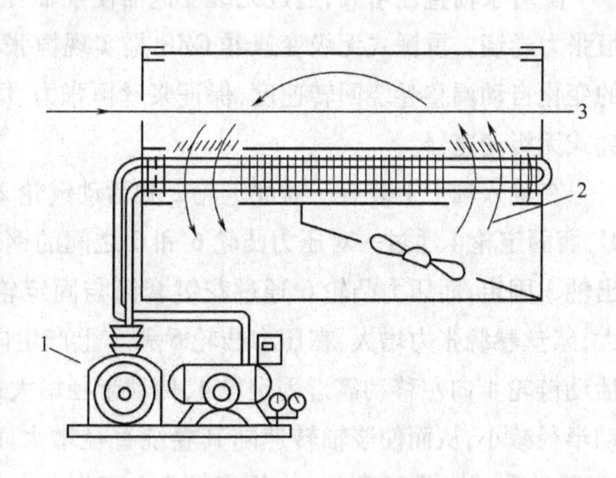

图8-17 冷却装置

1—空气压缩机 2—冷风 3—浆丝

(3)冷却区的浆丝伸长。经丝经上浆和烘干后,经得起较大的外力拉伸作用。在图8-7中,浆丝通过齿轮变速箱4调节牵引辊5与烘筒7表面的线速度,设置冷却区的浆丝伸长。表8-9为浆丝冷却区的伸长调节范围实例。

表8-9 浆丝冷却区的伸长率调节范围实例

伸长率(%)	齿轮搭配			
	A	B	C	D
-0.1	45	43	44	46
0	44	44	45	45
0.1	43	45	46	44
0.2	42	46	47	43
0.3	41	47	48	42

6. 浆轴卷绕 浆丝机通过恒张力卷绕控制装置、压丝辊的浆轴加压装置和伸缩筘，将上浆后的丝线卷绕成密度均匀、适当，纱线排列均匀、整齐，外形正确、圆整的浆轴。

(1)恒张力卷绕。在图8-7中，当浆轴表面速度略大于牵引辊表面速度时，产生卷绕张力。卷绕张力略大于退解张力，一般单丝卷绕张力为0.18~2g/旦。卷绕张力与纤维种类和织物组织等因素有关。锦纶丝在放置过程中会产生较大的收缩，因此，卷绕张力应适当，保证浆轴一定的硬度。醋酯纤维在放置过程中几乎没有缓慢收缩，卷绕张力可大一些，浆轴硬一些比较好。而涤纶丝在放置过程中的缓慢收缩较锦纶丝小，卷绕张力可比锦纶丝小，浆轴柔软一些。表面平整的丝线，接触面积大，卷绕丝层之间几乎没有空隙，卷绕张力应小一些，不至于浆轴硬度太大。不易开清梭口的平纹织物，浆轴可卷绕得松软些，卷绕张力小一些。此外，容易发生再粘的黏着剂上浆，浆轴卷绕硬度不易过大。

随着浆轴直径增大，通过无级变速器使浆轴转速下降，从而保持浆轴表面线速度不变，实现恒张力卷绕。重锤式无级变速器GZB是实现恒张力卷绕的一种典型的方法，它根据卷绕力矩的变化自动调整卷绕回转速度，保证浆丝恒张力、恒线速度卷绕。如图8-18所示为GZB型重锤式无级变速器。

在输入轴1上装有一对固定轮2和活动链轮2′，输出轴3上装有一对固定轮4和活动链轮4′，而固定轮4通过一对压力凸轮6和6′之间的钢球7来传动输出轴3。压力凸轮6用键与输出轴3固定，而压力凸轮6′通过花键套筒与固定轮4和活动链论4′一起回转。当浆轴直径增大，浆丝卷绕张力增大，在压力凸轮6和6′上产生向左的轴向力，使6和6′发生相对偏转，促使活动链轮4′向左移动靠近固定轮4，传动半径增大；同时，活动链轮2′向左移动离开固定轮2，传动半径减小，从而使浆轴转速随其卷绕直径增大而相应变慢，保持卷绕速度不变。同时，重锤12通过重锤杠杆11转动，在固定轮2上产生向右的轴向力，与向左的轴向力平衡。这样，自动调节阻力矩，使卷绕张力不变。

(2)浆轴加压装置。液压式浆轴加压装置有助于获得适当而又均匀的浆轴卷绕密度，即使在卷绕张力较小时也能得到所需的硬度。浆轴卷绕压丝辊(presser beam)在不干扰浆丝在浆轴上排列的前提下正确压住丝线，进行卷绕，防止丝线卷绕表面产生凹凸不平。压丝辊始终与浆轴表面接触，接触压力能自动控制，并随卷绕直径增大而逐渐减小，使浆轴卷绕内紧外松，避免大卷装浆轴外层丝线向心压力引起内层丝线压缩变形。

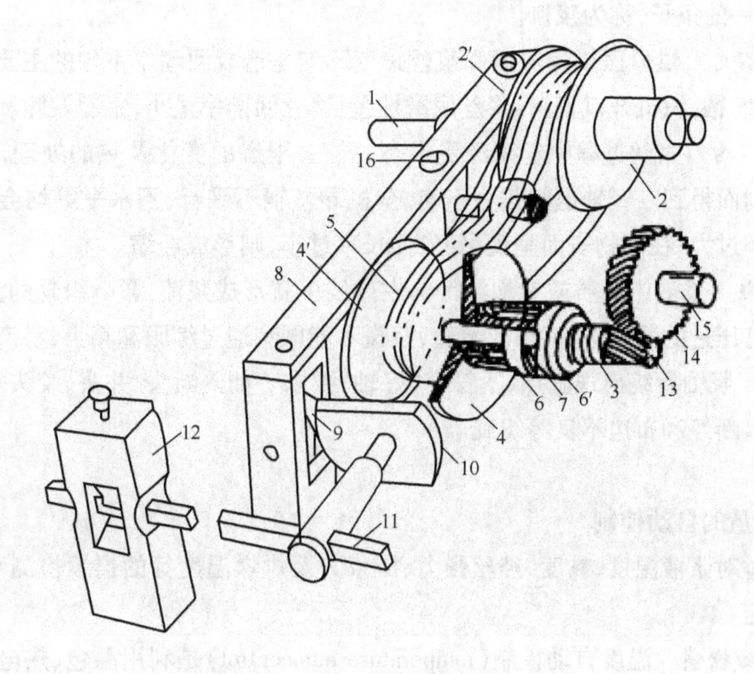

图 8－18 GZB 型重锤式无级变速器

1—输入轴 2、4—固定轮 2′、4′—活动链轮 3—输出轴 5—滚珠链 6、6′—压力凸轮 7—钢球 8—调速杠杆 9—转子 10—控制凸轮 11—重锤杠杆 12—重锤 13、14—减速齿轮 15—转动轴 16—调速杠杆支点

(3)伸缩筘。伸缩筘(expansion comb)安装在浆丝牵引辊前后,由独立的电动机传动作左右往复移动和前后运动,使丝线均匀分离,有利于浆轴上丝线均匀排列,互不嵌入,使浆轴表面平整一致。并保护筘齿及牵引辊表面包覆的橡胶。

第四节 浆丝质量及其控制

随着各种性能不同的合成纤维不断出现,单纤线密度越来越细,织造车速越来越快,织物品种趋于多样化、高档化,现代织造对浆丝技术及浆丝质量的要求越来越高。

一、浆丝疵点分析

浆丝质量各项指标要求适度准确、均匀一致,但由于浆丝工艺、设备状况等因素,不可避免会造成浆丝疵点,从而影响织造效率和织物品质。浆丝的疵点很多,不同的丝线、不同的上浆工艺会产生不同的浆丝疵点。

1. 上浆率不匀 上浆率不匀是指丝线各段的吸浆率不匀,是由于浆液黏度、温度、浆丝速度、压浆辊压力等波动而产生的。上浆率过大称为重浆,上浆率过小称为轻浆。重浆使经丝的抗弯性能削弱,弹性损失较大,使经丝发脆,在织造中易造成脆断头,并且落浆增多。轻浆使经丝在织造过程不耐磨,易起毛,增加织造中经丝断头。上浆率不匀在织物经向呈现无规律的、明暗不一、阔狭不一的条子，称为浆柳。

2. 回潮率不匀 烘燥区烘燥温度和浆丝速度不匀是造成回潮率不匀的主要原因。浆丝回潮率过大，浆膜发粘，织机开口不清，浆丝耐磨性差；浆丝回潮率过小，浆丝发脆。

3. 伸长率不匀 浆丝过程中丝线经受干态、湿态、干态的变化及热的处理，经丝伸长由各区段的精确控制而得到。经轴退解张力不匀、全机导丝辊不平行、不水平等均会导致浆丝伸长率不匀。伸长率过大，在织物表面呈现吊经；伸长率过小，则形成经缩。

4. 浆渍浆斑 浆液中杂质或者泡沫等沾在丝线上就形成浆渍，影响织物的清洁、美观。浆液或浆块溅在已压过的浆丝上，就形成浆斑，浆斑不能顺利通过综眼和筘齿，易产生断头。

5. 疵点轴 浆轴卷绕出现疵点，不符合"好轴"要求。如倒断头、并头、绞头等，在织物表面呈现吊经、经缩、断经和布边不良等织疵。

二、浆丝质量的自动控制

浆丝机通过对浆液温度、黏度、经丝张力、压浆力及烘燥温度等的连续检测和自动控制，确保浆丝质量稳定。

1. 温度自动控制 温度自动控制(temperature autocontrol)是利用温包、热电阻或热电偶等温度传感器的连续检测，控制供热源的供热工艺。浆丝机上温度自动控制包括浆槽和煮浆设备中的温度自动控制、烘燥温度的自动控制等。

(1)浆液温度自动控制。上浆过程中浆液的温度要恒定，对保持浆液黏度不变，进行均匀上浆是十分必要的。通过对浆槽加热源的控制，实现浆液温度自动控制(sizing liquer temperature autocontrol)。浆槽采用蒸汽加热，可分为直热式和间接式两种，前者以浆液温度为检测对象，后者以蒸汽温度为检测对象。

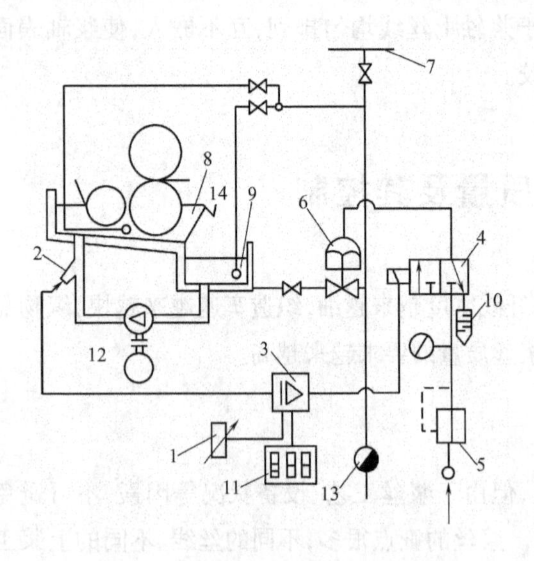

图 8-19　浆液温度自控系统工作原理图

1—电位计　2—温度传感器　3—控制器　4—二位三通电磁阀　5—减压阀　6—薄膜阀　7—总蒸汽管　8—浆槽　9—溢浆槽 10—消声器　11—数码管　12—循环浆泵　13—疏水器　14—溢流板

如图 8-19 所示为间接式蒸汽加热的浆液温度自动控制原理。浆液温度由电位计 1 进行预设定，温度传感器 2 把当前浆液温度转换成电压信号输入到控制器 3，并与电位计 1 的预设定电位进行比较。然后，由控制器 3 发出控制信号，使二位三通电磁阀 4 的线圈通电或断电，从而改变阀位。当浆液温度低于预定值时，电磁阀 4 线圈通电，压缩空气经减压阀 5、电磁阀 4、进入到薄膜阀 6 上部，使薄膜阀打开。蒸汽由总蒸汽管 7 经薄膜阀 6 进入浆槽 8 和预热浆箱(或称溢浆槽)9 的夹层，对浆液进行间接加热，使浆液温度提高；浆液温度高于预定值时，电磁阀 4 断电，阀位改变，薄膜阀上部压缩空气经电磁阀 4、消声器 10 排到空气中，薄膜阀关闭,停止对浆液加热,于是浆液温度逐渐回落,通过连续的调节,浆液温度始终在预设值附近。浆液的当前温度由数码管 11 显示。

(2)烘燥温度自动控制。烘燥温度对浆丝回潮率的影响很大,在烘燥区热湿交换使烘燥温度变化很大,需要自动控制。烘燥温度自动控制包括烘筒温度自动控制和热风温度自动控制,与浆液温度自动控制原理基本相同。

烘筒温度的检测对象有凝结水温度、蒸汽温度、蒸汽压力或烘筒表面温度。当上述温度或压力和预设定值之间产生差异时,控制系统的执行部件—薄膜阀调整开启程度,以改变烘筒内蒸汽输入量,从而对烘筒温度实行控制。烘房温度则以比较稳定的热风口温度为测量对象。

2. 回潮率自动控制 保持合适而均匀的回潮率,无论是提高浆丝质量,还是提高热利用系数,都极其重要。浆丝回潮率自动控制(autocontro1 of sized warp moisture regain)可通过电阻法、电容法、微波法和红外线法检测浆丝回潮率,自动控制烘燥温度或烘燥时间来实现的。

纺织材料的导电性能随含水量不同而有所差异,在一定范围内,回潮率与浆丝电阻符合的关系为:

$$w_j = A + B \cdot \lg R \tag{8-13}$$

式中:R——浆丝电阻,Ω;

A、B——常数,由纤维种类、纱线密度等确定。

如图 8-20 所示为浆丝回潮率自动控制系统。三辊式测湿电极 1 加上一定量的测量电压,随着浆丝回潮率的变化,浆丝电阻发生变化,通过测湿电极的电流也相应变化,回潮率测试仪 2

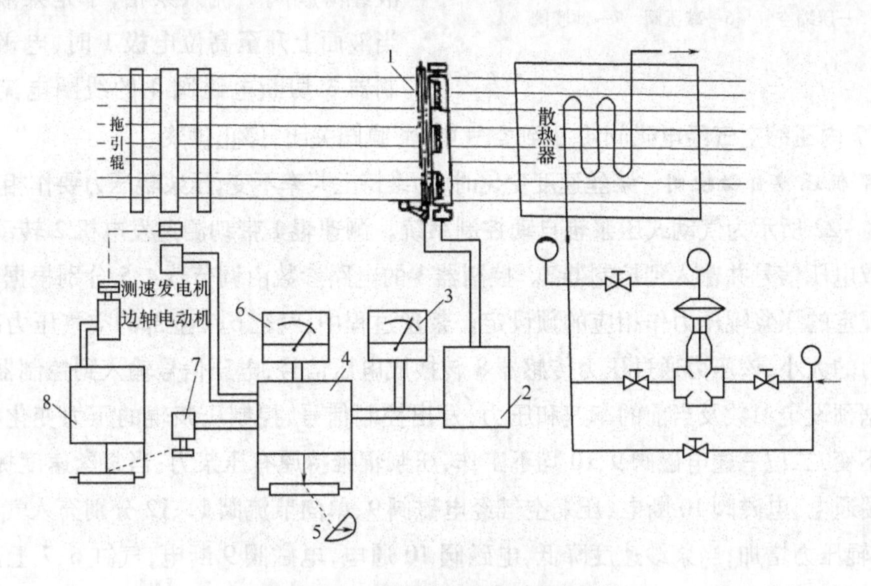

图 8-20 浆丝回潮率自动控制系统

1—测湿电极 2—回潮率测试仪 3—回潮率指示表 4—控制系统

5—预设定旋钮 6—偏差指示表 7—伺服电动机 8—可控硅调速装置

将反映回潮率高低的浆丝电阻转换成湿度信号，在回潮率指示表 3 上显示出来。同时，这个湿度信号输入控制系统 4 放大并转换成电压信号，控制系统的面板上有回潮率预设定旋钮 5，偏差指示表 6 显示测量回潮率与预设回潮率之间的偏离程度，在控制系统中，测量回潮率的电压与预设回潮率的电压相比较，发出脉冲控制信号，通过伺服电动机 7 和可控硅调速装置 8，控制浆丝机升速或降速，使湿浆丝通过烘燥区的时间缩短或延长，从而控制浆丝回潮率。

3. 液面高度自动控制 浆液液面高度通常以溢浆方式加以控制。这种方式控制正确、可靠、结构简单、使用方便。但是，循环浆泵的机械切力作用对浆液黏度稳定存在一定的不利影响。

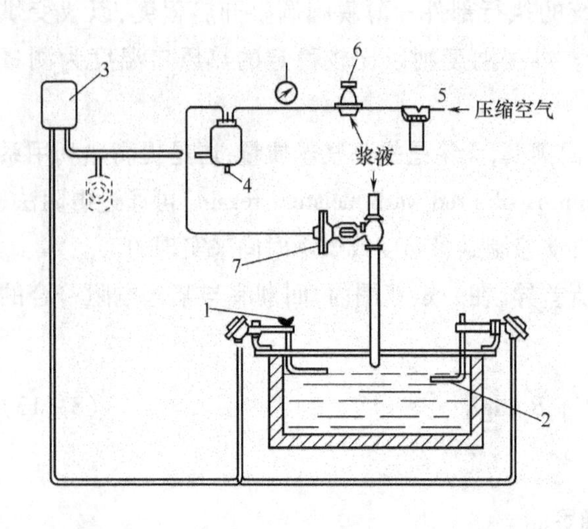

图 8－21 直接给液式浆液液面高度自动控制装置
1—高位电极 2—低位电极 3—控制器 4—二位三通电磁阀 5—压缩空气 6—减压阀 7—薄膜阀

如图 8－21 所示为直接给液式浆液液面高度自动控制装置。浆槽的壁上装有高位电极 1 和低位电极 2，两电极间保持 1cm 的间距，作为液面控制的上下允许误差。由于浆液本身是导电体，当液面低于低位电极 2 时，电路不通，控制器 3 使二位三通电磁阀 4 的线圈导通，压缩空气 5 经减压阀 6、电磁阀 4，进入薄膜阀 7 上方，打开薄膜阀，浆液经薄膜阀 7 流入浆槽，于是浆液面上升。当液面上升至高位电极 1 时，电极导通，控制器 3 切断电磁阀 4 的线圈电流，阀位改变，薄膜阀 7 内压缩空气经电磁阀 4、引到空气中，薄膜阀关闭，停止供浆。

4. 压浆辊压力自动控制 浆丝速度变化时，为维持上浆率不变，压浆辊压力要作相应调整。

如图 8－22 所示为气动式压浆辊自动控制系统。测速辊 1 带动测速发电机 2 转动，将浆丝速度转换成电压信号并输入到控制器 3。控制器 3 的电路参数由调节器 4、5 分别根据高速和低速时工艺规定的压浆辊压力作相应的预设定。浆丝过程中，气缸 6、7 上部的空气压力决定了压浆辊加压力的大小，该压力通过压力传感器 8 转换成电压信号，电压信号输入到控制器 3 后，控制器 3 根据预设定参数及当前的车速和压力，发出控制信号，控制压浆辊的压力变化状态。当浆丝速度不变，二位三通电磁阀 9、10 均不工作，压浆辊维持原有压浆力；当浆丝速度提高，电磁阀 9 的线圈通电，电磁阀 10 断电，压缩空气经电磁阀 9、单向节流阀 11、12 分别充入气缸 6、7 上部，使压浆辊压力增加；当浆纱速度降低，电磁阀 10 通电，电磁阀 9 断电，气缸 6、7 上部的压缩空气经单向节流阀 11、12、电磁阀 10、消声器 13 排到空气中，压浆辊压力减小。压浆辊压力由数码管 14 显示。

5. 上浆率自动控制 影响浆丝上浆率的因素很多，如浆液浓度、黏度、温度、浆丝机的速度、压浆辊压力、浸浆辊位置等，生产过程中，一般以这些因素作为检测和控制对象，来实现浆丝

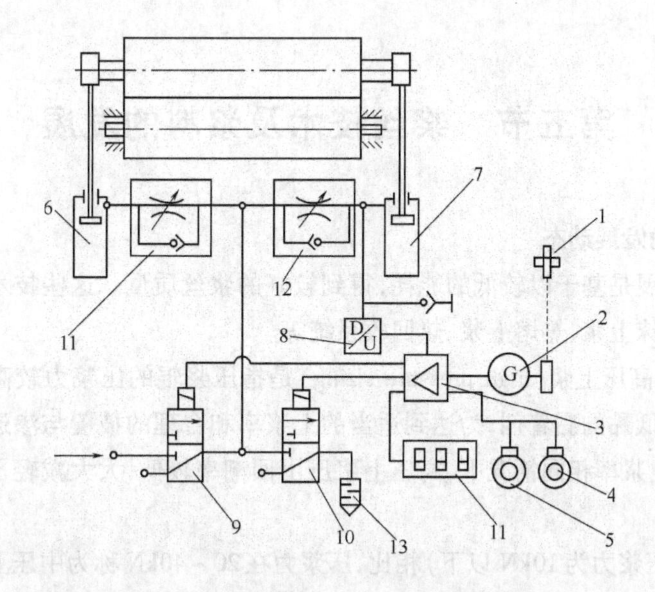

图 8－22　气动式压浆辊自动控制系统

1—测速辊　2—测速发电机　3—控制器　4、5—调节器　6、7—气缸　8—压力传感器

9、10—二位三通电磁阀　11、12—单向节流阀　13—消声器　14—数码管

上浆率稳定的目的。

从理论上，利用微波测湿原理，对浆丝的压出回潮率和原丝回潮率进行连续测定，计算出一定浓度浆液的上浆率，实现浆丝上浆率的在线检测，并输入到上浆率控制系统，调整与上浆率有关的工艺参数，实现上浆率的自动控制。

6. 张力伸长自动控制　浆丝机各区的经丝状态不同，张力大小设置也不等，张力应保持经丝平行而不缠绕，清晰分离，确保丝线的弹性。但各区（除了卷绕区）的张力大小在上浆过程中必须保持稳定。如图 8－23 所示为烘燥区浆丝张力伸长自动控制系统。摆动辊 1 为浆丝张力传感器，随浆丝张力变化克服弹簧 8 的力绕 O 点摆动，从而改变下方电位计 3 的电位值。电位值变化信号输入控制器 5 与电位计 4 设定张力的电位值相比较，然后由控制器 5 发出控制信号，通过伺服电动机 6 的正、反转动，调节无级变速器 7 的速比，控制烘筒 9 和第二上浆辊 2 的表面线速度差异，达到控制烘燥区浆丝张力伸长的目的。

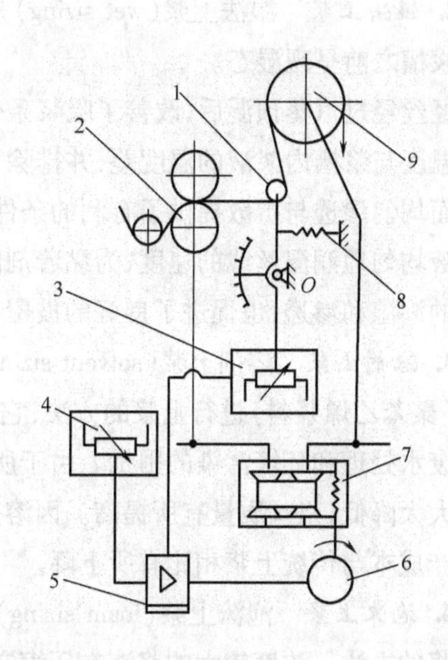

图 8－23　烘燥区浆丝张力伸长自动控制系统

1—摆动辊　2—上浆辊　3、4—电位计　5—控制器

6—伺服电动机　7—无级变速器　8—弹簧　9—烘筒

第五节　浆丝技术及浆料的发展

一、浆丝技术的发展动态

浆丝技术的发展是基于以较低的能耗，得到较好的浆丝质量。这些技术有高压上浆、湿法上浆、溶剂上浆、泡沫上浆、热熔上浆、热回收系统等。

1. 高压上浆　高压上浆(high pressure sizing)是指压浆辊的压浆力较高的一种上浆技术。高压上浆使用高浓低黏的黏着剂，为达到适当的上浆率和合理的披覆与渗透，增加压浆辊压力是有效的方法，在上浆率相同情况下，高压上浆压出回潮率较低，大大减轻了烘燥负荷，能有效地提高浆丝速度。

与常压上浆(压浆力为10kN以下)相比，压浆力在20～40kN称为中压上浆，压浆力在70～100kN称为高压上浆。高压上浆的浆丝表面毛羽贴伏，浆液的渗透性提高，不仅使纤维之间黏着加强，而且为浆膜的披覆提供了良好的附着基础，因此，浆丝质量有所提高，表现在浆丝耐磨性能大大改善。

2. 湿法上浆　湿法上浆(wet sizing)是在经轴架和浆槽之间，加装一蒸汽预湿槽，使经纱在进入浆槽之前呈现湿态。

经丝经过汽蒸预湿后，改善了吸浆条件，降低了丝线与纤维的表面张力，同时，减小了丝线表面温度与浆槽内浆液的温度差，并排除了丝线纤维之间的空气，使内部充有部分水分，为浆液迅速而均匀渗透与扩散提供了有利的条件。从而缩短了浆液接触丝线和纤维表面的时间，加快了浆液均匀地润湿丝线的速度，为黏着剂的均匀渗透并与纤维形成较强的黏着力提供了条件。良好的润湿和渗透，也促进了良好的披覆，从而形成良好的浆膜。

3. 溶剂上浆　溶剂上浆(solvent sizing)是用除水以外的溶剂(三氯乙烯、四氯乙烯)来溶解浆料(聚苯乙烯浆料)进行上浆的方法，它实现了上浆和退浆不用水的目的，从而避免了日益严重的废水处理和环境污染的困扰。由于所采用的溶剂蒸发快，对丝线的浸润性能好，因此浆丝能耗大大降低，浆丝质量有所提高。因溶剂和浆料循环回用，上浆及退浆的污水处理被省去，总的生产成本与传统上浆相比有所下降。

4. 泡沫上浆　泡沫上浆(foam sizing)是以空气代替一部分水，用泡沫作为媒介，对经丝进行上浆的方法。浓度较大的浆液在压缩空气作用下，在发泡装置中形成泡沫，由于加入了发泡剂，因此泡沫比较稳定，并达到一定的发泡比率。然后，用罗拉刮刀将泡沫均匀地分布到经丝上，经压浆辊挤压，泡沫破裂，浆液对经丝作适度的浸透和披覆。由于浆液浓度大，因而需采用高压轧浆。泡沫上浆的压出回潮率很低，因而能节约用水、提高车速和降低能耗。

5. 热熔上浆　热熔上浆(hot melt sizing)使用固体浆块，紧贴在表面刻有槽纹的热回转上浆辊上，固体浆块受热熔融到槽纹中，当经丝与槽辊的槽纹接触时，就把熔融浆施加到经丝上。然后，浆液冷却并凝固在丝线表面。由于不需要水，也就不需要烘燥，既缩短了生产流程，又比常规上浆节约能耗。

6. 热回收系统　浆丝烘燥中排放许多热湿空气，具有较大的能量。热回收系统是利用排放到空气中的热湿废气，通过热交换器加热补入的新鲜空气，使废气的余热得到利用，从而达到降低浆丝能耗的目的。

二、绿色浆料的发展

(1)纺织浆料环保性能的要求不断提升，主要集中在 PVA 浆料的替代。

PVA 浆料对环境影响是污水中生物耗氧量(BOD_5)低，表 8－10 为主要浆料降解的生物耗氧量和化学耗氧量(CODcr)。

表 8－10　主要浆料的降解的生物耗氧量和化学耗氧量

浆料名称	BOD_5(mg/L)	CODcr(mg/L)
可溶性淀粉	55	81
合成龙胶	14	61
PVA	<5	149
CMC	<5	79
海藻胶	<5	55

PVA 浆料的 BDO_5/CODcr 远低于环保要求的 0.25，在环保上受到限制。

(2)丙烯酸类浆料与变性淀粉组成的合理配方，使综合性能达到织造要求。丙烯酸类浆料与淀粉类浆料在产品性能上是多元化的，取代 PVA 浆料有较大的空间。实现浆料配方中无 PVA 成分，退浆废液的生物降解性能好，含氨、氮、磷少。

(3)对现有 PVA 的改性，在难降解的长链中嵌入易降解的结构单元，或通过改性引入有利于降解的官能团，使结构较为稳定的 PVA 大分子能变为可降解的产品，从而实现环保的要求。

第九章 并轴

并轴(re-beaming, assembly beaming)的作用是将整经机或浆丝机做好的经轴或浆轴并合成织轴,以适应织机织造的要求。并轴工序十分重要,尤其是对于高速织造来说,并轴加工质量将直接影响织造效率和织物质量。因此,对并轴提出了较高的要求:并轴张力应当适度,既要使织轴具有一定的卷取硬度,以承受高速织造时的振动,又要保持丝线的强力和弹性,以减少织造断头;全片经丝张力应均匀,减少织疵的产生;经丝排列均匀,织轴表面平整,避免边经松荡。

第一节 并轴机

一、结构

如图9-1所示为并轴机结构示意图。将经丝合并根数与织物总经数相等的几只浆(经)轴放在经轴架12上,经丝从浆(经)轴11上退解出来,经过分丝辊10、断经自停检测器6、伸缩筘5及导丝辊4,通过拖引辊7牵引,再经张力辊3、测长辊2,卷绕在织轴1上。轴架最多可放置10~16只经轴,以一定倾斜角排列,便于退解。

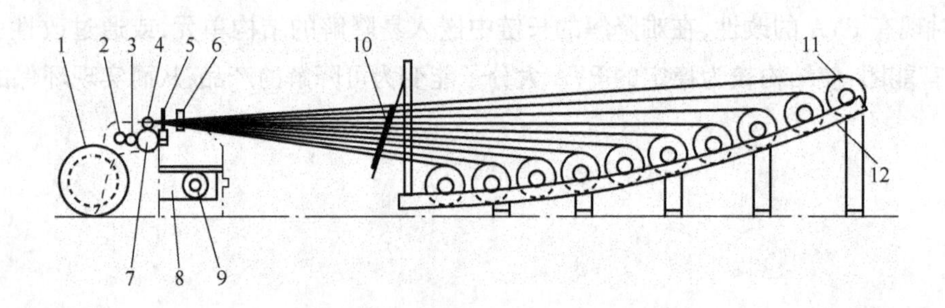

图9-1 并轴机结构示意图

1—织轴 2—测长辊 3—张力辊 4—导丝辊 5—伸缩筘 6—断经自停检测器 7—拖引辊 8—卷取用无级变速机 9—主电动机 10—分丝辊 11—浆轴(经轴) 12—轴架

二、浆(经)轴的制动方式

浆(经)轴的制动方式采用带式制动器和电磁粉末制动器。

(1)带式制动器应用摩擦系数小而均匀的特殊毡垫,是一种含油刹车装置。

(2)电磁粉末制动器,不论经轴转动多快,都能保持经丝恒定的退解张力,而且又适用于遥控,并对所有经轴同时调节制动力,以维持张力稳定。

三、织轴的卷绕方式

织轴卷绕方式采用摩擦传动式或 PIV 型无级变速式。

(1)摩擦传动式的张力给定范围广,须经常调整。摩擦盘的加油一般采用油泵积极进行,并设有冷却风扇,防止过热。

(2)PIV 型无级变速式的张力设定范围有限但易于调整,并具有再现性,这是很大的优点。主驱动是采用无级变速电动机或直流电动机直接拖动织轴。既可以张力自动微调,又可用通过按钮或刻度盘人工控制。同时,在启动和停车时都先打慢车,故可以防止经丝受冲击或织轴超卷而发生卷绕松弛。

第二节　并轴张力分析及其控制

并轴工序主要分为经轴架和卷取两大部分,因此,并轴张力分成两大部分,即一为退解张力,二为卷绕张力。

一、退解张力及其控制

安置在经轴架上的浆(经)轴由拖引辊(或卷取辊)带动,将丝条退出。由于制动器给浆(经)轴以阻力,从而使经轴架上的丝条产生张力。退解张力的控制方式有自动调节的磁粉制动方式和人工调节的带制动方式。

1. 磁粉制动方式　磁粉制动方式是将磁性体粉末放在中间,利用电磁铁的作用产生制动力。磁粉制动器由内设激磁线圈的外轮(圆盘)和具有空间的内轮(圆形转子)组成。外轮固定在机架墙板上,内轮通过变换齿轮和浆轴相连接。在空间(粉末空隙)内填入导磁性高的磁粉(磁末)。当线圈通电激磁时,形成强力磁通,在磁通的作用下,使粉末聚集为固体状,类似涨闸制动器产生制动力矩,即在外轮和被浆轴传动的内轮之间产生制动作用。若要改变力矩,可变动激磁电流,因磁通量的变化与传递力矩成正比例地变化,其力矩的大小通过弹簧秤指示。制动器的制动力是自动控制的。随浆轴上丝条退解直径逐渐变小时,磁粉制动器能逐渐递减制动力矩,使浆轴上经丝退解张力保持恒定。并轴机的每只经轴架上都装有磁粉制动器,它们的激磁电流和制动力矩的变化规律基本一致,故只要调节好磁粉制动器的起始点,使各只浆轴的经丝退解张力保持一致,以后就能根据第一只浆轴检测到的信号进行反馈和自动控制。图 9-2 所示为磁粉制动器安装图。

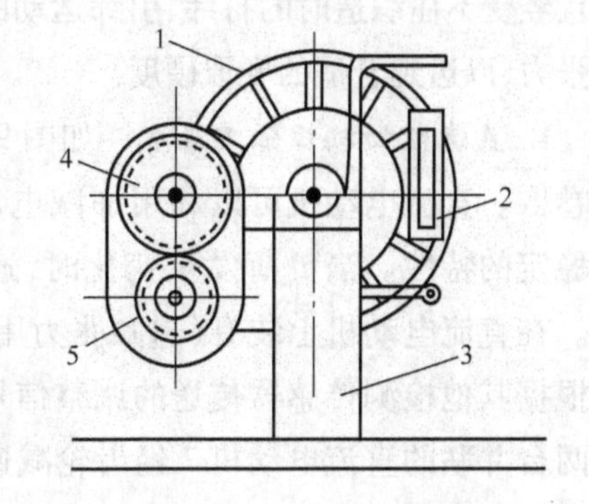

图 9-2　磁粉制动器安装图

1—浆轴(经轴)　2—弹簧秤　3—轴架墙板
4—磁粉制动器齿轮　5—变换齿轮

2. 带制动方式　带制动方式是一种利用挂有重锤的制动带的摩擦作用,从而使装在经轴架上的浆(经)轴产生退解张力的制动方式(图 9-3)。通过改变重

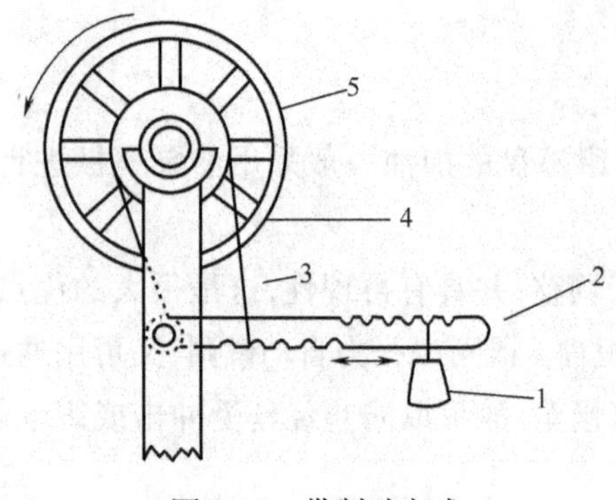

图9-3 带制动方式

1—重锤 2—重锤杠杆 3—制动带
4—丝条引出方向 5—浆轴(经轴)

锤悬挂点的距离,改变制动带离开支点的距离,或者改变重锤本身的重量,都可以进行张力调节。带制动方式引出丝条的张力是随浆轴上卷绕丝条直径的变小而逐渐增大的,所以制动力必须略小一些。开始时要一面用张力计测量引出张力,一面调整制动力,最后确定一个标准值。

也有采用带式制动器与磁粉制动器结合的张力自动调控体系。张力控制器分别装在浆(经)轴的左右两侧,在浆轴右侧轴芯上为带式制动器,左侧为磁粉制动器。当并合张力较小的浆(经)轴品种时,可使用磁粉制动器,以保持经轴恒张力退解。而并合张力较大的浆(经)轴品种时,则同时使用磁粉制动器与带式制动器张力控制装置,由磁粉制动器来控制恒张力退解。它的张力检测传感器是装在喂入拖引辊的压辊上,根据检测到的信号进行反馈与自动控制,使各只磁粉制动器激磁电流和制动力矩变小,适应浆轴卷绕直径由大至小的变化,维持其恒张力退解,从而保证并合后织轴的质量。

二、卷绕张力及其控制

并轴时,主电动机(或通过无级变速器)传动织轴,进行卷绕并合。由于拖引辊和织轴之间的转动差,形成了拖引张力(织轴卷绕张力)。织轴卷绕张力的控制是一个很重要的环节。为了保持丝条在织轴上有良好的卷绕状态和排列,同时能够顺利地在织造过程中将丝条引出,必须按照一定的原则,并以所定张力形成的卷绕硬度为基础进行卷取。即卷绕开始及进行经轴内层卷绕时,张力要大,卷取硬度要硬。随着卷绕直径的增大,张力则逐渐减小,硬度降低。随着时间的延长外层的丝条会逐渐收缩。张力越大,收缩也越大。如果不让它自由收缩,则会产生丝条、丝层间的相互挤压,所以卷取硬度必须能够吸收这种收缩。反之,如果卷取硬度太低,又会出现丝层分离、经轴间隙、丝条嵌入内层等现象,结果造成吊丝、松弛、丝条切断等不良后果,而且经受不住织造时的打纬、引纬运动的振动,给织造带来困难。因此必须严格控制好织轴卷绕张力,以达到合适的卷取硬度。

1. 直流电动机恒张力卷取 如图9-4所示,织轴9由直流电动机1进行自动调速恒张力卷取。直流电动机可以利用加减电压和激磁电流的方法进行调速,同时还具有将负荷保持稳定的特性。当负荷发生变化时,速度也相应加速或减速,使它的负荷调整为一定的数值。在直流电动机上装有(递减张力用)测速发电动机,对信号进行检测反馈和调整,同时还能根据其他检测传感器传送的调整信号进行自动调整。由三罗拉组成的喂入拖引辊5系统,用两台并联的直流电动机7经齿轮减速箱减速后,拖动经丝喂入卷绕织轴。装两台直流电动机的目的是为了更好地控制前(经轴架)后(卷绕织轴)两区经丝的张力稳定和递减。它装有两台测速发电动机6(另一台未示)进行信号检测,分别反馈给卷绕织轴、磁粉制动器和自身调整用信号。

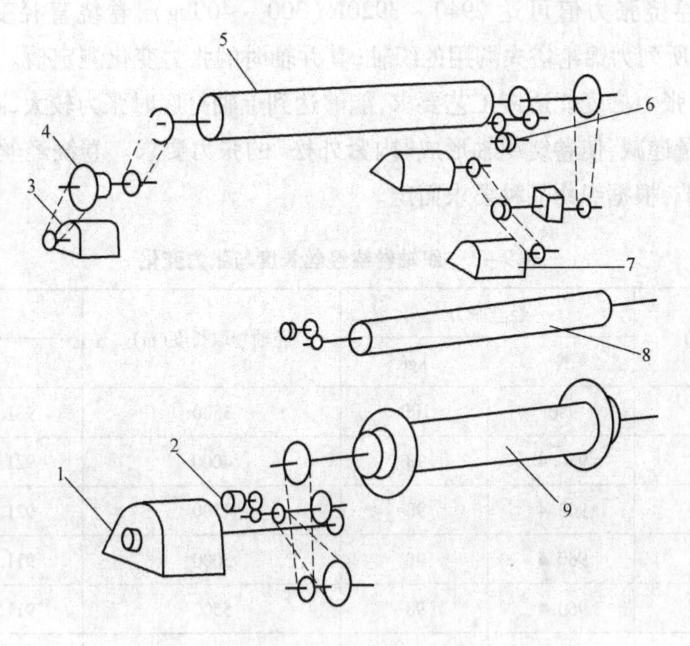

图9-4　并轴机传动图

1、7—直流电动机　2、6—测速发电机　3—手动电动机

4—手动离合器　5—喂入拖引辊　8—测长辊　9—织轴

并轴机的张力辊上装有张力传感器，用以设定张力值，由仪表指示出卷绕张力值，并根据张力辊被丝层下压程度进行检测，同时将信号放大后反馈给张力控制器，从而控制整个织轴卷绕机构的恒定张力。图9-5所示为并轴机张力自动控制原理图。

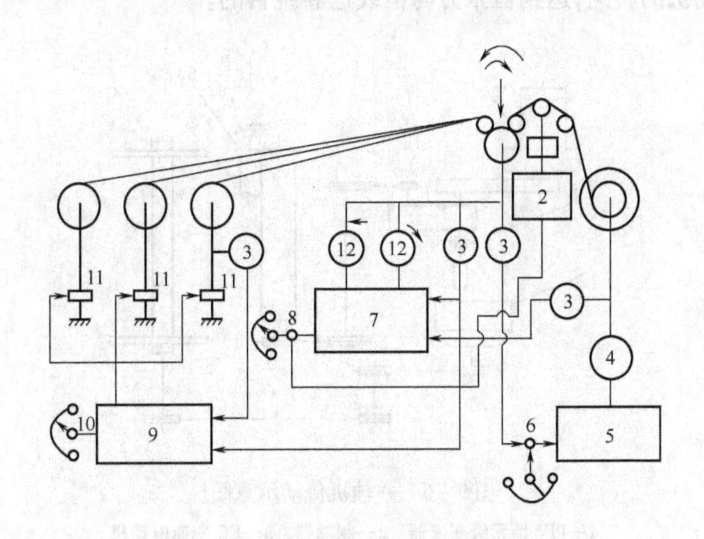

图9-5　并轴机张力自动控制原理图

1—张力传感器　2—放大器　3—测速发电机　4、12—直流电动机　5—速度控制器　6—速度表与速度设定

7—卷取张力控制器　8、10—张力表与张力设定　9—轴架张力控制器　11—磁粉控制器

并轴机最高卷绕张力值可达 2940 ~ 3920N(300 ~ 400kg),卷绕直径变化范围为 175 ~ 920mm。表 9 - 1 所列为锦纶塔夫绸用的织轴,其并轴时的张力变化测定值。从表 9 - 1 中可以看出,卷绕经丝的张力梯度能适应工艺要求,能够达到上轴打底时张力较大,随着织轴卷绕直径的增大而逐渐微量递减,使卷绕织轴形成"内紧外松"的张力要求。卷绕经丝的张力梯度,即张力递减量可以调节,根据织物品种要求而定。

表 9 - 1 织轴卷绕经丝长度与张力变化

经轴卷取长度(m)	经丝张力		经轴卷取长度(m)	经丝张力	
	N	kgf		N	kgf
100	980	100	3500	931.0	95
500	960.4	98	4000	921.2	94
1000	960.4	98	4500	921.2	94
1500	960.4	98	5000	911.4	93
2000	960.4	98	5500	911.4	93
2500	931.0	95	6000	901.6	92
3000	931.0	95	6350	901.6	92

2. 无级变速恒张力卷取 如图 9 - 6 所示,织轴 7 由 EC 变速电动机 3,经减速器 4 及张力自动控制的 PIV 型无级变速器 1 传动。织轴卷绕的恒张力由 PIV 型无级变速器完成。而装在拖引辊的另一根压辊上的张力传感器,则用来检测拖引辊与卷绕织轴之间的张力变化,反馈后调整 EC 变速电动机的转速,达到恒张力与恒线速卷绕目的。

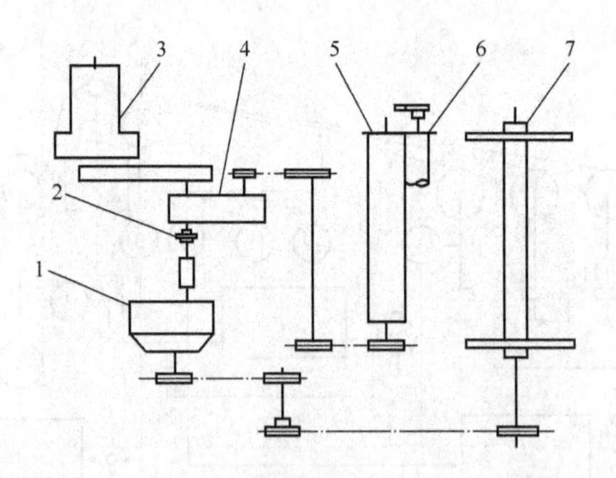

图 9 - 6 并轴机传动示意图

1—PIV 型无级变速器 2—制动器 3—EC 变速电动机

4—减速器 5—拖引辊 6—测长辊 7—织轴

第三节　并轴疵点及工艺参数分析

一、并轴疵点分析

并轴疵点主要有片经张力不匀、卷装松弛、嵌边和凸边等。

1. 片经张力不匀　片经张力不匀产生的原因是各经轴磁粉制动器的制动力调整不一致，或磁粉失效；带式制动器的重锤悬挂点、制动带位置及重锤重量不一致；各经轴退解半径不同等。经丝张力不匀在织机上会产生开口不清等一系列弊病，严重影响绸面质量。

2. 卷装松弛　卷装松弛主要是由于并轴张力控制不当，卷取硬度太小，或是张力递减量控制不当，丝条收缩而使内层部位出现松弛。松弛的卷装将造成丝条嵌入内层，产生织疵，同时因不能承受织造时的振动，而给织造带来困难，严重的将引起卷绕丝层断裂。

3. 嵌边和凸边　织轴边盘与轴芯不垂直，伸缩筘左右位置调整不当，经轴架歪斜等都容易引起织轴的嵌边和凸边疵点，在织造时形成豁边坏布。

二、并轴工艺参数及应用分析

并轴工艺参数以并轴张力控制为主，还包括并轴速度等。

1. 并轴张力

(1)退解张力。并轴退解张力主要与原料线密度及种类有关，工艺控制应保证丝线退解张力均匀、适度，减少丝线伸长，避免片经抖动。退解张力可通过调整磁粉制动器的旋轴位置来调节。对于重锤制动式，可通过改变重锤悬挂点的距离、制动带离开支点位置及重锤重量等来调节。一般线密度在55～77dtex时，标准张力设定为0.18～0.22cN/dtex；线密度在110～275dtex时，标准张力设定为0.13～0.18cN/dtex。

(2)卷绕张力。织轴卷绕张力与纤维种类、线密度、织物结构及密度、织机种类、浆料种类等因素有关。工艺控制主要应满足织轴卷绕成形良好及织轴达到一定硬度的要求。表9-2列出了卷绕张力及织轴硬度控制参考值。

表9-2　并轴卷绕张力及织轴硬度控制值参考

原料	锦纶长丝	涤纶长丝		
	无捻	无捻	有捻	加工丝
卷取张力(cN/dtex)	0.22～0.27	0.16～0.20	0.18～0.23	0.18～0.22
硬度(°)	80～85			75～80

为了使织轴卷绕成形良好，在整个卷绕过程中，一般采用递减张力的控制方法。张力递减率可用控制盘内的电位器进行调节。通常合纤长丝的标准递减张力控制在10%～15%为好。

2. 并轴速度　实际生产中根据不同原料及品种进行确定车速，一般控制在40～80m/min。

第十章 穿结经

穿结经是穿经(drawing－in)和结经(tying－in)的统称，它是经丝准备工程中的最后一道工序。穿经是把织轴上的经丝按照织物上机图，依次穿入停经片、综丝和筘，如图10－1所示。结经是将了机织轴的丝尾与上机织轴的丝头在机后逐根对接起来，然后由了机丝引导，将上机织轴上的经丝依次拉过停经片、综丝和钢筘。

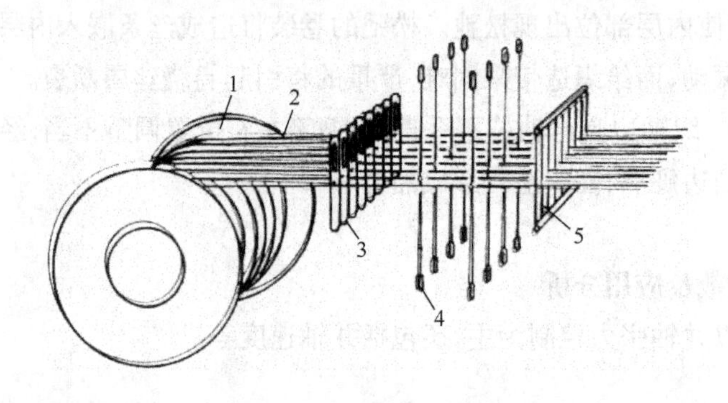

图10－1 穿经示意图

1—织轴 2—经丝 3—停经片 4—综丝 5—筘

穿结经质量的好坏直接影响织造工程能否顺利进行和成品质量是否合乎要求，严重时将织不出所需要的花纹、经密及幅宽。所以必须严格地按照要求进行穿经，不仅次序应当正确，而且不应使用不良的综、筘和停经片，以免增加织造断头，影响织造效率和产品质量。

第一节 停经片、综框、综丝和钢筘

一、停经片

停经片(dropper)是织机上断经自停装置的传感元件。在织机上，每根经丝穿入一片停经片。当经丝在织造过程中断头时，悬挂在经丝上的停经片靠自重落下，使断经自停装置产生关车动作，织机停止运转，以免造成织疵。

1. 停经片的形状 停经片形状可分为机械式和电气式两大类及开口型和闭口型两种。图10－2(a)、(b)是电气式停经装置的停经片，图10－2(c)、(d)是机械式停经装置的停经片。现代织机上常采用电气式停经片。当使用闭口型停经片时，如图10－2(b)和(c)所示，必须在穿综的同时把经丝穿过停经片中部的孔眼。闭口型停经片动作可靠，不易产生误动作。而开口型停经片，如图10－2(a)和(d)所示，既可以穿入，也可以先穿好综，然后在织机上插放，使用比较方便灵活，了机时可卸下停经片与停经杆，继续织造。适应经常翻改品种、批量较小的品种。因此，目前在织机上使用开口型停经片较多。

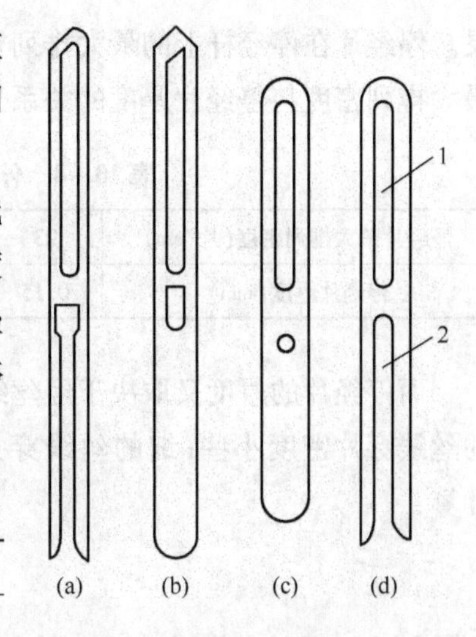

图 10－2 停经片

1—穿停经杆槽孔 2—经丝穿入孔

2. 停经片尺寸和重量的选择 根据纤维原料、经丝线密度、织机类型和织机车速等因素而定。一般经丝线密度大、车速快，选用较重的停经片；反之，则选用较轻的停经片。常用停经片的尺寸和重量见表 10－1 和表 10－2。停经片重量与经丝线密度的关系见表 10－3。

表 10－1 停经片尺寸

项目	规格
停经片长(mm)	145～165
停经片宽(mm)	11
插停经杆孔宽(mm)	5

表 10－2 停经片重量

闭口型				开口型			
重量(g)	长(mm)	宽(mm)	厚(mm)	重量(g)	长(mm)	宽(mm)	厚(mm)
1.9	145	11	0.2	1.7	145	11	0.2
2.9			0.3	2.5			0.3
3.8			0.4	3.3			0.4
4.8			0.5	4.2			0.5
2.2	165	11	0.2	1.9	165	11	0.2
3.3			0.3	2.9			0.3
4.4			0.4	3.8			0.4
5.5			0.5	4.8			0.5

表 10－3 无梭织机停经片重量与经丝线密度的关系

经丝线密度(tex)	停经片重量(g)	经丝线密度(tex)	停经片重量(g)
小于9	小于1	32～58	3～4
9～14	1～1.5	58～96	4～6
14～20	1.5～2	96～136	6～10
20～25	2～2.5	136～176	10～14
25～32	2.5～3	大于176	14～17.5

3. 停经片排列密度的选择 停经片在停经杆上的排列密度必须符合工艺设计的规定要求。排列不宜过密，否则不仅会磨损丝线，而且使经丝断头后停经片不能及时落下，造成停经失

灵。停经片在停经杆上的最大排列密度与停经片厚度有关。无梭织机上,每根停经杆上停经片最大排列密度与停经片厚度的关系见表10－4。

表10－4　停经片最大排列密度与停经片厚度的关系

停经片最大排列密度(片/cm)	23	20	14	10	7	4	3	2
停经片厚度(mm)	0.15	0.2	0.3	0.4	0.5	0.65	0.8	1.0

而停经片的厚度又取决于经丝线密度。所以停经片排列密度可根据经丝线密度选择。粗的丝线穿片密度小些;细的丝线穿片密度大些。每根停经杆上停经片的排列密度可用下式计算:

$$P = \frac{M}{m(B+1)} \tag{10-1}$$

式中:P——停经杆1cm长度中停经片片数;

M——经丝总根数;

m——停经杆排数,通常为4或6;

B——综框的上机宽度,cm。

停经片的允许排列密度可参考表10－5。

表10－5　停经片最大排列密度与经丝线密度的关系

停经片最大排列密度(片/cm)	8～10	12～13	13～14	14～16
经丝线密度(tex)	48以上	41～21	19～11.5	11以下

如果停经片密度超过允许密度范围,可用增加停经片杆排数的方法来降低密度,否则会影响断经后停经片的下落速度,从而影响其发信号的灵敏度。停经片的穿法有1、2、3、4顺穿法,1、3、2、4飞穿法和1、1,2、2,3、3,4、4重叠穿法三种。高经密织物停经片穿法常采用1、3、2、4飞穿法,以减少相邻停经片间摩擦。

二、综框和综丝

1. 综框　综框(harness)是织机开口机构的一个组成部分。经丝在综框带动下按一定的沉浮规律形成梭口,以便与纬丝交织成所需的织物组织。

常用的综框有木综框、金属综框和铝合金综框。现代织机因车速高,门幅较宽,要求综框结构牢固,重量轻,强度高,运动变形小,稳定性好。因此,常采用铝合金综框。如图10－3所示。

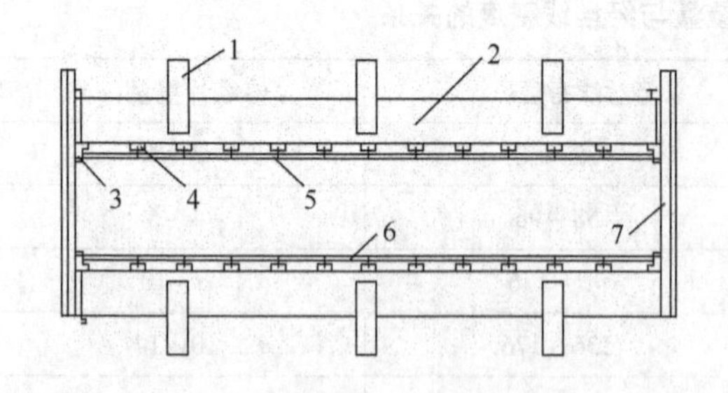

图10－3　铝合金综框

1—综框导向板　2—综框板　3—定位帽　4—挂钩吊架　5—中间挂架　6—综直条　7—综框外侧撑杆

综框高度是指上、下综框板的外侧间距，它取决于综丝长度；综框宽度是左右综框外侧撑杆之间的间距，由织机的筘幅确定。

每页综框的综丝杆排数按织物品种确定，有单列（或称排）、双列或三列和四列的。列数增多，每列综丝的密度可以减少。因此，织物经密增加，为避免综丝间的相互磨擦、夹起，可增加综丝杆的列数，综丝杆列数的确定按允许的综丝工艺密度选择。

2. 综丝　综丝（heald）有钢丝综和钢片综两种，如图10－4所示。

（1）钢丝综。钢丝综由两根细钢丝经高温并绞而成，分素综［图10－4（a）］和花综［图10－4（b）］。素综的综眼由钢丝捻绞而成，综眼和综耳较大，用于平素织机；花综的综眼由焊环构成，综眼和综耳均较小，用于提花机。由于现代织机运转速度高，冲击力大，织物密度高，幅度宽，因此，要求综丝具有弹性好，强度高，抗冲击，抗疲劳，耐磨等性能。而传统钢丝综在使用过程中，综耳在综丝杆上易被磨断，焊合处经常开裂，综眼会出现毛刺，促使飞花在综丝区内集聚，导致经丝断头率上升，降低了织造过程的可靠性和稳定性。因此，现代无梭织机用的综丝通常为钢片综。

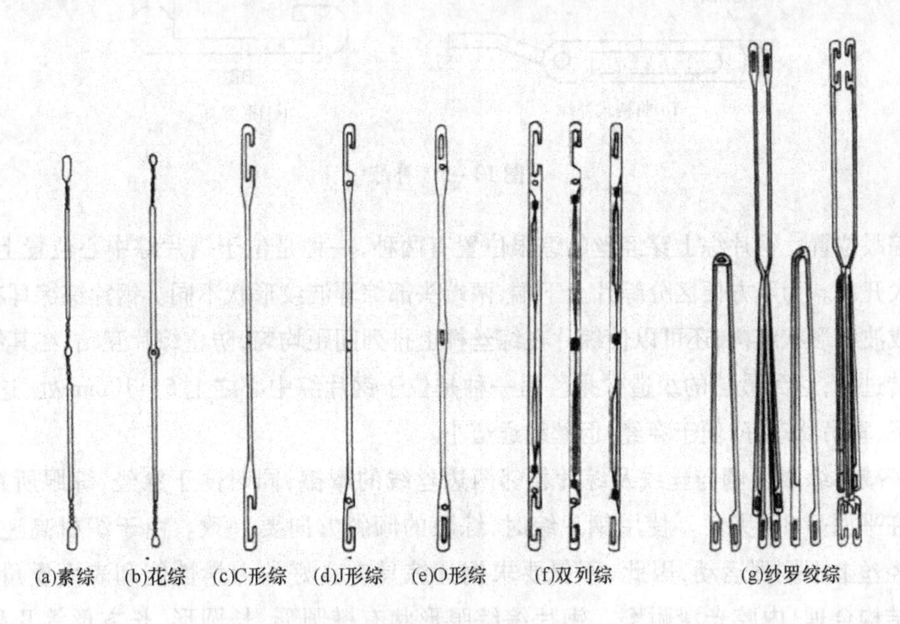

图10－4　综丝

（2）钢片综。

①钢片综的形式。钢片综按其综耳形式不同，可分为开口式和闭口式两大类，如图10－4所示，其中C形综［图9－4（c）］、J形综［图9－4（d）］为开口综，O形综［图10－4（e）］为闭口综。C形综耳适用于22×1.7mm综丝杆，J形综耳适用于16×2.1mm综丝杆；O形综耳适用于9×1.5mm综丝杆。此外无论是C形综、J形综，还是O形综，都可以做成双排综眼综丝，称双列综［图10－4（f）］。

图10－4（g）为纱罗绞综，主要用于织造纱罗织物，在使用绞边的无梭织机上也有应用。纱罗绞综有两种形状，一种形状是由两根较长的闭口式提综和较短的一根绞综用点焊形式连接在

一起的,另一种形状是由两根较长的开口式提综和较短的一根绞综套合而成。地经穿入绞综的导丝眼,绞经则位于绞综和提综之间,在织造时,地经按正常方式与纬丝交织,而绞经在同纬丝交织的同时,还与地经绞扭,交替在地经的左右两侧同纬丝交织。

织造中有时综丝要损坏,为了便于调换综框上损坏了的钢片综或了机时清理综框上的坏综,丝织厂中常采用开口型的综丝。

此外,还使用一种特殊的钢片综,即补综。补综的结构如图 10-5 所示,它分两种,即图 10-5(a)为直柄式补综、图 10-5(b)为曲柄式补综。它是由两个 J 形综耳(A 图和 B 图)大综耳和小综耳焊在综片上。大小综耳均由弹簧片制成,起着开式钢片综的作用,操作、更换、使用方便。曲柄的特点是防止相邻综片混绞在一起,避免损坏综耳,卡住综片和刮毛经丝。

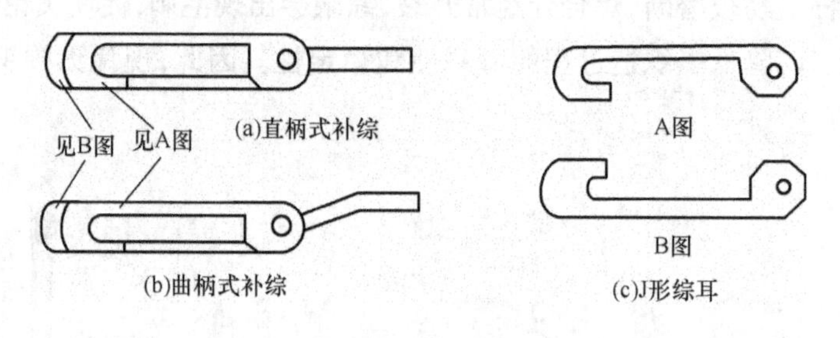

图 10-5　补综

②综眼位置。钢片综上穿经丝的综眼位置有两种,一种是位于钢片综中心位置上,这样有利于增大开口。为了方便区分综片上下端,两端头部综耳波纹形状不同。钢片综综耳在一头或两头制成波纹形状结构,还可以使综片在综丝杆上排列间距均匀,防止综片互粘,在其纵轴方向不致扭转过头,达到最佳的织造效果。另一种是位于钢片综中心之上 5~10mm 处,这样,综片重心向下,垂吊状态好,便于穿经,但丝线通道小。

为了减小综眼两侧与丝线及综片相邻两边丝线的摩擦,同时便于穿经,综眼所在平面与综耳所在平面呈 30°夹角。使用钢片综时,综眼的倾斜方向要一致。由于织机高速运转,综眼带着经丝上下剧烈运动,因此,不仅要求钢片综具有良好的力学性能和表面质量,而且要求综眼结构合理,内腔光滑耐磨。钢片综综眼形状有椭圆形、长圆形、长方形等几种。在织造过程中,经丝与综眼两侧间摩擦的可能性是按照上述顺序依此减小的。而且长方形相对于椭圆形、长圆形有较大的力臂,综眼两侧与张紧的经丝接触时可获得最大的扭矩,同时可减少综片与经丝间的两侧压力,也就减小了两者之间的磨损。由于上述原因,目前钢片综综眼形状大多采用四角圆滑过渡的长方形。瑞士 Grob 公司 OPTIFIL 综眼钢片综,经丝通过综眼区,无论在任何开口位置,均能保持直线运动。从而使织造过程中丝线的摩擦降至最低,织造生产平稳,提高了生产效率和织物质量,并且可减少综框使用数量,提高经丝密度(最大到 30%)。

③钢片综规格。一般以综丝长度(上、下两综耳内侧距)、综眼大小,钢片厚度来表示。常用钢片综规格见表 10-6。

表 10 - 6 钢片综规格

型式	片综横截面尺寸 宽×厚(mm)	综眼尺寸 长×宽(mm)	综丝长度 (mm)	适用丝线 线密度 (tex)	最大密度 (根/cm)	
					单列	双列
闭口综	2×2.5	5×1.0	260、280、300、330	15	16	24
	2.2×0.3	5.5×1.2	280、300、330	30	12	20
	2.5×0.35	6×1.5	280、300、330、380、420	60	10	17
	2.6×0.4	6.5×1.8	280、300、330、380	72	9	14
开口综	5.5×0.25	5.5×1.2	280、306、331、356、382、407、433	30	14	20
	5.5×0.30				12	18
	5.5×0.3	6.5×1.8		72	8	—
	5.5×0.38				7	—

④钢片综的选用。钢片综选用决定于织物种类、开口大小、经丝线密度和织物经密等。

钢片综长度应超过最后一页综的梭口高度的两倍。实际应用中，一般梭口大用长钢片综，梭口小用短钢片综。一般丝织厂常用的钢片综长度为280mm、330mm 等。

钢片综的综眼大小根据经丝线密度而定。线密度小的丝线用的综眼尺寸小，反之则大。钢片综的厚度则取决于织物经密。经密增加，为减少经丝与综片的摩擦，应采用较薄的钢片综。钢片综的选用见表 10 - 6。

钢片综的材料有不锈钢和碳钢两种。喷水织机最好采用不锈钢钢片综，如采用碳钢制成的钢片综，表面必须进行镀层处理(镀镍)，镀层厚度应大于 0.003mm，不得脱落起泡等，以提高其防腐抗蚀能力。

为保证与综框相配套，钢片综的尺寸形状精度要求高，若长度误差大，两综杆之间张力过紧、过松或松紧不一，影响开口的一致性；综眼和综耳的几何形状及扭角精度也要高，否则会影响经丝的通过和排列均匀性。

每列综丝杆上综片数的多少决定于织物组织与综丝密度。基本综片数应等于织物一个组织循环内不同运动的经丝数。综丝密度与综丝类型、织物组织、经丝密度、经丝原料、穿综方法等有关。综丝密度过大，会增加综丝同经丝之间的摩擦；综丝密度过小，会增加前后综之间的经丝张力差异。不同规格的钢片综在综丝杆上的最大排列密度可参考表 10 - 6。一般综片密度选择为最大密度的 70% ~80%。

3. 穿综方法 穿综方法有顺穿法、飞穿法、山形穿法、分区穿法和照图穿法等，顺穿法适用于经密与经丝循环都不大的织物，飞穿法则多应用于经密很大而经丝循环较小的场合，以减少经丝与综丝间的相互摩擦。当织物中包含有若干各不相同的组织时，如条格花纹织物，重经织物以及双层，多层织物等，可采用分区穿法；如制织对称花纹织物，可采用山形穿法；如果制织的织物花纹较复杂，即组织的经丝循环较大而综框数又较小时，这时只有采用照图穿法。总之，在选择穿综方法时，应尽可能地减少综框数同时又要想办法减少经丝与综丝间的相互摩擦，以降低断头,提高织造效率和产品质量。

三、钢筘

钢筘(reecl)用来控制经丝密度和织物幅度,为引纬器通过梭口提供导向面,并将纬丝打向织口。

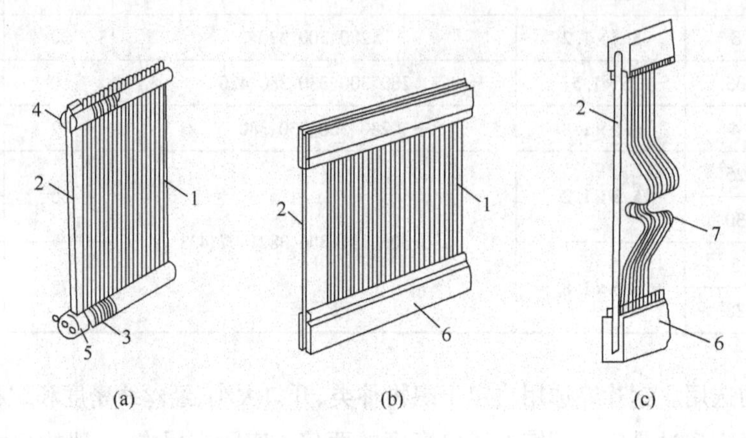

图 10-6 钢筘

1—筘片 2—筘边 3—扎筘线 4—扎筘木条 5—筘帽 6—筘梁 7—风道筘片

1. 钢筘的分类 钢筘由筘片编扎而成,如图 10-6 所示。

(1)从制作方法来分。钢筘可分为图 10-6(a)所示的绞合筘和图 10-6(b)、(c)所示的焊接筘两种。过去常使用焊锡来固定筘片,但现在随着树脂黏着剂的改良,多用环氧树脂为主的合成树脂黏着剂来固定,其目的是可减轻钢筘的重量,有利于车速的提高。

(2)从外形来分。钢筘又可以分为图 10-6(a)、(b)所示的平面筘和图 10-6(c)所示的异形筘两大类。除喷气织机外,我国织机大多采用平面筘。异形筘的筘片前侧有一凹槽,用来引导气流和纬丝。为了保证高速运转中纬丝行走的稳定性,减少气流损耗,要求气流通道平整光滑,气体流动畅通,气压保持稳定。

2. 钢筘的规格 为了适应现代织机高速、宽幅、高密的要求,要求无梭织机钢筘筘面平整度好,筘片排列均匀,弹性好,韧性好,牢度好,不易变形,使用寿命长。

(1)筘齿密度和筘号。钢筘的筘齿密度是筘的主要规格,通常用筘号表示。筘号有英制和公制两种,英制筘号是以 2 英寸(50.8mm)长度内的筘齿数来表示,公制筘号则是以 10cm 长度内的筘齿数来表示。丝织厂因丝线较细,通常采用每厘米长度内的筘齿数来表示。公制筘号 N_m 可按下式计算:

$$N_m = \frac{P_j(1 - a_w)}{n} \qquad (10-2)$$

或:

$$N_m = \frac{H}{Bn} \qquad (10-3)$$

式中：P_j ——经丝密度，根/cm；

a_w ——纬丝缩率；

n ——每筘齿穿入经丝数，根/筘；

H ——经丝根数，根；

B ——钢筘幅度，cm。

织物内经和边经的密度不同，可以分别用内经和边经的根数、幅度和穿入数代入上式求出内经和边经的筘号。也可以通过改变筘齿穿入数来达到。每筘齿穿入数应结合织物经丝原料的性能、丝线的粗细、密度以及织物组织等因素加以考虑，以不影响生产和织物的外观为原则。穿入数一般应等于基础组织的经丝循环数或其约数、倍数。为了使织物布边坚固，便于织造和整理，边经穿入数一般比内经穿入数要多。

为了不使筘号规格过分繁杂，便于钢筘的生产管理和品种间的统一使用，筘号计算取小数一位，并归并到0.5或0。通常都采用二舍八入，三七作五的修正办法。

（2）筘片厚度。筘片厚度随筘号而异。一般筘号越大，即筘齿密度越大，筘片就越薄。但它不取决于筘号，而取决于经丝原料的种类及其线密度。在保证筘片有足够的强度和弹性的前提下，减小筘片厚度，有利于增大筘齿间隙，使经丝分布均匀并使丝线结子和其他粗节自由地通过筘齿。

（3）钢筘的内侧高度。钢筘的内侧高度由开口大小决定。对于现代无梭织机，因开口量和筘的打纬动程都小，故钢筘高度比有梭织机要小。剑杆织机、片梭织机用筘总高在90～180mm，喷水织机用筘为95～150mm，喷气织机的喷嘴高度因织机型号而异，所用异形筘一般为51～57mm。

（4）钢筘长度。钢筘长度主要取决于织物的上机门幅，无梭织机钢筘长度的选择还要考虑绞边、废边用筘及剪纬刀所占的位置，但不超过织机的最大筘幅。为了减少不同长度的钢筘储备，避免同一品种而不同门幅相差不大的不必要的换筘，可在钢筘右侧留一定的空筘齿。但是片梭织机用钢筘不允许有多余筘齿，必须恰好等于所织织物的上机筘幅，否则就会产生与空筘齿成比例的一段较宽的绸边。因此，应尽量使品种的设计规格系列化，以减少不同长度的钢筘储备。

第二节　穿结经方法

一、穿经

穿经有手工穿经、半自动穿经和自动穿经三种。

1. 手工穿经（manual drawing - in）　手工穿经是由操作工利用穿综钩[图10－7(a)]按规定的穿综方法将手工分出的经丝依次穿过综丝综眼，然后再用插筘刀[图10－7(b)]将穿过综眼的经丝，按预先规定的筘齿穿入数顺次穿过钢筘筘齿，最后根据需要在每根经丝上插上停经片。穿综和穿筘可以同时进行，也可以分开进行。由于丝织物经丝根数多，筘齿密度大，为了

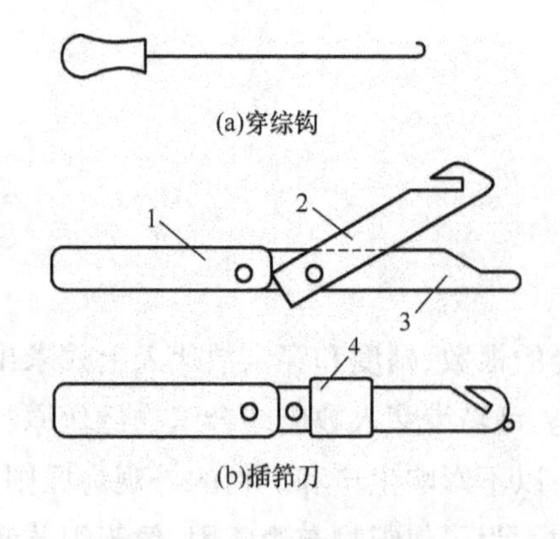

图 10－7 穿综钩和插筘刀

1—刀柄 2—插筘刀片

3—辅助插筘片 4—塑料套管

避免错误，穿综和穿筘一般分二步进行，并由两个人配合完成，即一人分头送经，一人穿经。在喷水织机上，由于经丝一般都经过上浆处理，使经丝的物理机械性能得到改善，因经丝断头停机的情况减少，因此一般都不使用停经片。

手工穿经使用的穿经工具十分简单，工人劳动强度大，生产效率低。但它不受原料和织物组织的限制，适用于任何场合，分头清楚，乱绞少。综、筘和停经片可拆卸，便于维修。因此，在丝织厂中仍被广泛采用。

2. 半自动穿经（semi－automatic drawing－in） 半自动穿经是手工穿经的部分操作被机械所代替。因此，穿经作业分阶段进行，其工艺过程如图 10－8 所示。

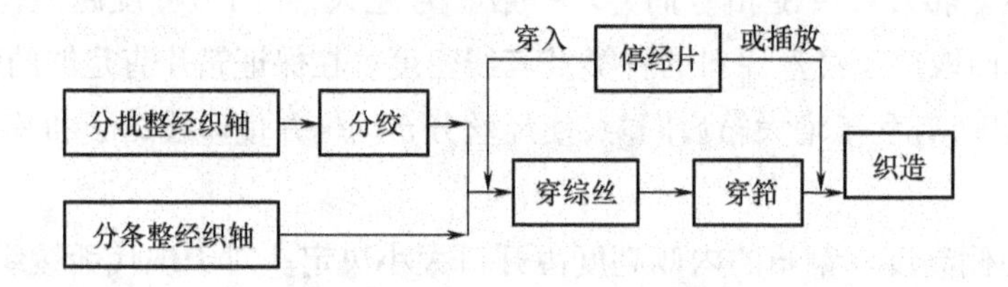

图 10－8 半自动穿经过程

分绞工作是在经丝片中穿入分绞线（separating thread）。分绞线严格地维持着经丝的排列次序，从而避免经丝纠缠在一起，在织机上，分绞线还有助于挡车工正确地进行断经接头和穿综筘操作。

分条整经的经轴已经分绞，故可省去分绞工序。而分批整经或上浆并轴后的织轴经丝没有分绞，所以在穿结经前需要分绞。目前分绞工作大多采用自动分绞机来完成。

分绞后，可利用手工或机械依次完成穿停经片、穿综、穿筘作业，也可以先完成穿综过筘作业，最后在织机上进行手工或机械插停经片作业。由于手工穿经的部分操作被机械所代替，减轻了工人的劳动强度，生产效率有所提高。

3. 全自动穿经（automatic drawing－in） 全自动穿经是由自动穿经机来完成整个穿经过程。自动穿经机是模仿手工穿经动作设计的穿经机器，主要由分丝、分片、分综、穿引、插筘和传动等机构组成，能使经丝一次穿过经停片、综丝和钢筘。由计算机控制的全自动穿经机，穿经速度可达 100～200 根/min。穿经指令通过键盘输入电脑，利用软件直接传动机器的传动机构和传感器，进行综丝和停经片的选择、钢筘控制等，所穿花型的准确度高，漏穿和飞穿少等。计算机控制器的储存和加工能力增加了穿经的灵活性和花型变化，可以根据用户需要穿经，节省品种变换时间。

计算机和穿经工艺的一体化提高了穿经工序的生产效率和质量，使操作简便。

二、结经

结经是利用打结的方法,将了机织轴的丝尾与上机织轴的丝头在机后逐根地对接起来,然后由了机丝引导,将上机织轴上的经丝依次拉过停经片、综眼和钢筘。

对用于制织同一品种织物的织轴,穿综的顺序不变,采用结经的方法就显得十分方便。在织物组织复杂的情况下,尤其如此。

结经分为手工结经和自动结经,手工结经由于靠手工打结,劳动强度大,生产效率低。自动结经机已在织造厂中广泛应用,并适用于各种原料。

1. 自动结经机的类型 自动结经机有固定式和活动式两种。

(1)固定式自动结经机。在穿经车间内进行工作,完成结经的织轴,再被送往织造车间使用。它的主要优点是生产效率高,适用于简单组织的织物生产。

(2)活动式自动结经机。可以移动到织机机后操作,使上、了机的工作量大为减轻,停车时间也得以缩短,并且还可以避免在运送织轴和上机过程中碰断经丝。因此,活动式结经机适用于多页综的复杂组织和大花纹组织。

2. 自动结经机的构成 自动结经机主要由机架和机头两部分组成。机架用来夹持梳理好的上机经丝和了机经丝,并提供打结机头运行的工作导轨。打结前的梳理工作很重要。如果上下层经丝梳理不清,不但影响结经速度,同时影响织经质量,为了便于结经机的正常行走,提高结经速度,应尽可能做到在夹持上机和了机的经丝时,上下层经丝平行。为此结经前织机应尽量停在平综状态,以减少经丝的张力,使张力差异不致过大。自动结经机机架上设有经丝张力和机头位置的调节装置。机头是完成打结的主要部分,在打结过程中需完成一系列动作:

分绞→挑丝→送丝→前后聚丝→压丝→剪丝→清除长尾丝→打结→清除短尾丝→勒紧→移结

第十一章 开口

要实现经、纬的交织必须把经丝按一定的规律分成上、下两层,形成能通过纬丝的通道——梭口(shed)。形成梭口的运动称为开口运动(shedding),即根据所制织物组织的要求,由纹板图(pegging plan)所定的提综顺序,控制综框(heald frame)或综丝(heald)的升降次序,以制织出一定组织的织物(fabrics)。

第一节 开口的方式及选用

依据开口和引纬的方法不同,又可分为单梭口(singleshed)织造、双梭口(doubleshed)织造和多梭口(multi－shed)织造三种方法。

以双层绒为例,其采用的组织称双层经起绒组织。双层绒需有地经和绒经两组经线。地经分成上下两个部分,纬线依次与上下层地经交织形成双层织物。图 11－1 为双层绒绒毛构成示意图,图 11－2 为双层绒单梭口织造示意图。

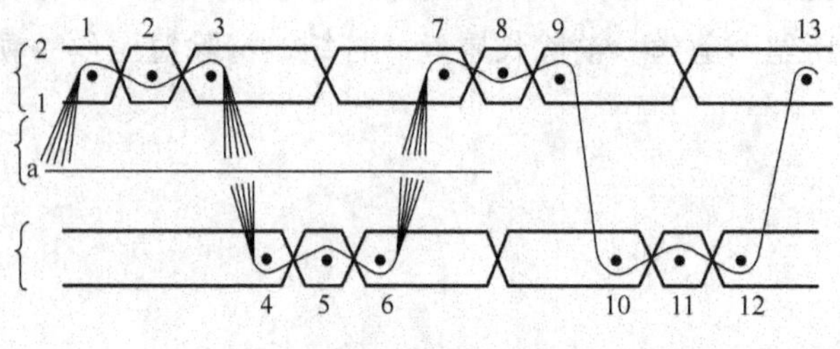

(a)W形绒毛固结单梭口织造

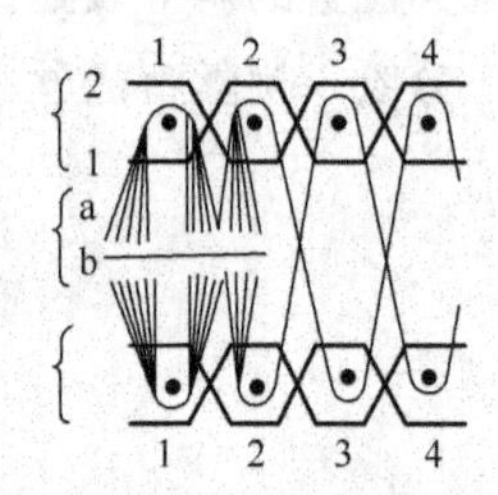

(b)V形绒毛固结双梭口织造

图 11－1 双层绒绒毛构成示意图

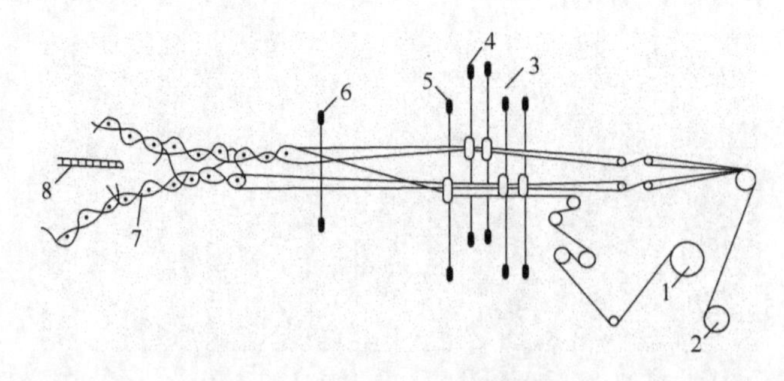

图 11－2 双层绒单梭口织造示意图

1—绒经轴 2—地经轴 3,4—地综 5—绒综 6—筘 7—织物 8—割绒刀目前,国内外有梭织机制织双层绒一般采用单梭口织造法,而剑杆等无梭织机制织双层绒则较多使用双梭口织造法。

一、单梭口

织机的主轴每回转一转形成一个梭口,引入一根纬丝的称为单梭口织造法。

1. 单梭口的形成 开口时,经丝随着综框的运动被分成上下两层,如图 11-3 所示,形成一个通道 AB_1CB_2A,这就是单梭口,经丝 AB_1C 为上层经丝,AB_2C 为下层经丝,梭口完全闭合时,两层经丝又随着综框回到原来位置 ABC,此位置称为经丝的综平位置(harness crossing point)。$ABCD$ 被称为经位置线(warp line)。如果 C、D 两点在 A、B 的延长线上,则经位置线是一根经直线(linear warp line),经直线只是经位置线的一个特例。图中 D_1ABCD 称为织机的上机线,是指经纱上机时其所处的位置线。

经丝是沿织机的纵向配置的,经丝从织轴(weaver's beam)引出后,绕过后梁(back rest)D 和经停架中导棒(dropper mid guide rod)C,穿过综眼(heald eye)B,在织口(cloth fell)A 处同纬丝交织成织物,再绕过胸梁(front rest)D_1,而后卷绕到卷布辊(cloth roller)或卷绸辊(silk roller)上形成绸卷。

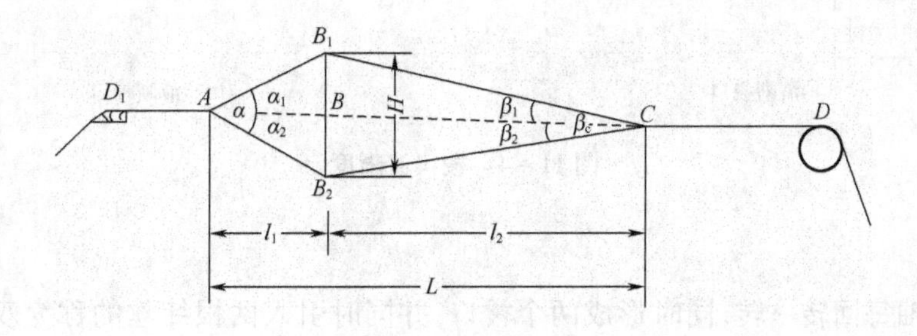

图 11-3 梭口的形状

H—梭口高度 L—梭口长度 l_1—梭口前部长度 l_2—梭口后部长度 α—前梭口角

β—后梭口角 α_1—前梭口上角 α_2—前梭口下角 β_1—后梭口上角 β_2—后梭口下角

2. 梭口的清晰度 梭口是由多片综框带着经丝作上升或下降运动而形成的。梭口满开时,穿入各片综框综眼的经丝,分别形成梭口的上部和下部,其梭口长度 L 虽相同,但梭口前部长度 l_1 和后部长度 l_2,却随综框离织口距离的不同而有所不同,同时各片经丝(或综框)的开口动程(指开口高度 H),因开口机构类型的不同,而有相同和不相同两种情况,从而使梭口的清晰度分清晰和非清晰两种。梭口的清晰程度均指梭口前部而言,梭口后部总是不清晰的。

(1)清晰梭口。清晰梭口(clear shed)如图 11-4(a)所示。梭口前部的所有上层经丝和所有下层经丝各自位于同一平面内,则上层各片经丝的前梭口上角均为 α_1,下层各片经丝的前梭口下角均为 α_2。因此,清晰梭口的前梭口角 α 是一致的,故构成清晰梭口的条件是,各片综框的梭口高度与综框到织口的距离成正比,即:

$$H_1 : H_2 : H_3 \cdots = l_1 : l_2 : l_3 \cdots$$

式中：H_1、H_2、H_3、…——各片综框的梭口高度；

l_1、l_2、l_3、…——各片综框到织口的距离。

因此，清晰梭口具有最大的引纬空间，为梭子顺利通过梭口提供了良好的条件。但在清晰梭口中，各片综框的梭口高度，与其到织口的距离之比值均相等，使开口时各片经丝的伸长具有较大的差异，特别是综框数较多时，穿入靠近机后的综框综眼内的经丝往往承受较大的张力，易引起经丝断头。为此，可适当考虑后综框的梭口高度略小于清晰梭口的高度，同时配合一定的穿经方法，以降低经丝的断头率。在制织综框数不多的织物时，以采用清晰梭口较为适宜。

（2）非清晰梭口。非清晰梭口（non - clear shed），如图 11 -4（b）所示。这种梭口的前梭口上角是不相等的，而所有下层各片经丝都位于同一平面上，故前梭口下角 α_2 相同。梭口清晰度以下层梭口清晰最为重要，它可以保证引纬器顺利地穿过梭口。因非清晰梭口各片经丝的伸长和张力差异比清晰梭口要小，故丝织工艺常采用非清晰梭口。

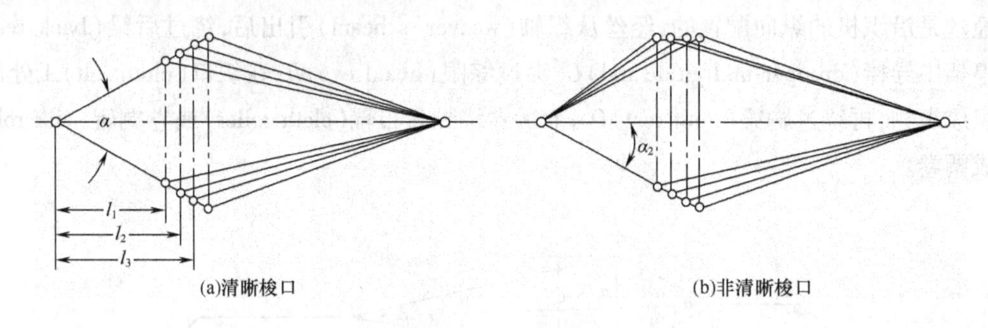

图 11 -4　梭口清晰度

二、双梭口

织机的主轴每回转一转，同时形成两个梭口，并同时引入两根纬丝的称为双梭口织造法。双梭口织造法的综框运动与单梭口织造法不同，综平时它的上下层地经位于上下两个平面。因此，在同一开口机构的作用下，能形成两个梭口，上层沉下的地经与下层提起的地经重合在中间位置。绒经一般处于三种位置：在下层纬丝之下；在下层纬丝之上，上层纬丝之下；在上层纬丝之上。综平时绒经位于上下层地经之间，如图 11 -5 所示，它是凭借三种不同形式的综丝，使综平时，上下层地经和绒经处于不同的平面上。双梭口织造法的上下层地经是同时运动并同时引入两根纬丝。

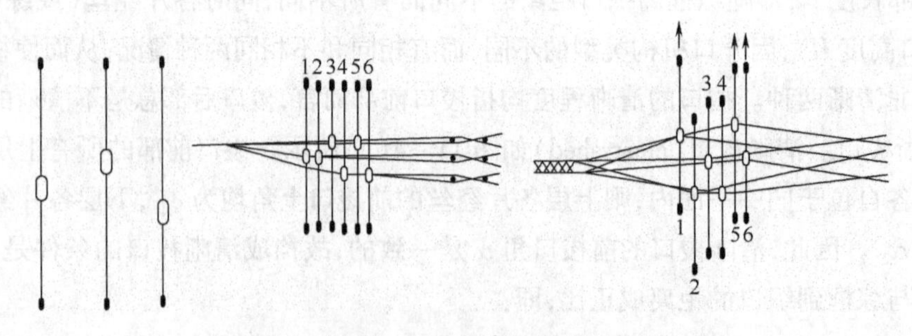

图 11 -5　双梭口织造双层绒经位置线示意图

1、2—绒综　3、5—上层地综　4、6—下层地综

三、多梭口

世界织造技术的发展，继传统的有梭织机和新型的无梭织机之后，又出现一种完全特殊类型的织机——多梭口织机（multi－shed weaving machine）。所谓多梭口织机，是对单梭口织机而言。多梭口是指在贯穿织物的全幅范围内，同时形成若干个梭口，并有若干个载纬器（梭子）同时进行工作，把若干根纬丝同时引入梭口中。这种织机称为多梭口织机。

1. 多梭口的形成　多梭口织机上若干个梭口的形成，有沿经丝方向和沿纬丝方向的两种，前者称为连续开口（Continualshedding），后者称为波形开口（包括阶梯形开口和分段开口）。

（1）经向连续开口。连续开口是沿经丝方向形成的若干个连续的普通形状的梭口，如图11－6。

瑞士苏尔寿·吕蒂（SulzerRuti）公司在1998年推出了经向多梭口织机，即M8300型多相喷气织机，并已开始进入实际生产。由于可同时引入四根纬纱，其入纬率可高达5000m/min。

M8300型多相喷气织机梭口形成原理。梭口是在织造转轮1（weaving rotor）表面利用开口元件2（shed－forming element）形成的，经纱根据组织要求按一定方式通过开口元件2从而形成梭口，图11－7所示为形成平纹组织时的经纱排列情况。织造转轮本身的表面弧度及其不断的转动使梭口一个接着一个地形成。经纱的位置由经纱固定杆3（warp positioner）来控制从而使各根经纱处在一定的位置上分别形成梭口的上层4或下层5。经纱固定杆紧靠织造转轮并与之平行，每根经纱分别穿过相应的经纱固定杆。经纱固定杆所需根数取决于经纱密度。由于经纱固定杆质量轻且动程小故能适应高速运动，这是M8300型多相喷气织机具有潜在高性能的前提。

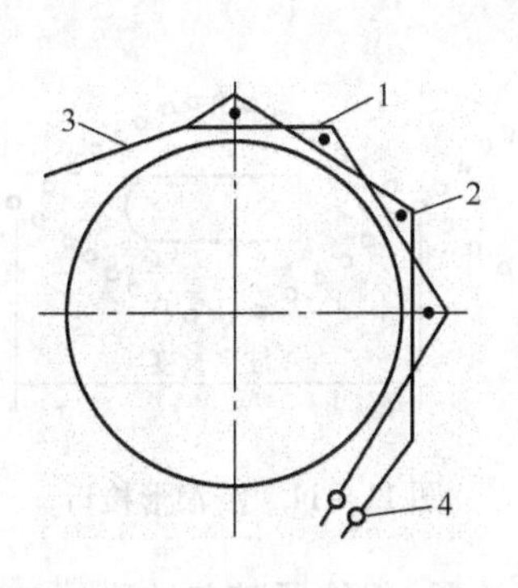

图11－6　经向连续开口

图11－7　开口元件

1—织造转轮　2—开口元件

3—经纱固定杆　4、5—梭口的上层或下层

安装在织造转轮1上的开口元件2除了将上下层经纱分开形成梭口以外，还起到引纬通道的作用。纬纱在开口元件排列而成的中空通道内飞行（图11－7）。纬纱依靠低压压缩空气牵引飞过全幅梭口。为了保证引纬的可靠性，在开口元件之间安装有辅助喷嘴（additional nozzle）。如图11－8所示，四根纬纱由机外固定筒子供给，并经过测长罗拉（metering roller）恒速同

时进入喷嘴。

打纬由安装在织造转轮上两排开口元件之间的梳形筘(beat－upcomb)来完成,如图11－9所示。引纬以后,因下层经纱上升将整根纬纱带离引纬通道。正处于纬纱后面的梳形筘带动这一纬纱并将其打入织口。目前,M8300型织机仍采用标准绞边装置。

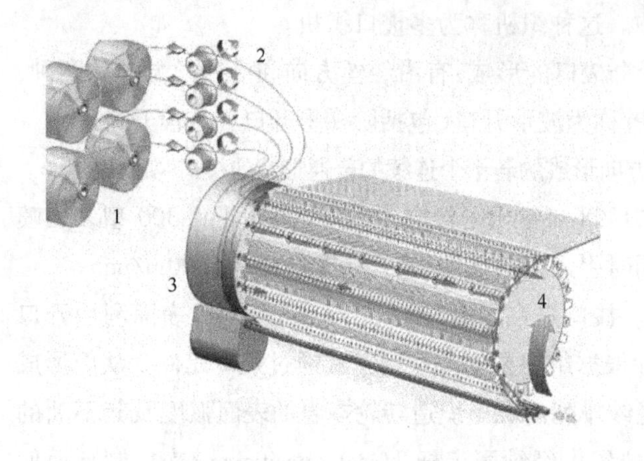

图11－8　引纬系统

1—供纬筒子　2—纬纱测长器　3—纬纱控制器　4—织造转轮

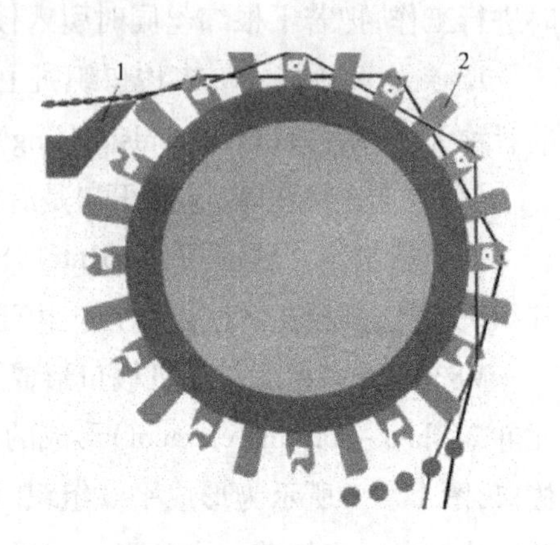

图11－9　梳形筘打纬

1—织物支撑片　2—筘片

(2)纬向波形开口。波形开口是沿纬丝方向在织物的全幅宽度上形成的一个逐渐推进的波浪形的梭口。当载纬器(weftcarrier)穿过梭口后,梭口就立即闭合,紧接着又形成下一个梭口,如图11－10所示。

波形多梭口织机的织造,是将整幅经丝开成许多波浪形的梭口,如图11－11所示。

图11－10　纬向波形开口

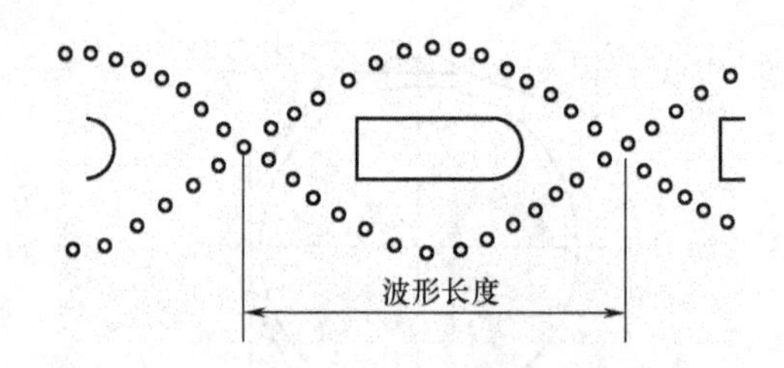

图11－11　波浪形梭口

在每一个波形梭道中各有一个绕有一定长度纬丝的载纬器,载纬器随着波形梭口的前进作同步运动,纬丝即从载纬器上引出,而由在载纬器通过点后方的闭口部分的经丝把纬丝握住,然后重开下一个梭口,以接纳下一个载纬器,同时当每只载纬器经过梭口后,就由打纬机构紧跟在载纬器后面作连续的打纬运动,从而把纬丝打紧,完成经纬丝的交织,形成织物。纬向连续织造原理和织物的形成情况如图11－12(a)和(b)所示。

2. 多梭口织机的型号及其参数　多梭口织机及其织造工艺自1901年就出现在美国人萨里斯比里的专利报告,1931年卡尔·马特制成的多梭口织机,已能在实际生产中进行织造。随后也出现过不少的改进设计和专利,但直到1971年才由瑞士的吕蒂公司,拿出实在的TWR型

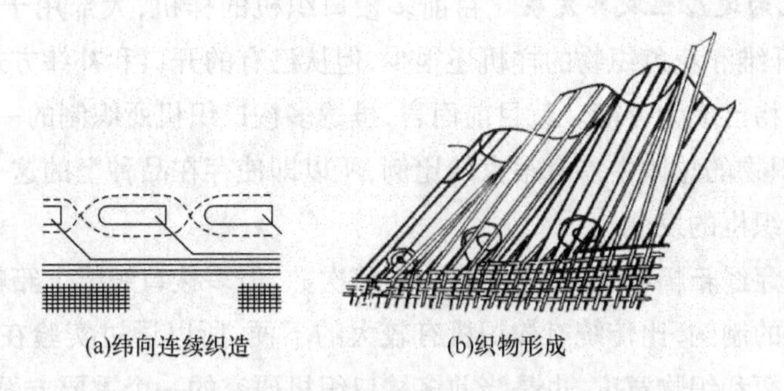

图 11－12　纬向连续织造原理和织物形成图

样机,这样多梭口织机才算真正问世。至 1973 年,在美国格林维尔展览会上,捷克的因佛斯塔和西班牙的伊瓦公司又相继展出了各自的样机。在 1975 年意大利米兰举办的第七届国际纺织机械展览会上,捷克的因佛斯塔公司,又展出了康提斯 C2 型的多梭口织机。意大利斯米特公司也首次展出了 TZP 型的多梭口织机。我国的多梭口织机已研制多年,并在换纬和品种的适应性方面有新的创建。根据现有资料把几种多梭口织机的情况列于表 11－1。

表 11－1　部分国家多梭口织机情况

国别	瑞士	捷克	意大利	西班牙	西德	前苏联
制造厂	吕蒂公司	因维斯塔	斯米特	伊瓦	迈耶西	
型号	R6000	Contscz	TZP	Ona	Linka	MTM360
筘幅(cm)	100～250	330	330	230～2	430～2	360
织制织物品种	薄至中厚织物	同左	同左	同左		
织物组织	平纹,6 页斜纹	平纹	平纹	平纹	平纹,4 页斜纹	
梭口长度(cm)	10	20	20	12.5	20	15
每米宽梭口数	10	5	5	8	5	7
同时参与交织的载纬器数	10～24	16	18	26	32	24
载纬器速度(m/s)	0.7	2～2.4	2	1	1.2	1
引纬速度(m/min)	1000	2000	2200	3200	2400	1440
补纬位置数	1	16	8	2×20		6
梭子外形尺寸(mm)	长×宽×高 65×25×7	长×宽×高 120×55×7				
梭子运动方式	运输带	链条	链条	筘片		
经丝运动方向	与水平线 成 30°角	水平	与水平线 成 30°角	上下垂直	上下垂直	
开口形式	特殊综片 分段开口	同左	同左	单根综丝三角 凸轮开口	沟槽式三角 轨道开口	
打纬形式	螺旋筘	同左	同左	载纬器	摆动筘	

3. 多梭口织机的适应性及其发展 目前多梭口织机的样机,大部用于织制单色平纹棉织物,用于织制其它纤维和花色织物的样机还很少,但从已有的开口和补纬方式看,用多梭口织机织制多色小花纹织物已成为可能。就目前而言,虽然多梭口织机所织制的一类织物多属简单织物,但这类织物在织物的总体中占有很大的比例,所以即使存在品种上的这一暂时的局限性,也并不能妨碍多梭口织机的发展。

多梭口织机在穿经筘幅增大时,不会影响引纬次数,但多梭口织机上筘幅的变化,由于受补纬机构及补纬长度的制约,比传统有梭织机有较大的不便,所以通过实验在分析经济效果的基础上确定适当的筘幅和织物宽度,也是当前多梭口织机研究的一个重要方面。目前认为多梭口织机上筘幅在350~450cm的范围内为最佳。

多梭口织机织制的织物,同其他类型的织机所织制的织物一样,都存在拆修织疵的问题。这些织疵的造成,主要是由于织机发生故障所致,所以加紧对多梭口织机机构运转可靠性的研究,也是关系到多梭口织机能否尽快投入实际生产的关键。

第二节 开口过程中经丝变形及张力

一、梭口高度及综框动程

1. 梭口高度的确定 梭口高度(depth of shed)目前取决于梭子、剑杆、片梭以及各种引纬器,也包括射流引纬通道的必要尺寸。下面以梭子为例来说明保证梭子顺利通过梭口时经丝对引纬器的挤压度。根据梭子的高度和宽度,同时注意在筘座摆到最后位置时梭子正通过梭口这一条件。如图11-13所示,梭子前壁处的梭口高度 h_0 一般稍高于梭子的前壁高度 h_s 若干距离 a ,这是由于梭子并不是在筘座(slay)位于最后位置这一瞬间通过梭口的,实际是梭子开始进入梭口时筘座还没有在达到其最后位置,而当筘座由其最后方位置开始向前运动时,梭子却还没有完全飞出梭口。因此,当梭子刚进入梭口和即将离开梭口时,梭子前壁处的梭口高度都要比筘座在最后位置时的梭口高度小。当筘座位于最后位置时,经丝与梭子前侧顶面间留有一定余量 a ,目的就在于避免经丝同梭子发生过大的挤压摩擦,以保证梭子顺利通过梭口。

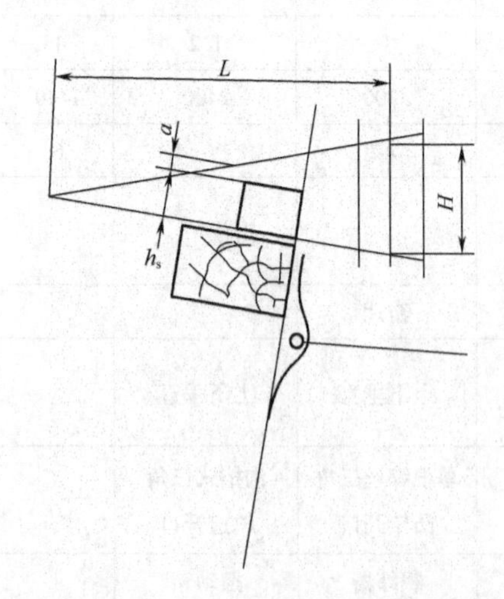

图11-13 梭口高度的确定

经丝对梭子的挤压程度用挤压度 P (%)表示:

$$P = \frac{hs - ho}{hs} \times 100\% \qquad (11-1)$$

对于一般丝织物,进出梭口的挤压度可分别达到20%和60%。挤压度大小一般采用频闪仪测定。

由于某页综框的梭口高度 H 与该页综框到织口的距离 L 成正比,因此,当综框页数较多或综框间距较大时,后几页综框的梭口高度适当减小,即采用所谓的非清晰梭口。

一般丝织机的素花织物，梭子前壁或引纬器上方与经丝间的 a 值见表 11－2，仅供参考。

表 11－2　丝绸素花织物的 a 值

平素织物	a 值(mm)	提花织物	a 值(mm)
黏胶丝	3～5	单梭箱	5.5～6.5
桑蚕丝、合纤丝	3～4	多梭箱	6.5～7.5

2. 综框动程(heald frame movement)　图 11－14 为喷气织机和提花织机上求梭口高度的示意图。图 11－14(a)中的各页综框位置线与上下层经丝的交点所构成的距离，便是所要求的各相应综框的梭口高度。图中第一页综框的梭口高度为 H_1，第四页综框的梭口高度为 H_4。在采用无吊综装置的开口机构时，第二页及其余各页综框位置线的求法如下：离第一页综框位置线适当距离(根据综框厚度和综框间距而定)处，作其平行线，如图中所示的那样。这些线便是相应综框的位置线。在这种情况下，如果已知第一页综框的梭口高度 H_1，第一页综框离织口的距离 L_1和综框与综框之间的距离，则其余各页综框的梭口高度，可用下式求得：

$$H_x = \frac{H_1}{L_1} \times L_x \tag{11-2}$$

式中：H_x ——任一页综框的梭口高度；

L_x ——任一页综框离织口的距离。

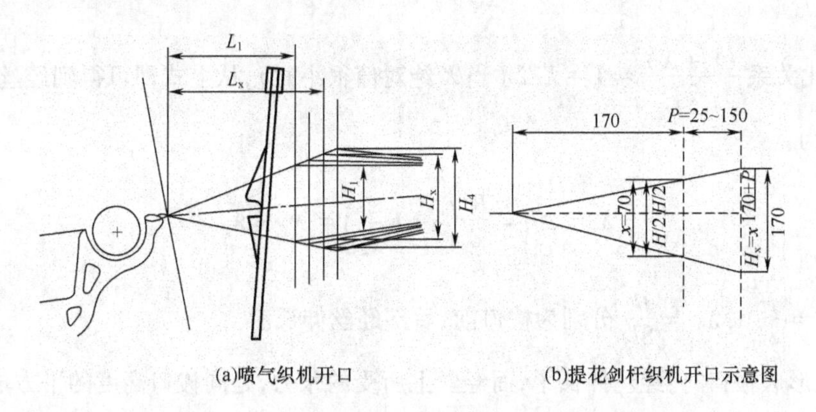

(a)喷气织机开口　　(b)提花剑杆织机开口示意图

图 11－14　在喷气织机或提花机上求梭口高度

则其综框方程为：$H_x + e_1 + e_2$，其中 e_1 为综眼孔的高度，e_2 为综丝杆与综丝耳的间隙，在丝织中一般为 $e_1 + e_2 \approx 3 \sim 4\text{mm}$。

图 11－14(b)为提花机梭口常用高度经验公式的示意图，可作为参考使用。

二、开口过程中经丝拉伸变形的计算

1. 等张力梭口经丝伸长的推导　在形成梭口的过程中，经丝受着许多造成附加张力和经丝变形的作用，这些作用是伸长、弯曲以及综眼对经丝的摩擦。

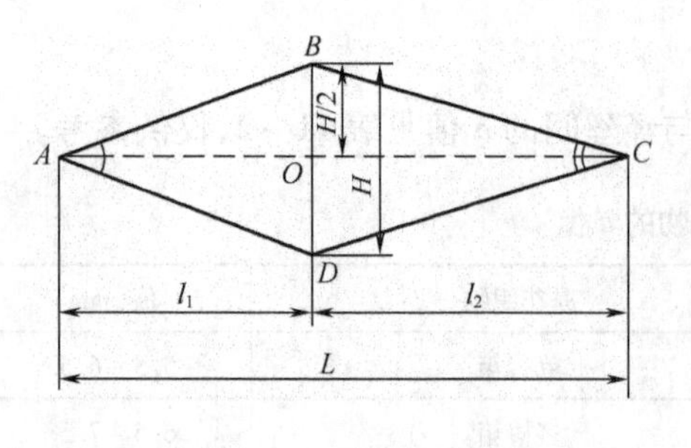

图 11－15 梭口大小

梭口高度对于经丝张力的影响：在图 11－15 所示的梭口中，A 为织口，C 为绞杆或停经架的位置。假设经丝固定在 AC 两点之间，当开口时，经丝由于综框的作用，离开经水平线 AC，上升的经丝和下降的经丝各向上下移动 $H/2$，是一种等张力梭口。

经丝在上升位置时，其长度为：

$$L_1 = AB + BC$$

从直角三角形 AOB 和 BOC 中可得出：

$$AB = \sqrt{l_1^2 + \left(\frac{H}{2}\right)^2} \quad BC = \sqrt{l_2^2 + \left(\frac{H}{2}\right)^2}$$

把 AB 和 BC 之值代入前式中便可得出：

$$L_1 = \sqrt{l_1^2 + \left(\frac{H}{2}\right)^2} + \sqrt{l_2^2 + \left(\frac{H}{2}\right)^2}$$

经丝之所以能获得这样的长度（L_1），是由于经丝的伸长，这时其伸长量等于：

$$\Delta l = L_1 - L$$

$$\Delta l = \sqrt{l_1^2 + \left(\frac{H}{2}\right)^2} + \sqrt{l_2^2 + \left(\frac{H}{2}\right)^2} - l_1 - l_2$$

采用简化关系 $\frac{(1+X)}{2} \approx 1 + X/2$（当 X 绝对值很小时），从上式即可得到经丝在开口过程中的伸长 λ 为：

$$\lambda = \Delta l = \frac{H^2}{8}\left(\frac{1}{l_1} + \frac{1}{l_2}\right) = \lambda_1 + \lambda_2 \tag{11-3}$$

其中 $\lambda_1 = \frac{H^2}{8l_1}$、$\lambda_2 = \frac{H^2}{8l_2}$ 分别为梭口前、后部经丝伸长。

可见，在形成梭口时，经丝伸长了，而经丝上所受的张力，是同梭口高度的平方成正比的。

2. 梭口前部长度 l_1 和 l_2 后部长度变化的关系 式（11－3）表明，当梭口前后部长度不变时，经丝伸长 λ 与梭口高度 H 的平方成正比；而当梭口高度 H 不变时，梭口前后部长度改变会引起经丝伸长的变化。

梭口前部长度 l_1 在织机上是不会改变的，而梭口后部长度 l_2 可以改变，即随绞杆或停经架位置而改变，梭口后部长度 l_2 发生变化，梭口前后对称度 $i(i = l_1/l_2)$ 也随之而变，下面分析梭口前后对称度与开口时经丝伸长的关系。

当梭口上下对称，梭口高度 H 和梭口前部长度 l_1 均为恒定时，将式（11－3）中 l_2 以 l_1/i 值代入，可得梭口对称度 i 与经丝伸长的关系式，即：

$$\lambda = \frac{H^2}{8l_1}(1+i) = \lambda_1(1+i) \quad (11-4)$$

当梭口前部经丝伸长 λ_1 不变时，梭口后部的伸长为 λ_2 与梭口的对称度 i 成正比。因此，经丝伸长 λ 与梭口对称度 i 呈直线关系，当梭口前后对称度 i 增加时，经丝伸长就增大。当梭口高度 $H=6\text{cm}$，梭口前部长度 $l_1=23\text{cm}$ 时，梭口前部经丝伸长 λ_1 为 0.196cm，如 $i=1$，则 $\lambda=2\lambda_1=0.392\text{cm}$ 为最大。在梭口前部长度不变时，梭口长度 $L=l_1(1+i)/i$ 即梭口长度随梭口对称度的减小而增大，又因梭口长度随梭口对称度的增大而减小，在织造过程中，为了减少经丝的伸长和保持伸长的稳定，织机上的绞杆位置以靠近后梁为宜，便于保持较长的梭口长度和较小的梭口对称度。为此有梭丝织机一般采用较长机身，可配置较长的梭口长度和较小的梭口对称度。i 一般在 0.2～0.3 之间，使经丝开口伸长小些。将 $l_1=iL/(1+i)$ 代入式(11－4)，可得：

$$\lambda = \frac{H^2}{8L} \times \frac{(1+i)^2}{i} \quad (11-5)$$

由式(11－5)可知，梭口高度 H 和长度 L 不变时，经丝开口伸长随梭口前后对称度增长而减少。对梭口高度的选择应以满足梭子顺利通过梭口的前提下，宜小些为佳。

3. 不等张力梭口上下层经丝张力　图 11－16 所示为不等张力梭口。由于图中织口和绞杆的连线 AC 与水平线之夹角 α_2 很小，只有 2°左右，$\cos\alpha_2 \approx 1$，对梭口高度的影响极小，因此在计算经丝开口伸长时，可以不考虑夹角的影响。

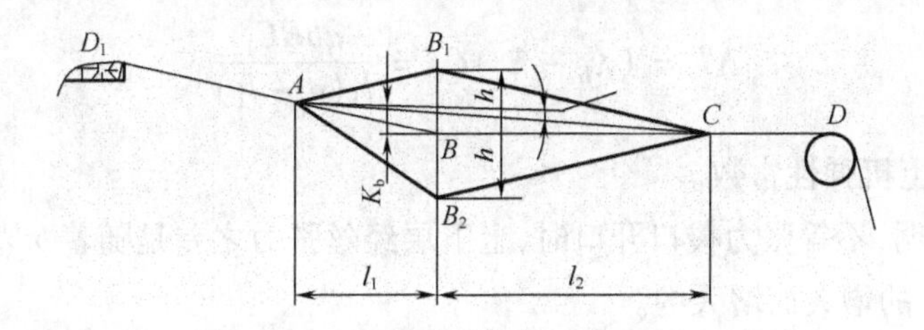

图 11－16　不等张力梭口

从图 11－16 中可以看出，不等张力梭口综平时经丝 ABC 对连线 AC 来说，已具有开口高度为 kb 的伸长。在梭口满开时，上层经丝 AB_1C 的开口高度为 $h-kb$，下层经丝 AB_2C 的开口高度为 $h+kb$。因此不等张力梭口开口时，上层经丝相对于综平时经丝的伸长 λ_a，由下式计算：

$$\lambda_a = \frac{(h-kb)^2}{2l_1}(1+i) - \frac{(kb)^2}{2l_1}(1+i) = \frac{h(h-2kb)}{2l_1}(1+i) \quad (11-6)$$

下层经丝相对于综平时经丝的伸长 λ_b，可由下式计算：

$$\lambda_b = \frac{(h+kb)^2}{2l_1}(1+i) - \frac{(kb)^2}{2l_1}(1+i) = \frac{h(h+2kb)}{2l_1}(1+i) \quad (11-7)$$

将 k 代入上述两式，$k=a/(a-l_1)/(1+i)$ 可得：

$$\lambda_a = \frac{h_2}{2l_1}(1+i) - \frac{abh}{l_1(a-l_1)} \tag{11-8}$$

$$\lambda_b = \frac{h^2}{2l_1}(1+i) + \frac{abh}{l_1(a-l_1)} \tag{11-9}$$

式中：h ——梭口高度 H 之半；

l_1 ——梭口前部长度；

a ——织口至后梁间的距离；

b ——综平时综眼低于胸后梁的连线的距离；

i ——梭口前后对称度。

以 $h = H/2$ 代入上述两式，可得：

$$\lambda_a = \frac{H^2}{8l_1}(1+i) - \frac{abH}{2l_1(a-l_1)} \tag{11-10}$$

$$\lambda_b = \frac{H^2}{8l_1}(1+i) - \frac{abH}{2l_1(a-l_1)} \tag{11-11}$$

从上述公式中可以看出，当 $b=0$，经位置线配置经直线时，即当 $\lambda_a = \lambda_b = \frac{h^2}{2l_1}(1+i)$ 时，形成等张力梭口，当 $b \neq 0$，经位置线配置经折线时，$\lambda_b > \lambda_a$，形成下层经丝伸长及张力大，上层经丝伸长及张力小的不等张力梭口。上下两层经丝张力之差异，由下式计算：

$$\Delta T = (\lambda_b - \lambda_a)C_1 = \frac{abHC_1}{l_1(a-l_1)} \tag{11-12}$$

式中：C_1 ——经丝上机弹性常数。

式(11－12)表明，不等张力梭口开口时，上下层经丝张力之差是随着 b 值、梭口高度 H 和经丝上机弹性常数 C_1 的增大而增大的。

织造工艺通过改变 b 值来调整梭口上下层经丝张力的差异，以改善打纬条件，使织物的紧密及外观获得改善。b 值的大小受到经丝相对伸长的限制。当 $b > H/4$ 时，上层经丝的开口高度就小于 $H/4$，其经丝张力比综平时小，造成上层梭口开口不清，不利于引纬器运动；下层经丝的开口高度大于 $3H/4$，承受较大的伸长及张力，会使经丝断头增加，不利于织造。因此，b 值以小于 $H/4$ 为宜，一般取 $b = 0.5 \sim 1.5$cm。

三、影响经丝拉伸变形的因素

从上式中可知，由于梭口前部长度 l_1 由筘座摆动动程决定，也是个常量，因此影响拉伸变形的参数是与梭口高度 H 梭口后部长度 l_2 等有关。

1. 梭口高度对拉伸变形的影响 经丝变形几乎与梭口高度的平方成正比，在快速变形条件下，经丝的伸长变形与外力成正比，即梭口高度的少量增加会引起经丝张力的明显增大。因此，在保证纬丝顺利通过梭口的前提下，梭口高度应尽量减小。

2. 梭口长度对拉伸变形的影响 梭口后部长度增加时，拉伸变形减小；反之，拉伸变形增加。这一因素,在生产实际中视加工丝织原料和所织制织物的不同而灵活掌握。例如,由于真丝强力小,通常把丝织机的梭口后部长度放大。又如,在织造高密织物时,可将梭口后部长度缩短,通过增加经丝的拉伸变形和张力,使梭口得以开清。

3. 后梁高低与拉伸变形　后梁高低将对梭口上下层经丝张力的差值产生影响(参考式11－12),该影响可以通过以下三个情况来加以分析。

(1)后梁位于经直线上:此时 $\Delta T = 0$,上下层经丝张力相等,形成等张力梭口。

(2)后梁在经直线上方:此时 $\Delta T > 0$,下层经丝的张力大于上层经丝,形成不等张力梭口。上、下层经丝张力差值将随后梁、经停架的上抬而增大。但 b 值以小于 $H/4$ 为宜,一般取0.5～1.5cm。

(3)后梁在经直线下方:$\Delta T < 0$,下层经丝的张力小于上层经丝,但这种不等张力梭口在上开口提花机织造过程中有可能出现,但应尽量减少上下层经丝伸长及张力之差异。

四、开口过程中经丝张力变化及测试技术

1. 测试方法及条件　工厂因限于条件,一般用三罗拉张力仪测定经丝静态张力,常需测经丝上机张力和梭口满开张力,这与实际动态张力有差异,但可作相对比较时的参考。下面介绍的是采用电测法进行测试。

以LW52型喷水织机的织造过程张力感应装置,进行了测试为例,来说明经丝在织造过程中的变化规律和测试方法。经丝张力测定采用了简支梁式弹簧片传感器,所用到的主要仪器和测定框图如图11－17所示。

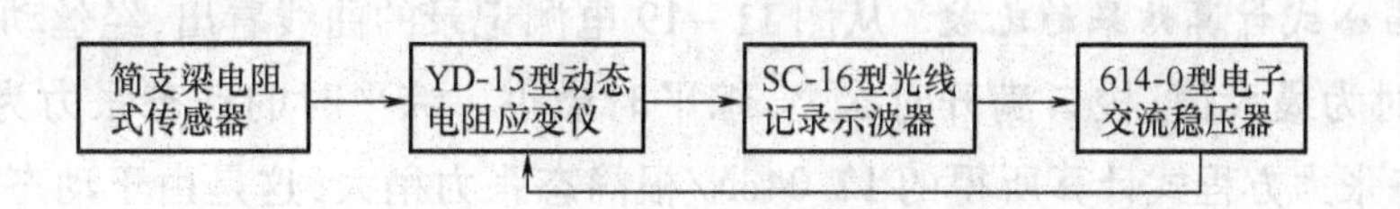

图11－17　经丝张力测试框图

采用电蜗流位移传感器测定后梁中心摆动、后梁摆动转动复合位移及织口位移等位移量,位移测试装置如图11－18所示。

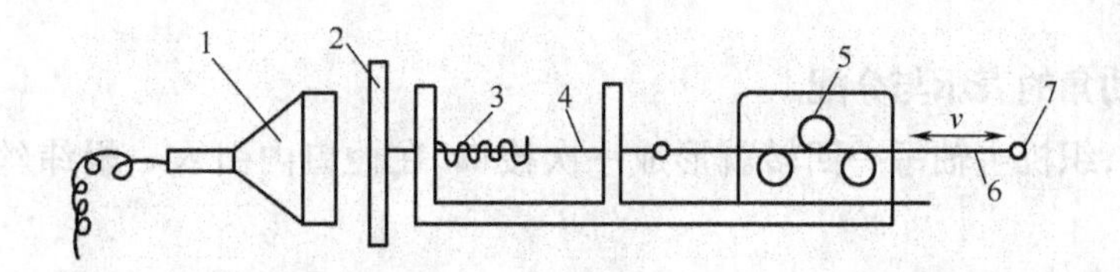

图11－18　位移测试装置简图

1—探头　2—感应体　3—弹簧　4—小轴　5—小导轮　6—软线　7—接位移件

各位移量测试中,采用 $\phi105$ 铜箔薄圆盘作为感应体,它的直径是探头($\phi63$)的1.67倍,经数字电压表标定,本测试系统在位移量小于25mm的范围内具有良好的线性。

测试所得记录曲线如图11－19所示,经与静态标定比较后,各特定时间电测数值见表11－3。

表 11-3 电测数值

时　间	单丝张力(cN)	后梁中心摆动(mm)	织口位移(mm)	后梁复位移(mm)
综平时	12.59	0.472	1.944	0.71
打纬终了	16.77	0.566	2.67	0.65
梭口满开	15.92	2.453	0.78	6.37

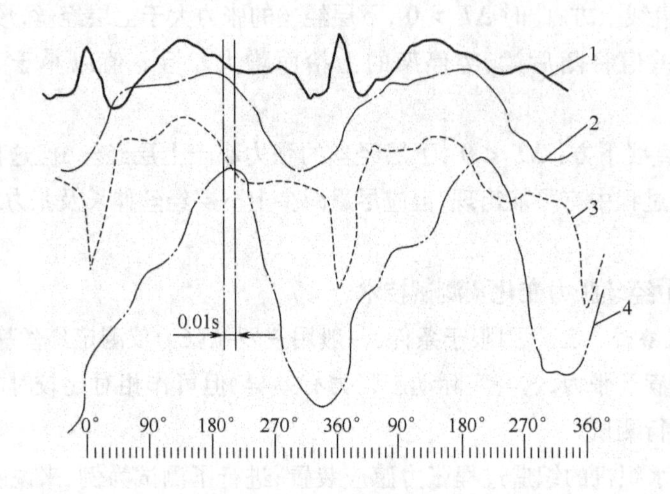

图 11-19 电测记录曲线

1—经丝张力曲线　2—后梁中心摆动曲线　3—织口位移曲线　4—后梁摆动与转动复合曲线

2. 测试与公式计算结果的比较　从图 11-19 电测记录的曲线看出，经丝动态张力以打纬终了(即 0°)时为最大值；梭口满开时次之，综平时最小。综平时的动态张力为 12.59cN/根。比用经丝静态张力方程式计算所得的 12.04cN/根静态张力稍大，这是由于动态时有轻微的冲击力及在建立方程的过程中忽略了在摩擦作用之故。

第三节　开口运动规律

一、综框运动角的表示与分配

织造过程中，织机主轴每一回转就形成一次梭口，在梭口内引入一根纬丝，使经纬丝交织一次。

1. 综框运动角的表示　在梭口形成过程中，经丝处于不同的位置与状态，称为梭口形成的各个时期。梭口形成有三个阶段。

(1) 梭口开启阶段(Period of shed opening)。经丝从离开经位置线起到梭口满开为止，称为梭口开启阶段。经丝在梭口开启时期内被拉伸，其张力随着梭口开启高度的增加而增大。

(2) 梭口静止阶段(Period of dwell)。经丝(或综框)自梭口满开时起至梭口开始闭合时为止，处于静止状态，称为梭口静止阶段。此时经丝有较大的伸长和张力。梭口的静止时期要与梭子通过梭口所需的时间相适应，静止时间的长短与开口机构的类型和织机幅宽以及车速等因素有关。凸轮开口机构的梭口静止时间在100°~130°之间（一般为120°），四连杆开口机构的梭口无静止阶段（指绝对静止），梭口开启和闭合的时间均为180°。

（3）梭口闭合阶段（Period of shed closing）。静止时期结束，综框开始反向运动直至经丝返回经位置线时为止，称为梭口闭合阶段。在梭口闭合时期，经丝的伸长得到恢复，其张力随梭口的闭合而减小到上机张力（综平时经丝的张力）。

在上述三个阶段中，将综框处于运动状态的织机运动角度称为综框运动角，即包括梭口开启与闭合两个阶段。

梭口形成的三个阶段可用开口工作图（diagram of loom timing）和开口周期图来表示。开口工作图表示梭口形成各个阶段的起讫，而开口周期图则为梭口形成各个阶段梭口高度的变化。

2. 综框运动角的分配　开口工作图如图11－20（a）所示，图为织机主轴（弯轴）曲柄一回转画成的圆，主轴曲柄在前心为0°，下心为90°，后心为180°，上心为270°。由图11－20（a）可见，综平时间为330°，梭口的开启角α_1、静止角α_2和闭合角α_3均相等，各占主轴曲柄一回转的1/3，即120°，这里的综框运动角则为240°。

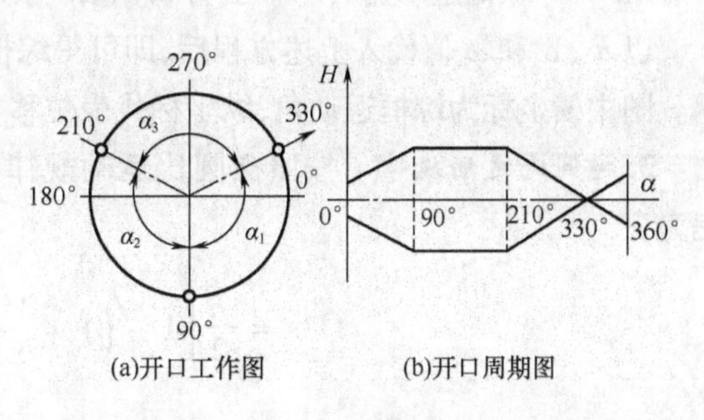

图11－20　开口工作图和开口周期图

开口周期图如图11－20（b）所示。主轴回转角α为横坐标，梭口形成过程中的梭口高度H为纵坐标。为简化起见，假设经丝为等速运动，梭口上下对称，绘出主轴一回转间综框在垂直方向上的位移图。

二、综平时间

综平时间是前后两纬梭口的交替时刻，表示前一纬梭口结束，后一纬梭口开始。此时，上升和下降的经丝位于经位置线的交替位置，称为开口时间（timing of shed），也称综平时间（综平度）。因此，综平时间表示开口的迟早。开口时间可用综平时筘到织口（或胸梁）的距离，或主轴曲柄的位置角度来表示。

三、综框运动规律

综框运动规律种类很多，现在介绍几种常用的综框运动规律。

1. 简谐运动规律　按照简谐运动规律（余弦加速度运动规律），综框运动的位移s、速度v和加速度a的方程为：

$$s = \frac{h}{2}(1 - \cos\theta)$$

因为$\theta = \frac{\pi\omega t}{\alpha}$，所以，

$$s = \frac{h}{2}\left(1 - \cos\frac{\pi\omega t}{\alpha}\right)(\text{m}) \tag{11-13}$$

$$v = \frac{\text{d}s}{\text{d}t} = \frac{\pi\omega h}{2\alpha}\sin\frac{\pi\omega t}{\alpha}(\text{m/s}) \tag{11-14}$$

$$a = \frac{\text{d}v}{\text{d}t} = \frac{h}{2}\left(\frac{\pi\omega}{\alpha}\right)^2\cos\frac{\pi\omega t}{\alpha}(\text{m/s}^2) \tag{11-15}$$

式中：h——任一页综框的动程，m；

ω——织机主轴的角速度，1/s；

t——织机主轴的回转时间，s；

θ——辅助圆半径的回转角，°；

α——综框运动角，(°)。当开口角 α_1 与闭口角 α_3 相等时，$\alpha = 2\alpha_1 = 2\alpha_3$。

以 h、α 和 ω 值代入上述方程后，即可得综框简谐运动规律曲线，如图 11－21 中曲线 A 所示。图中横坐标为综框运动角，纵坐标代表位移、速度和加速度。

2. 椭圆比运动规律　按照椭圆比运动规律，综框运动的位移 s、速度 v 和加速度 a 的方程为：

$$s = \frac{h}{2}\left[1 - \left(1 + \frac{k^2}{8}\right)\cos\theta + \frac{k^2}{8}\cos 3\theta\right]$$

因为 $\theta = \frac{\pi\omega t}{\alpha}$，所以，

$$s = \frac{h}{2}\left[1 - \left(1 + \frac{k^2}{8}\right)\cos\frac{\pi\omega t}{\alpha} + \frac{k^2}{8}\cos\frac{3\pi\omega t}{\alpha}\right](\text{m}) \tag{11-16}$$

$$v = \frac{\text{d}s}{\text{d}t} = \frac{h}{2}\left(1 + \frac{k^2}{8}\right)\frac{\pi\omega}{\alpha}\sin\frac{\pi\omega t}{\alpha} - \frac{h}{2}\cdot\frac{k^2}{8}\cdot\frac{3\pi\omega t}{\alpha}\sin\frac{3\pi\omega t}{\alpha}(\text{m/s}) \tag{11-17}$$

$$a = \frac{\text{d}v}{\text{d}t} = \frac{h}{2}\left(1 + \frac{k^2}{8}\right)\left(\frac{\pi\omega}{\alpha}\right)^2\cos\frac{\pi\omega t}{\alpha} - \frac{h}{2}\cdot\frac{k^2}{8}\cdot\left(\frac{3\pi\omega}{\alpha}\right)^2\cos\frac{3\pi\omega t}{\alpha}(\text{m/s}^2) \tag{11-18}$$

式中：k——由椭圆长径 b 和短径 c 计算而得的系数，$k^2 = \frac{b^2 - c^2}{b^2}$；

b——椭圆的长半轴，m；

c——椭圆的短半轴，m。

以 h、α 和 ω 值代入上述方程后，即可得综框椭圆比运动规律曲线，如图 11－21 中曲线 B 所示。

椭圆比运动规律的位移曲线也可用作图法求得。

3. 正弦加速度运动规律　按照正弦加速度运动规律，综框运动的位移 s、速度 v 和加速度 a 的方程为：

$$s = \frac{h}{\pi}\left(\frac{\theta}{2} - \frac{1}{2}\sin\theta\right)$$

因为 $\theta = \dfrac{2\pi\omega t}{\alpha}$，所以，

$$s = \frac{h}{\pi}\left(\frac{\pi\omega t}{\alpha} - \frac{1}{2}\sin\frac{2\pi\omega t}{\alpha}\right)\ (\mathrm{m}) \tag{11-19}$$

$$v = \frac{\mathrm{d}s}{\mathrm{d}t} = \frac{h\omega}{\alpha}\left(1 - \cos\frac{2\pi\omega t}{\alpha}\right)\ (\mathrm{m/s}) \tag{11-20}$$

$$a = \frac{\mathrm{d}v}{\mathrm{d}t} = \frac{2h\pi\omega^2}{\alpha^2}\sin\frac{2\pi\omega t}{\alpha}\ (\mathrm{m/s^2}) \tag{11-21}$$

以 h、α 和 ω 值代入上述方程后，即可求得综框正弦加速度运动曲线，如图 11-21 中曲线 C 所示。

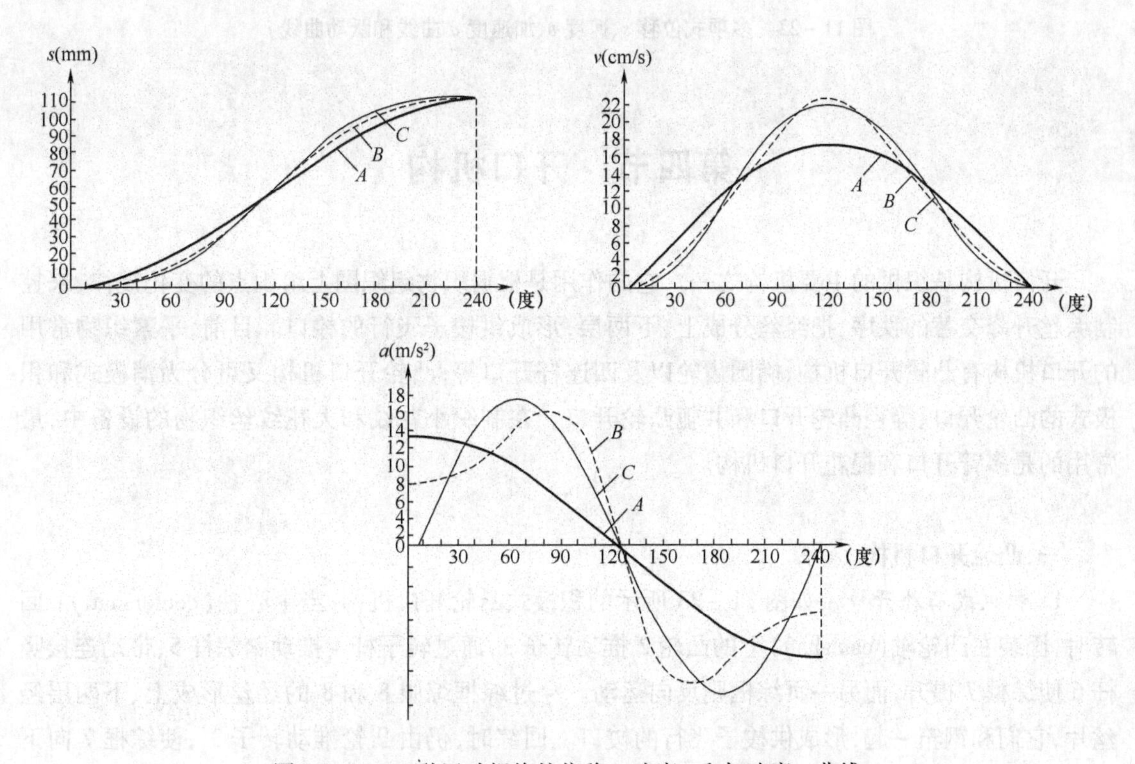

图 11-21 三种运动规律的位移 s、速度 v 和加速度 a 曲线

A—简谐运动规律 B—椭圆比运动规律 C—正弦加速度运动规律

4. 多项式运动规律 综框的多项式运动规律有多种，其中符合开口要求的位移方程为：

$$s = h\left[10\left(\frac{\omega t^3}{\alpha}\right) - 15\left(\frac{\omega t^4}{\alpha}\right) + 6\left(\frac{\omega t^5}{\alpha}\right)\right]\ (\mathrm{m}) \tag{11-22}$$

$$\nu = \frac{\omega h}{\alpha}\left[30\left(\frac{\omega t^2}{\alpha}\right) - 60\left(\frac{\omega t^3}{\alpha}\right) + 30\left(\frac{\omega t^4}{\alpha}\right)\right]\ (\mathrm{m/s}) \tag{11-23}$$

$$a = \frac{\omega^2 h}{\alpha}\left[60\left(\frac{\omega t}{\alpha}\right) - 180\left(\frac{\omega t^2}{\alpha}\right) + 120\left(\frac{\omega t^3}{\alpha}\right)\right]\ (\mathrm{m/s^2}) \tag{11-24}$$

若 h 、ω 和 α 取值同前,按上述公式可求出综框位移、速度、加速度的曲线,如图 11 - 22 曲线所示。由图可见,综框的运动开始和运动结束的瞬时,加速度为零。

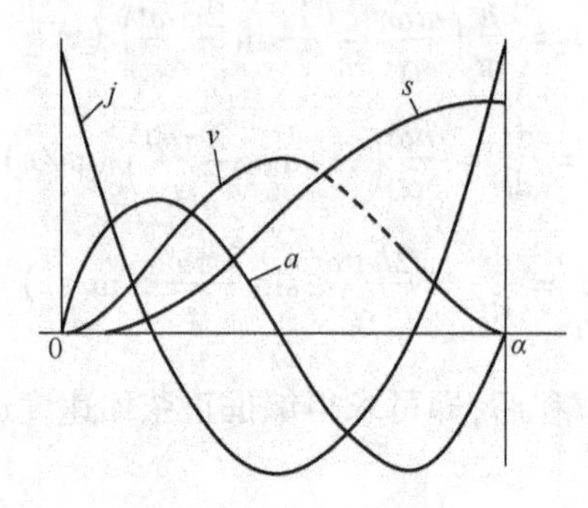

图 11 - 22 多项式位移 s、速度 v、加速度 a 曲线和跃动曲线 j

第四节 开口机构

开口机构是织机的主要机构之一。它的作用是根据织物组织图上组织点的变化规律,来控制综丝升降交替的秩序,把经丝分成上、下两层,形成供梭子飞行的梭口。目前,平素织物常用的开口机构有凸轮开口机构、椭圆齿轮以及四连杆开口等,凸轮开口机构又可分为消极式和积极式的凸轮开口、等径凸轮开口和共轭凸轮开口。在制织小花纹和大花纹丝织物的设备中,最常用的是多臂开口和提花开口机构。

一、凸轮开口机构

1. 积极式凸轮开口 如图 11 - 23 所示的积极式凸轮开口机构,当中心轴(centershaft)1 回转时,固装在凸轮轴(camshaft)上的凸轮 2 推动转子 3,通过转子杆 4 推动踏综杆 5,带动连接竖杆 6 使综框 7 提升,而另一页综框则反向运动。穿过综框综眼 8 和 8′的经丝形成上、下两层经丝片,它们和钢筘一起,形成供梭子飞行的梭口。回综时,仍由凸轮推动转子 3′,使综框 7 向下运动。由于闭口时也是由凸轮控制综框积极运动的,故称之为积极式凸轮开口机构。这种开口机构的特点是:结构简单,安装维修方便,凸轮的制造精度要求不高等,因此在丝织业中应用较为普遍。由于双凸轮结构的转子 3 及 3′和凸轮 2 之间有间隙,运动时会产生冲击引起综框跳动而增加经丝的断头率,故不适用于高速织机。

2. 等径凸轮开口机构 某些高速织机采用了刚性连接的等径凸轮开口机构。图 11 - 24 是 K252 型丝织机的等径凸轮开口(yoke radial cam shedding)机构结构图。在中心轴 1 上装着等径凸轮 2。等径凸轮回转时推动转子杆 3,使摆杆 4 往复摆动,摆杆 4 和双臂杆 5 都是固装在同一轴上的。当双臂杆绕 O 点作往复摆动时,通过传动杆 6 和 6′传动综框 7 和 7′,使其在导槽 8 内上下滑动。这种结构的特点是各片综框独立运动,并由刚性连接杆传动,升降运动由导槽导向,运动规律可任意设计。由于凸轮是等径的,转子杆上的转子和凸轮之间无空隙,故转子运动准确平稳,可用于高速开口机构。

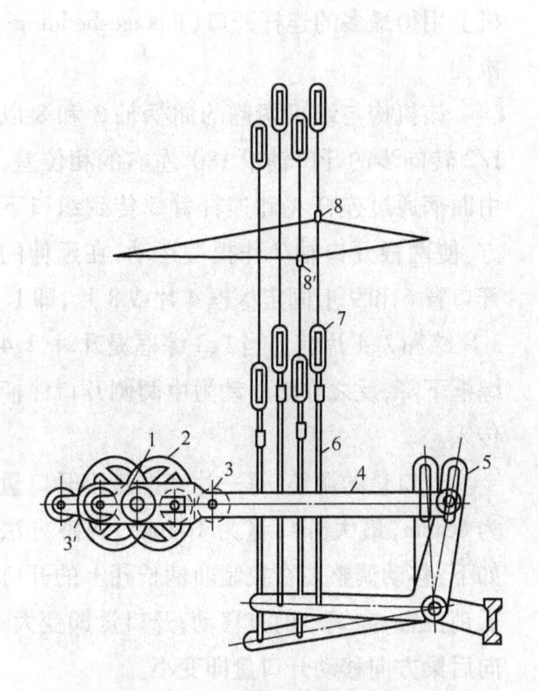

图 11-23 积极式凸轮开口机构

1—中心轴 2—凸轮 3、3′—转子 4—转子杆 5—踏综杆 6—连杆 7—综框 8—综眼

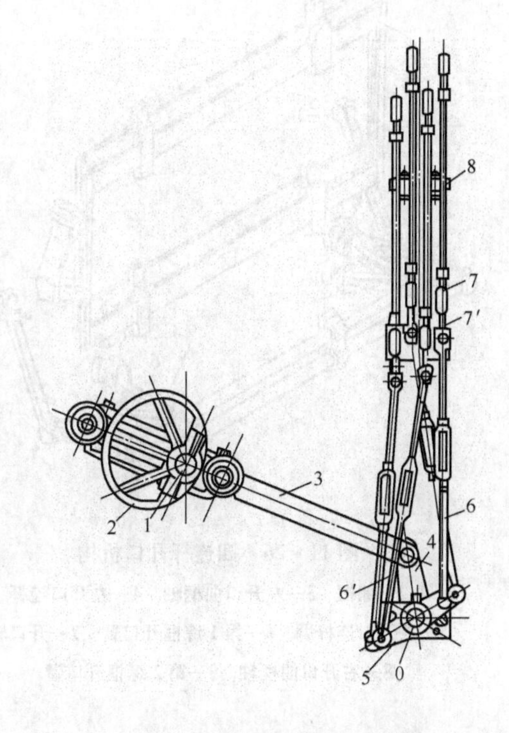

图 11-24 等径凸轮开口机构

1—中心轴 2—等径凸轮 3—转子杆 4—摆杆 5—双臂杆 6—传动杆 7、7′—综框 8—导槽

3. 共轭凸轮开口 在凸轮开口机构中,还有共轭凸轮开口(matched cam shedding)机构如图 11-25 所示。在凸轮轴 1 上装有主凸轮 2 和副凸轮 2′,转子连杆上的转子 3 与主凸轮 2 相接触,转子 3′与副凸轮 2′接触,由摆杆 4 使两转子中心距保持不变。连杆 5 与双臂杆 6 连接,通过摆杆 7 和 7′,使综框连杆 8 和 8′与综框 9 和 9′相连,当凸轮按箭头方向转动时,主凸轮便控制综框上升,继续回转时,副凸轮控制综框下降,每页综框配置一对主、副凸轮控制其升降。这种机构有利于适当缩小凸轮大小半径之差和增大其基圆半径,凸轮的运动时间的分配也可以根据不同的织物组织设计、要求加以分配,但加工精度较高。

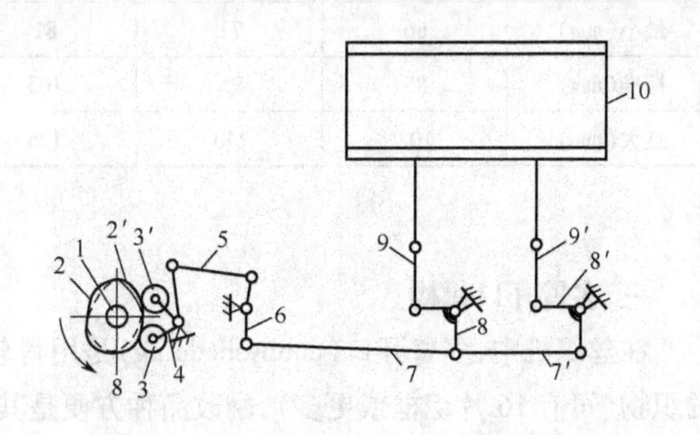

图 11-25 共轭凸轮开口机构

1—凸轮轴 2、2′—共轭凸轮 3、3′—转子 4—摆杆 5—连杆 6—双臂杆 7、7′—拉杆 8、8′—传递杆 9、9′—竖杆 10—综框

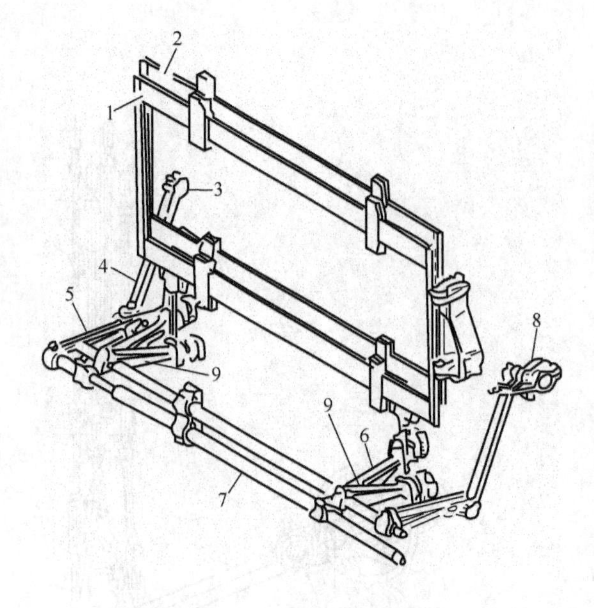

图 11-26　四连杆开口机构

1、2—综框　3—左开口曲柄轴　4—左开口连杆
5—左开口连杆臂　6—第 1 综框开口臂　7—开口轴
8—右开口曲柄轴　9—第 2 综框开口臂

二、连杆开口机构

图 11-26 所示为目前在喷水、喷气织机上用得最多的连杆开口(linkageshedding)机构。

该机构与织机两侧的曲柄轴 3 和 8 以 1/2 转同步的开口轴成 180°左右的相位差，由曲柄通过连杆 4 和连杆臂 5 传到织口下方，使两根开口轴 7 作摇摆运动，在延伸的开口臂 6 和 9 上固定综框 4 片或 8 片，即 1、3 片综和 2、4 片综。当 1、3 综框提升时，2、4 综框下降，反之亦然。动力由两侧开口曲柄传入。

开口量的调整，每一片综框最小开口量为 66mm，最大开口量为 102mm，调整方法如下：移动调整装在控制曲柄长孔上的开口插销位置，向织口前方移动，开口量即变大，向后梁方向移动开口量即变小。

在调整开口量时也要注意开口时间，其开口量的调整可见表 11-4。

表 11-4　综框开口量的调整

综框(mm)	1	2	3	4	5	6
最小(mm)	66	71	81	86	97	101
标准(mm)	85	95	105	115	125	125
最大(mm)	102	113	125	137	148	161

三、多臂开口机构

在丝织机中，多臂开口(dobbyshedding)是用得较多的一种开口装置，能制织完全组织较大的织物(可有 16 片综框或更多)，翻改品种方便是其主要优点。

多臂机一般由三个互相配合的独立机构组成：传动机构，运动由织机的曲轴或中心轴传到升降机构；提综装置(heald lifting motion)和回综装置(heald shaft reversing motion)，使综框按给定的运动规律升降；阅读装置(lag reader)，可控制综框的升降次序。

1. 机械式多臂机　按机构的工作运动循环与主轴转数的关系，机械式多臂机可分成两种：

单动式(singlelift)多臂机。织机主轴每一回转，多臂机构完成一个工作运动循环，一般由主轴传动，但也有中心轴传动的。

复动式(doublelift)多臂机。织机主轴每两回转，多臂机构完成一个工作运动循环。一般由中心轴传动。目前在丝织生产中多数采用这一类型。

图 11－27 所示是色织生产中,广泛应用的一种拉刀拉钩式多臂开口机构(conventional knife－hook dobby shedding mechanism)。在中心轴 1 上固装着开口曲柄 2,经连杆 3 同三臂杆 4 相连。三臂杆装在短轴 5 靠近机架后方的一端,短轴的另一端(在机架前方)装有双臂杆 6。三臂杆和双臂杆均由拉刀连杆 7 和 8,分别与上下拉刀 9 和 10 相连。依靠这套传动装置,中心轴的回转运动,便转化成上、下拉刀的往复运动。

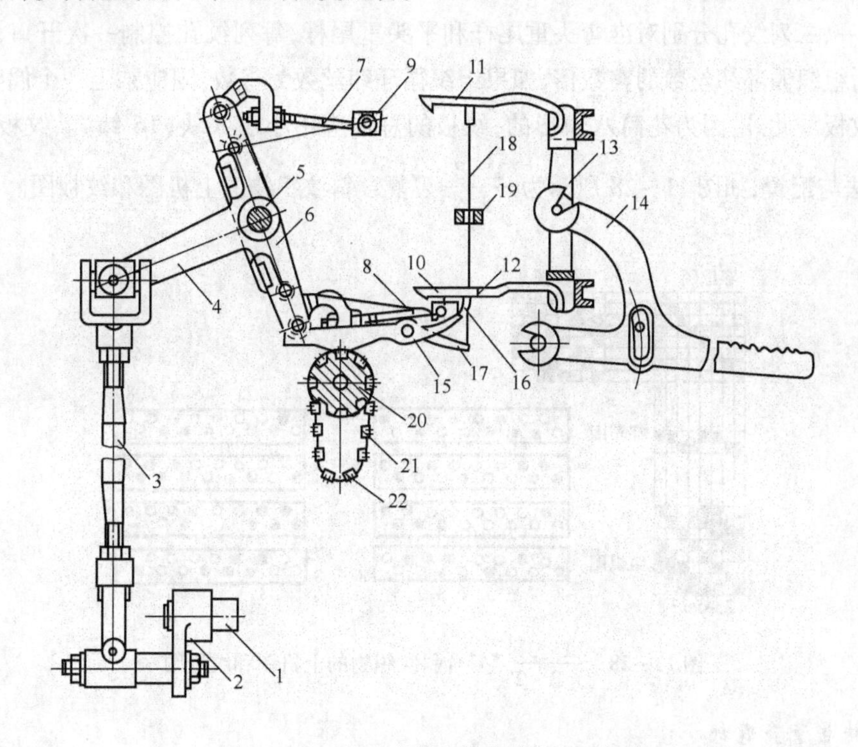

图 11－27　复动式单花筒多臂机开口机构

1—中心轴　2—开口曲柄　3—连杆　4—三臂杆　5—短轴　6—双臂杆　7、8—拉刀连杆　9—上拉刀　10—下拉刀　11—上拉钩　12—下拉钩　13—平衡摆杆　14—提综杆　15—小轴　16—弯头重尾杆　17—平头重尾杆　18—竖针　19—导栅　20—八角花筒　21—纹板　22—纹钉

(1)提综升降机构。上、下拉钩 11 和 12 装在平衡摆杆 13 上,平衡摆杆与提综杆 14 相铰接,吊综带即套于提综杆的齿口上。综框页数是同提综杆和平衡摆杆的数目相等。在小轴 15 上装有弯头重尾杆(weightedfeeler)16 和平头重尾杆 17。下拉钩直接搁置在弯头重尾杆上,而上拉钩(hook)搁置在竖针(verticalrod)18 的上端,竖针穿过导栅 19,其下端则搁置在重尾杆上。所有弯头和平头重尾杆交替的排列在小轴上。因弯头和平头重尾杆的左端均较重,故平时上、下拉钩不致落到上、下拉刀(knife)的作用线上。当上拉刀或下拉刀在最右方位置,如果要拉刀能拉动拉钩,则必须将相应的重尾杆左端上抬,使竖针下端下降,从而使相应的拉钩也随之下降。这样上拉刀或下拉刀自右向左移动时,便勾住已下降的拉钩而拉向左边,并通过平衡摆杆 13 和提综杆 14,使与其相连的综框提升。综框的下降,则靠回综弹簧的作用,拉回到提升前的位置上。

(2)花纹控制机构。在八角花筒 20 上,套有一副由许多纹板 21 所连成的循环纹帘,每块纹板上均有两列孔眼,按照织物组织的要求,在孔眼中插入纹钉22。花筒(patternbarrel)转过一格(1/8周),一块新纹板即被带至重尾杆下方。这时纹板上的纹钉如果顶着弯头或平头重尾杆左端,其左端就被抬起,右端便下降;而纹板上没有纹钉的孔眼与重尾杆相对时,重尾杆保持不动。

这种复动式单花筒多臂机的传动机构,是属空间四连杆传动机构。

(3)纹板制作与配备。纹板的结构如图11-28所示,每块纹板(lag)上有两列纹钉孔,呈错开排列,第一、二列纹孔分别对准弯头重尾杆和平头重尾杆,每列纹孔控制一次开口,纹板的纹孔列数应为组织循环纬丝数的整数倍,如果组织循环纬丝数为奇数,则应乘上一个偶整数,以得到整数块纹板。此外,因为花筒八角形的,纹板的总数应不小于8块(16纬)。纹板上的植钉(pegging)法与配置,如图11-28所示为$\frac{1\quad 3}{2\quad 2}\nearrow$复合斜纹织物的上机图和纹板图。

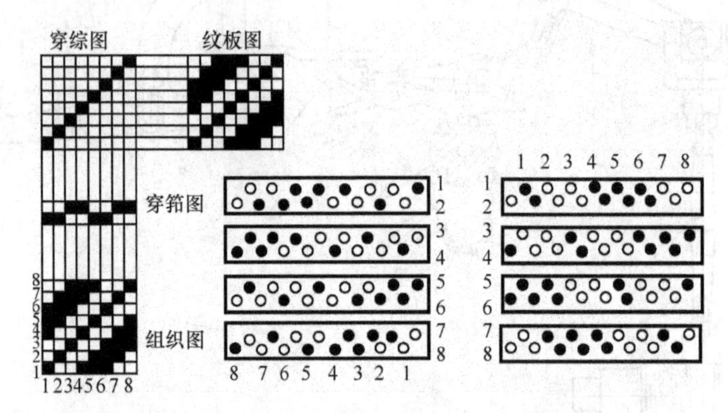

图11-28 $\frac{1\quad 3}{2\quad 2}\nearrow$复合斜纹织物的上机图和纹板图

2. 旋转电子多臂机

(1)电子多臂机的组成与特点。电子多臂机(electronicdobby)与其他控制多臂机相比,在花纹控制方面具有根本性的变革,不同的电子多臂机虽有不同的结构,但从原理方面分析,不外乎由以下三部分组成。

①电子程控装置。正确发出提综信息,可带有键盘、显示、打印等功能。

②电信号与机械量的转换机构。一般采用电磁铁,即由程控装置发出的提综信息转换成机械位移量来实现机械控制。

③提综机构。由转换机构传来的位移量经过放大后,使综框提升或下降,以至达到正确开口的目的。

(2)电子多臂机的工作原理。旋转式电子多臂机(rotary electronic dobby)是目前国际上最先进的多臂机之一。它的设计完全摆脱了以往多臂机的传统结构,以极其有效的转换机构,极短的路径,将匀速回转运动转换成有停顿的转动,再经偏心盘、连杆机构,带动综框作上下运动。

旋转式电子多臂机适用于门幅110~390cm,采用复动式开口,速度可达1000r/min,开口高度60~140mm全开梭口,织物组织由计算机程序控制,改换品种非常方便。

①提综机构工作原理。原动力通过链传动输入主轴,带动与轴一体的大圆盘匀速转动,圆盘上装有两根对称的轴和两对对称的摆臂,一对共轭凸轮。如图11-29所示。

图 11－29 中 O_1 是装在大圆盘 10 的一根轴上，凸轮 1、2 是一对共轭凸轮，它们固定在机架上，相对地面静止，摆臂 3、4 和滑槽 5 作为一刚体绕轴 O_1 转动，轴 O_1 以 O_1O_2 为半径，以 O_2 为圆心作匀速圆周运动。如 11－29 图所示，该机构相当于 O_1 固定的共轭凸轮作匀速圆周运动，即整个机构为一对凸轮机构加一个连杆机构，运用共轭凸轮，能提高运动精度，减少冲击，而且可以改善机构的受力情况。

图 11－29 中滑槽 5 作积极式运动，它的运动由匀速转动和摆动的合成，滑块是从动件，它由滑槽带动。滑块和偏心盘之间的关系为：滑块是从动件，它由滑槽带动，滑块的运动，使滑块杆和偏心盘变速运动。而滑块杆 6 与图 11－30 中的驱动盘 6 固定在同一根轴上，而控制钩 7（图 11－30）固定在偏心盘 5 上的，则当控制钩嵌入驱动盘时，就与偏心盘一起转动，此时，相当于一个开口曲柄，其连杆带动提综臂 9 作来回摆动，使综框产生上升或下降的开口运动，由于曲柄输出转动是变速的，故综框有一定停顿时间。

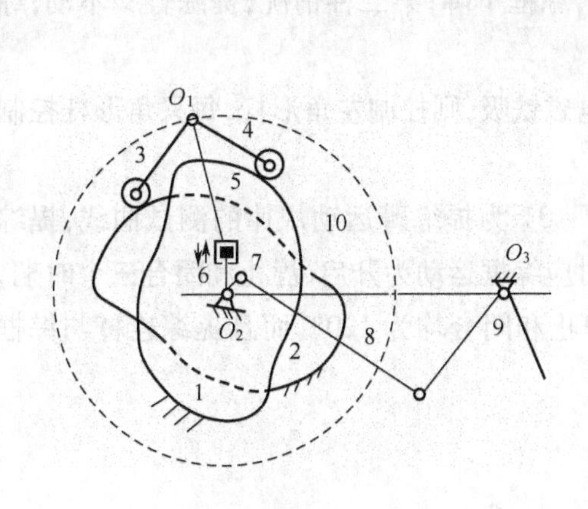

图 11－29 提综机构

1、2—共轭凸轮 3、4—摆臂 5—滑槽 6—滑块杆 7—曲柄 8—连杆 9—提综臂 10—大圆盘

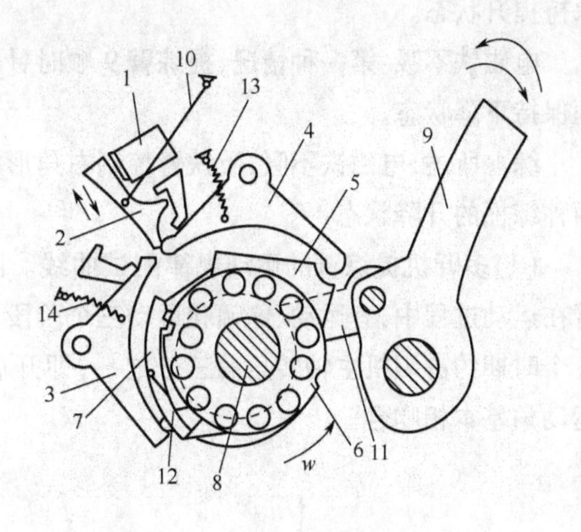

图 11－30 选综控制机构简图

1—电磁铁 2—吸铁臂 3—左角形杆 4—右角形杆 5—偏心盘 6—驱动盘 7—控制钩 8—花键轴 9—提综臂 10—摆臂 11—盘形连杆 12—拉簧 13—右角形杆拉簧 14—左角形杆拉簧

②选综控制机构工作原理。如图 11－30 为选综控制机构，提综臂 9 是随偏心盘 5 运动的，而盘形连杆 11 活套在偏心盘 5 上，偏心盘通过控制钩 7 与驱动盘相作用。至于提综臂随不随偏心盘一起运动，则由选综控制机构控制。

图 11－30 中，驱动盘 6 以花键连接装配在花键轴 8 上，而花键轴的转动规律由图中滑块机构所决定。提综信号由控制箱发给电磁铁，电磁铁则以吸或不吸两种不同状态控制提综臂的运动规律。

摆臂 10 在共轭凸轮作用下上下移动，带动吸铁臂作上下运动。当吸铁臂向上运动时，使吸铁臂向电磁铁靠拢，若电磁铁不带磁性，两者不会有接触（因为 0.25mm 间隙，以避免碰撞），吸铁臂在最高点应有一段静止时间，以利于电磁铁吸住吸铁臂。电磁铁吸与不吸出现两种情况。

a. 若电磁铁吸,则吸铁臂顶住左角形杆3向下移动时,左角形杆顺时针向外摆动,则控制钩7与驱动盘6之间有两种可能。

第一种可能,上一纬综框不提升,控制钩7在左边,由于弹簧12的作用将控制钩7上的凸头压入驱动盘6,使偏心盘5与驱动盘6作为一刚体转动,带动提综臂使综框作上下运动。

第二种可能,上一纬综框提升,此时控制钩转动右边;受右角形杆作用,后凸头嵌在驱动盘6的凹处,右角形杆4由于受弹簧13的作用将控制钩7上的凸头从驱动盘6的凹处顶出,偏心盘与驱动盘分离,综框保持提升状态。

b. 若电磁铁不吸,则吸铁臂顶住右角形杆4向下移动时,右角形杆逆时针向外摆开,则控制钩7与驱动动盘6之间又有两种可能,不再重述。

由上可知,电磁铁吸与不吸,各有两种情况,可概括如下:

电磁铁吸:第一种情况,提综臂9逆时针转动,综框提升;第二种情况,提综臂9不动,综框保持提升状态。

电磁铁不吸:第一种情况,提综臂9顺时针转动,综框下降;第二种情况,提综臂9不动,综框保持下降状态。

综上所述,电磁铁不吸,吸铁臂控制右角形杆;电磁铁吸,则控制左角形杆,每只角形杆控制两种综框的升降状态。

(3)多臂机提综臂的运动规律测试曲线。图11-31为提综臂运动规律的测试曲线,提综臂在运动过程中,有运动、停顿和运动三个阶段,相对应综框运动为开启、静止和闭合三个时期,各个时期约占织机主轴转角的三分之一,即开启、静止和闭合均为120°,而且提综连杆与综框运动角基本相吻合。

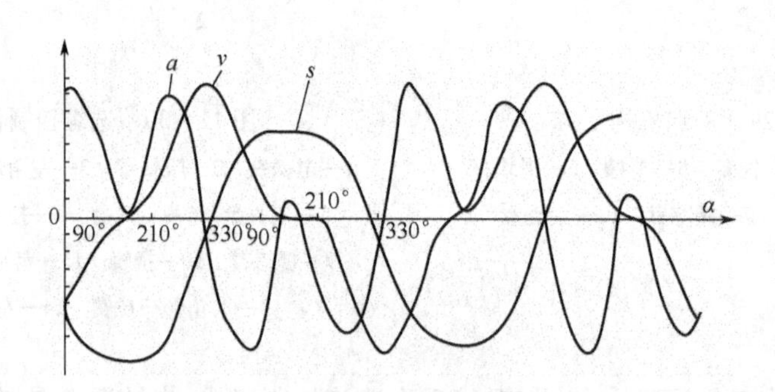

图11-31 提综臂连杆 s、v、a 运动规律曲线

四、提花开口机构

1. 机械式提花机 在丝织机上,制织一个完全组织内经纬丝很多的织物时,需用提花机(jacquard)作为开口机构。其主要特点是,织造过程中,可控制单根综丝的升降,但也可用棒刀使一片综丝作升降运动。

各种类型的提花机开口机构,都是由三个机构所组成。

①传动机构,一般由空间曲柄四连杆机构传动。也有用立轴式齿轮传动、链传动等传动型式。

②提综机构,由刀箱(griffebox)、提刀(knife)和竖钩(hook)等所组成。

③花纹控制机构，由纹板、花筒和横针所组成。

图 11－32 为单动式提花机的一般构造图，经丝穿在综丝（heald）1 的综眼内，重锤（即下柱）2 固装在综丝的下端，综丝上端固装在通丝（healdtwine）3 上，通丝 3 通过目板（comberboard）4 的孔眼，目板 4 使通丝相互分开，并按织物幅度而分布。通丝上端固定在首线 5（neckcord）（或称麻线）上，每一根首线皆挂在竖针 6 上，竖针 6 垂直安装在托板（grate）7 上，托板 7 具有供首线通过的孔眼。装在刀箱 8 上的提刀 9 从每一列竖针的前下方通过，而每一根竖针通过横针（needle）10 的圈状弯曲部，横针 10 依水平方向安置，并穿过横针板（needleboard）12 的孔中，横针右端装有弹簧 11，横针的左端由于弹簧 11 的作用而突出横针板 12 之外。在横针板 12 左前方装置花筒（cylinder）13，花筒上有纹板帘（card）14。在机器运转时，刀箱与提刀 9 沿垂直方向往复运动。提刀向上运动时攫住竖针，使竖针、通丝、综丝及穿于综丝内的经丝提起。提刀下降时，经丝由重锤 2 的作用而下降，各根经丝的提升次序由花纹控制机构来控制。

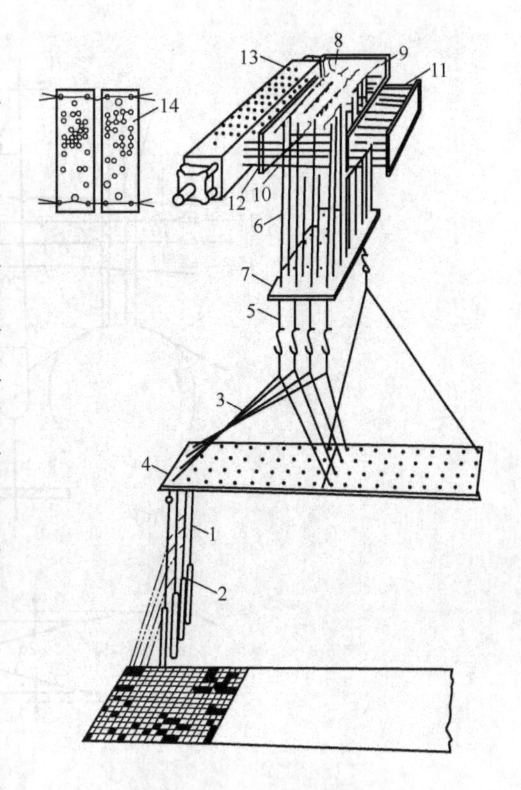

图 11－32　单动式提花机

1—综丝　2—重锤　3—通丝　4—目板　5—首线　6—竖针　7—托板　8—刀箱　9—提刀　10—横针　11—弹簧　12—横针板　13—花筒　14—纹板帘

2. 复动式提花开口

复动式提花全开口（double lift jacquard open shedding）曲轴回转两次，提花机刀箱往复运动一次（即有两个刀箱，每个刀箱各上下一次）。复动式提花机如图 11－33 所示。

如图 11－33 所示为克罗玛复动式提花机的横竖针的结构和梭口的形成。图 11－33 中 1 为上刀箱提刀，2 为下刀箱提刀，上、下刀箱作交替运动，与刀箱相配的双钩正体竖针 20、21、22、23 直立在托板 24 上，与控制双钩竖针的 16、17、18、19 每根横针上的两凸头相配。横针后端有弹簧作用使竖针复位，在横针的前端有辅助横针 8、9、10、11，与横针对应控制的是辅助竖针（也称阅读探针）4、5、6、7，在辅助横针的前端由推针格上的凸缘 12、13、14、15 作用。当辅助竖针探测纹纸 3 沿着花筒上的箭头方向转过一块纹纸时，开始选针。若纹纸上有孔时，辅助竖针 4、7 下降，而且与其相配的辅助横针 8、11 的前端也下降，则当推针格的凸缘 12、13、14、15 向前时，由于未对准辅助横针 8、11，使 8、11 及对应的横针 16、19 保持不动，与其相配的竖针 20、23 也不动，从而继续保持开口或开始开口状态。当下刀箱 2 提升时，竖针 23 被提升，就形成梭口的上层。当辅助竖针探测纹纸上无孔时，辅助竖针 5、6，与其相配的辅助横针 9、10 及对应的横针 17、18 被向后推动，此时横针的凸头推动竖针 21 使其脱离停针刀 25。待刀箱 1 下降时，竖针 21 随之下降产生了闭口，竖针 22 被推开使其脱离下刀箱提刀 2，即不提升，停在托板 24 上，这就使 21、22 所连的经丝形成梭口的下层。总之，纹纸上有孔时竖针提升，形成梭口的上层；纹纸上无

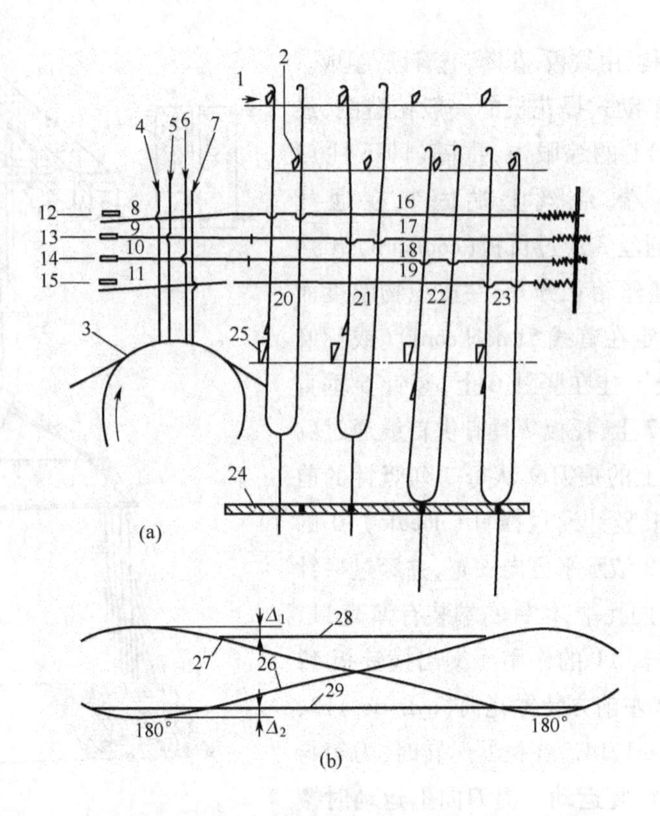

图 11－33　复动式提花机横竖针与开口的配合

Δ1—为停针刀与停针钩的空程　Δ2—为上、下竖针钩与上、下提刀所产生的空程　1、2—上、下刀箱　3—纹纸　4、5、6、7—探针　8、9、10、11—辅助横针　12、13、14、15—推针格凸缘　16、17、18、19—横针　20、21、22、23—双钩竖针　24—托板　25—停针刀　26—被提升经丝曲线　27—为下降经丝曲线　28—为提刀停集时形成上层开口（即 Δ1）　29—为竖钩在托板上形成下层开口（即 Δ2）

孔时，竖针不提升，停留在托板上，形成梭口的下层。第一次已提升的竖针，当第二次开口时还需继续提升（纹纸上有孔），此竖针就停在停针刀 25 上，仍保持继续开口，直到纹纸上无孔时，竖针才能下来。

其开口形成过程，如图（b）中的开口曲线，此时综平点 n 为 360°。

3. 电子提花机

（1）电子提花机的控制原理。提花织物的生产从纯手工到机械提花机，发展到今天的电子提花机，经历了一个漫长曲折的过程。国际上对电子提花开口机构的研究始于二战结束，到了 20 世纪 70 年代，由于大规模集成电路及电子计算机的应用与发展，电子提花机的研究取得了重大进展。1983 年，第一台电子提花机在米兰纺织机械展览会上作为样机展出，此后许多的提花机制造商把它列入自己的发展规划，可以说从 80 年代开始，纺织行业百花齐放，百家争鸣，发展势头很好。

电子提花机开口（electronic jacquard shedding）融合了现代微电子技术和电磁、光电技术，在纺织 CAD 系统和新型机械机构的配合下，实现了高速无纹板提花，大大提高了劳动生产率和产品质量。该控制系统的框图如图 11－34 所示。

电子提花机与其他机械控制提花机相比，在花样控制方面具有创造性的变革，不同的电子提花机虽有不同的结构，但从原理方面分析，不外乎有以下几部分组成。

①电子程控装置。正确发出提综信息，可带有键盘，显示，打印等功能。

②电信号与机械量的转换机构。一般采用电磁铁，即由程控装置发出的提综信息转换成机械位移量来实现机械控制。

(2) 电子提花控制系统的组成。

①提花信息磁盘，存放提花信息。

②主机，80286 以上能用微机或工控机，用于提花信息、发讯盘信息、故障信息的读取及人—机管理。

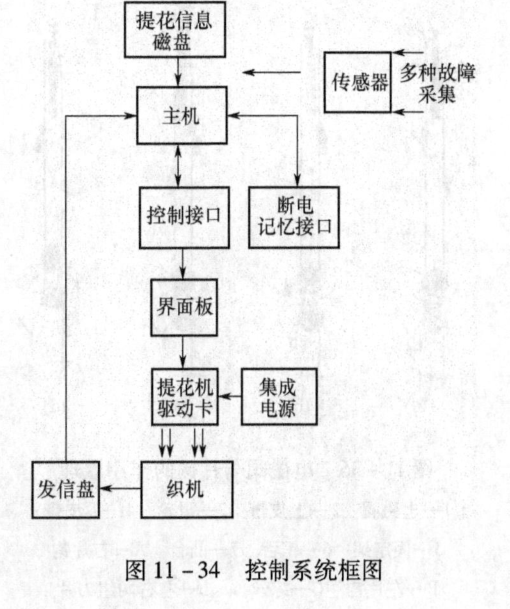

图 11 - 34　控制系统框图

③控制接口，用于提花信息的处理与变换。

④断电记忆接口，用于技术管理信息及生产统计信息的长期存储。

⑤界面板，用于提花信息的传输及硬件保护。

⑥提花驱动卡，用于选针提经控制。

⑦集成电源，采用分散供电，固体电源方式，用于提花龙头的供电。

⑧传感器，各种故障如断经、断纬等信号的采集，输入主机，适时作出处理。

(3) 提花信息的传输与执行。

①电磁阀板原理。提花信息利用串行分配，长线传输方式，经由界面板送至提花龙头，传输距离可达 40m，送至提花龙头的电磁阀板。

电磁阀板的原理如图 11 - 35 所示。

经长线传输的提花数据信息与控制信息经界面卡分配给电磁阀板，其中数据信息串行分配到各电阀板后，在控制信号的作用下，同步并行输出实现对提花织机的升/降经线的控制，实时地按提花信息织出每一纬织物。

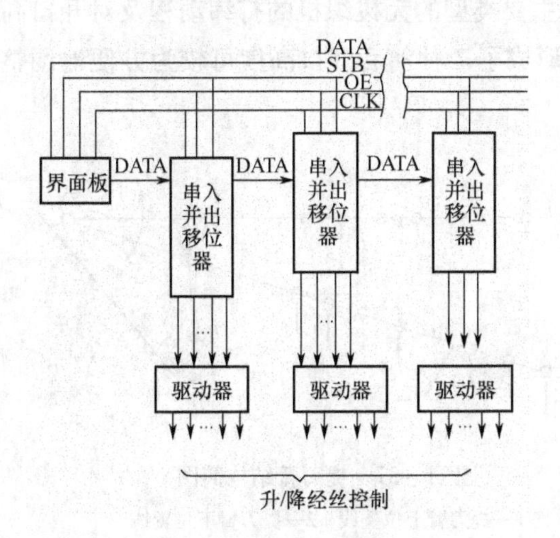

图 11 - 35　电磁板原理

②电磁力转变为机械力。电磁力转变为机械力的工作原理将分四个工作阶段进行阐述如图 11 - 36 所示。

阶段 1：左边片钩 B 提升，右边片钩 A 下降，综丝 C 不动(即综丝不开口)。

阶段 2：左边片钩 B 上升，右边片钩 A 下降，在滑轮中上升与下降抵消，综丝 C 仍不动。

阶段 3：左边片钩上升最高点时，电磁阀加电，B 片钩被吸合挂住，即左边片钩 B 固定不动，当右

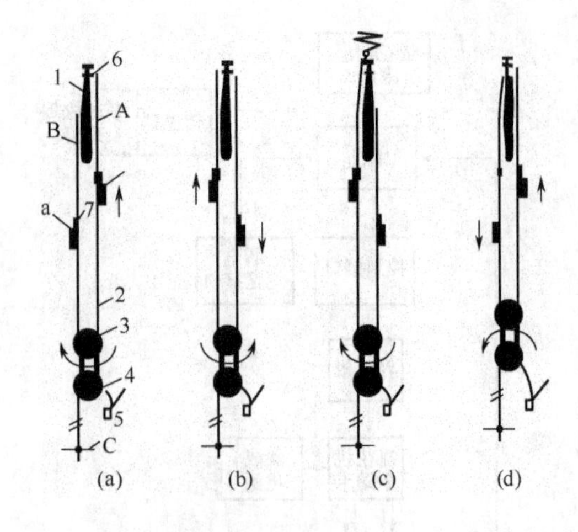

图 11－36　电磁阀与片钩的作用原理

1—电磁阀　2—上皮带　3—滑轮　4—下皮带　5—固定架　6—销舌　7—凸台　A—右片钩　B—左片钩　G—综丝　a、b—左右两组刀片

边片钩 A 提升时，综丝 C 向上移动，产生开口。

阶段 4：右边片钩 A 上左边片钩 B 留在最高点，当右边片钩 A 上升到最高点，产生最大开口。

(4)电子提花机的机械结构及传动。

①复动式提花机的开口原理。新型提花机有主轴中心旋转带动两对上下移动的提刀臂，实现了复动式升降作用。对机构的要求为复动式升降，开放 V 形清晰梭口；以四连杆机构传动，高强度复动式提刀易改变梭口的大小，通过滑轮系统可调整综平；运动精确平衡，运行速度可达到500r/min 以上；采用滚针密封式轴承和复合式轴套，年内无需加润滑油可连续运转；低噪声，低振动，传送经纱平稳，可增长综丝寿命，提高织物质量；使用范围广，机械接口灵活，提升针数由 48 针至 12000 余针选择，可与剑杆织机、喷气织机、片梭织机等配套，适合棉、麻、丝、毛提花织物的织造。

根据以上要求采用了四杆曲柄复动式提刀机构，如图 11－37 所示。*A* 点为主轴可正反向旋转，*AB* 为曲柄，*BC* 连杆，*CD* 为提刀臂。该结构通过曲柄以主轴为中心旋转，由连杆带动提刀臂做上下往复运动，而提刀按装在提刀臂前段，从而实现了上下开口运动。因为采用了双曲柄提刀臂结构，主轴转动 180°，同时带动提刀 *CD* 从上到下，完成了一次开口运动，保证了织机运转 360°完成一次开口运动。而主轴又转动 180°，提刀 *CD* 由下至上又完成一次开口运动。该机构与织机配合运转，其主轴转速只是织机转速的一半。即织机转二转，提花机完成一次开口循环，故称为复动式提花机。由此可见，织机在高速运转下，该提花机构能以平稳的运转与织机配合完成开口运动。

②开口高度的调整。提刀臂机构如图 2－37 所示。在曲柄 *AB* 不变的情况下，只要改变提刀臂 *C* 点与 *D* 点的距离就可以实现。根据国内外主要类型的无梭织机的打纬动程及对开口高度的具体要求，在提刀臂上设制了 7 个 *C* 点位置，形成了 7 种前后开口高度可较为方便地调整选择使用。

为了实现在 7 种开口位置变动后保证臂上顶点位置统一不变，采用以 *A* 点圆心，*AC* 为半径作弧线的方式，各 *C* 点位置均作于该弧线上，实现了以上所提的设计要求，如图 11－38 所示。由图 11－38 可见，开口高度的变化实际是上位置线不变，而把变量全部在下位置线的高低变化上，实现了机构的特殊要求。

开口高度的调整见表 11－5。

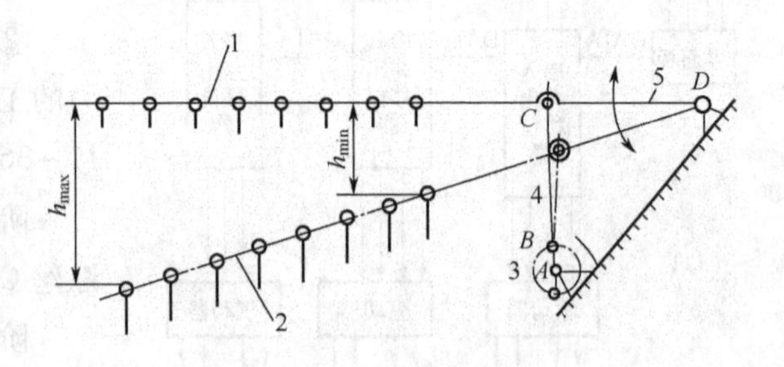

图 11－37　提刀臂结构简图

1—提刀臂上位置线　2—提刀臂下位置线　3—曲柄　4—连杆　5—提刀臂

表 11-5　开口高度的调整

位置	轴位置 D(mm)							轴位置 E(mm)						
	1	2	3	4	5	6	7	1	2	3	4	5	6	7
后开口	119	109	102	96	91	87	84	119	105	97	89	84	79	75
前开口	66	61	56	53	50	48	46	59	53	48	43	41	39	37

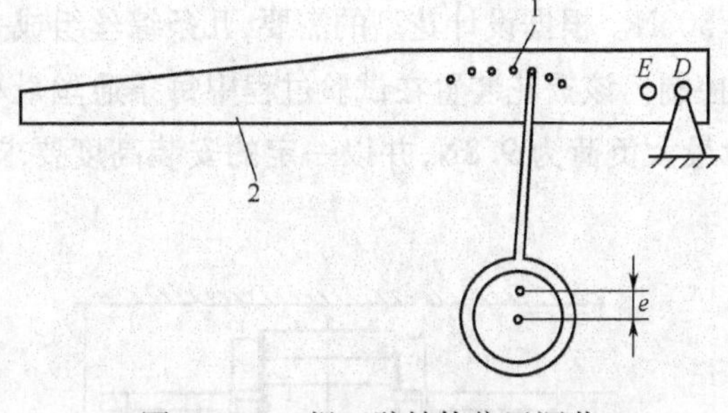

图 11-38　提刀臂结构位置调节

1—开口大小的调节点　2—提刀臂

SM93 型剑杆织机传动接口原理如图 11-39 所示。动力由织机同步齿形带 1 传动输入，传动轮滑套在主轴上的左端面离合器上。当寻纬电机在工作时，通过链齿轮 Z_1、Z_2传动右端面离合器，由离合器传动 Z_3、Z_4，再传至万向立轴 5，通过 Z_5、Z_6传动提花机传动轴 6。由此实现提花机开口倒车运动。

通过该传动装置可接受来自织机或寻纬箱两种传动运动。织机正常运转时寻纬箱箱内的接合滑牙 A 向左结合实现织机与提花装置的联动；如果发生断纬停车，寻纬箱接到此信号后使接合滑牙 A 向右移动与织机传动脱离并向右与寻纬机构联接，同时输出倒车运动，实现提花机的寻纬运动，然后接合滑牙向左移动变位再与织机联接，并且结合位置与脱离时的相互位置保持不变，做好继续开车准备。变换结合位置不变，该机构采用了离合器端面结合牙非均称的方法，只要结合，必然就回到原联接位置，如果发生错位，离合器就不能实现联接。

③开口机构的传动原理。综上所述，织机与提花机的主轴传动比为1∶2。在正常运转时必须保持严格的传动比关系，保证引纬与开口运动的相互配合，同时要实现断纬停车后提花机构与织机离合器脱开，并以寻纬电动机能独立倒车运转，实现自动寻纬功能，然后再与织机自动连接到原来的位置。其多种机构传动连接形式(如传动轴、链条、同步带等)。

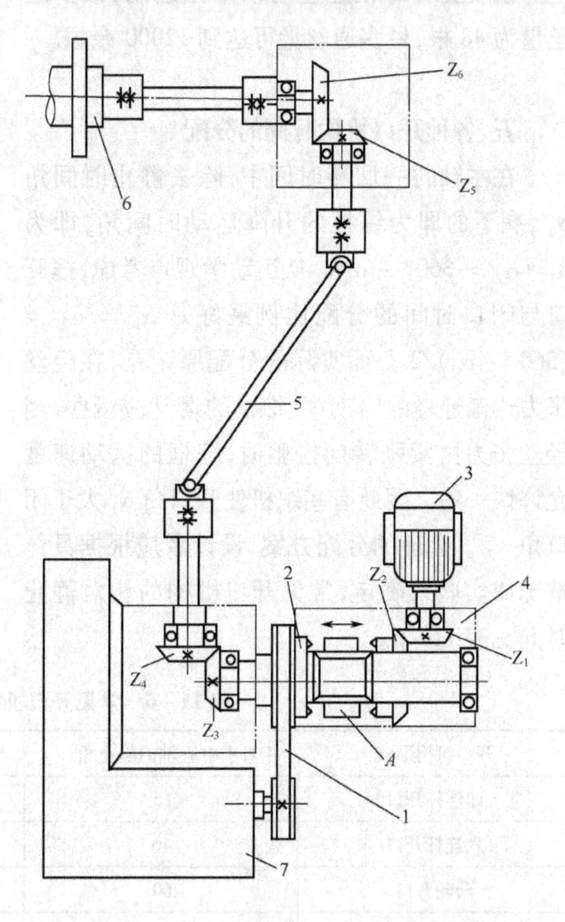

图 11-39　SM93 型剑杆织机传动接口原理

1—输入同步带　2—织机传动带轮　3—寻纬电动机

4—寻纬倒车箱　5—立轴　6—提花机传动轴　7—织机

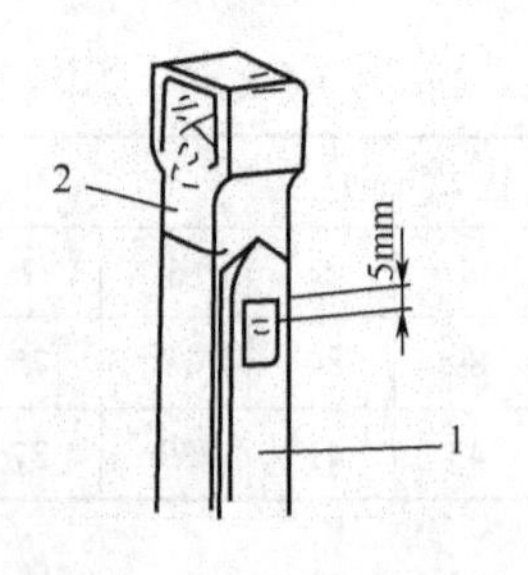

图 11－40 电磁阀与挂钩
1—片钩 2—电磁阀

④提花机开口高度与装造要求。为了确保经丝提起后，纬丝能顺利通过梭口，提花机主轴每转 180°，链杆控制提刀上升到最高点（死心位置）。此时竖针高于电磁阀挂钩 5mm（图 11－40），该机构的设计能使梭口开启后能保证有 50°以上的静止时间（相对织机为静止时间 100°），从而提高了开口时间，使纬丝顺利通过梭口。

在高速运行中，为保证综丝升降过程中的稳定性，设计了弹性回综装置，单丝回综力≥50cN。根据设计花型的需要，几条综丝组成一条通丝由单个电磁阀控制。该提花装置在试验过程中每条通丝最小负荷为 150cN，单竖针最大负荷为 9.8N，并以一定的安装高度要求，如图 11－41 所示。

当开口高度选定后，可以较方便地调整有关织口位置和开口经位置线，在前后方向可以上下移动通丝目板来进行调整。

该装置对每根经丝可以单独运动，最少通丝量为 48 根，最多通丝量可达到 12000 余根。

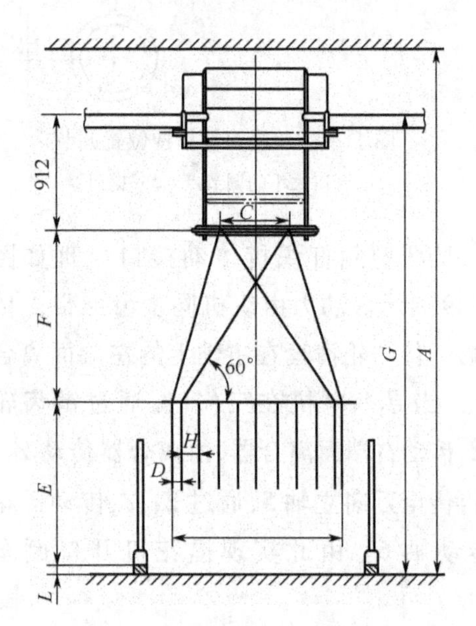

图 11－41 提花机的安装高度
A—最矮厂房高度 B—幅宽 C—竖针幅宽
D—零件幅宽 H—花位幅宽 L—机垫脚高
E—目板至机脚高 F—托板至目板高
G—提花机安装高度

五、各种开口机构时间的分配

在主轴的一回转时间中，除去静止时间角 α_0，剩下的即为综框的升降运动时间角，即为 $\alpha_1+\alpha_2=360°-\alpha_0$。从运动学观点考虑，框开口与闭口时间的分配比例最好是 $\alpha_1=\alpha_2=(360°-\alpha_0)/2$。而实际的分配原则是，在经丝张力逐渐递增的时期中，综框的运动应慢些，当经丝张力由紧张转向松驰时，综框的运动速度允许快一些。因此有些织机使开口角 α_1 大于闭口角 α_2。合理的分配方案，设计者应根据具体情况或实验来确定，常见开口机构的相对静止时间见表 11－6。

表 11－6 常见开口机构的相对静止时间

开口机构形式	相对于中心轴的静止角(°)	相对于主轴的静止角(°)	运动规律
四连杆开口	15	30	接近椭圆比运动
六连杆开口	40	80	椭圆比运动
凸轮开口	60	120	简谐运动(或任意设计)
等径凸轮开口	30	60	简谐运动(或任意设计)
椭圆齿轮开口	20	40	接近椭圆比运动

续表

开口机构形式	相对于中心轴的静止角(°)	相对于主轴的静止角(°)	运动规律
偏心圆盘开口	15	30	接近简谐运动
提花机开口	15	30	接近简谐运动
多臂机开口	20	40	接近简谐运动

注　当提花机和多臂机开口采用凸轮传动时,静止角也可根据需要而设计。

第五节　自动寻纬装置

织机断纬停车时,寻纬装置可以使开口机构和织机主轴自动脱开,这样,打纬引纬机构停止不动。开口机构由一只辅助电动机驱动倒转,使综框运动返回到开始断纬的那个梭口位置上,而送经卷取与开口机构是联动的,所以可以减少横档织疵。该装置放在织机和多臂、凸轮开口箱之间,辅助电动机传动开口机构反转时即带动寻纬装置(pick - findingmotion)动作。该装置由一个双按钮开关盒远距离操纵:一个按钮用于正向回转,另一个按钮用于反向回转。

一、自动寻纬装置的原理

本书以多臂机的自动寻纬装置为例加以介绍,GT402 型、2232 型多臂机往往与 DA40 型寻纬装置配合使用,DA40 型与 FIM120 型的作用原理基本相同。下面以 DA40 型寻纬装置为例来说明自动寻纬的工作原理。如图 11 - 42(a)为织机正常运转状态,此时离合器 5、制动器 7 脱开,爪形离合器 2 啮合,织机驱动多臂机正转。图 11 - 42(b)为纬纱断头时寻纬装置动作,爪形离合器 2 脱开,离合器 5 啮合,制动器 7 啮合,反转电动机 3 倒转,通过一对圆锥齿轮 4、离合器 5 而使多臂机 6 反转。

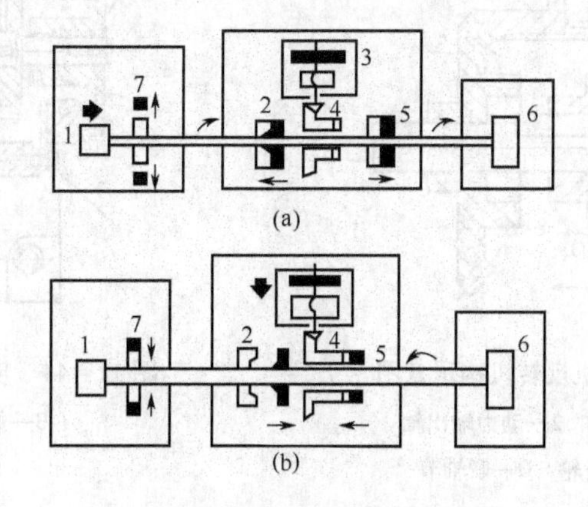

图 11 - 42　DA40 型寻纬装置原理图

1—织机　2—爪形离合器　3—反转电动机　4—圆锥齿轮

5—离合器　6—多臂机(或凸轮开口机构)　7—制动器

二、反转机构

1. 反转机构的构造 在织造生产中，如果断纬，织机必须恢复到原来的梭口，寻找断纬，同时送经机构、卷取机构、多臂开口机构、选纬机构必须作反转运动。上述机构均由侧轴传动，因此只需使侧轴在找断纬时反转即可，而织机主轴继续正转。如图 11－43，动力输出轴 2 上装有联轴节 D(套筒)，并可以在动力输出轴 2 上滑动。联轴节 D 在动力输出轴 2 上的滑动，可以用手柄控制或由选配件反转电动机控制。联轴节 D 可以滑向活套在动力输出轴 2 上的伞齿轮 A 或 B，动力输入轴 1 上装有伞齿轮 C，同时与伞齿轮 A 和 B 一直啮合。

反转电动机电路接通后启动，使反转伞齿轮与主动伞齿轮啮合传动，辅助电动机回转，带动织机卷取机构、送经机构、选纬机构和多臂开口机构一起反转。反转完毕之后，反转电动机又接通，重新使正转伞齿轮与主动伞齿轮啮合传动，织机恢复正转状态。

如图 11－43 所示，动力输入轴 1 上伞齿轮 C 传动伞齿轮 A 和 B 空转，且伞齿轮 A 和 B 的转向相反。当联轴节 D 与伞齿轮 A 连接时，动力输出轴 2 正转。当联轴节 D 与伞齿轮 B 连接时，动力输出轴 2 反转。

2. 反转机构的制动 在织机上还装有反转机构制动装置。当联轴节 D 的啮合位置改变时，即反转电动机回转时，必须使综框和多臂机保持原位，锁住不动，这就是反转机构制动装置的作用。反转机构制动装置在静态下作用，并没有磨损。

反转机构制动装置摩擦盘要求间隙为 0.3～0.4mm，可以通过螺钉 1 来调节，螺钉 1 必须拧紧，否则轴上紧圈 2 会松动，使制动失灵，该机构拆装比较方便，只需拧紧螺钉 1 和 3 即可(图 11－44)。

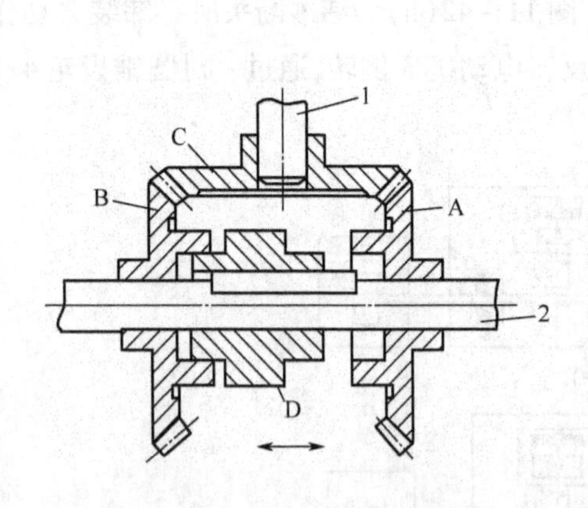

图 11－43 织机反转机构示意图

1—动力输入轴 2—动力输出轴

A、B、C—伞齿轮 D—联轴节

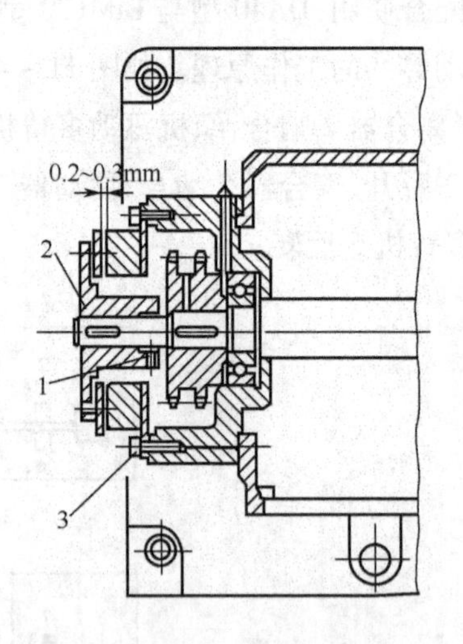

图 11－44 反转机构的制动装置

1、3—螺钉 2—紧圈

第十二章　引纬

引纬（weft insertion）是将纬丝牵引通过梭口，使经纬交织成织物。由于经丝形成梭口有一定的时间和开启规律，对引纬提出了准确和平稳的要求，以免经丝磨损、断头、组织错误及纬缩、缺纬等织物疵点。

第一节　引纬方式

引纬方式是指牵引纬丝通过梭口的方式。

自从人类使用手工织机到1785年英国人 Edmund Cartwright 发明了第一台用动力传动的力织机，引纬是使用梭子载运纬丝通过梭口，纬丝从梭子内腔纬丝卷装（纡子 quill）上退解而引入梭口来完成的。这种引纬方式称为有梭引纬或传统引纬，织机称为有梭织机或传统织机。有梭织机在使用过程中经历了不断地改，但实践证明：有梭引纬基本原理不变，提高生产率难以有新的突破。

20世纪初，人们抛弃了用梭子载运纬丝进行引纬的有梭引纬原理，使用新型引纬器或流体引纬介质，从固定安装的大卷装筒子上，直接退解纬丝引入梭口。这种新的引纬方式称为无梭引纬，织机称为无梭织机或新型织机。无梭引纬有四种基本类型，即喷水引纬、剑杆引纬、喷气引纬和片梭引纬，由于新型引纬器或流体引纬介质不装载纬丝，在各自的推进器作用下，能携带纬丝高速引入梭口，因此，无梭引纬的引纬速度大幅度提高。

一、引纬方式的比较

无梭引纬以其独特的技术特征在织物加工方面具有明显的优势，不仅引纬速度大幅度增长，产量提高，而且织物幅宽增加，织机噪声和振动减小，极大地改善了工作环境。织机各机构的改进及机电一体化技术的应用，实现了无梭织机操作自动化和产品质量自动控制化，降低了劳动强度，提高了织物质量。各种引纬方式的主要性能及特点见表12－1。

表12－1　各种引纬方式的主要性能及特点

项目	无梭引纬				有梭引纬
	喷水引纬	剑杆引纬	喷气引纬	片梭引纬	
纬纱握持方式	消极式	积极式	消极式	积极式	积极式
最大引纬率（m/min）	2000以上	1300以上	2000以上	1300以上	约300

续表

项目	无梭引纬				有梭引纬
	喷水引纬	剑杆引纬	喷气引纬	片梭引纬	
引纬原料	疏水性纤维长丝	各种纤维的长丝和短纤纱、花式纱、变形丝及弱捻低强纬丝	从短纤纱发展到长丝及精纺纱，不宜使用线密度大的结子纱、圈圈纱等花式纱	各种纤维的长丝和短纤纱，不宜使用弱捻低强纬丝	各种纱线
纬丝线密度(dtex)	300~6	2000~11	1000~16	2000~4	
最大幅宽(mm)	3800	5400	5400	8600	1600
幅宽调整量(mm)	400~800	800	600~800	950~2700	
多色纬功能	4	8~16	4~8	4~6	2×2,4×4等
引纬张力	小	控制	小	精确调整	控制
引纬故障	缩纬、缺纬	极少	缩纬、缺纬	极少	
丝端处理	单侧废边	双侧废边	单侧废边	边夹	
开口装置	连杆、凸轮、多臂、提花	凸轮、多臂、提花	连杆、凸轮、多臂、提花	凸轮、多臂、提花	连杆、凸轮、多臂、提花
能耗(J)		0.71×10^6	0.55×10^6	0.42×10^6	
噪声(db)	80~88	85以下	80~88	90~92	94~100
适宜织物	合纤织物	色织物、毛织物、丝织物、装饰织物等	大批量白坯织物	阔幅高质量织物	一般织物
典型织机	丰田：LWT710，津田驹：ZW8100等	必佳乐：OptiMax；意达：R9500；多尼尔：P1型等	必佳乐：OMNIplus；丰田：JAT810；津田驹：ZAX9100；意达：A9500；多尼尔：A1型等	苏尔寿：P7300HP；南昌飞机发动机厂：P7150等	K251、K252、ZK272、1511等

二、引纬方式的选择

无梭引纬方式的强大优势已成为织造技术发展的主流，有梭引纬将不可避免地逐渐被削弱，直至替代。到目前为止，四种无梭引纬及多种机型各具自己独特的长处，在各自适应的领域得到发展。因此，科学地选择最合适的引纬方式与机型，才能确保投资方向的正确性。

引纬方式与机型的选择是根据企业产品发展方向和引纬方式的技术经济指标，分析并作出判断，使用何种引纬方式及机型，对企业生产及发展更具优势。如喷水引纬适宜合纤织物加工；剑杆引纬适宜复杂花色及复杂组织的织物加工，如：色织物、毛织物等；量大面广的白坯织物使用喷气引纬最经济;阔幅织物使用片梭引纬。喷水引纬与喷气引纬的引纬速度最大,喷水织机价格低,但喷气织机自动化程度高,产品适应性广。片梭织机价格最高,但机器性能最好,无论是能耗、备件耗损,还是纬丝回丝率,都是最低的,可变织造成本最低,而剑杆织机的品种适应性最好。

可见,引纬方式与机型的选择是多目标性的,许多目标是定性的说明。要进一步对引纬方式与机型的选择作出正确判断,必须使用定量分析法。定量分析之前必须对每一考核指标进行数值化,即对一些非数值的指标进行数值化,如原料种类,可根据其范围大小进行数值化;然后通过建立织机性能指标的矩阵并进行运算、排序,得到最佳引纬方式和机型。

第二节　喷水引纬

喷水(water jet)引纬是利用有一定压力的高速水流与丝线之间的摩擦力,将纬丝牵引通过梭口,使经纬交织成织物。

一、喷水引纬的特点

喷水引纬是以单向喷射的水流作为纬丝飞越梭口的载体,在几种无梭引纬的织机中,喷水织机是车速最高的一种。这种引纬方式通常适合生产各种合纤织物,加工后的织物要进行脱水、烘燥处理。

喷水引纬是以一次性喷射水流牵引纬丝,水流流速按指数规律迅速衰减,织机幅宽受到限制,最宽的织机幅宽为380cm。

喷水引纬的选色功能较差,最多只能配置两只喷嘴进行混纬或双色纬织造,特殊情况下可配置双泵四只喷嘴。

喷水引纬是一种消极式引纬方式,纬丝在飞越梭口时张力小,无控制,因此,经丝开口状态对引纬质量影响很大,易产生缩纬、纬丝折返等织物疵点。

喷水引纬耗水量大,对水质有较高的要求,因此喷水织造工厂须配备专门的水处理装置(water treatment system)。生产废水(含有浆料)会污染环境,要进行污水净化(waste - water purification)处理。

喷水引纬的噪声低,单台织机的噪声大致为80~88db。采取适当的防噪措施,可达到控制噪声的目的。

二、喷水引纬原理

喷水引纬是利用织机上的水泵(pump)对一定量的水进行加压后,从喷嘴喷射形成的水射流进行引纬的,纬丝飞行速度取决于射流速度,射流速度取决于射流压力及喷嘴结构。如图12-1所示为射流通过喷嘴的截面示意图。

根据伯努利原理，液体在稳定流中的任意点压头、速度头及位头之和为一常数，即：

$$\frac{P}{\gamma}+\frac{v^2}{2g}+h=常数$$

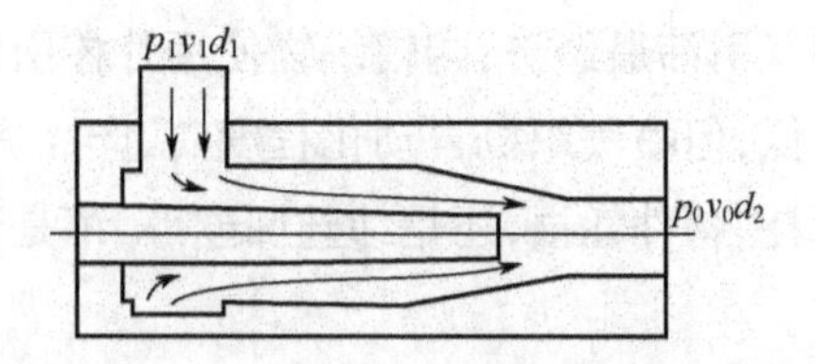

图 12－1　射流通过喷嘴的截面示意图

p_1—进水口处的射流压力　v_1—进水口处的射流速度

d_1—进水口的直径　p_0—出水口处的射流压力

v_0—出水口处的射流速度　d_2—出水口的直径

式中：γ——水的密度；

h——喷嘴中心线高度，设喷嘴进水口与出水口位于同一水平面上，即 h = 常数。

假设：ξ 为喷嘴的局部阻力。因此，建立伯努利方程式：

$$\frac{P_0}{\gamma}+\frac{v_0^2}{2g}(1+\xi)=\frac{P_1}{\gamma}+\frac{v_1^2}{2g} \tag{12-1}$$

因为水是一种不可压缩的流体，建立从喷嘴进水口到喷嘴出水口的连续方程：

$$Q=c\frac{\pi d_2^2}{4}v_0=\frac{\pi d_1^2}{4}v_1 \tag{12-2}$$

式中：Q——水流的流量；

c——流量系数，$c\approx1\sim0.95$。

将式（12－2）代入式（12－1）整理后得到喷嘴出口处的射流速度与射流压力和喷嘴结构的关系：

$$v_0=\sqrt{\frac{2g\times\dfrac{P_1-P_0}{\lambda}}{1+\xi-c^2\left(\dfrac{d_2}{d_1}\right)^4}} \tag{12-3}$$

压力水从喷嘴喷出形成自由圆射流，如图 12－2 所示为水的圆射流结构。

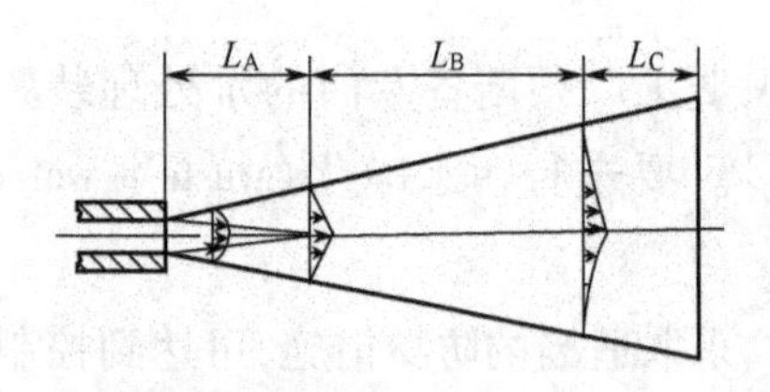

图 12－2　水的圆射流结构

L_A—射流密集段　L_B—射流散射段

L_C—射流雾化段

喷水引纬是由射流密集段和射流散射段作用的。射流密集段由核心区（kernel area）和混合区组成，核心区具有均质流体特性，速度保持不变，等于喷嘴出口处的射流速度 v_0，也称为等速核。随着射流向前发展，由于周围空气的不断进入，核心区逐渐缩小，混合区逐渐扩大，到达射流散射段，核心区消失。在射流散射段，周围空气继续与射流发生掺混及动量交换，射流逐渐扩散成水滴，射流速度迅速下降，到达射流雾化段，水滴消失在空气中，射流不再对纬丝产生牵引力。

射流受空气阻力而速度下降。射流中一个独立的水滴在前进过程中受到的空气阻力可表示为：

$$F = \frac{1}{2}\rho_a C_d \pi r^2 v^2 \qquad (12-4)$$

式中：F——射流中水滴在前进过程中受到的空气阻力；

ρ_a——空气密度；

C_d——空气对射流中水滴的阻力系数；

r——射流中水滴的当量半径；

v——射流中水滴的速度，近似地认为射流速度。

根据牛顿定理：

$$F = -ma = -m\frac{dv}{dt}$$

$$\frac{dv}{dt} = -\frac{F}{m} = \frac{F}{\frac{4}{3}\pi r^3 \rho_w} \qquad (12-5)$$

式中：ρ_w——水的密度。

将式(3-4)代入式(3-5)，令$\frac{3\rho_a C_d}{8\rho_w r} = K^2$ 得到：

$$\frac{dv}{dt} = -K^2 v^2$$

积分初始条件：射流出喷嘴口时，$t=0, v=v_0$，得到射流流速按指数规律衰减的规律：

$$v = v_0 e^{-kx} \qquad (12-6)$$

式中：x——离喷嘴出口处的距离。

在射流散射段内，由于射流速度随着位移的增加按指数规律衰减，同时，射流携带的纬丝质量不断增加，这使得射流对纬丝的牵引力变得相当复杂。实际上，纬丝加速后的飞行速度要比射流速度慢，才能得到射流的牵引力的作用。如图12-3所示为射流速度与加速后的纬丝速度的变化情况。

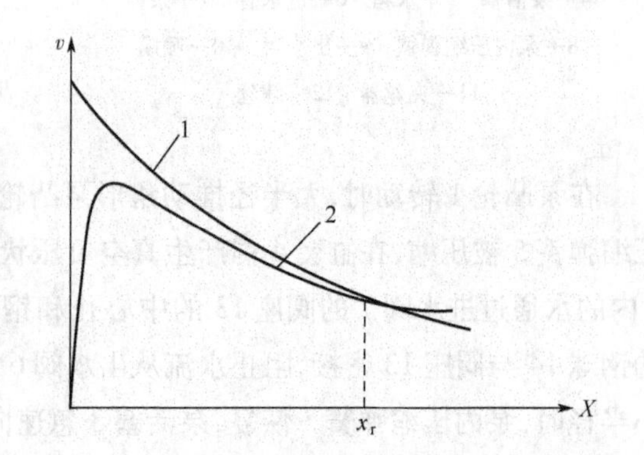

图12-3　射流速度与加速后的纬丝速度的变化情况

1—射流速度　2—纬丝速度　x_r—临界位移

射流的扩散使射流速度下降较纬丝飞行速度下降快，到达临界位移 x_r 时，射流速度与纬丝飞行速度相等。

在临界位移以后，射流速度低于纬丝飞行速度，射流不再对纬丝产生牵引，纬丝依靠自身的运动惯性继续向前飞行，但速度下降很快。因此，理论上讲，喷水织机的筘幅不能大于这临界位移。

三、喷水引纬系统

喷水引纬系统如图12-4所示。装于副轴上的泵凸轮(pump cam)1,通过泵凸轮转子2、泵凸轮连杆3带动泵活塞(plunger)4,水箱5中的水经进水管6、进水阀进入泵体7,在泵体内产生的压力水经出水阀、出水管9进入喷嘴(nozzle)10。引纬时,夹丝器11释放纬丝12,泵凸轮1从大半径转至小半径,泵活塞4在泵内压缩弹簧8的恢复力作用下快速向右移动,泵内水被加压后压入喷嘴10,进行喷射引纬。引纬结束后,夹丝器11夹持纬丝12,泵凸轮1从小半径转至大半径,泵活塞4向左移动,水箱5中的水进入泵体7,为下一次引纬做好准备。

1. 水泵 水泵和泵阀(pump valve)的基本结构如图12-5所示。

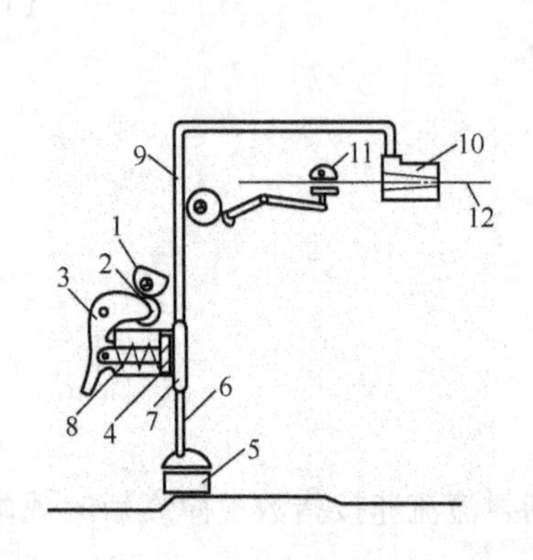

图12-4 喷水引纬系统

1—泵凸轮 2—泵凸轮转子 3—泵凸轮连杆 4—泵活塞 5—水箱 6—进水管 7—泵体 8—泵内压缩弹簧 9—出水管 10—喷嘴 11—夹丝器 12—纬丝

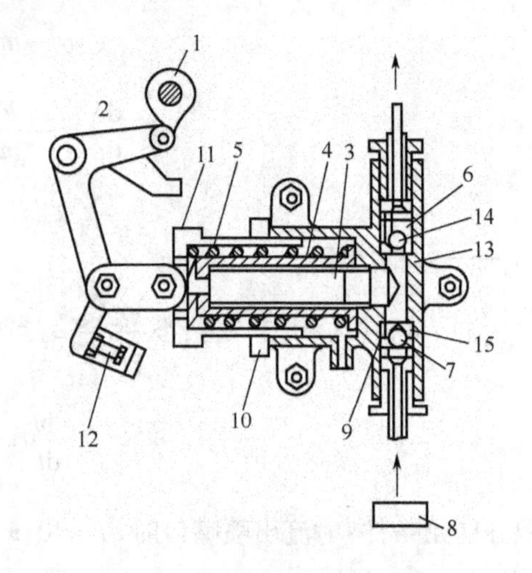

图12-5 水泵和泵阀的基本结构

1—泵凸轮 2—角形泵凸轮连杆 3—泵活塞 4—钢套 5—泵内压缩弹簧 6—出水阀 7—进水阀 8—水箱 9—泵体 10—调节螺母 11—弹簧座 12—限位螺栓 13—阀座 14—钢球 15—钢球盖

在泵凸轮1转动时,大半径推动角形泵凸轮连杆2,使泵活塞3在缸套4内左移退出,泵内压缩弹簧5被压缩,在缸套4内产生真空负压状态,进水阀7的钢球14与钢球盖15密接,水箱8内的水通过进水阀7的阀座13的中心孔和钢球盖15上的小孔进入泵体9。此时,出水阀6的钢球14与阀座13密接,阻止水流从出水阀6流出。当泵凸轮1工作点由大半径突然过渡到小半径时,泵内压缩弹簧5恢复,泵活塞3急速向右移动,在水压作用下,出水阀6的钢球14与钢球盖15密接,泵内水通过出水阀6的阀座13的中心孔和钢球盖15上的小孔,进入喷嘴,由喷嘴喷射形成射流。此时,进水阀7的钢球14与阀座13密接,阻止水流从进水阀7回流至水箱8。

2. 喷嘴 开放型环形喷嘴的基本结构如图12-6所示。压力水流进入喷嘴后,通过环状通道a和6个沿圆周方向均布的小孔b、环状缝隙c。环状缝隙由导纬管(nozzle needle)1和衬套4构成,移动导纬管1在喷嘴体(nozzle body)2中的进出位置,可以改变环状缝隙的宽度,调节射流的流量。6个小孔b为水流整流器,对涡旋的水流进行切割,提高射流的集束性。

3. 夹丝器　位于测长储纬装置与喷嘴之间的夹丝器(gripper)用于控制纬丝。夹丝器可分为机械传动的机械式夹丝器和电磁控制的电磁式夹丝器,机械式夹丝器的基本结构如图12-7所示。夹丝器凸轮1的转速与织机的转速一致。当夹丝器凸轮1转到大半径与转子2相接触时,通过作用杆3、提升杆4、升降杆5使压纬盘7抬起,夹丝器释放纬丝。当夹丝器凸轮1作用点转到小半径时,压纬盘7下降,夹丝器夹持纬丝。

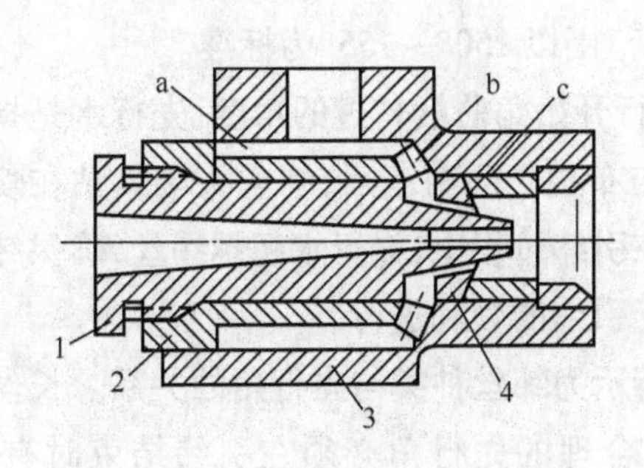

图12-6　开放型环形喷嘴的基本结构图

1—导纬管 2—喷嘴体 3—喷嘴座 4—衬套

a—环状通道　b—6个小孔　c—环状缝隙

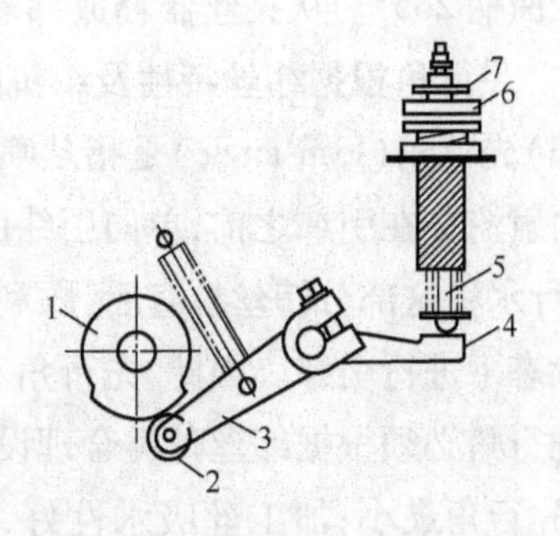

图12-7　机械式夹丝器的基本结构

1—夹丝器凸轮　2—转子　3—作用杆　4—提升杆

5—升降杆　6—下底盘　7—压纬盘

4. 水箱　水箱(float box)起到稳定水源,消除水中气体和进行最后过滤等作用。水箱内水由工厂水处理系统提供,水箱的水位由浮球阀进行控制。水处理系统的工艺流程如图12-8所示。

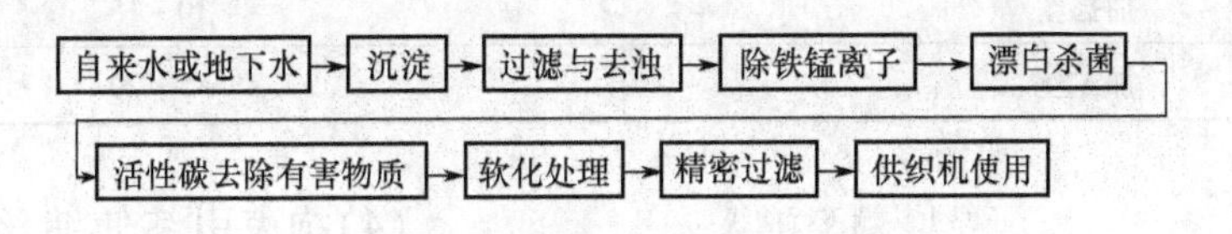

图12-8　水处理系统的工艺流程

喷水引纬用水不符合标准,会在短期内引起引纬有关部件的性能下降,发生锈蚀,损伤部件,以至不能维持正常稳定的生产运转。

四、喷水引纬工艺

喷水引纬工艺是根据织物品种及纬丝原料的特点来确定,以纬丝顺利飞越梭口为原则。喷水引纬工艺有引纬时间、引纬水压、引纬水量及喷嘴开度等。

1. 引纬时间　如图12-9所示为喷水引纬时间的主轴曲柄工作圆图。

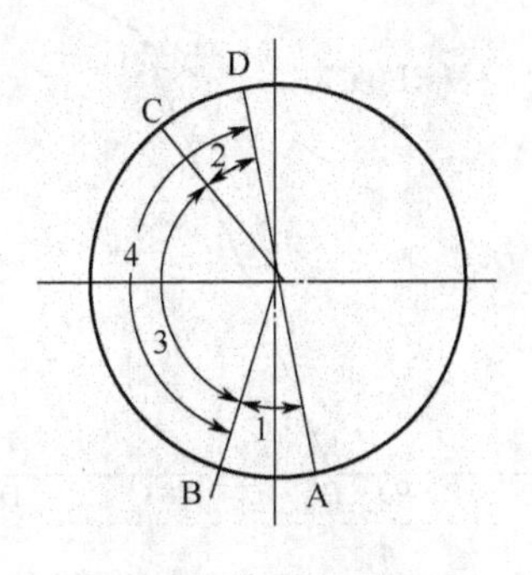

图12-9　喷水引纬时间的曲柄工作圆图

A—喷射开始角　B—飞行开始角　C—拘束开始角

D—飞行终了角　1—先行角　2—拘束角

3—自由飞行角　4—飞行角

(1)喷射开始角(jet start angle)是指泵凸轮的工作点从大半径转入小半径瞬间的曲柄角度。如图12-5所示,喷射开始角调节泵凸轮1在副轴上的位置,一般地,喷射开始角调节至曲柄85°~90°,平纹开口为85°,多臂开口为90°。

(2)飞行开始角(flying start angle)是指夹丝器开始释放纬丝时的曲柄角度,飞行终了角(flying finish angle)是指夹丝器开始制停纬丝时的曲柄角度。如图12-5所示,飞行开始角和飞行终了角调节凸轮1在凸轮轴上的位置,一般地,飞行开始角调节至曲柄约110°,飞行终了角调节至曲柄265°。从夹丝器释放纬丝至夹丝器制停纬丝曲柄转过的角度,称为飞行角(flying angle)。飞行角根据纬丝特性及织机门幅而定,调整范围以150°~155°为标准。

(3)先行角(lead angle)是指从喷射开始角到飞行开始角曲柄转过的角度,先行水是指超越纬丝的射流。在引纬之前,单向引纬的纬丝在喷嘴与布边之间剪断后,纬丝头端紧贴在喷嘴前部,先行水将这部分纬丝拉直后,顺利地引入梭口;在引纬过程中,先行水超越纬丝,确保纬丝在伸直状态下进行引纬。因此,先行角和先行水保证了引纬的顺利进行。

先行角必须根据纬丝种类合理设定,表12-2所示为纬丝种类与先行角的关系。长丝吸水性差,先行角最小;加工丝吸水性好,先行角最大。合理的先行角必须在引纬结束时有50~100mm的先行水。工丝吸水性好,先行角最大。合理的先行角必须在引纬结束时有50~100mm的先行水。

表12-2 纬丝种类与先行角

纱线种类	先行角(°)
长丝	10
加捻丝	10~15
加工丝	15~20

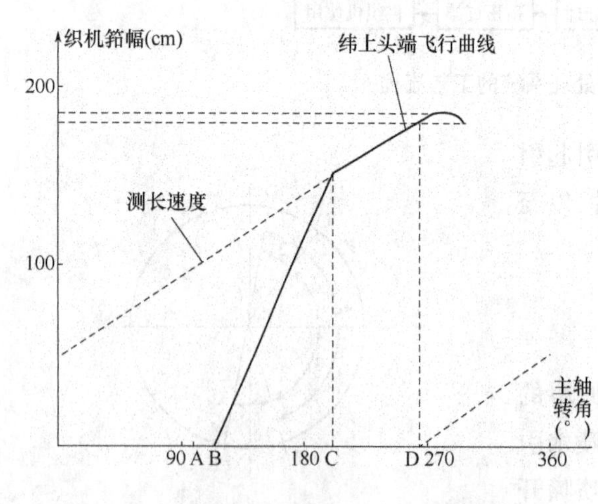

图12-10 纬丝头端在梭口内飞行位移曲线

(4)拘束引纬使纬丝在飞越梭口过程中发生急剧变化得到张力控制。如图12-10所示为纬丝头端在梭口内飞行位移曲线。纬丝在梭口内飞行由“自由飞行”和“拘束飞行”二部分组成。自由飞行从夹丝器打开开始,当储纬测长滚筒上的全部纬丝,或第一储纬滚筒上未满全幅长度的纬丝(双色引纬装置)被引入梭口时,自由飞行结束,拘束飞行开始。纬丝由自由飞行转入拘束飞行瞬间的曲柄角度,称为拘束开始角。从拘束开始角至飞行终了角曲柄转过的角度,称为拘束角。拘束角与引纬水压、引纬水量与喷嘴开度有关,大小必须合适,过大与过小均会引起引纬后期纬丝缺少张力控制,一般在30°~40°以内。

从飞行开始角至拘束开始角曲柄转过的角度，称为自由飞行角。

2. 引纬水压　引纬水压是指在喷射过程中，泵内水的压力，与泵内压缩弹簧的恢复力平衡。引纬水压的大小可以通过活塞直径、弹簧型号和弹簧初始压缩量来进行调节。如图 12－5 所示，通过调节螺母 10 调节弹簧座 4 的位置即可改变弹簧初始压缩量，从而改变引纬水压。引纬水压过高过低均会给引纬带来不利。引纬水压过高，射流初始速度增加，但喷射时间短，易造成后期引纬不稳定；引纬水压过低，射流喷射时间长，但射流初始速度小，引纬不稳定易造成拱纬。在喷射过程中，由于被压缩的弹簧恢复，弹簧压缩量逐渐减小，引纬水压随之下降，从而满足了稳定引纬的工艺要求。

3. 引纬水量　引纬水量是指引入一纬所需喷射水的体积。引纬水量是由水泵的缸套直径、泵凸轮大小半径之差、角形泵连杆的长短臂长度之比及活塞动程决定。如图 12－5 所示，通过限位螺栓 12 调节活塞动程，从而改变引纬水量。

4. 喷嘴开度

如图 12－6 所示，导纬管 1 与喷嘴体 3、衬套 4 有较好的同心度。导纬管 1 在喷嘴体 3 和衬套 4 中的旋紧程度称为喷嘴开度，对喷射水的集束性意义重大。当导纬管旋紧，喷嘴开度减小，即喷嘴的横截面减小，喷出射流细长、集中；反之，当导纬管旋松，喷嘴的开度增大，即喷嘴的横截面增大，喷出射流粗短、发散。

第三节　喷气引纬

喷气（air jet）引纬是利用高速气流与丝线之间的摩擦力，将纬丝牵引通过梭口，使经纬交织成织物。

一、喷气引纬的特点

喷气引纬是以单向喷射的惯性极小的气流作为纬丝飞越梭口的载体，这种引纬方式能使织机达到高速高产，在几种无梭引纬的织机中，喷气织机是车速最高的一种。由于空气粘性极差，喷气引纬最早在短纤维织物加工中得到广泛使用，随着喷气引纬性能的提高与改进，已逐渐在长丝类织物加工领域中得到应用。

高速气流在自由空气中迅速衰减，为了满足织物加工幅宽的要求，喷气引纬使用主副喷嘴与异形筘相结合的引纬方式提高了织机幅宽，织机的最宽幅宽达到 540cm，纬丝种类与织物范围也得到较大提高。

喷气引纬的选色功能已得到较大发展，最多能配置 4～8 只喷嘴进行多色纬织造。除了适用于量大面广的单色织物加工外，也适用于棉型色织物等多色纬织物加工。

喷气引纬是一种消极式引纬方式，纬丝在飞越梭口时张力小，无控制，因此，对线密度较大或花式线的纬丝缺乏足够的牵引力。同时，经丝开口状态对引纬质量影响很大，易产生缩纬、纬丝折返等织物疵点。

喷气引纬的噪声低，单台织机的噪声大致为80~88db。采取适当的防噪措施，可达到控制噪声的目的。

二、喷气引纬原理

喷气引纬是利用喷射成束的气流对纬丝的作用力，推动纬丝飞越梭口。

1. 喷射气流的性质 喷气引纬是依靠压缩空气经主喷嘴（main nozzle）和辅助喷嘴（relay nozzle）喷射的射流来牵引纬丝的。由于射流与其周围的静止空气之间有一定的速度差异，所以靠近边界处的射流脉动微团与相邻的静止空气发生掺杂，射流将自己的一部分动量传递给空气，使一部分原来静止的空气，被射流带着向前运动，这就是射流的卷吸作用；同时使一部分原来静止的空气，获得较低的速度并垂直于射流轴线缓慢运动，这就是射流的扩散作用。射流一边卷吸周围的空气，一边又作扩散运动，结果使射流的动能迅速消失，速度也迅速衰减，射流截面迅速增大。

压缩空气从圆形喷嘴喷射的射流称为自由圆射流，从平直狭缝喷射的射流称为自由平面射流。由于射流的卷吸作用和扩散作用，自由圆射流的截面沿射程方向逐渐增大，形成锥形流场，锥形流场以 OX 为对称轴，如图12-11（a）所示。射流密集段由核心区（kernel area）和混合区组成，核心区气流速度分布均匀，数值相等，等于喷嘴出口处的射流速度 v_0，也称为等速核。其余部分为混合区。在混合区内，沿与轴线 OX 垂直方向的流速是变化的，离轴线越远，则速度越小。随着射流向前发展，射流与周围静止空气的不断交换动能，核心区逐渐缩小，混合区逐渐扩大，到达射流散射段。核心区长度为：

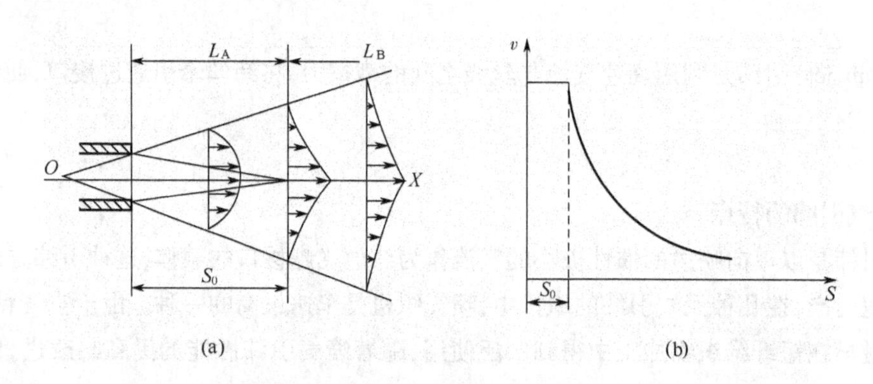

图12-11 自由圆射流结构与速度图

L_A—射流密集段 L_B—射流散射段 S_0—核心区长度

$$S_0 = K\frac{d_0}{a} \tag{12-7}$$

式中：S_0——核心区长度，mm；

d_0——喷嘴出口出直径，mm；

a——紊流系数，自由圆射流 $a=0.07$；

K——试验常数，自由圆射流 $K=0.335$。

因此,自由圆射流核心区长度为:

$$S_0 = 4.786d_0 \tag{12-8}$$

射流中心点的流速变化很大,到达射流散射段后速度骤然降低,如图12-11(b)所示,对引纬已无多大意义,计算射流中心点平均流速可用下列经验公式:

$$v = v_0 = \frac{0.97}{\frac{2ax}{d_0} + 0.29} \tag{12-9}$$

式中:v_0——喷嘴出口处的射流速度,即核心区速度;

v——距喷嘴出口 x 处射流中心平均速度;

x——距喷嘴出口 x 的射流断面,mm。

上式中 a 为紊流系数(因喷嘴特性而异)。当喷嘴出口处直径与喷射速度一定时,射流以一定的扩散角 α 向前作扩散运动,一般 $\alpha = 12° \sim 15°$。减小扩散角有利于射流的集束,延长射流射程。扩散角与喷嘴长度和出口处直径之比、喷嘴孔的光洁度有关。

从多个圆孔喷射的射流由于交汇时相互碰撞而形成涡漩区,射流的紊流脉动增大,较相同面积的单圆孔喷射的射流流场大。若多个圆孔喷射的射流有交叉角,射流交汇后能量更大。如喷气引纬使用的双圆孔或多圆孔喷口的辅助喷嘴。

当射流与边壁碰撞后产生回流,射流受回流影响减弱了对周围静止空气的卷吸,因此使用边界限制能抑制射流的扩散,增加射流的射程,减缓射流速度的衰减,充分利用射流的能量。因此,喷气引纬使用管道片或异形筘槽来限制射流的扩散。

2. 喷射气流对纬丝的作用力　纬丝在射流控制下飞越梭口,射流对纬丝的牵引力是相当复杂的。单元长度的纬丝所受的牵引力大体可用下式表示:

$$dF = C_f\rho(v - v')2\pi D dL \tag{12-10}$$

式中:dF——单元长度的纬丝所受的牵引力,N;

C_f——射流对丝线的摩擦系数,$C_f = 0.025 \sim 0.033$;

ρ——射流的密度,kg/m^3;

v——单元纬丝段上的射流速度,m/s;

v'——单元纬丝段的飞行速度,m/s;

D——单元纬丝段的直径,m;

dL——单元纬丝段的长度,单位:m。

射流对丝线的摩擦系数与射流黏滞性及纬丝特性关系密切。射流黏滞性是指射流的流动状况,它是分子间的吸引力和分子不规则热运动产生动能交换的结果。对于空气,分子间的吸引力小,由分子不规则热运动产生动能交换的射流黏滞性很小,因此,喷气引纬要耗费巨大的压缩空气。射流对毛羽较多的纬丝具有较大的摩擦系数,如短纤维丝线,而对光滑的长丝摩擦系数较小。

3. 纬丝在射流中的飞行状态 喷气引纬高速射流的紊流特性，使柔性纬丝在射流流场中产生飘移。纬丝在射流中的飞行状态如图 12－12(a)、(b)所示。

根据射流的弹性流场理论，单元纬丝段位置不对称于射流速度时，会产生横向作用力，由于高速射流存在扩散、涡流和脉动，就必然使刚度很小的柔性丝线产生变形，变形的一点又要传递到另一点，最后便形成了有一定波动的漂移，且头端的漂移要大于丝身，丝线最挺直的地方在距喷嘴口最近处，即离喷嘴口越远，丝线的漂移越严重。丝线线密度不均匀、捻度不均匀和毛羽不均匀会使漂移加剧。因此，喷气引纬必须精心调节射流中心运动轨迹，提高纬丝的质量，从而保证喷气引纬顺利进行。辅助喷嘴按喷气引纬需要补充的气流能改善纬丝飞行的稳定性，这是因为汇入主气流的补充气流具有吸附纬丝使其沿汇合流的中心飞越梭口的作用。

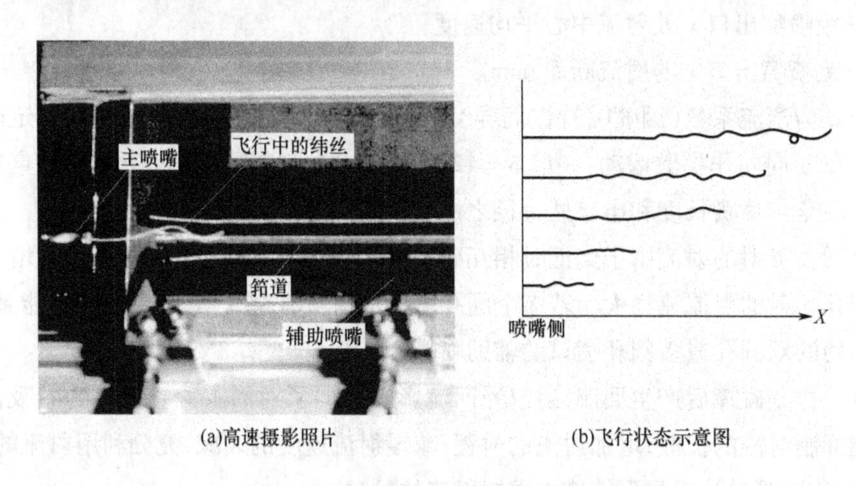

(a)高速摄影照片　　(b)飞行状态示意图

图 12－12　纬丝在射流中的飞行状态

三、喷气引纬系统

喷气引纬系统有单喷嘴(single nozzle)引纬系统和多喷嘴(multiple nozzle)引纬系统，单喷嘴引纬系统加工织物幅宽受到单喷嘴一次性喷射射流射程的限制，而多喷嘴引纬系统则避免了这一缺陷。如图 12－13 所示为一种典型的多喷嘴引纬系统。

在多喷嘴引纬系统中，除了主喷嘴 2 外，沿喷气引纬方向每隔一定距离设置一个辅助喷嘴，定长储纬器 1 释放的纬丝，随着压缩空气由主喷嘴 2 喷射的射流引入到梭口中由异形筘 4 形成

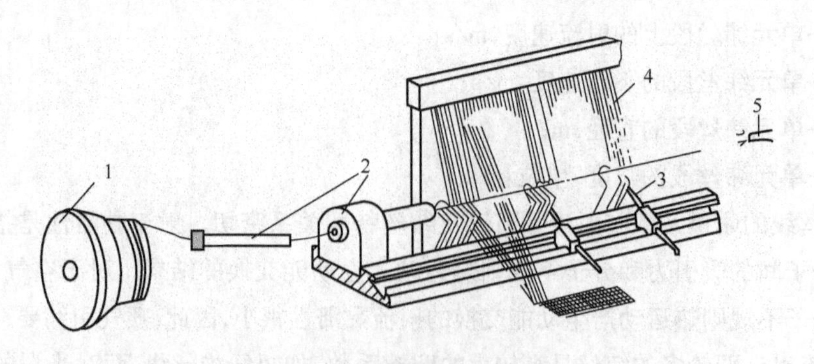

图 12－13　多喷嘴引纬系统

1—定长储纬器　2—主喷嘴　3—辅助喷嘴　4—异形筘　5—吸纬喷嘴

的喷气引纬通道(weft tunnel)。另一股压缩空气由辅助喷嘴3喷射形成射流,根据喷气引纬要求先后向主气流补充引纬射流。为了增加对纬丝的控制,一些喷气引纬系统在引纬出梭口处,增设了吸纬喷嘴(suction nozzle)5,使纬丝在引纬终了时保持一定的张力和伸展,防止缩纬。

1. 主喷嘴　主喷嘴分固定主喷嘴和活动主喷嘴两部分,其基本结构如图12-14所示。喷嘴由喷针1、喷嘴壳体2和导纬管5组成,压缩空气由喷嘴壳体2上的进气口7进入环形储气室3,然后进入根据喷气引纬要求的射流速度设计的渐缩型整流室4,因此,也称为渐缩型喷嘴。最后进入导纬管5,与喷针1引入的纬丝汇合。压缩空气在导纬管中进一步整流加速后,经出气口6将高压小流量的压缩空气喷射形成高速低压的喷气引纬用射流,同时将纬丝携带引入梭口。

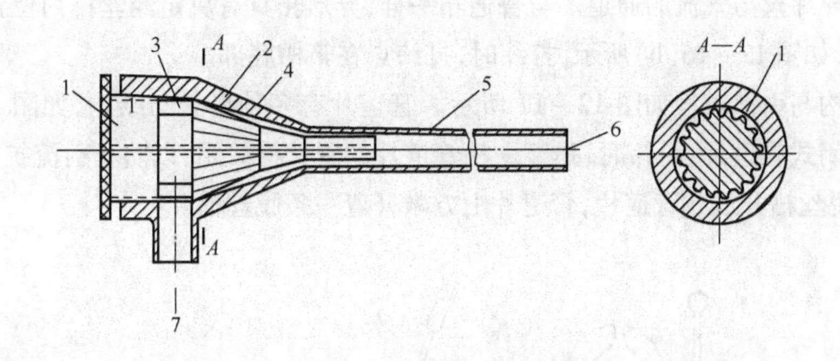

图12-14　主喷嘴的基本结构

1—喷针　2—喷嘴壳体　3—环形储气室　4—渐缩型整流室　5—导纬管　6—出气口　7—进气口

如图12-14所示,在渐缩型整流室4中,喷针1的环状表面栅形缝隙对大尺度的涡流切割成多个小尺度的涡流,达到整流的目的。因此,从主喷嘴喷射的射流集束性好,射程远。

2. 辅助喷嘴　如图12-15所示为辅助喷嘴结构示意图。

异形筘喷气引纬使用扁平状辅助喷嘴,如图12-15(a)所示。压缩空气从出气口1喷射形成射流,出气口有多种形状,能产生各种不同的射流流场。双圆孔、多圆孔、星形条缝出口,在增加流量或流量不变的条件下,孔深与孔径之比较单圆孔大大增加,能明显提高整流效果;矩形孔其次,但较单圆孔的整流效果好。

管道片喷气引纬使用圆形辅助喷嘴,如图12-15(b)所示。利用中空管道片兼作辅助喷嘴。

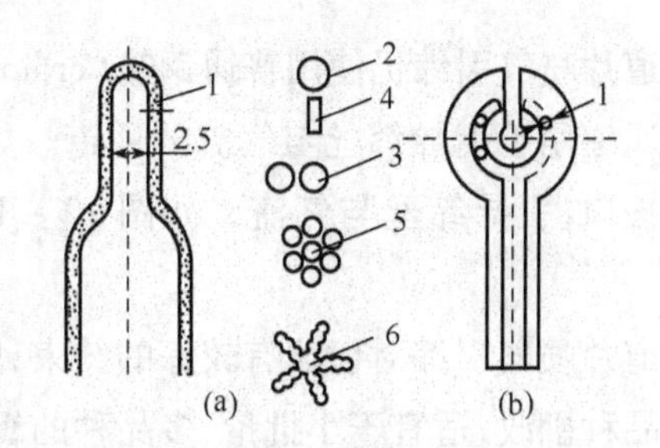

图12-15　辅助喷嘴结构示意图

1—出气空　2—单圆孔(φ1.5mm)

3—双圆孔(φ1.08mm×2,φ1.5mm×2,φ1.1mm×2)

4—矩形孔(φ3.5mm×0.9)　5—多圆孔(φ0.38×21)

6—星形条缝孔(21个小圆孔串联)

辅助喷嘴按一定的间隙安装在筘座上。随着纬丝被牵引逐渐通过梭口,射流逐渐衰减,而射流场中的纬丝质量增大,为了加强射流对纬丝的牵引作用,离主喷嘴远的辅助喷嘴安装间隙要小。如靠近主喷嘴的辅助喷嘴安装间隙为80mm,而离主喷嘴远的辅助喷嘴

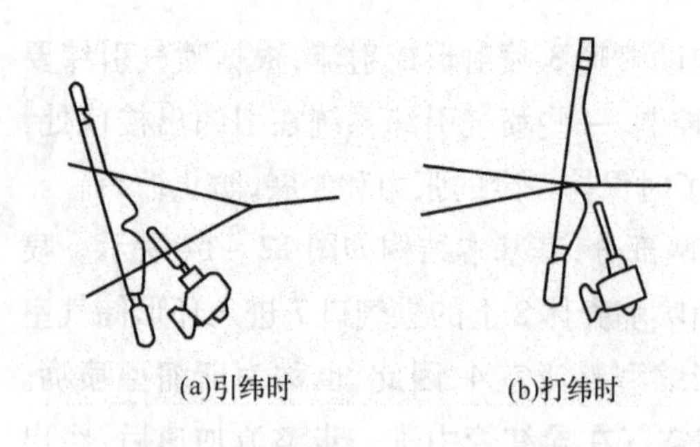

图 12－16　异形筘结构与引纬过程

安装间隙缩短为 40mm。

3. 异形筘与管道片　异形筘（reed with weft tunnel）与管道片（confuser）能形成限制射流扩散的引纬通道，但两者形状与性能差异很大，导致了适应性不同。异形筘结构与引纬过程如图 12－16 所示。

每一筘片前部有突起的凹口，由许多异形筘片按一定的间隙扎制成形后，前面形成一条通道，称为筘槽。如图 12－16（a）所示，引纬时，筘槽在梭口中央作为引导纬丝与气流的通道。与普通筘一样，异形筘具有决定经丝排列位置和把纬丝打进织口的功能，如图 12－16（b）所示，打纬时，打纬点在筘槽底部。

管道片结构与引纬过程如图 12－17 所示。管道片有多种形状与结构，如图 12－17（a）所示为脱丝槽封闭式管道片，引纬时，弹簧 1 将管道片的脱丝槽关闭，以防止射流扩散；如图 12－17（b）所示为脱丝槽开放式管道片，管道片上方敞开着一条脱丝槽。

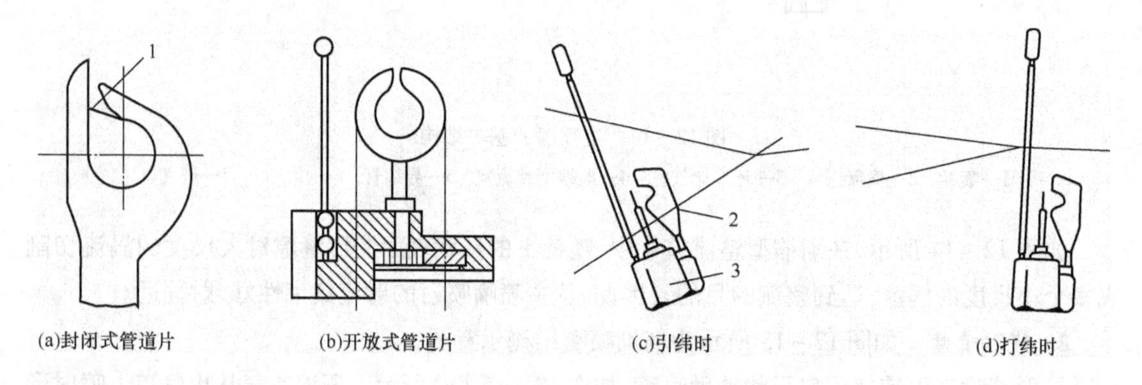

图 12－17　管道片结构与引纬过程
1—弹簧 2—管道片 3—筘座

管道片喷气引纬仍使用普通钢筘（ordinary reed）进行打纬，由许多管道片按一定的间隙扎制成的通道用于引导纬丝与气流的通道。如图 12－17（c）所示，引纬时，管道片 2 随筘座 3 运动进入梭口，引导纬丝与气流。如图 12－17（d）所示，打纬时，管道片 2 随筘座 3 运动退出梭口。

管道片喷气引纬对射流有较好的约束，因此压缩空气消耗量少，同时，由于采用普通钢筘，有利于品种翻改，适宜于小批量、多品种的织物加工。但是，经丝要经受钢筘和管道片的双重磨损，不利于加工长丝类细线密度、高经密的高档织物。而异形筘对经丝的磨损与普通钢筘相同，织造长丝类细线密度、高经密的高档织物产品质量好，并且能实现引纬高速化。因此，异形筘喷气引纬得到了广泛的应用。

4. 供气系统　喷气引纬使用的压缩空气必须是无水、无油，满足喷气引纬压力和温度要求的洁净空气。

制备上述高质量的压缩空气使用中心压缩机站，中心压缩机站工作流程示意图如图 12－18 所示。空气压缩机 1 将空气加压到喷气引纬要求的压力，压入储气筒 2，空气在压缩过程中被加热，大量的水分凝结为冷凝水，有储气筒 2 的排水管排出。储气筒 2 内的压缩空气经冷冻干燥器 3 冷却，同时排出水分，然后经过主滤器 4 除去气状水分、油和杂质，以满足引纬要求的压缩空气供应给喷气织机使用。使用无油型空气压缩机可以不使用辅助过滤器，或只使用辅助微粒过滤器。

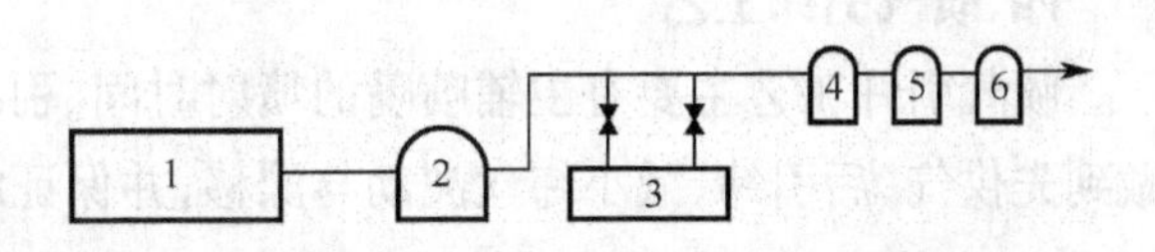

图 12－18　中心压缩机站工作流程示意图

1—空气压缩机　2—储气筒　3—冷冻干燥器　4—主过滤器
5—辅助微粒过滤器　6—辅助微粉雾过滤器

储气筒 2 稳定供气压力，在规定的时间提供给主喷嘴、辅助喷嘴、吸纬喷嘴等需要压缩空气工作的装置。喷气引纬的供气系统如图 12－19 所示。主喷嘴 3、4 的压缩空气由两部分供应：储气筒(air storage tank)T_1 通过电磁阀 M 向主喷嘴间断地供应压力较高的压缩空气，用于引纬；储气筒 T_5 的压缩空气经低压调压阀 V_1 后，以较低的压力持续地向主喷嘴供应，使主喷嘴始终保持着较弱的射流，控制主喷嘴内的纬丝头端，并辅助操作工作纬丝引线头的工作。储气筒 T_2、T_3 的压缩空气经电磁阀 S_1、S_2、…、S_9 供应给分组的辅助喷嘴 5，每 2～4 只辅助喷嘴被分成一组，由一只电磁阀控制它们的喷射时间。位于出梭口处辅助喷嘴的供气压力大于进梭口处辅助喷嘴的供气压力，即储气筒 T_3 的供气压力大于储气筒 T_2 的供气压力，增加后期引纬的作用力，并节约压缩空气的消耗量。也有一些喷气引纬的辅助喷嘴只使用一只储气筒。储气筒 T_4 的压缩空气经电磁阀 S_{10} 供应给吸纬喷嘴 7，其供气压力大于主喷嘴和辅助喷嘴，由调压阀 V_2 控制。

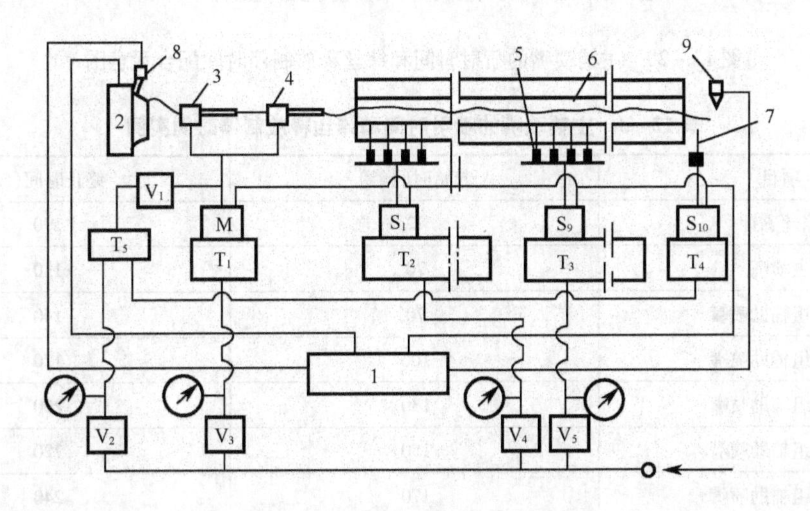

图 12－19　喷气引纬的供气系统

1—电脑控制中心　2—储纬器　3、4—主喷嘴　5—辅助喷嘴　6—异形筘　7—吸纬喷嘴　8—纬丝测长传感器
9—探纬传感器　T_1、T_2、…、T_5—储气筒　M—电磁阀 V_1、V_2、…、V_5—调压阀　S_1、S_2、…、S_{10}—电磁阀

四、喷气引纬工艺

喷气引纬工艺主要有主辅喷嘴的喷射时间、引纬起始和终止时间与主辅喷嘴的供气压力,做到先供气,后引纬,减小纬丝波动与漂移,并保证纬丝出梭口时间。

1. 喷射时间 主辅喷嘴的喷射时间(电磁阀的开闭时间)和纬丝释放制停时间(储纬器上挡丝磁针的开闭时间)要严密配合。如图12-19所示,电磁阀和储纬器上挡丝磁针的开闭时间由电脑控制中心1输入并自动监控。主辅喷嘴的喷射时间和纬丝释放制停时间配合实例如图12-20和表12-3所示。主喷嘴电磁阀实际开启时间与测长储纬器上纬丝实际释放时间相同,纬丝由主喷嘴射流牵引,从测长储纬器上脱下开始飞行,第一组辅助喷嘴同时开启,在纬丝到达之前稳定流场,即做到先供气。各组辅助喷嘴的电磁阀相继开启,又先后关闭,以接力方式进行引纬,提前纬丝到达开启,晚于纬丝到达下一组辅助喷嘴关闭,既满足纬丝稳定牵引的作用,又控制压缩空气的消耗量。由于引纬后期,主射流已基本衰减,射流场中的纬丝质量又增大,为了保持射流对纬丝的牵引作用,缩短辅助喷嘴组与组开启的间隔时间。吸纬喷嘴的开启时间为主喷嘴关闭时间,其关闭时间约为综平时间。

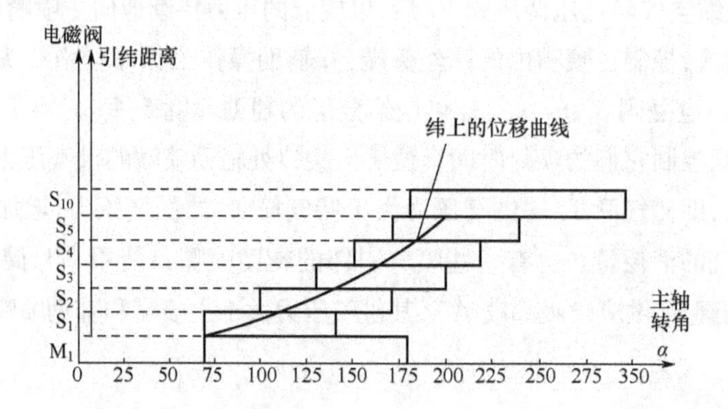

图12-20 主辅喷嘴的喷射时间和纬丝释放制停时间配合示意图

表12-3 主辅喷嘴的喷射时间和纬丝释放制停时间实例

项目	起始时间(°)	终止时间(°)
挡丝磁针	72	190
主喷嘴	70	180
第一组辅助喷嘴	70	140
第二组辅助喷嘴	100	170
第三组辅助喷嘴	130	200
第四组辅助喷嘴	150	220
第五组辅助喷嘴	170	240
吸纬喷嘴	180	300
综平时间	300	

注 这里的时间是用织机主轴的回转角度表示的。

2. 供气压力　供气压力在满足喷气引纬要求的基础上，低些为好，力求降低压缩空气的消耗量。

供气压力根据织机规格与织物的种类确定。从空气压缩机到喷嘴各阶段的压缩空气的压力有如下关系：

$$P_L \geqslant P_N + 1.5 \quad (12-11)$$

$$P_N \geqslant P_L + 1.0 \quad (12-12)$$

式中：P_L——织机的供气压力，MPa；

P_N——喷嘴的供气压力，MPa；

P_N——储气筒的供气压力，MPa。

第四节　剑杆引纬

剑杆（rapier）引纬是以剑杆头作为引纬器握持纬丝，在剑杆的推动下穿越梭口，将纬丝引入梭口，使经纬交织成织物。

一、剑杆引纬的特点

剑杆引纬中，使用剑杆头夹持纬丝，纬丝处于受控状态，是一种积极引纬方式。这种引纬方式能减少织物纬缩等疵点及在引纬过程中纬丝退捻现象，能应用于强捻丝的引纬，在织造中得到广泛使用。

剑杆引纬用的剑杆头通用性很强，能适应各种种类不同、线密度不同、截面不同的原料的引纬要求，能应用于各种花式线的引纬和线密度大小差异较大的丝线交替间隔的引纬，后者能形成粗细条的织物外观效果。

剑杆引纬的纬丝选色功能强，能十分方便地进行 8 色任意选纬，最多可达 16 色。因此，剑杆引纬特别适用于多色纬织造，在装饰织物加工、毛织物加工和棉型色织物加工中得到广泛使用。

双剑杆引纬由分别位于织机两侧的两根剑杆共同完成每次引纬，这样，使剑杆织机的门幅得以大大增加，最大门幅达 540cm。

二、剑杆引纬形式

剑杆引纬的形式最多，按剑杆数量分，有单剑杆（single rapier）引纬和双剑杆（double rapier）引纬；按剑杆属性分，有刚性剑杆（rigid rapier）引纬和挠性剑杆（flexible rapier）引纬；按剑头握持和交接纬纱的方式分，有叉入式（gabler）剑杆引纬和夹持式（dewas）剑杆引纬等。

1. 单剑杆引纬　单剑杆引纬是由一根剑杆将纬丝从梭口的一侧引导到另一侧，如图 12－21 所示。这种引纬形式比较容易实现，但剑杆引纬时间只占了剑杆在梭口中运动的一半时间，

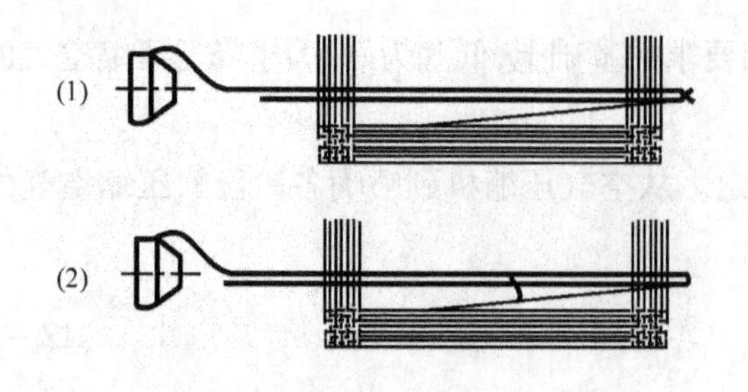

图 12-21　单剑杆引纬示意图

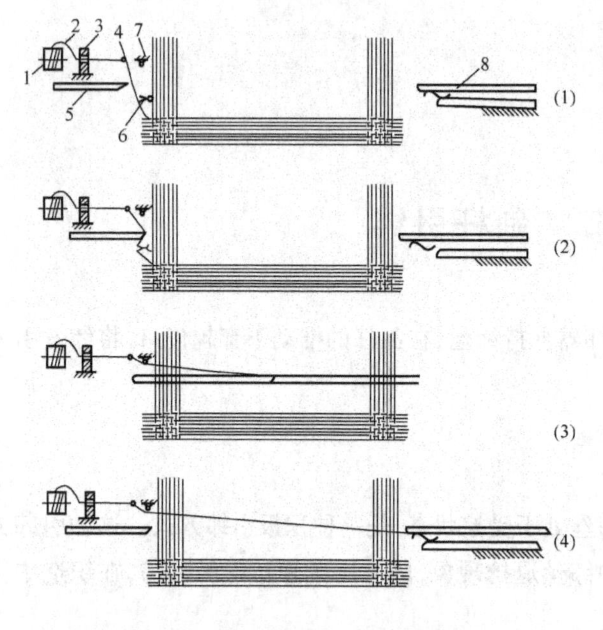

图 12-22　双剑杆引纬示意图
1—储纬器　2—纬丝　3—导丝器　4—选纬杆
5—送纬剑　6—剪刀　7—导板　8—接纬剑

因此，单剑杆引纬只适用于狭幅织物（如帆布、带织物及领带绸等）的加工。

2. 双剑杆引纬　双剑杆引纬是由位于梭口两侧的送纬剑（giver）5 和接纬剑（taker）8 协同完成，如图 12-22 所示；送纬剑将纬丝送到织机中央，在织机中央，纬丝在送纬剑和接纬剑之间发生交接，如图 12-23(3)所示；并由接纬剑将纬丝继续引导至出梭口，如图 12-23(4)所示。双剑杆引纬使用广泛。

3. 夹持式剑杆引纬　夹持式剑杆引纬如图 12-22 所示。在引纬过程中，纬丝始终被剑杆头握持得到控制，实现线状引纬（tip transfer）。这种引纬形式比较合理，纬丝从储纬器 1 上退解速度等于剑杆引纬速度，有利于提高织机速度；纬丝在积极控制下张力均匀，能减少断纬，提高织物质量。单剑杆引纬也可采用夹持式剑杆引纬。

4. 叉入式剑杆引纬　叉入式剑杆引纬如图 12-21 所示。在引纬过程中，纬丝呈圈状挂在剑杆头上被导入梭口，实现圈状引纬（loop transfer）。叉入式单剑杆引纬每次引入双纬。双剑杆引纬也可使用叉入式剑杆引纬，送纬剑将圈状纬丝送到织机中央后，由接纬剑钩住，引出梭口。圈状纬丝的一端在交接后，若直接引导出梭口，则引入双纬。若被剪断，则接纬剑将圈状纬丝拉直，引出梭口，实现单纬引纬。叉入式剑杆形式比较简单，但纬丝从储纬器上退解速度等于剑杆引纬速度的两倍，织机速度较低，纬丝在剑杆头上快速移动，磨损严重，容易断纬，只适用于少数织物（如帆布）的加工。

5. 刚性剑杆引纬　刚性剑杆引纬是指夹持纬丝的剑杆头由刚性状剑杆传送，刚性剑杆截面为圆形或长方形。在引纬过程中，剑杆运动平稳，不需导剑构件，并且，剑杆悬空在梭口中，不与经丝接触，减少了经丝的磨损，适用于不耐磨经丝织物（如玻璃纤维）的加工。但是，刚性剑杆不可弯曲，从梭口退出后占据相当大的空间位置。为此，又产生了伸缩剑杆引纬（telescopic rapier）和双向剑杆引纬（two-phase rigid rapier）。

（1）伸缩剑杆引纬[图 12-23(a)]。剑杆由相互活套的内剑 1 和外套 2 组成，进剑时，内剑 1 随外套 2 进入梭口而伸出；退剑时，内剑 1 随外套 2 退出梭口而缩回外套，从而减少了刚性剑杆的占地面积。

(2)双向剑杆引纬[图 12-23(b)]。在一根刚性剑杆的两头各有一只剑杆头,剑杆从织机中央轮流向两侧进行引纬,两侧的进剑和退剑正好相反。

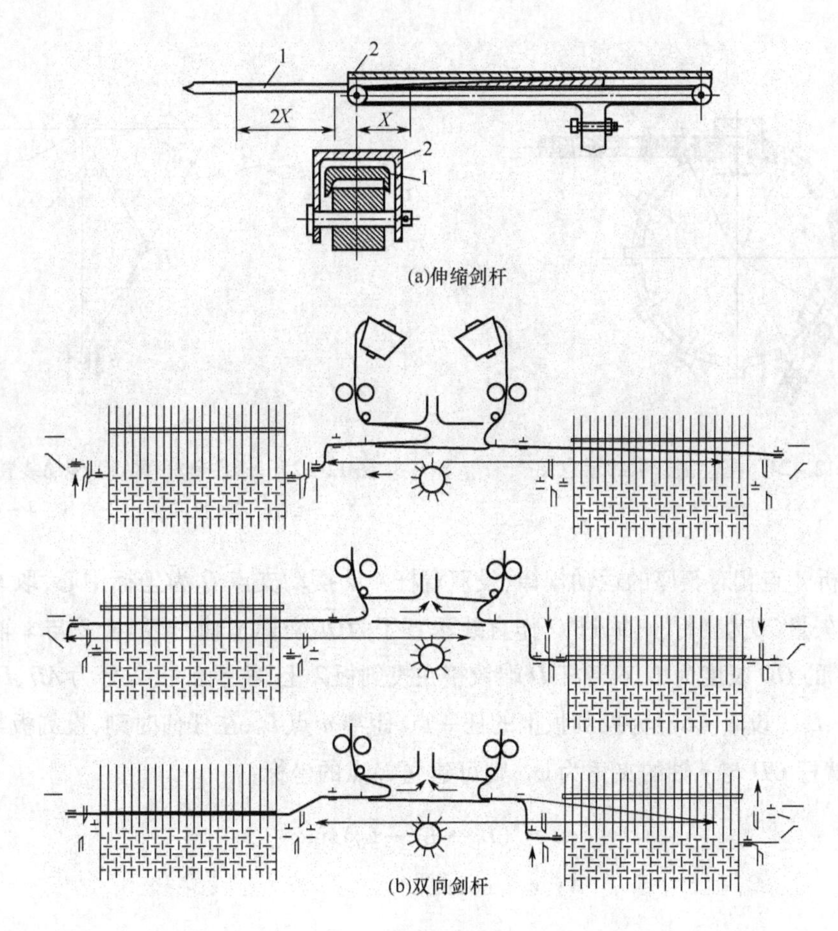

图 12-23 刚性剑杆引纬示意图

1—内剑 2—外套

6. 挠性剑杆引纬 挠性剑杆引纬是指夹持纬丝的剑杆头由具有挠性的剑带传送,挠性剑带为弹簧钢、高强度塑料或碳纤维复合材料制成的长方形截面条带。如图 12-24 所示,挠性剑带 1 具有可弯性,从梭口退出后的剑带可绕在织机一侧的剑带轮上或插入剑带箱内,从而节约了挠性剑杆织机的占地面积。由于挠性剑带刚性不足,在较宽幅度的织机上,挠性剑带在引导装置的控制下才能进出梭口,完成引纬。

三、剑杆引纬原理

剑杆引纬是以剑杆头作为引纬器握持纬丝,在刚性或挠性剑杆的推动下穿越梭口,将纬丝引入梭口。双剑杆引纬过程中纬丝必须进行交接。

1. 刚性剑杆引纬原理 在引纬过程中,刚性剑杆运动要求平稳,在梭口内作相对筘座的平直运行，保证悬空在梭口中，对经丝不发生磨损。如图 12－25 所示为刚性剑杆 WATT 传动装置的示意图。剑杆 1 与投剑板 2 上端相连。由于采用分离式筘座，WATT 传动装置随筘座一起运动，要使刚性剑杆在梭口内作相对筘座的平直运动，必须使 A 点相对筘座作平直运动。

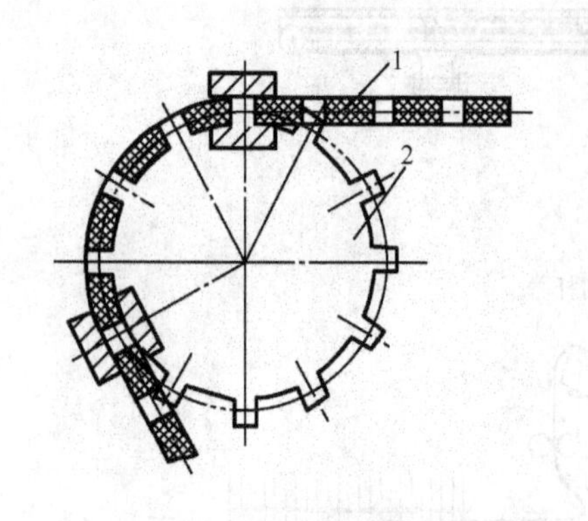

图 12－24　挠性剑杆引纬示意图

1—剑带　2—剑带轮

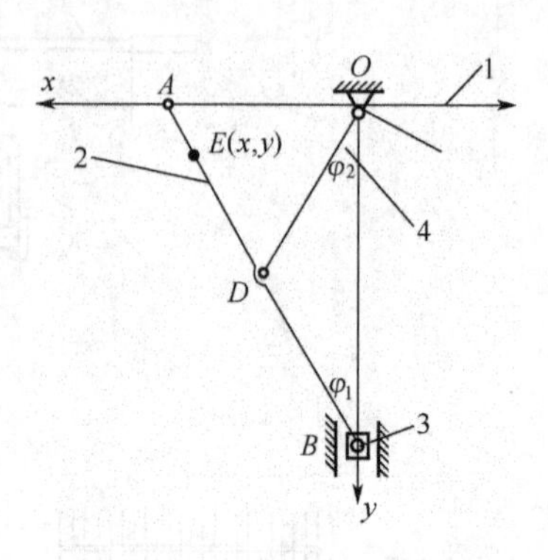

图 12－25　刚性剑杆 WATT 传动装置的示意图

1—剑杆　2—投剑板　3—滑块　4—双臂杆

为了分析 A 点相对筘座的运动规律，设双臂杆 4 的摆动支点 O 为坐标中心，取 O 至滑块 3 的中心 B 的矢量$\overline{OB}$为坐标 y 轴，过 O 作直线垂直于为$\overline{OB}$坐标 x 轴，投剑板 2 与 x 轴的交点为 a。双臂杆 4 的 OD 长度为 L，双臂杆 D 端铰接在投剑板 2 上，将投剑板 2 分为 AD、DB 二段，长度分别为 L_2、L_1。设 $E(x,y)$ 为投剑板上的任一点，距离 a 点 L_0，在任何时刻，投剑板与 y 轴的夹角为 φ_1，双臂杆 OD 与 y 轴的夹角为 φ_2，则可建立 E 点的坐标：

$$\begin{cases} x = (L_1 + L_2 - L_0)\sin\varphi_1 \\ y = l_0\cos\varphi_1 \end{cases}$$

消去 φ_1 得到 E 点的运动方程：

$$\frac{x^2}{(L_1 + L_2 - L_0)^2} + \frac{y^2}{L_0^2} = 1 \tag{12-13}$$

当 E 点与 D 点重合时，$L_0 = L_2$，得到与 D 点重合时 E 点运动方程：

$$\frac{x^2}{L_1^2} + \frac{y^2}{L_0^2} = 1 \tag{12-14}$$

而 D 点是绕支点 O 作半径为 L 的圆周运动，所以，得到

$$L_1 = L_2 = L \tag{12-15}$$

当 E 点与投剑板与 x 轴交点 a 重合时，$L_0 = 0$，得到：

$$(L_1 + L_2)^2 y^2 = 0$$

由于$(L_1+L_2)^2\neq 0$,所以：

$$y=0 \tag{12-16}$$

即：将刚性剑杆与投剑板的铰接点 A 置于 a 点时，则刚性剑杆相对筘座作平直运动。

综上分析，WATT 传动装置适用于刚性剑杆的传动，为了保证刚性剑杆作相对筘座的平直运动，下滑块与双臂杆支点的连线必须保持垂直，双臂杆与投剑板的铰接点位于投剑板中心，且投剑板长度是双臂杆长度的两倍。

2. 挠性剑杆引纬原理　挠性剑杆引纬的剑带传动是一种特殊的带传动，如图 12－24 所示，剑带 1 上有矩形齿孔，与剑带轮 2 的轮齿啮合，当剑带轮 2 作往复摆动回转时，带动剑带 1 作进剑与退剑运动。剑带带动剑杆头在梭口中穿行时要以导带钩（rapier guidance）为导轨，从而保证剑带作直线运动，如图 12－26 所示为剑带与导带钩。导带钩对下层经丝和剑带产生磨损，增加经丝断头，缩短剑带使用寿命。

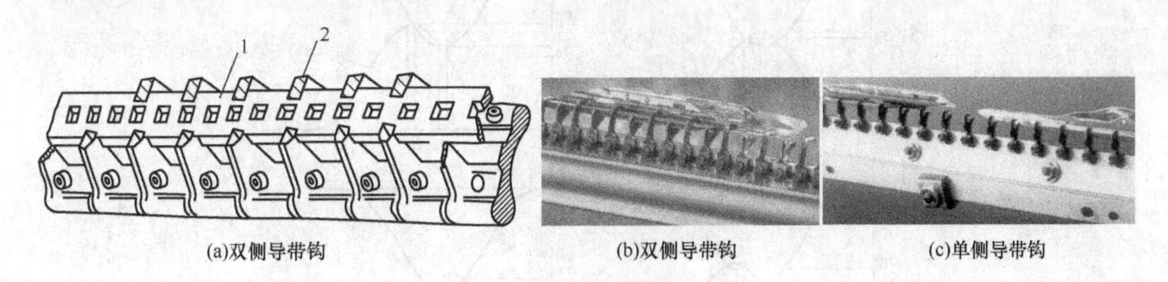

(a)双侧导带钩　　(b)双侧导带钩　　(c)单侧导带钩

图 12－26　剑带与导带钩

1—剑带　2—导带钩

剑带与剑带轮的啮合角通常为 1200～1800。剑带轮的大小及啮合形式是造成剑带磨损的主要原因之一。表 12－4 所示为剑带轮改进前后啮合齿平均受力实例。剑带轮直径增加，剑带包围在剑带轮上的曲率半径减小，当剑带与剑带轮的啮合角增加到 180°时，减少了曲率半径变化（挠曲点）的次数，剑带与剑带轮啮合齿的平均受力下降，从而延长了剑带的使用寿命。

表 12－4　剑带轮改进前后啮合齿平均受力

项目	改进前	改进后	差值	百分比（%）
剑带轮直径（mm）	245	333	88	36
剑带轮齿数	71	96	25	35
啮合角（°）	150	180	30	20
剑带轮与剑带啮合齿数	30	51	21	70
剑带啮合长度（mm）	320	560	240	75
挠曲点数	4×2	2×2	2×2	50
啮合齿的平均受力	1	0.6	－0.4	－40

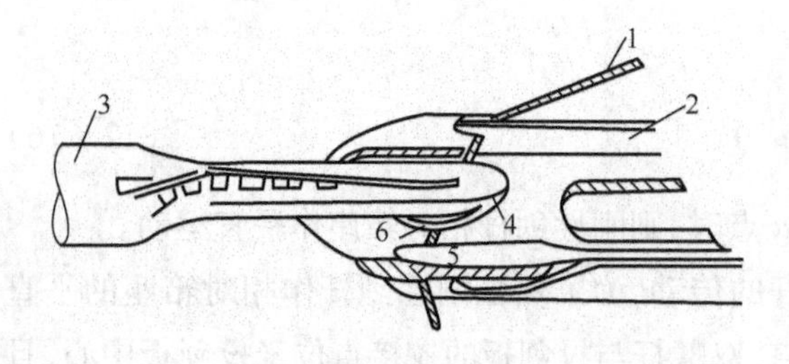

图 12-27 剑杆头与纬丝交接示意图

1—纬丝 2—送纬剑头 3—接纬剑头
4—夹丝钩 5—夹丝钳口 6—夹丝钳口

3. 纬丝交接条件 双剑杆引纬过程中，在织机中央发生纬丝在送纬剑和接纬剑之间交接。如图 12-27 所示为剑杆头与纬丝交接示意图。在纬丝 1 交接时，接纬剑头 3 进入送纬剑头 2 内腔，纬丝滑过接纬剑头的夹丝钩 4，当接纬剑后退时，纬丝脱离送纬剑的夹丝钳口 6，进入接纬剑的夹丝钳口 5，完成纬丝的交接。

几种纬丝交接条件如图 12-28 所示。

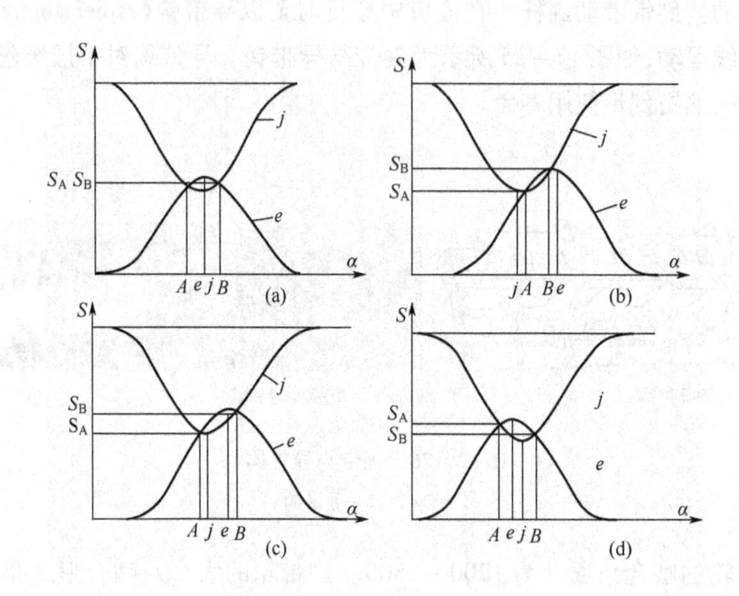

图 12-28 几种纬丝交接条件

α_e—送纬剑进足时曲柄角度 α_j—接纬剑进足时曲柄角度 α_A—两剑开始相遇时曲柄角度
α_B—两剑重新分开时曲柄角度 Δ_s—交接冲程 $\Delta_{\alpha 1}$—交接转角差（$\Delta_{\alpha 1}=\alpha_B-\alpha_A$）
$\Delta_{\alpha 2}$—交接跟踪角（$\Delta_{\alpha 2}=\alpha_e-\alpha_j$）

（1）$\alpha_A<\alpha_j=\alpha_e<\alpha_B$，$\Delta\alpha_1>0$，$\Delta S>0$，如图 12-28（a）所示。在纬丝交接过程中，送纬剑与接纬剑同时到达梭口中央，同时后退。前半段位于送纬剑和接纬剑的进剑阶段，纬丝由送纬剑控制而张紧，后半段位于送纬剑和接纬剑的退剑阶段，由于送纬剑的后退使纬丝在完全转移到接纬剑前松弛而影响纬丝交接。并且，任意时刻两剑的运动方向相反，相对运动速度较大，从而增加了剑杆头对纬丝的冲击。这样的交接条件能完成纬丝交接，但不够理想。

（2）$\alpha_j\leqslant\alpha_A<\alpha_B\leqslant\alpha_e$，$\Delta\alpha_1>0$，$\Delta\alpha_2>0$，$\Delta S>0$，如图 12-28（b）所示。纬丝交接过程始终位于送纬剑的进剑阶段和接纬剑的退剑阶段，任意时刻两剑的运动方向相同，这种跟踪交接使两剑相对运动速度较小，纬丝交接的冲击力小，同时，由于送纬剑继续进剑，直至纬丝交接完成，因此，纬丝在完全转移到接纬剑之前由送纬剑控制而张紧。这是一种理想的交接条件，被新一代的剑杆织机广泛使用。

(3) $\alpha_A < \alpha_j < \alpha_e < \alpha_B$, $\Delta\alpha_1 > 0$, $\Delta\alpha_2 > 0$, $\Delta S > 0$，如图 12－28(c)所示。在纬丝交接过程中，送纬剑和接纬剑的运动关系相当复杂，送纬剑和接纬剑开始相遇时均处于送剑状态，当接纬剑进足后退剑时，送纬剑仍旧处于送剑状态，直到进足，然后送纬剑和接纬剑同时处于退剑状态直到完全退出梭口。当 $\Delta\alpha_2$ 设计合理，才能得到如理想交接条件一样的交接效果。

(4) $\alpha_A < \alpha_e < \alpha_j < \alpha_B$, $\Delta\alpha_1 > 0$, $\Delta\alpha_2 < 0$, $\Delta S > 0$，如图 12－28(d)所示。同上述情况相反，送纬剑和接纬剑开始相遇时均处于送剑状态，送纬剑较接纬剑进足时间早，当送纬剑开始退剑时，接纬剑仍旧处于送剑状态，而纬丝在接纬剑退剑时发生转移，如果 $\Delta\alpha_2$ 设计不合理，将不能完成纬丝交接。

因此，要使剑杆头顺利地交接纬丝，必须具有一定的交接冲程，同时应具有交接跟踪角 $\Delta\alpha_2 > 0$。

四、剑杆引纬机构与工艺

在机械上，产生往复运动的机构很多，因此，剑杆引纬机构也不例外。尽管如此，仍可归纳为三类，即凸轮引纬机构、连杆引纬机构和螺杆传动引纬机构。剑杆引纬工艺主要有剑杆初始位置和运动动程、剑杆运动时间与纬丝交接及剪纬、释放纬丝的配合等。下面分析几种典型的引纬机构与工艺。

1. 共轭凸轮式引纬机构与工艺　使用共轭凸轮(counter cam)引纬机构容易实现符合剑杆引纬要求的运动规律，有利于提高织机速度。共轭凸轮引纬机构常用于双侧挠性剑杆的驱动，如果配合 WATT 机构也能用于刚性剑杆的驱动。

如图 12－29 所示为挠性剑杆共轭凸轮引纬机构。共轭凸轮 1、2 固定在主轴 3 上，当主轴 3 回转时，共轭凸轮 1、2 随之回转，通过两个转子 4 推动摆杆 5，带动连杆 6 作往复运动，扇形齿轮 7 随之摆动，使齿轮 8 往复回转。然后通过一系列齿轮传动剑带轮（图中未画出）往复摆动，从而使剑带（图中未画出）作往复直线运动，完成挠性剑杆的引纬工作。

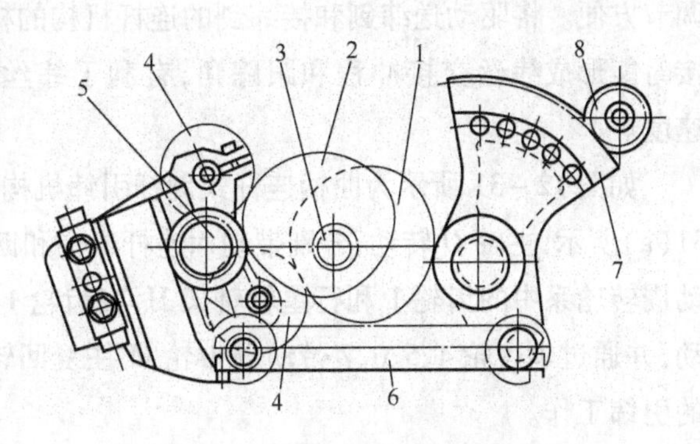

图 12－29　挠性剑杆共轭凸轮引纬机构

1、2—共轭凸轮　3—主轴　4—转子　5—摆杆　6—连杆　7—扇形齿轮　8—齿轮

(1) 剑杆初始位置是通过调节剑带和剑带轮的啮合位置来实现的。

(2) 剑杆动程是通过调节摆杆 5 的长度，以满足不同织物门幅的加工要求。剑杆动程在基本筘幅上最大可缩短 40～60cm。

(3) 剑杆运动时间与纬丝交接的配合通过微量调节两侧摆杆 5 的长度，使送纬剑与接纬剑在梭口中央产生纬丝交接冲程，并使送纬剑动程略大于接纬剑动程，从而得到满足纬丝顺利交接的跟踪角。

2. 连杆引纬机构与工艺

(1) 空间球面四连杆剑杆引纬机构与工艺。使用空间球面四连杆剑杆引纬机构能使剑杆

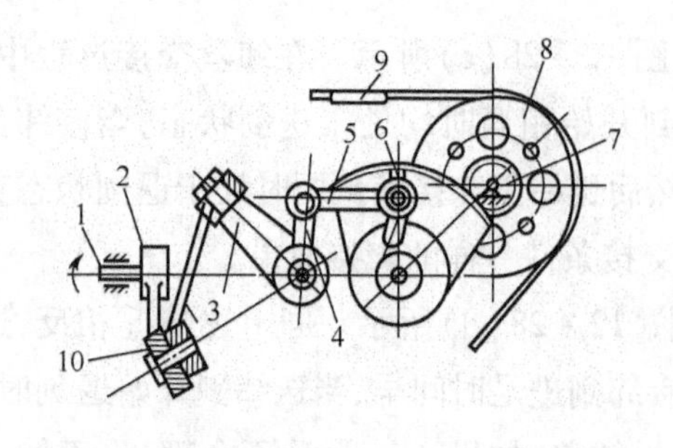

图 12 - 30　空间球面四连杆剑杆引纬机构

1—主轴　2—驱动曲柄　3—叉形连杆　4—摇杆　5—连杆　6—扇形齿轮　7—剑带轮　8—齿轮　9—剑带　10—滚针轴承

在运动起始和终了阶段有较多的缓冲，并使剑杆在夹取纬丝和交接纬丝时速度较低。因此，这种引纬机构能减小对剑带和纬丝的冲击，并使纬丝交接顺利。

如图 12 - 30 所示为空间球面四连杆剑杆引纬机构。

主轴 1 传动的驱动曲柄 2 与叉形连杆 3 以滚针轴承 10 连接，叉形连杆 3 使摇杆 4 往复摆动，由于叉形连杆 3 下部多一个摆动运动，驱动曲柄 2、叉形连杆 3 与摇杆 4 组成空间球面四连杆机构，由摇杆 4 带动连杆 5、扇形齿轮 6 左右摆动，扇形齿轮 6 通过齿轮 7 使剑带轮 8 作往复的回转运动，从而使剑带 9 作往复直线运动，完成剑杆的引纬工作。

剑杆动程是通过调节连杆 5 与扇形齿轮 6 在弧形槽内铰接的位置，改变扇形齿轮连杆的长度，将两侧剑杆置于梭口中央交接点适当的位置，固定连杆 5 与扇形齿轮 6 在弧形槽内的位置即可。由于扇形齿轮 6 上的弧形槽是剑杆位于梭口中央交接点时，以连杆 5 与摇杆 9 的连接点为圆心，以连杆 5 的长度为半径，在扇形齿轮 6 上的弧线，因此，在中央交接点调节动程时，连杆 5 与扇形齿轮 6 铰接点沿弧形槽滑动，不再使扇形齿轮产生摆动，从而保证交接点的位置不变。

(2)曲柄连杆剑杆引纬机构与工艺。曲柄连杆(crank - linker)式剑杆引纬机构简单，工艺调节方便。将驱动送纬剑和接纬剑的连杆机构的杆件数量和长度设计不同，纬丝在梭口中央交接时能形成纬丝交接冲程和跟踪角，有利于纬丝顺利交接。配合周转轮系能显著提高引纬速度。

如图 12 - 31 所示为曲柄连杆式剑杆引纬机构示意图。六连杆送纬剑杆引纬机构如图12 - 31(a)所示，主轴 O 转动，分别带动六连杆机构和四连杆机构的曲柄 OA、OK，经杆件分别往复传动周转轮系中的齿轮 1 和行星轮轴架 H，在齿轮 1 和行星轮轴架 H 的作用下，齿轮 2 作往复转动，并通过伞齿轮 4、5、6、7 带动剑带轮 M 往复回转，从而使剑带 8 作往复直线运动，完成剑杆的引纬工作。

四连杆接纬剑杆引纬机构如图 12 - 31(b)所示，上述送纬剑杆引纬机构中的六连由四连杆替代，完成剑杆的引纬工作。

剑杆动程是通过调节曲柄 OA 的长度，以满足不同织物门幅的加工要求。

(3)变螺距螺杆剑杆引纬机构与工艺。变螺距螺杆(worm arm)式剑杆引纬机构是一种螺旋推进式引纬机构，由于螺杆螺矩不等，所以能使剑杆运动速度发生变化，满足剑杆引纬的要求。

如图 12 - 32 所示为变螺距螺杆剑杆引纬机构示意图。主轴上曲柄 1 回转时，通过连杆 2 推动螺杆转子架 3 作往复移动，螺杆转子架 3 上的转子 4 紧嵌在螺杆 5 的螺纹上，当转子架 3 作往复移动时，带动螺杆 5 作往复回转运动，螺杆 5 的头端装有剑带轮 6，剑带轮的往复回转带动与之啮合的剑带 7 作往复直线运动，完成剑杆的引纬工作。曲柄 1 的长度可以调节，用以改变剑杆运动动程。近几年来，出现了采用等螺距螺杆传动剑杆引纬机构。

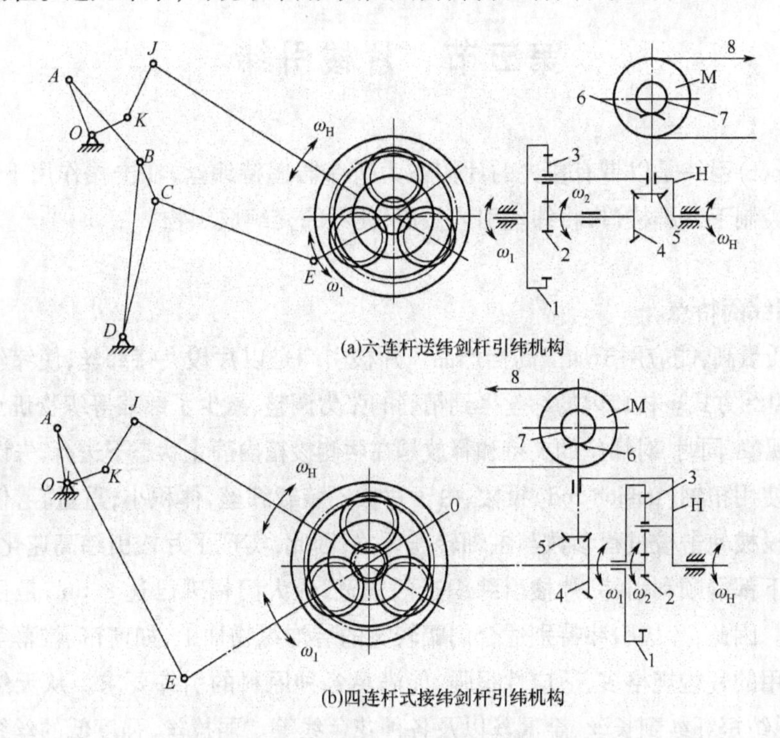

(a)六连杆送纬剑杆引纬机构

(b)四连杆式接纬剑杆引纬机构

图 12－31　曲柄连杆式剑杆引纬机构

1～7—齿轮　8—剑带　H—行星轮轴架　M—剑带轮

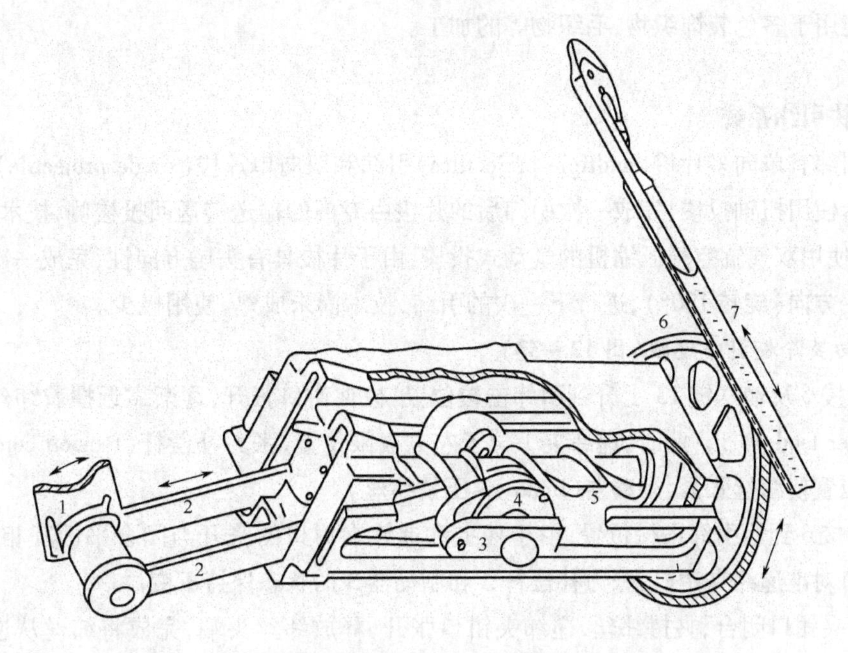

图 12－32　变螺距螺杆式剑杆引纬机构示意图

1—曲柄　2—连杆　3—转子架　4—转子　5—螺杆　6—剑带轮　7—剑带

第五节 片梭引纬

片梭(gripper)引纬是以带有梭夹的片梭作为引纬器握持纬丝,在击梭作用下,片梭在梭口内导梭片方向控制下飞越梭口,将纬丝引入梭口,使经纬交织成织物。

一、片梭引纬的特点

片梭引纬质量高,能应用于加工高档产品。片梭引纬是以片梭夹持纬丝,使纬丝处于受控状态的一种积极引纬方式。梭口内的纬丝得到精确的张力调整,减少了纬缩等织物疵点及在引纬过程中纬丝退捻现象,同时,对纬丝的夹持和释放是在两侧梭箱内静止状态下进行,失误较少。

片梭引纬使用扭轴(torsion rod)投梭,由于片梭不装载纬丝,体积小,重量轻,仅起到引纬器的作用。扭轴投梭使击梭过程参数与主轴转速无关,因此,实现了片梭引纬高速化,并且在任何主轴转速条件下都能顺利引纬,片梭引纬织造门幅宽,最大门幅现已达8.6m,是目前无梭引纬中的最宽门幅。因此,片梭引纬特别适合门幅较宽的装饰织物加工,如窗帘、帷幕等。

片梭引纬用的片梭规格多,适应性很强,能满足各种原料的引纬要求。从天然纤维到化学纤维,纯纺或混纺短纤纱到长丝、金属丝以及各种花色线等。弱捻丝、强度低的丝线不适用于片梭引纬。

片梭引纬的纬丝选色功能具有2~6色任意换纬,能满足一般织物的纬丝选色要求,因此,片梭引纬能用于多色装饰织物、毛织物等的加工。

二、片梭引纬系统

片梭引纬有单向多片梭(multiple projectiles)引纬和双向单片梭(single projectile)引纬两种方式。前者使用扭轴投梭,完成一次引纬后的片梭由专门的输送链送回投梭侧,技术成熟,使用广泛;后者使用双气缸空气压缩机的气动式投梭,由于片梭具有头尾方向性,完成一次引纬后的片梭要改变方向(旋转180°),进行下一次的引纬,技术尚未成熟,使用极少。

1. 单向多片梭引纬过程(图12-33)

(1)片梭6从输送链13上升到引纬击梭位置,梭夹钳口张开,逐渐靠近握着纬丝头端的递纬夹(gripper feeder)1。此时,递纬夹1位于左方极限位置,张力补偿杆(tension compensator)2位于最高位置使纬丝张紧,制动器(brake)3压紧纬丝。

(2)片梭6到达引纬击梭位置,由于梭夹和递纬夹钳口的张开与闭合平面互相垂直,张开的梭夹钳口对准递纬夹钳口,张力补偿杆2和制动器3的状态保持不变。

(3)梭夹钳口闭合,夹持纬丝,递纬夹钳口张开,释放纬丝头端,完成将纬丝从递纬夹到梭夹的交接过程。同时,制动器开始上升,释放纬丝,张力补偿杆开始下降,击梭准备就绪。

(4)投梭棒14发生击梭运动,握持纬丝的片梭飞越梭口。这时,纬丝从筒子4上退解下来,制动器上升到最高位置,完全解除了对纬丝的制动,张力补偿杆下降到水平位置,使纬丝处于无弯曲状态。

(5)片梭到达对侧梭箱后被制梭装置15制停,同时,制动器压紧纬丝。然后,制停后的片梭被推回布边一段距离,以保证右侧布边外留有的丝尾长度为15~20mm,张力补偿杆逐渐上升,张紧因片梭回退而松弛的纬丝,精确地控制纬丝的张力。同时,递纬夹张开钳口并向左侧布边移动。

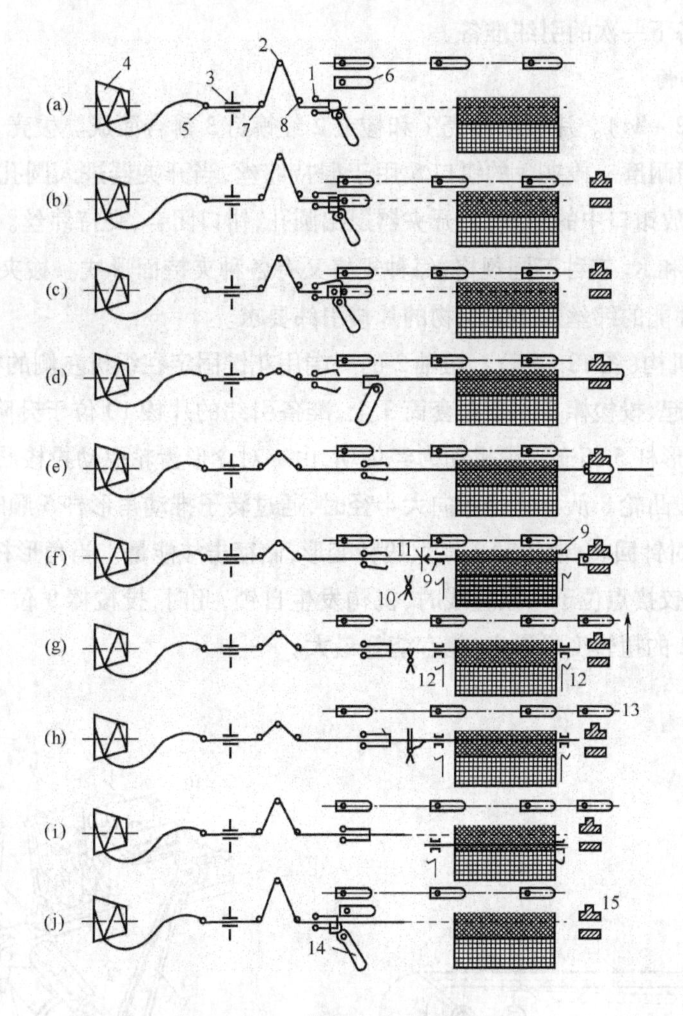

图12-33　单向多片梭引纬过程

1—递纬夹　2—张力补偿杆　3—制动器　4—筒子　5—导丝器　6—片梭　7—导丝器　8—导丝器　9—边夹　10—剪刀　11—定中心器　12—钩边针　13—输送链　14—投梭棒　15—制梭装置

(6)两侧边夹9在靠近布边处将纬丝夹住。同时,定中心器11将纬丝推入递纬夹中心,递纬夹准备夹持纬丝。张力补偿杆2和制动器3的状态保持不变。

(7)递纬夹钳口闭合握持纬丝,剪刀10张开并上升到纬丝处准备切断纬丝。张力补偿杆2和制动器3的状态仍保持不变。

(8)引纬侧剪刀10在递纬夹1与边夹9之间切断纬丝。同时,制梭侧的梭夹钳口被打开释放纬丝,片梭被推向输送链。

(9)递纬夹1握持纬丝向左运动,制动器3仍压紧纬丝,张力补偿杆2则逐渐上升,张紧由于递纬夹外移而松弛的纬丝。同时,两侧边夹9握持纬丝与钢筘同时运动,将纬丝推向织口,剪刀10下降。

(10)边夹握持的纬丝头端被两侧钩边针钩入梭口,形成布边。同时,递纬夹回复到最左侧与梭夹发生纬丝交接的位置,张力补偿杆上升到最高位置,引纬侧又有一只片梭从输送链13向引纬位置上升,准备下一次的引纬准备。

2. 片梭引纬机构

(1)片梭(图12-34)。片梭由梭壳1和梭夹2经铆钉3铆合而成。梭壳1头端呈扁平状,尾部为平面状,光滑耐磨。梭夹2的钳口5用于握持纬丝,当开夹器进入圆孔4时,钳口张开,纬丝进入钳口或释放钳口中的纬丝;当开夹器退出圆孔,钳口闭合,夹持纬丝。

片梭有D_1、D_2和K_2三种不同规格,每种规格又有各种夹持面形式。梭夹钳口的夹持力大小不等,满足不同性能的纬丝及不同织物的片梭引纬要求。

(2)扭轴投梭机构(图12-35)。扭轴2的一端用花键固定在织机左侧的机架1上,另一端与套筒3连接在一起,投梭棒9固定在套筒3上,准备引纬的片梭10位于升降器11上,套筒3通过小连杆4与角形杆5相连。织机动力经传动,由一对伞形齿轮驱动投梭凸轮8作顺时针匀速回转运动,当投梭凸轮8从小半径转向大半径时,通过转子推动角形杆5顺时针回转,经连杆4推动套筒3作逆时针回转,使扭轴2发生扭转变形,储存击梭能量。当角形杆5的回转支点O与小连杆4的两个铰接点位于一条直线时,机构发生自锁,此时,投梭棒9位于左方极限位置,即击梭位置,扭轴2的扭转变形最大,储存能量最大。

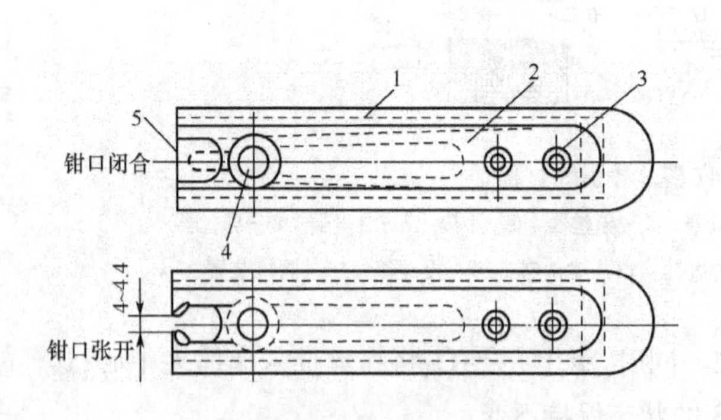

图12-34 片梭的基本结构

1—梭壳 2—梭夹 3—铆钉 4—圆孔 5—钳口

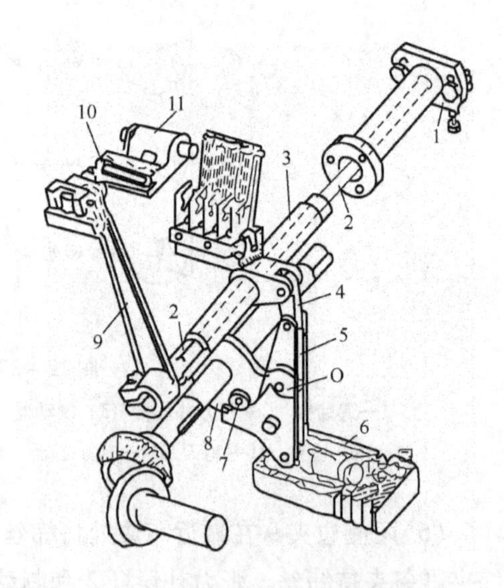

图12-35 扭轴投梭机构

1—机架 2—扭轴 3—套筒 4—连杆 5—角形杆 6—液压阻尼装置 7—解锁转子 8—投梭凸轮 9—投梭棒 10—片梭 11—升降器

投梭凸轮 8 继续回转,当解锁转子 7 与角形杆 5 的铁鞋相碰,角形杆 5 则逆时针转过微小角度,机构自锁状态被解除,扭转变形能急速释放,通过投梭棒 9 传递给片梭 10,将片梭 10 射入梭口。为了避免扭轴 2 产生自由振动,与角形杆 5 相连的液压阻尼装置 6 吸收击梭后的剩余能量,使扭轴 2 与投梭棒 9 迅速达到稳定状态。

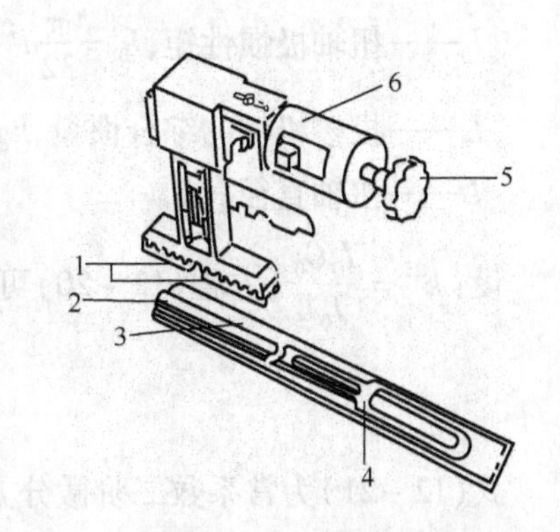

图 12-36 制梭机构

1—制梭脚 2—制梭板 3—片梭

4—回退杆 5—调节手轮 6—制梭电动机

(3)制梭机构(图 12-36)。在片梭 3 进入制梭机构之前,制梭脚 1 下降与制梭板 2 构成制梭通道,片梭 3 飞入制梭通道后受到制梭脚和制梭板较大的摩擦阻力,速度很快下降,片梭在规定的时间被正确地制停在规定的位置上。然后,制梭脚 1 上升,解除对片梭的制动,回退杆 4 将片梭推回布边侧,接着被推出制梭机构,置于片梭输送链上(图中未画出)。

三、片梭引纬原理

片梭从扭轴投梭机构得到能量,便作为一个自由体开始飞行。在扭轴击梭过程中,假定以下几个条件。

(1)扭轴投梭机构是刚性的,即忽略投梭棒与套筒的弯曲变形,套筒的回转角度与扭轴扭转的角度相同。

(2)扭轴扭转变形后,在恢复过程中不考虑液压阻尼器的作用,并设开始恢复时扭轴的扭转角为 $\Phi°$,终了时扭轴的扭转角为 0°。

(3)投梭机构各部分的摩擦阻力不计。

因此,在扭轴击梭过程中,扭轴的恢复力矩 M_K 与投梭机构的综合惯性力矩 M_N 的平衡方程为:

$$M_K + M_N = 0 \tag{12-17}$$

$$M_K = \frac{I_0 G_0}{L}\Phi \tag{12-18}$$

$$M_N = J_0\ddot{\Phi} \tag{12-19}$$

因此得到方程:

$$J_0\ddot{\Phi} + \frac{I_0 G_0}{L}\Phi = 0 \tag{12-20}$$

式中:Φ——扭轴的扭转角度,从 Φ_0 ~ 0°,弧度;

$\ddot{\Phi}$——扭轴回转角加速度,弧度/s^2;

L——扭轴扭转部分长度,cm;

G_0——扭轴剪切弹性模量,kg/cm^2;

I_0——扭轴极惯性矩,$I_0=\frac{\pi}{32}d^4$,cm^4;

J_0——投梭机构的综合惯量,$kg\cdot cm\cdot s^2$;

D——扭轴直径,cm。

设:$k^2=\frac{I_0G_0}{J_0L}$,方程(12-20)可简化为:

$$\ddot{\Phi}+k^2\Phi=0 \tag{12-21}$$

式(12-21)为常系数二阶微分方程,通解为:

$$\Phi=A\cos kt+B\sin kt$$

$$\dot{\Phi}=-Ak\sin kt+Bk\cos kt$$

边界条件是当击梭开始 $t=0$ 时,$\Phi=\Phi_0$,$\dot{\Phi}=0$,得到 $A=\Phi_0$,$B=0$。所以,式(12-21)的特解为扭轴回转运动的角位移、角速度与角加速度的方程:

$$\Phi=\Phi_0\cos kt \tag{12-22}$$

$$\dot{\Phi}=-k\Phi_0\sin kt \tag{12-23}$$

$$\ddot{\Phi}=-k^2\Phi_0\cos kt \tag{12-24}$$

在击梭过程中,与扭轴套筒连在一起的投梭棒随扭轴恢复绕扭轴轴心回转,可得到片梭的速度、加速度及击梭作用力的方程:

$$v=-lk\Phi_0\cos kt \tag{12-25}$$

$$a=-lk^2\Phi_0\cos kt \tag{12-26}$$

$$P=-mlk^2\Phi_0\cos kt \tag{12-27}$$

式中:v——片梭的速度,m/s;

a——片梭的加速度,m/s^2;

P——击梭力,N;

l——投梭棒的长度,m;

m——片梭的质量,kg。

当击梭开始 $t=0$ 时,得到片梭理论最大加速度和最大击梭力的计算公式:

$$a_{max}=-lk^2\Phi_0 \tag{12-28}$$

$$P_{max}=-mlk^2\Phi_0 \tag{12-29}$$

当 $kt=\frac{\pi}{2}$时,即经过击梭时间 $t=\frac{\pi}{2k}$,扭轴恢复到初始位置时,得到片梭理论最大速度:

$$v_{max}=-lk\Phi_0 \tag{12-30}$$

实际上,扭轴在恢复过程中受到液压阻尼器的缓冲作用,因此,扭轴的扭转变形恢复到液压阻尼器的缓冲作用时，片梭得到最大的速度。设扭轴在受到阻尼前所释放的能量完全供给投梭机构，即：

$$\frac{m_0 v^2}{2} = \int_{\Phi_0}^{\Phi_1} - M_K d\Phi \qquad (12-31)$$

式中：m_0——投梭机构的代表质量，$m_0 = \frac{J_0}{l^2}$（kg. cm^{-1}. s^2）；

v——片梭的实际最大速度，m/s；

Φ_1——液压阻尼器作用时扭轴转角，弧度。

由式（12－32）得到片梭的实际最大速度为：

$$v = v_{max}\sqrt{1-\left(\frac{\Phi_1}{\Phi_0}\right)^2} \qquad (12-32)$$

如某扭轴投梭机构 $G_0 = 8.1 \times 105$kg/cm^2，$L = 72$cm，$J_0 = 0.068$kg · cm · s^2，$d = 1.5$cm，$I_0 = 0.497$cm^4，$l = 18.5$cm，$m = 40$g，$\Phi_0 = -300$（负值是指扭轴扭转方向与扭轴扭转恢复方向相反），$\Phi_1 = -100$。计算得 $k = 286.75$s^{-1}。根据式（12－28）、式（12－29）、式（12－30）和式（12－32）计算得到：

$$a_{max} = 7964.27\text{m/s}$$
$$P_{max} = 318.59\text{N}$$
$$v_{max} = 27.77\text{m/s}$$
$$v = 26.18\text{m/s}$$

根据 $t = \frac{\pi}{2k}$ 计算得到理论击梭时间：$t = 0.005$s。即扭轴投梭机构可以在很短的时间内使片梭获得很大的运动速度，有利于高速宽幅织机的引纬。由于液压阻尼器的作用，实际的击梭时间更短，在扭轴变形从扭转角－30°恢复到－10°时，液压阻尼器发生缓冲作用，片梭的最大运动速度从27.77m/s下降到26.18m/s，速度仅损失了5.7%，但避免了扭轴产生反向扭转及反复振动。

扭轴在扭转变形中产生较大的剪切应力 τ。

$$\tau = \frac{M_{Kmax}}{2I_0} \qquad (12-33)$$

式中：M_{Kmax}为扭轴上最大恢复力矩。

$$M_{Kmax} = \frac{I_0 G_0}{L}\Phi_0 \qquad (12-34)$$

扭轴在扭转时产生的剪切应力不能超过允许范围，即：$\tau \leqslant [\tau]$。整理式（12－33）和式（12－34）得到：

$$\Phi_0 = \frac{2L}{G_0 d}[\tau] \tag{12-35}$$

扭轴最大扭转角与扭轴工作长度成正比，与扭轴直径成反比。扭轴扭转角过大或不足，均会影响片梭引纬。直径大的扭轴扭转的角度及范围小，因此，扭轴直径不宜太大。

对式（12－30）和式（12－29）重新整理后得到：

$$d\sqrt{L} = \sqrt{\frac{8G_0 m_0}{\pi}} \times \frac{v_{max}}{[\tau]} \tag{12-36}$$

$$P_{max} = \frac{m\pi[\tau]}{16\sqrt{m_0 J_0}} d^3 \tag{12-37}$$

扭轴直径小，片梭能得到的最大速度小，而扭轴长度增加，能提高片梭的最大速度。最大投梭力与扭轴长度无关，与扭轴直径三次方成正比，扭轴直径小，最大投梭力小，即片梭引纬能耗下降。所以，细长扭轴能使片梭引纬达到高速、低能耗的引纬性能。

四、片梭引纬工艺

片梭引纬是各机构运动时间精确配合投梭时间、投梭力和制梭力来进行的。

1. 主要机构运动时间配合 表12－5所示为片梭引纬主要机构运动时间配合实例。

（1）投梭时间（picking time）按织机的标准投梭时间设定，在扭轴处于零位状态，调节投梭凸轮8在轴上的安装位置，如图12－35所示。不同的织机门幅，标准投梭时间不同，门幅越宽，投梭时间越早。

表12－5 片梭引纬主要机构运动时间配合实例

项目	340 0 40 80 120 160 200 240 280 320 360 20	备注
张力补偿杆	（上方）（下方）	
制动器	（上抬）（制动）	
左开梭夹器	（开钳）（闭钳）	340°～350°相遇片梭
击梭		125°～36°扭轴扭转 105°击梭
递纬夹开闭		84°71′～105°第一次 303°～332°第二次
递纬夹移动		310°～60°退回

续表

项目	340 0　40　80　120　160　200　240　280　320　360 20	备注
剪刀		357°10′~1°剪纬
制梭装置	(上升)　(下降)	6°14′完全释放纬丝
片梭回退		0°~65°回退片梭
右开梭夹器		7°10′~63°开梭夹
片梭退出		20°推出
打纬		50°

注　0°为弯轴上心。

(2)在每次引纬过程中,递纬夹必须有两次打开和闭合的过程。当递纬夹位于最左侧纬丝交接的极限位置时,片梭的梭夹闭合并夹住纬丝头后,递纬夹打开,片梭飞入梭口后,递纬夹闭合。当递纬夹位于最右侧夹持纬丝的极限位置时,递纬夹打开,定中心片将纬丝送入递纬夹后,递纬夹闭合。

(3)在每次引纬过程中,梭夹有两次打开和闭合的过程。当片梭位于最左侧从输送链上开始提升时,梭夹逐渐打开,进入纬丝交接与击梭位置,梭夹闭合后夹持纬丝。引纬结束后,当片梭被推回右侧布边处,钩边夹将纬丝夹住后,梭夹打开,释放纬丝。

(4)张力补偿杆与制动器相互配合控制纬丝张力,确保引纬顺利进行。在片梭开始被加速引纬时,制动器已完全释放,张力补偿杆开始下降,便于引纬时纬丝无曲折,保证顺利引纬;在引纬后期,制动器逐渐对纬丝产生作用,张力杆开始上升,使纬丝保持一定的张力,防止纬缩;在片梭回退时,张力补偿杆上升拉紧梭口内的纬丝,制动器对纬丝发生最大制动,只有当纬丝在梭口内伸直到具有一定张力时,张力补偿杆才能通过制动器将纬丝从筒子上退解一小段,从而对梭口中的纬丝实现精确的张力调整;当递纬夹夹持纬丝后退时,张力补偿杆继续上升拉紧纬丝,而制动器上升到中等位置,使纬丝张力减小。

2. 投梭力与制梭力　投梭力(picking force)由扭轴直径和扭轴扭转角来确定,扭转角与织机速度无关。首先,根据片梭引纬速度选用相应直径的扭轴,如图12－37所示为扭轴直径、扭转角与片梭初速的关系。图中粗实线为扭转角的正常范围。然后,在正常范围内调节扭轴扭转角。当扭轴扭转角到达最大值时,片梭不能及时进入制梭装置,则应降低织机车速;当扭轴扭转角到达最小值时,片梭速度仍太高,则应选用较小直径的扭轴。

制梭力(braking force)由制梭脚的高低位置控制(图 12－36),即制梭通道间隙越小,制梭力越大,在片梭引纬中实现自动调整制梭力。在制梭脚前侧安装有接近开关ⓐ、ⓑ、ⓒ,如图 12－38 所示。接近开关ⓑ用于检测片梭飞行到达时间,如果在规定时间未能触发接近开关ⓑ,则片梭投梭力不足,进入制梭装置的时间太迟。接近开关ⓐ、ⓒ用于监测片梭的制停位置。在规定的时间,当片梭制停在位置 1 时,接近开关ⓐ、ⓒ均产生信号,说明制梭力正常,制梭电动机 6 不发生作用;当片梭制停在位置 2 时,接近开关ⓐ没有产生信号,说明制梭力不足,制梭电动机 6 立即发生作用,使制梭脚 1 下降一级;当片梭制停在位置 3 时,接近开关ⓒ没有产生信号,说明制梭力太大,如果连续 27 次引纬中有 20 次制梭力偏大,制梭电动机 6 发生作用,使制梭脚 1 抬高一级,反复几次调整直至片梭制停在位置 1 上。

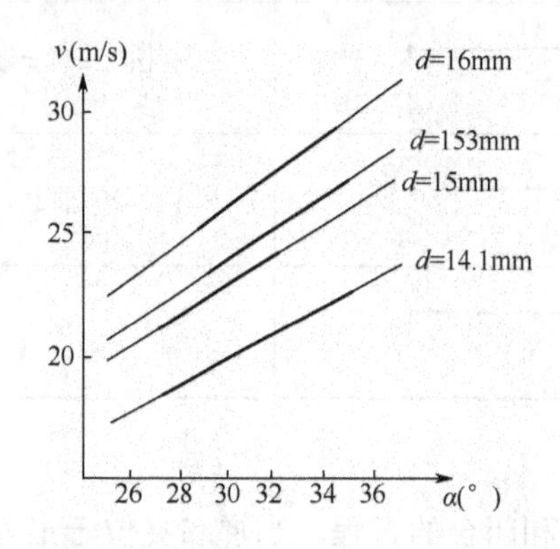

图 12－37　扭轴直径、扭转角与片梭初速

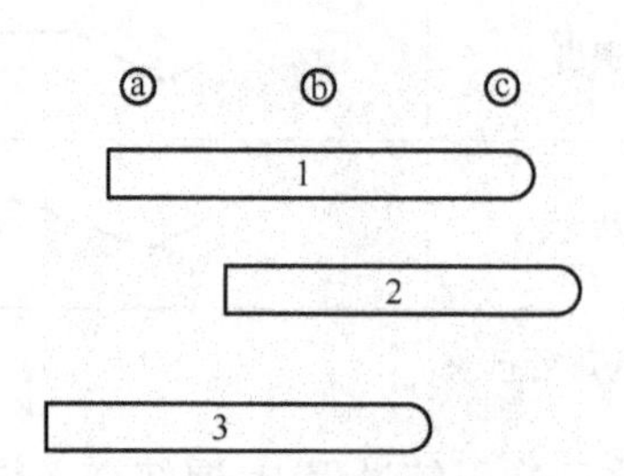

图 12－38　制梭力监控原理图

第六节　储纬装置

储纬装置(weft storage unit)用于从固定筒子上稳定退解并储存纬丝,引纬时,从储纬装置上退解引入梭口的纬丝获得均匀的低张力,有利于改善引纬条件和提高织物质量,是无梭引纬系统中不可缺少的部分。

一、储纬装置工作原理

无梭引纬使用大卷装筒子作纬丝卷装。当纬丝从筒子上引出时,其退解张力随筒子直径下降而发生很大的变化。此外,无梭引纬是一种间隙式高速运动,断续的纬丝高速退解会加强张力波动。因此,无梭引纬从大卷装筒子上直接退解纬丝的条件很差。

如图 12－39 所示为纬丝匀速退解时退解张力与筒子直径的关系。当筒子直径变化时,纬丝张力发生明显变化,尤其在筒子直径减小到约 120mm 以后,纬丝张力发生突变,迅速增大。随着退解速度提高,这种变化更加明显。使用储纬装置将纬丝在引纬之前卷绕在储纬滚筒上或储留在其他容器中,使每次引纬的纬丝退解条件一致,做到每次引纬张力均匀,储纬滚筒相当于一只直径较大而卷绕量很小的纬丝退解“筒子”，引纬过程中“筒子”直径不变，避免了纬丝卷装筒子直径 d 对引纬张力 f 的影响。

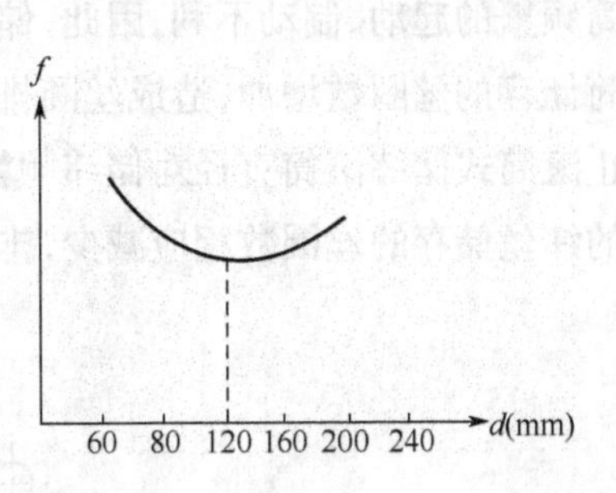

图 12－39　退解张力与筒子直径

纬丝从卷装筒子上退解引纬的过程如图 12－40(a)所示。纬丝退解速度等于引纬速度。无梭引纬速度大，由于间隙式引纬使得在每一引纬周期内，引纬过程实际只占主轴回转的$\frac{1}{3}$～$\frac{1}{2}$时间，实际纬丝退解速度为平均引纬速度的 2～3 倍。同时，实际引纬速度也是很不均匀的。因此，造成纬丝从卷装筒子上退解张力大，均匀性差。

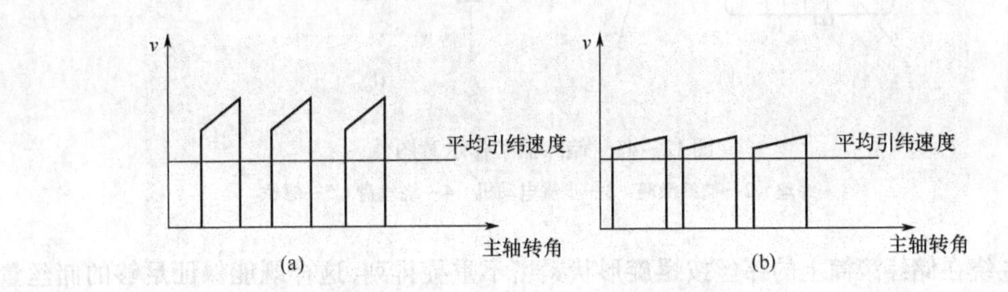

图 12－40　纬丝的退解过程

纬丝从卷装筒子上退解卷绕在储纬装置上的过程如图 12－40(b)所示。适当调节储纬装置的卷绕速度，可以使纬丝从卷装筒子上退解的过程几乎是连续进行的，其退解速度基本接近平均引纬速度。因此，纬丝从卷装筒子上退解时最大速度减小，并且退解速度波动减少，有利于减小并均匀纬丝退解张力。

二、储纬装置的类型

储纬装置型号多，大致可分为两大类，一类是积极式片梭引纬与剑杆引纬用储纬器，另一类是消极式喷气引纬与喷水引纬用测长储纬器。前者仅作储存纬丝改善引纬条件用，引纬时，引纬器将纬丝头端握持，从储纬器上引出所需长度的纬丝量；后者兼有精确测量引入梭口一纬长度的纬丝，引纬时，这段纬丝被释放引入梭口。

1. 积极式片梭引纬与剑杆引纬用储纬器

如图 12－41 所示为储纬器工作示意图。

(1)纬丝从卷装上退解后卷绕到储纬滚筒上的卷绕方式有：回转滚筒卷绕和静止滚筒卷绕。回转滚筒卷绕如图 12－41(a)所示，纬丝 1 头端握持在储纬滚筒 2 上，储纬滚筒 2 由步进电动机 3 直接传动回转，将纬丝直接卷绕到储纬滚筒上；静止滚筒卷绕如图 12－41(b)所示，绕丝盘 4 由步进电动机 3 传动回转，将纬丝从筒子上拉出，卷绕到储纬滚筒上，储纬滚筒由永久磁铁 5 作用而静止。

(2)回转滚筒具有一定的转动惯量，并与储纬滚筒直径成正比，转动惯量对储纬过程中滚筒频繁的起动、制动不利，因此，储纬滚筒直径不宜过大。但是，一定量的纬丝在小直径储纬滚筒储存的丝圈数增加，造成丝圈排列困难，发生重叠，因此，储纬滚筒直径一般使用100mm。静止滚筒式储纬滚筒直径对储纬频繁的起动、制动无影响，因此，储纬滚筒直径可大一些，一定量的纬丝储存的丝圈数相应减少，排列整齐，适应织机高速织造。

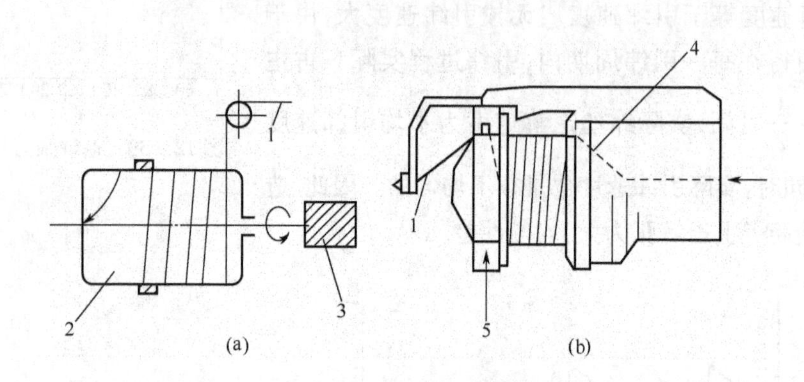

图12-41 储纬器工作示意图

1—纬丝 2—储纬滚筒 3—步进电动机 4—绕丝盘 5—磁铁

（3）卷绕在储纬滚筒上的纬丝按螺旋形状紧密不重叠排列，这样既能保证足够的储丝量，又能使纬丝顺利退解。在静止回转滚筒式储纬器上使用专门机构推动丝圈在储纬滚筒上排列，使丝圈按规定间距排列在储纬滚筒上。这种积极式丝圈排列方式丝圈排列整齐，无重叠现象，纬丝退解顺利。在回转滚筒式储纬器上是依靠储纬滚筒在回转中纬丝张力所形成的丝圈间的挤压力，将丝圈沿有一定锥度（锥顶角为135°时丝圈排列效果最好）的储纬滚筒表面移动，形成丝圈排列。这种消极式丝圈排列方式易造成丝圈重叠，影响纬丝退解。

（4）片梭和剑杆从储纬器上引出纬丝时，要有均匀的小张力控制，在纬丝进储纬器前、出储纬器后及纬丝与储纬器的分离处设置张力装置，各种张力装置如图12-42所示。在储纬器前，即储纬器进丝处，纬丝张力大小对丝圈排列也有影响。张力过大，丝圈在储纬滚筒表面移动阻力增加，张力过小，丝圈在储纬滚筒表面移动推进力不足，均会造成丝圈重叠。

（5）储纬滚筒上的储存量保证在2~3纬的长度，设置最大储存量和最小储存量，在储纬滚筒上的储存量最大时，停止储纬；反之，在储纬滚筒上的储存量最小时，开始储纬。步进电动机转速调节低些为好，减小停止时间和起动、制停次数，进行连续储纬，使卷绕纬丝的速度接近平均引纬速度。储纬滚筒的最低转速：

$$m_{\min} = \frac{(1+a)nL_k}{\pi d} \tag{12-38}$$

式中：$m_{\min}$——储纬滚筒的最低转速，步进电动机的转速；

a——纬丝回丝率；

n——织机转速；

L_k——织物筘幅；

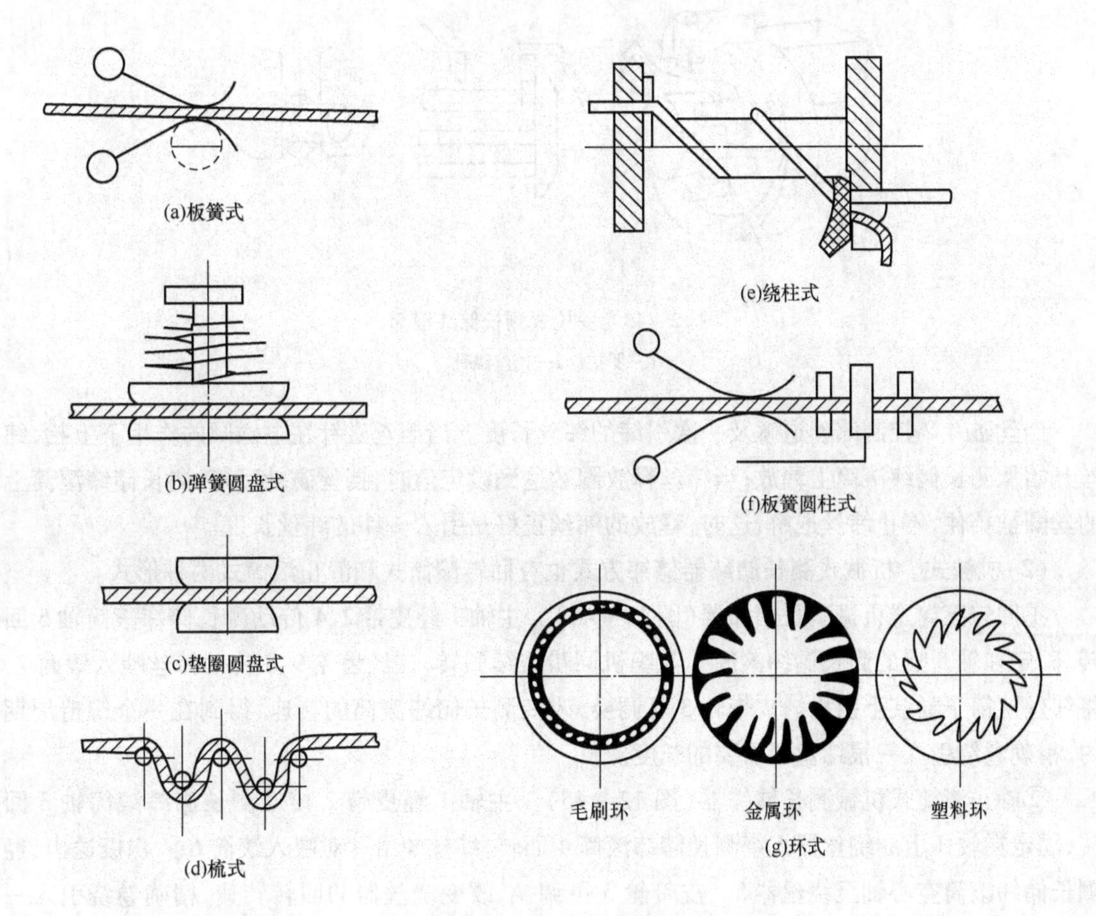

图 12-42 张力装置

d——储纬滚筒直径。

(6)回转滚筒在储纬时,纬丝未被加捻。当纬丝从滚筒上退解时,如果滚筒顺时针回转(从储纬器出丝处观察),纬丝因逆时针退解而增加 Z 捻,如果滚筒逆时针回转,纬丝因顺时针退解而增加 S 捻。由于退解时滚筒回转,纬丝相对滚筒退解一周,增加一个捻回。当纬丝原捻回方向与因退解而增加的捻回方向一致,则纬丝捻度增加,反之,捻度减小。静止滚筒在储纬时,由于绕丝盘的回转,纬丝被加捻,纬丝卷绕一圈,增加一个捻回。当纬丝从静止滚筒上退解时,纬丝退捻,纬丝退解一圈,减少一个捻回。因此,使用静止滚筒在储纬,纬丝捻度不变。

2. 消极式喷气引纬与喷水引纬用测长储纬器 由于喷气引纬和喷水引纬的速度很快,单独步进电动机控制的测长储纬器很少使用回转滚筒式,而是使用静止滚筒式。其纬丝卷绕原理及丝圈排列同上文所述基本相同,不同之处是测长储纬滚筒形式,增加了纬丝释放与制停的挡丝磁针,控制纬丝释放和制停,达到引纬长度的控制。

(1)罗拉式。测长储纬滚筒使用多根钢丝或多根罗拉组成,通过调节钢丝或罗拉在测长调节器上的位置,就可改变测长储纬滚筒的直径,从而改变绕滚筒一圈纬丝的长度。如图 12-43 所示为罗拉组成的测长储纬滚筒。

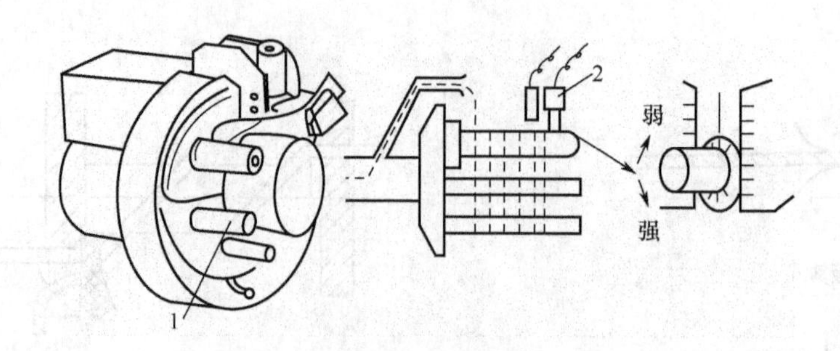

图 12-43 罗拉式测长储纬滚筒

1—罗拉 2—挡丝磁针

挡丝磁针 2 控制纬丝退解及一次引纬的纬丝长度。当挡丝磁针在电磁阀的作用下上抬，纬丝开始从测长储纬滚筒上释放；当纬丝释放圈数达到设定值时，挡丝磁针下落，测长储纬滚筒上的丝圈被挡住，停止纬丝退解，这时，释放的纬丝正好是引入一纬的纬丝长度。

（2）机械式。机械式测长储纬器储纬方式也有回转滚筒式和静止滚筒式两种形式。

①回转滚筒式机械测长储纬器（图 12-44）。主轴 1 经皮带 2、4 传动测长储纬滚筒轴 5 回转，固定在轴 5 上的测长储纬滚筒 6 与织机同步连续回转，在经齿轮 9、8 传动纬丝喂入滚筒 7，将纬丝从筒子卷装上引出。皮带轮 3 可调换，改变测长储纬滚筒的转速，得到在一个织造周期内，精确卷绕引入一根纬丝所需要的长度。

②静止滚筒式机械测长储纬器（图 12-45）。主轴 1 经皮带 2 传动测长储纬滚筒轴 3 回转，固定在轴 3 上的绕丝器 5 绕测长储纬滚筒 4 回转，纬丝 8 由一对喂入滚筒 6、7 积极送出，经测长储纬滚筒空心轴至绕丝器 5。皮带轮 3 可调换，改变绕丝器的回转转速，精确卷绕引入一根纬丝所需要的长度。

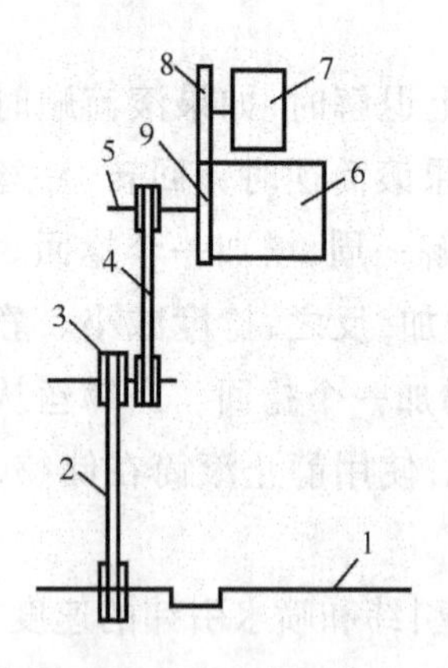

图 12-44 回转滚筒式机械测长储纬器的传动示意图

1—主轴 2—皮带 3—测长皮带轮 4—皮带 5—测长储纬滚筒轴 6—测长储纬滚筒 7—喂入滚筒 8—齿轮 9—齿轮

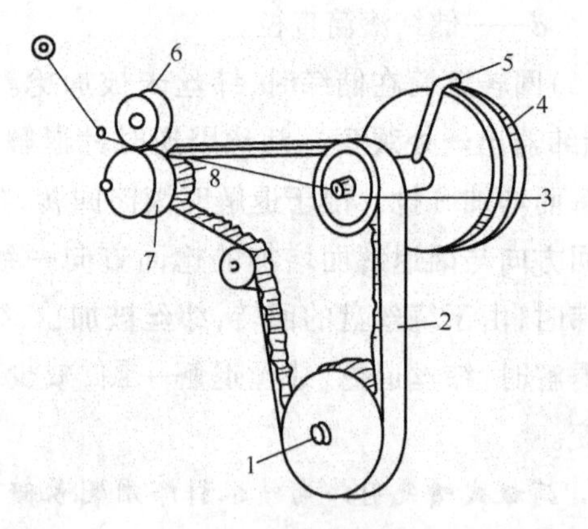

图 12-45 静止滚筒式机械测长储纬器的传动示意图

1—主轴 2—皮带 3—测长储纬滚筒轴 4—测长储纬滚筒 5—绕丝器 6、7—喂入滚筒 8—测长皮带轮

第七节 引纬技术的发展及性能测试

一、引纬技术的发展

提高单机生产率、扩大产品适应性及提高产品质量一直是织造技术发展的主题。

1. 引纬速度 人们一直在努力提高引纬速度,以期最大限度提高单机生产率。如图12-46所示为在ITMA上展出的无梭织机的引纬速度。

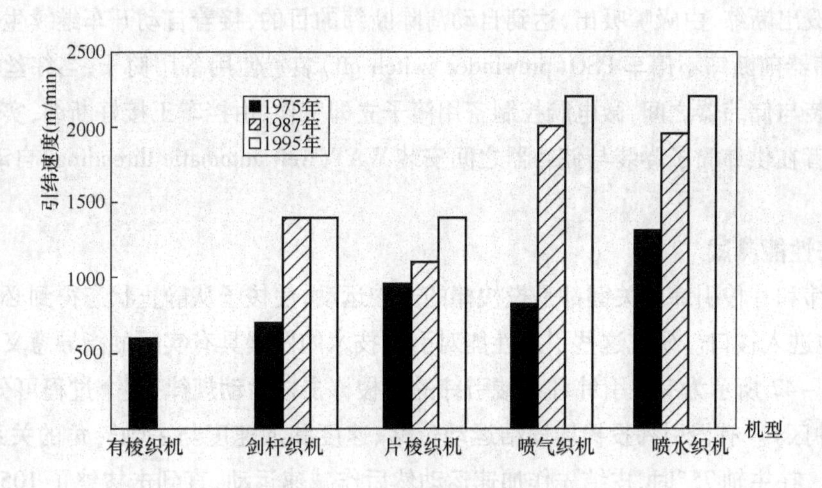

图12-46 ITMA上展出的无梭织机的引纬速度

无梭引纬有高于有梭引纬数倍的引纬率,但由于仍旧使用间隙引纬技术,而纬丝飞行速度不能无限提高,所以,继续发展无梭引纬速度的难度较大。在20世纪70年代曾出现了多梭口(multished)织机,使用多个引纬器同时在同一幅宽内形成的多个梭口中进行引纬,速度在1800~2000m/min。但多梭口织机因断纬不能修复等问题,未能得到继续发展。而M8300型经向多梭口喷气织机的出现,使引纬率达到5000m/min。

2. 提高织物质量、扩大产品适应性 无梭引纬装置不仅具有引纬的基本作用,还增加了一些辅助功能,在提高生产效率的同时,扩大产品适应性和提高产品质量。

(1)纬丝张力均匀是提高产品质量的一个因素。纬丝张力程控PPT(programming pick tension)技术是利用微电脑控制纬丝张力器,只有当需要时才对纬丝施加张力,以达到均匀纬丝张力的目的。如片梭引纬系统中纬丝制动器,对引入梭口的纬丝进行精确控制达到均匀纬丝张力,用于加工线密度小、经密大的高档织物质量有最好的技术保证。

(2)精确测量纬丝长度或设定纬丝控制时间是引入一纬纬丝长度保证一致的前提。如喷气引纬系统中定长和时间自动控制ATC(automatic timing control)装置是利用微电脑控制每一次的引纬长度,其差异小于5mm,当纬丝出梭口时的时间与标准设定的时间发生差异时,ATC装置自动调节定长装置和主喷嘴的喷射压力,从而消除引纬长短不匀的织物疵点。

(3)纬丝断头自停AWS(automatic weft stop)装置是使用纬丝检测器检测引纬状态,当引纬处于断纬、缺纬和纬丝长度不足等不良状态时，立即使织机停车，以免在织物上形成残疵，影响织物质量。纬丝检测器种类很多，根据引纬方式和引纬丝线来进行选择。

(4)自动找梭口APF(automatic pick finding)装置是利用慢速找纬电动机，当断纬或断经停车后，通过找纬离合器实现开口、送经、卷取和选色的联动反转，而打纬和引纬等不动作，然后启动织机运转，从而达到防止停车档的目的。找纬电动机的回转圈数根据织物特性及纬停或经停方式，使用微电脑进行控制。

(5)自动修补纬丝APR(automatic pick repair)装置用于消除断纬后由于操作造成的停车档疵点，同时提高生产效率。当断纬发生后，首先启动APF装置退回到断纬梭口，然后APR装置使用机械手拨出断纬，由吸嘴吸出，达到自动清除断纬的目的，接着自动开车继续生产。

(6)储纬器前断纬不停车PSO(prewinder switch off)装置使用备用筒子，当纬丝断头发生在供纬筒子卷装与储纬器之间，微电脑控制备用筒子立即工作，由挡车工接好断纬，实现断纬不停车操作。或者在供纬筒子卷装与储纬器之间安装WAT(weft automatic threading)自动穿线装置。

二、引纬性能测试

有梭引纬和片梭引纬的关键都是投梭棒的击梭运动，使梭子从静止状态得到必要的飞行速度，并适时地进入梭口。研究这些引纬性能对引纬技术的发展具有实际的指导意义。

如图12-47所示为有梭引纬和片梭引纬的投梭棒击梭运动规律，整个过程可分为加速区、减速区(缓冲区)。有梭引纬投梭棒皮结运动位移、速度和加速度与主轴转角的关系如图12-47(a)所示。在主轴75°时，皮结先作加速运动然后作减速运动，直到击梭终了105°时，皮结得到最大运动速度约9~15m/s，在击梭过程中皮结得到的最大加速度约为500~800m/s^2。皮结与投梭棒在回复弹簧的作用下，在主轴约245°返回到原位。

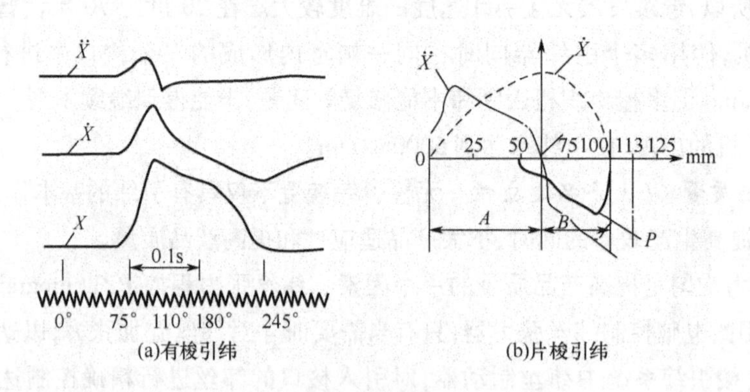

(a)有梭引纬　　(b)片梭引纬

图12-47　击梭运动规律

x—皮结位移曲线　$\dot{x}$—皮结速度曲线　$\ddot{x}$—皮结加速度曲线

A—加速区　B—缓冲区

片梭引纬扭轴投梭的击梭块或片梭的速度、加速度与位移规律如图12-47(b)所示。在动程64mm处击梭块达到最大速度23.88m/s，在加速过程击梭块得到最大加速度达6630m/s^2。在加速区终点，扭轴的扭转变形还未完全恢复，扭轴受液压缓冲器的作用，速度减退，在动程

64～100mm 过程中，击梭块作缓冲运动，当扭轴完全恢复零位时，击梭块完全静止在击梭位置。

有梭引纬在击梭过程中投梭机构产生变形，片梭引纬则使用变形恢复释放的能量来引纬，暴发力大，适应织机高速运转。

如图 12－48 所示为剑杆引纬的剑杆（剑杆头）运动规律。

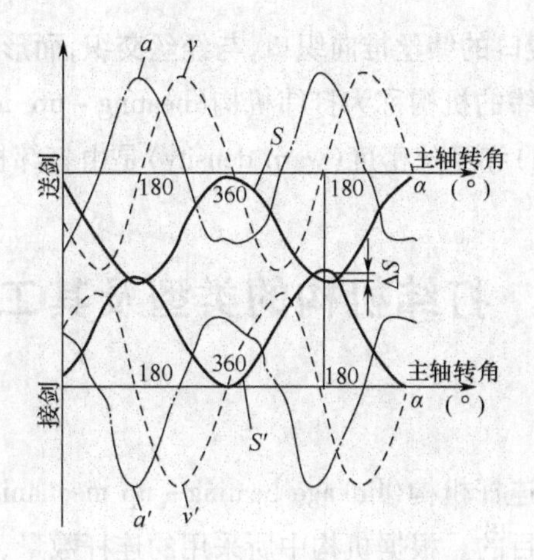

图 12－48　剑杆引纬的剑杆（剑杆头）运动规律

在一个引纬周期内，剑杆始终保持加速、减速、再加速、再减速的循环过程，最大加速度约为 800m/s^2，最大速度约为 16m/s。因此，剑杆运动较片梭运动缓和，对纬丝作用力较小，片梭引纬要求更高的纬丝强力。

第十三章　打纬

引纬以后,必须将引入梭口的纬丝推向织口,与经丝交织,而形成织物。这一过程即称之为打纬(beating - up)。完成打纬的机构称为打纬机构(beating - up mechanism)。

织物的幅宽(fabric width)和经丝密度(warp density)是由打纬机构中钢筘(reed)来确定的。

第一节　打纬机构的类型及其工作原理

一、连杆打纬机构

连杆打纬机构是指采用连杆机构(linkage beating - up mechanism)来带动筘座(lay)前后摆动以实现将纬丝打入织口的目的。根据机构中所采用的连杆数量,可以将连杆打纬机构分为四连杆(four - bar linkage)和六连杆(six - bar linkage)打纬机构。

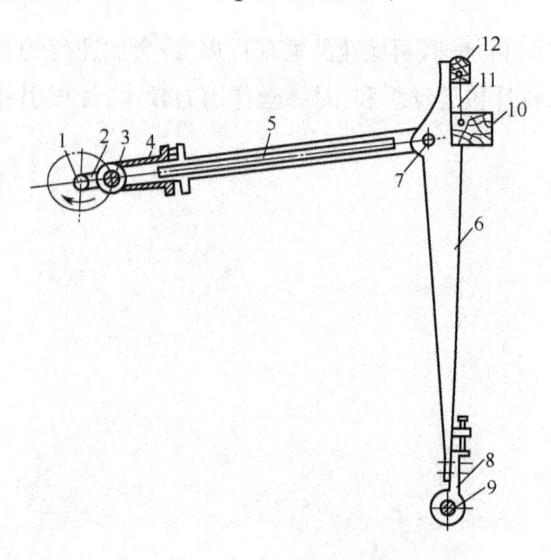

图 13 - 1　K251 型有梭丝织机四连杆打纬机构

1—主轴　2—曲柄　3—轴承　4—钢片夹　5—牵手　6—筘座脚　7—牵手栓　8—托脚　9—摇轴　10—筘座　11—钢筘　12—筘帽

1. 四连杆打纬机构　四连杆打纬机构由于其结构简单,又能基本满足某些织机的工艺要求,被传统有梭织机(shuttle loom)和部分剑杆织机、喷气织机和喷水织机所采用。

图 13 - 1 为 K251 型有梭丝织机的四连杆打纬机构。

主轴(main shaft)1 上的曲柄(crank)2,其颈上包有轴承(bearing)3,经钢片夹 4 与牵手(crank arm)5 相连接。牵手 5 的另一端活套在筘座脚(lay sword)6 的牵手栓 7 上。两只筘座脚 6 则借托脚 8 固装在摇轴 9 上。当主轴转动时,通过曲柄 2、牵手 5 及牵手栓 7 使筘座脚 6 绕摇轴 9 的中心摆动,从而使固装在筘座脚上的筘座 10、钢筘 11 随之前后摆动,实现将纬丝推向织口(fell)。

图 13 - 2 为应用于喷水织机中的四连杆打纬机构,这种打纬机构称为内藏式四连杆(covered four - bar linkage)打纬机构。一般这类打纬机构采用短牵手(short connect rod)和短筘座脚。为适应高速,其曲柄、牵手和筘座脚等密封在机架箱形墙板中,以油浴润滑。

四连杆打纬机构的运动规律和打纬特性(beating - up features)取决于曲柄半径 R 与牵手长

度 L 的比值（R/L）。按照 R/L 值的大小，可将四连杆打纬机构分为长牵手打纬机构（$R/L < 1/6$ 时），中牵手打纬机构（$R/L = 1/6 \sim 1/3$ 时）和短牵手打纬机构（$R/L > 1/6$ 时）。图 13－3 所示为典型的不同牵手长度的打纬机构筘座的运动规律。一般来说，如果织机门幅较宽，就要求筘座运动规律允许纬丝飞行（weft insertion）的时间较长。如果所制织织物较厚重，则要求打纬时筘座的惯性打纬力（beating－up force by inertia）比较大，也说是在打纬时（主轴为 0 °时）筘座运动加速度要求较大，否则就难以将纬丝打入织口。基于上述二方面来考虑，短牵手打纬机构适合于阔幅、重型织机，而中、长牵手打纬机构则适合于狭幅、中轻型织机。

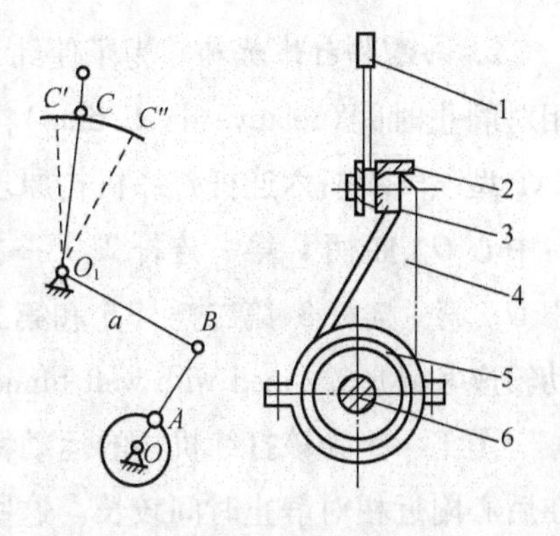

图 13－2　喷水织机四连杆打纬机构

1—钢筘　2—筘座　3—夹片
4—辅助筘座脚　5—钢管　6—曲柄

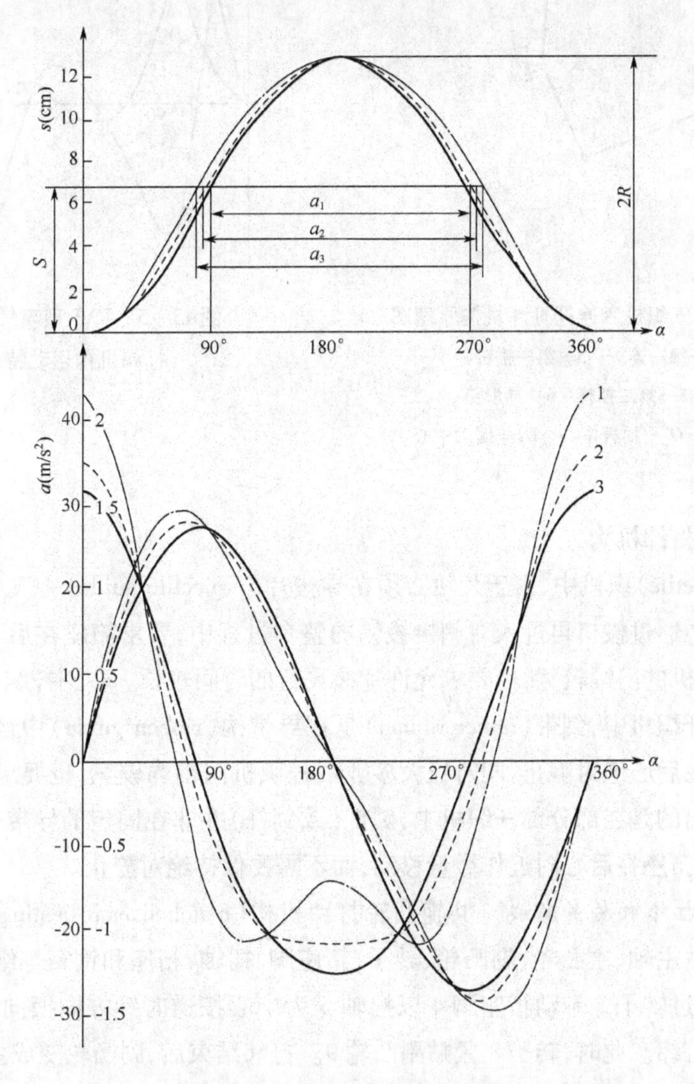

图 13－3　不同牵手长度的打纬机构筘座的运动规律

a_1、a_2、a_3—分别为长牵手、中牵手和短牵手时允许梭子引纬的主轴时间角

2. 六连杆打纬机构 为了使纬丝的飞行时间更长，同时能使筘座在运动过程中有一定的相对静止时间（relative dwell time），故而某些织机设计采用了六连杆打纬机构。图 13-4 为 PAT 型喷气织机六连杆打纬机构原理图。该机构由曲柄摇杆机构和双摇杆机构组成。主轴回转中心 O_1、曲柄 1、第一连杆 2、第一摇杆 3、摇杆中心 O_2 为曲柄摇杆（四连杆）机构。而摇杆中心 O_2、第一摇杆 3、第二摇杆 5 和第二连杆 4 为双摇杆机构。O_3 为摇轴（rocking shaft）中心，带动筘座和异形筘（reed with weft tunnel）摆动。

图 13-5 为该打纬机构的运动特性曲线。从图 13-5 中曲线可见，筘座有两处后止点，并在后心附近相对静止时间较长。这些特点均对延长引纬时间有利。

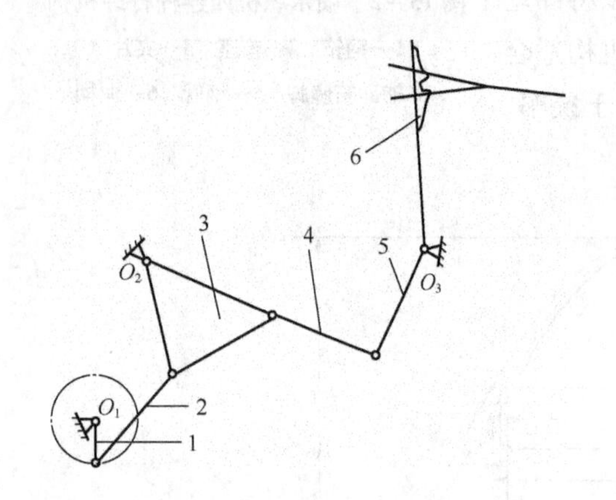

图 13-4 PAT 型喷气织机六连杆打纬机构原理图
1—主轴 2—第一连杆 3—第一摇杆
4—第二连杆 5—第二摇杆 6—异形筘
O_1—主轴回转中心 O_2—摇杆中心 O_3—摇轴中心

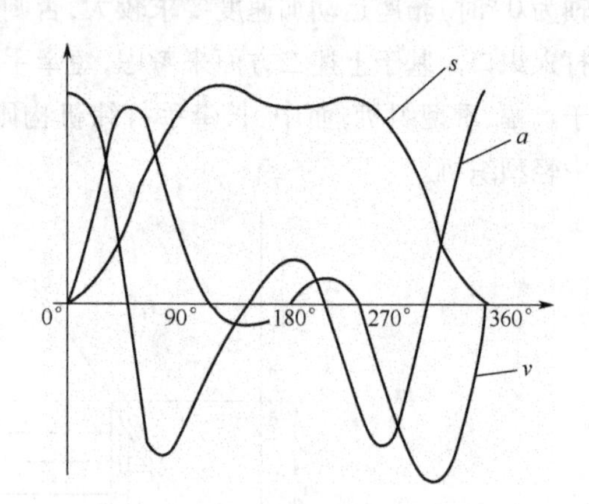

图 13-5 PAT 型喷气织机六连杆打纬机构运动特性曲线

二、共轭凸轮打纬机构

在片梭（projectile）织机中，由于片梭必须在导梭片（projectile guide）中飞行，片梭从梭箱中投出后在导梭片中通过梭口再进入对侧接梭箱的整个过程中，要求筘座在后心保持绝对静止。同时，由于片梭织机的门幅较宽，也要求允许片梭飞行的时间较长。在剑杆织机中，也有类似的情况。在某些剑杆织机中，剑带（rapier ribbon）是在导带钩（ribbon guide）中运动的。故在引纬过程中要求筘座在后心绝对静止，同时极大多数剑杆织机门幅均较宽，也要求剑杆引纬时间相对较长。必须指出的是在部分剑杆织机中，剑带（或剑杆）并非在固定的导带钩中运动，这时在引纬过程中，允许筘座在后心附近作微量移动，而不需要保持绝对静止。

1. 共轭凸轮打纬机构的构成 共轭凸轮打纬机构（matched cam beating-up mechanism）（图 13-6）主要由主轴、主凸轮、副凸轮、转子、筘座脚、摇轴、筘座和钢筘等组成。当主轴 1 转动时，主凸轮 2 通过转子 3 带动筘座脚 4 以摇轴 5 为中心按逆时针方向摆向机前，通过筘座 6 上的钢筘 7 进行打纬。此时，转子 8 紧贴副凸轮 9。打纬结束后，副凸轮变成主动，推动转子 8，使筘座脚按顺时针方向向机后摆动。此时转子 3 又紧贴主凸轮。筘座运动由主副两凸轮相互共轭完成。

2. 共轭凸轮打纬的运动规律　共轭凸轮打纬机构筘座的运动可分为三个时期，即打纬进程（forward movement）、打纬回程（backward movement）及筘座静止期（dwell duration）。这些时期如用主轴（main shaft）回转角来表示则分别为进程角、回程角和静止角。打纬是在打纬进程期内完成的。引纬则在筘座的静止期内进行。由此可见，对不同的织机，这三个时期的分配则有所不同。如织机筘幅愈宽，则筘座的静止角应愈大。

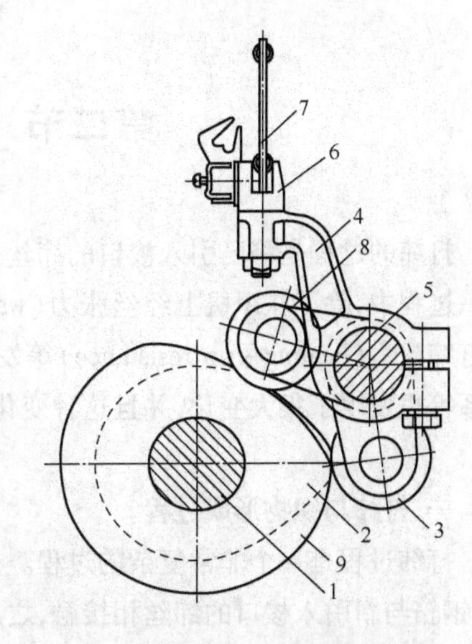

图 13－6　共轭凸轮打纬机构

1—主轴　2—主凸轮　3、8—转子　4—筘座脚步　5—摇轴　6—筘座　7—钢筘　9—副凸轮

（1）共轭凸轮打纬机构筘座的运动规律应满足的要求。

①筘座由静止开始向前摆动进行打纬时，其加速度应由零逐渐增大，以减少机器振动。

②筘座在最前位置时的负加速度值，应满足惯性力打纬的要求。

③筘座由前向后摆动到静止时，其加速度也应逐渐减小到零。

（2）运动曲线分段组合。为了同时满足上述三项要求，一般需要采用几种运动曲线叠加起来的方法，或采用几种运动曲线分段组合的方法，或采用叠加和分段组合相结合的方法。在两种运动曲线的所有连接点处必须保证光滑连续，以避免刚性冲击（rigid impact）和柔性冲击（soft impact）。为此，在连接点处两种规律的速度、加速度及加速度斜率必须均相等。比较典型的运动曲线分段组合方法有以下几种。

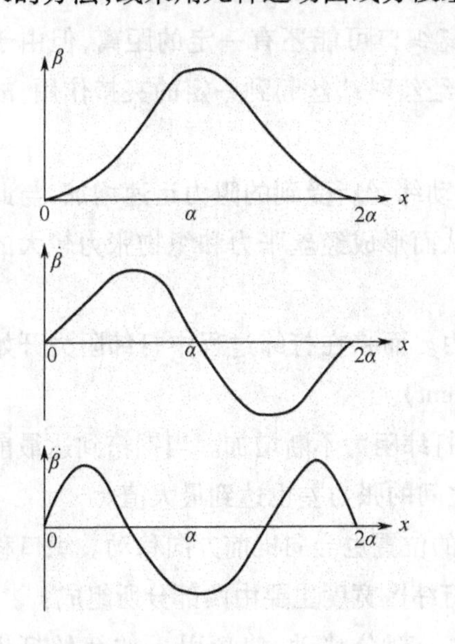

图 13－7　共轭凸轮打纬机构的正弦—余弦组合加速度规律

α—打纬进程角或圆程角

2α—打纬进程角或圆程角之和

x—主轴回转角度

①纯三角函数分段组合的加速度规律，如正弦—余弦组合加速度规律（图 13－7）、正弦分段组合加速度规律等。

②三角函数与直线交替组合的加速度规律，如三角函数和直线交替 7 段组合的加速度规律、三角函数 1/4 周期和水平直线组成的 9 段加速度规律等。

由于打纬机构的性能与共轭凸轮的运动规律或外轮廓线直接相关，故在织机长期运行过程中因磨损而引起的外轮廓线的任何改变都会带来严重的问题，如织造过程中易产生纬档（weft bar）等，故必需采取措施提高共轭凸轮的耐磨特性。

第二节 打纬与织物形成

打纬的过程是将已引入梭口的纬丝打向织口，并使经纬丝相互交织而形成织物的过程。在这一过程中，除了在织机上经丝张力(warp tension)、织物张力(fabric tension)以及钢筘所受到的打纬阻力(beating - up resistance)等发生巨大变化以外，纬丝之间的距离、经纬丝之间的挠曲关系等也发生了很大变化，并且这种变化将对织物的最终结构产生决定性影响。

一、打纬与织物形成过程

打纬过程是一个非常复杂的过程。初始时，钢筘随筘座向机前方向移动，移动至一定位置时，钢筘与新引入梭口的纬丝相接触，之后，该纬丝随钢筘的前移而向织口方向移动。这时钢筘推动该纬丝所受到的阻力只是纬丝与下层经丝的摩擦力，因而是很微小的。

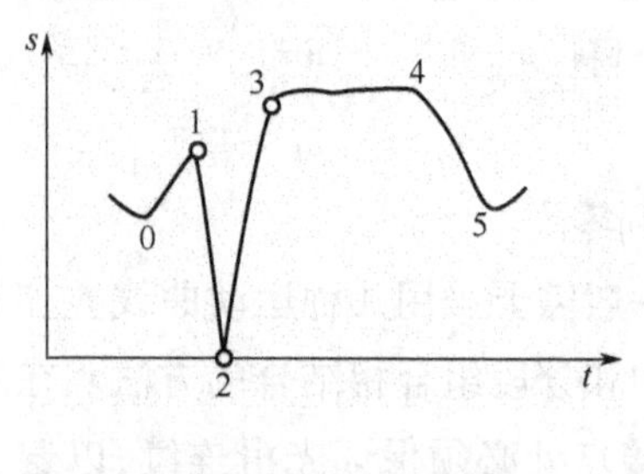

图 13 - 8 织口位移

如图 13 - 8 所示，织口的位置在整个织造循环内(weaving cycle)是不断变化的。图 13 - 8 中 1 ~ 2 段即为织口在钢筘推动下向机前方向移动，它在纵坐标上的投影即为织口在这一打纬过程中向机前方向移动的距离，一般称为打纬区宽度(beating - up strip)。

当钢筘和纬丝移动至织口一定位置时，梭口因综平而发生交叉，这时纬丝离织口可能还有一定的距离，但由于上、下层经丝的交叉，经丝对纬丝起到一定的夹持作用，故钢筘推动纬丝所遇到的阻力有所增加。

当纬丝移动到离织口非常接近的某一位置时，钢筘移动纬丝所受到的阻力迅速增加，与此同时经丝的张力也迅速增加而织物的张力则迅速减小。从而形成经丝张力和织物张力较大的张力差，以创造打紧纬丝所必需的张力差要求。

一般将钢筘在打纬过程中所受到的阻力称为打纬阻力。而将在打纬过程中打纬阻力开始迅速增加的时刻称之为打纬开始(beating - up beginning point)。

从打纬开始时刻到钢筘运动到最前位置这一过程中，打纬阻力不断增加。当钢筘到达最前位置时，打纬阻力达到最大值，同时经丝张力和织物张力之间的张力差也达到最大值。

从打纬开始至钢筘移动至最前位置这一过程中，织口的位置也会向机前方向移动。织口移动一般称为织口位移(fell movement)，如图 13 - 8 所示。打纬区宽度主要由两部分所组成：

(1)纬丝相对于经丝向机前方向移动。正是由于这一部分移动，使新引入的纬丝打入织口。

(2)经丝和纬丝随钢筘一起向机前方向移动。

由于这一移动，使经丝张力和织物张力之间的张力差扩大，创造了打紧纬丝(即产生纬丝相对于经丝向机前方向移动)所必需的张力差条件。在实际的打纬过程中，这两部分移动是交替进行的。

在实际生产中,往往根据织口位移或打纬区宽度来判断工艺参数是否合理。一般来讲,织口位移过大,经丝在综框区所受到的挠曲摩擦移动过大,会造成过多的断头,对生产是极不利的。

筘在到达最前位置以后就向机后方向移动,在开始时织口是随着钢筘向机后移动的,这种移动一直到经丝张力和织物张力相等时为止,然后钢筘便离开织口。钢筘后退过程中织口的位置变化(图13-8)即为从位置2点到位置3结束,在位置3筘与织口相分离。从打纬开始到钢筘离开织口,新引入的纬丝应已打入织口,对这根纬丝来讲,打纬的过程应已结束。但事实上,在织口处从第一根纬丝开始到织物某一根纬丝为止有一个结构不稳定区域,在这一区域内,相邻两根纬丝间的距离是变化的。纬丝越过这一区域后,其间距将不再改变。新打入织口的纬丝需经过若干次打纬以后,逐渐进入纬丝间距稳定的区域,真正成为织物的一部分。一般将这一纬丝间距变化的过渡性区域称为织物形成区(fabric formation area)。织物形成区的大小与众多因素有关,如原料种类(fiber materials)、经纬密度(warp and weft density)、织物组织(fabric weaves)、织造参变数(weaving parameters)等。

二、打纬工艺条件

为了将纬丝较顺利地打入织口,必须给打纬过程配置合理的工艺条件。打纬区宽度的大小可以作为判断工艺条件是否合理的依据。打纬工艺条件主要与经丝上机张力、后梁高低位置、综平时间(the time of shed crossing)有关。

经丝上机张力是指综平时经丝的静态张力(static tension)。经丝上机张力大,在打纬时织口处的经丝张力亦较大,比较容易形成打纬时所需的经丝张力与织物张力的张力差,故而比较容易打紧纬丝。此时,在打纬时经丝的屈曲(crimp)比较少,纬丝的屈曲比较多。打纬时经纬丝的相互作用较为剧烈。反之,如上机张力比较小,则打纬时织口处的经丝张力也较小,为形成打紧纬丝所必需的经丝张力与织物张力的张力差,必须通过较大的织口移动来达到。相比之下,此时经丝的屈曲可能比较多,纬丝的屈曲比较少,经纬丝交织过程中相互作用减弱。

从上分析可以知道,上机张力增加,一般有利于打紧纬丝,即打纬区宽度减小。但必须指出的是,上机张力并非越大越好。如纯从织造工艺上来看,上机张力在满足打紧纬丝和开清梭口的情况下,还是以小为好。

后梁高低位置实际上决定着上下层经丝在开口过程中的张力差。如果后梁高低位置不同,则在打纬时,上下层经丝的张力差异将不同,这将对打纬工艺和织物形成产生很大的影响。

后梁在经直线位置的基础上如向上移,则将配置成不等张力梭口。在这种不等张力梭口下打纬时,上、下层经丝的张力及伸长有差异。打纬时纬丝可沿着张力较大的经丝层滑动,而张力较小的经丝层则产生较多的屈曲,从而使打纬阻力减小,有利于把纬丝打紧。同时由于张力较小的经丝层的经丝在钢筘后退时比较容易产生侧向移动,在织造某些密度大、平纹组织的织物时可消除筘痕。此外采用不等张力梭口时打纬,还可改善织物的丰满度,减轻打纬时的"振动"现象。

综平时间的迟早，决定着打纬时梭口的开启高度的大小，而这一开启高度的大小还决定着打纬瞬间织口处经丝张力的大小。因而对打纬工艺将产生一定的影响。

综平时间提早，则打纬时梭口的开启高度就大，织口处经丝张力就大，对打紧纬丝有利；在采用较高后梁进行织造时，如综平较早，则打纬时梭口高度就大，打纬时上、下层经丝张力的绝对差异就大，必将会给打紧纬丝创造更有利的条件。综平时间推迟，则反之。

第三节　打纬的测试及技术发展

一、打纬的测试技术

打纬运动规律（beating - up motion）不仅对织机的打纬特性有很大的影响，而且对打纬运动与其他运动的配合产生很大的影响。故而在织机设计、消化吸收、老机改造及织机织造工艺性能分析等实际工作中均需要对打纬运动规律等进行测试。测试方法均属于非电量电测方法（non - electric quantity test method）。与打纬运动有关的测试项目主要有筘座运动规律、织口位移规律、打纬阻力以及打纬机构受力情况等。

非电量测试系统的组成如图 13 - 9 所示。

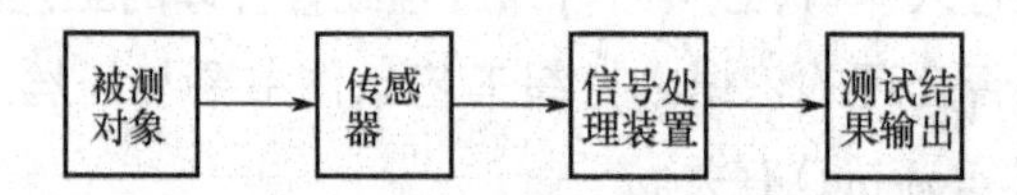

图 13 - 9　非电量测试系统的组成

1. 筘座运动规律的测试　对筘座运动规律测试一般采用电感式位移传感器，图 13 - 10 为测试筘座运动规律时的示意图，图 13 - 11 为某挠性剑杆织机的筘座运动规律的测试结果。

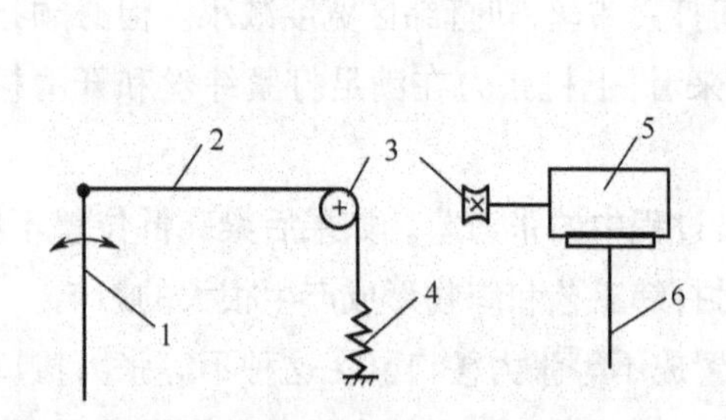

图 13 - 10　筘座运动规律测试装置

1—筘座　2—连接绳　3—滑轮　4—弹簧
5—数字式传感器　6—支架

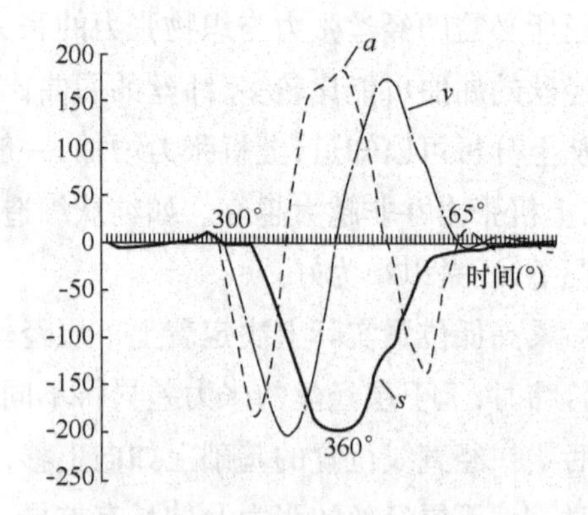

图 13 - 11　某挠性剑杆织机筘座运动规律测试结果

2. 织口位移规律的测试　在织口位移规律测试时，由于织口处的位置限制，一般需再利用电阻应变片或电蜗流式传感器等将位移量转变成电量进行测试记录。图 13 - 12 为采用电涡流式位移传感器的测试装置示意图,图 13 - 13 为制织 02 双绉时的测试曲线。

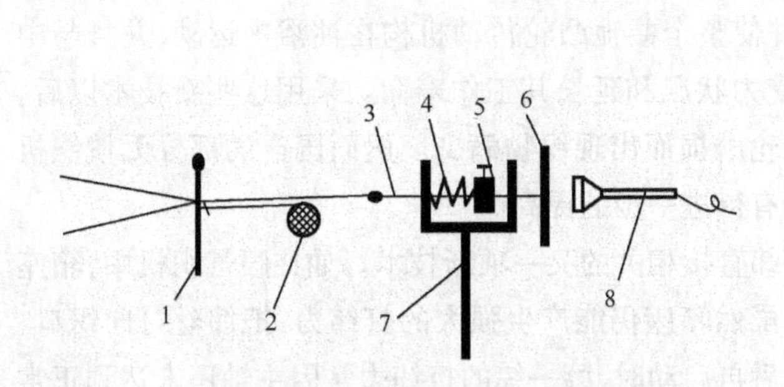

图 13 - 12 电蜗流式传感器织口位移规律测试装置

1—筘 2—胸梁 3—小轴 4—弹簧 5—固定螺钉
6—感应铜片 7—支架 8—电涡流探头

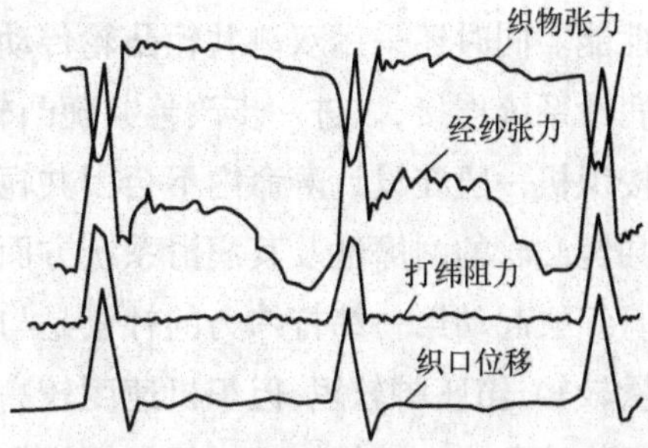

图 13 - 13 制织 02 双绉时的织口位移测试曲线

3. 打纬阻力的测试 打纬阻力的测试可将打纬时筘的受力变形采用电阻应变片这一转换元件进行测试,测试结果如图 13 - 13 所示。

4. 打纬机构的受力测试 而对打纬机构的受力测试一般采用电阻应变片的方法。图 13 - 14 为测筘座脚在打纬时的受力情况时电阻应变片的粘贴位置,图 13 - 15 为其测试结果。

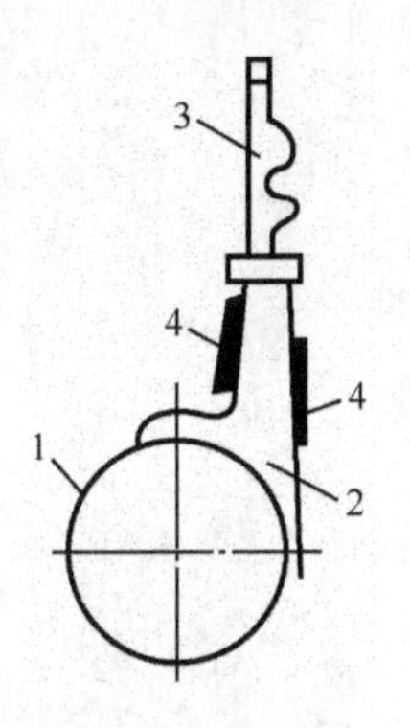

图 13 - 14 电阻应变片的粘贴位置

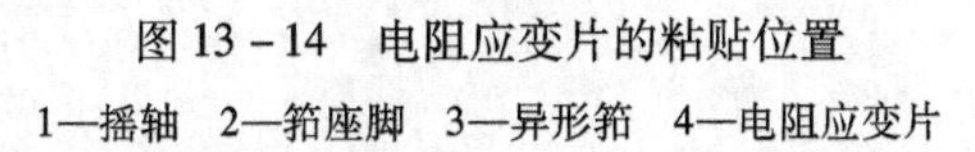
1—摇轴 2—筘座脚 3—异形筘 4—电阻应变片

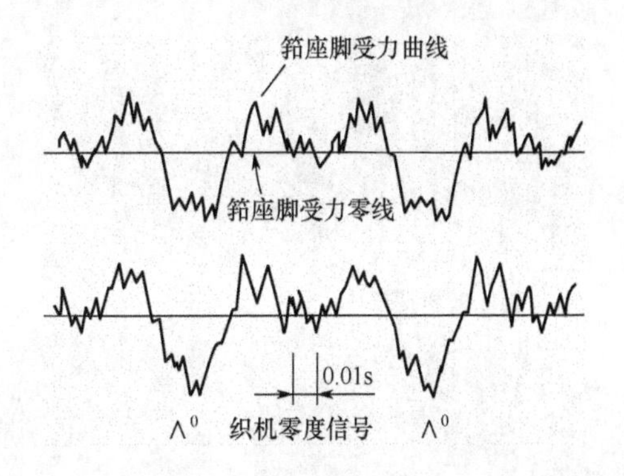

图 13 - 15 两条筘座脚在打纬时的受力测试结果

二、打纬新技术的应用

打纬新技术是随着实际织造生产的需要及织机的迅速发展而得到开发和应用的。从筘座的传动机构来说,已经从有梭织机广泛采用的四连杆打纬机构逐渐变成无梭织机广泛采用的共轭凸轮打纬机构。片梭织机和剑杆织机极大多数都采用共轭凸轮打纬机构。虽然在喷射织机中尚有采用连杆式打纬机构,但是,随着喷射织机如喷气织机门幅的进一步阔幅化和织造品种范围的扩大,六连杆打纬机构已暴露出许多不足,故而喷气织机已逐渐采用共轭凸轮打纬机构,这样大大改进了其打纬特性。

共轭凸轮打纬机构中,共轭凸轮是关键部件,它在织机工作过程中承受很大的作用力。尤其在打纬过程中受到很大的冲击力,因而对共轭凸轮的耐磨性能有很高的要求。目前先进的无梭织机中,共轭凸轮选择优质材料,提高加工精度并采用先进的加工工艺以提高共轭凸轮的耐磨性能。同时还采用双侧共轭凸轮传动,并使整个共轭凸轮传动机构在油浴中运动,并且与中央润滑系统连接,以进一步改善共轭凸轮受力状况和延长其工作寿命。采用这些新技术以后,无梭织机一般在设计寿命内不会因共轭凸轮磨损而出现织物病疵。然而国产的部分无梭织机在共轭凸轮的耐磨性及其润滑系统方面尚有待进一步的提高。

织机起动第一纬打纬力的补偿是与打纬直接相关的又一项新技术。如在喷气织机中,筘座重量较轻,筘座脚较短,但织机速度较高。虽然筘座仍能产生强大的打纬力,把纬丝打向织口,使织物达到一定的结构相。但在织机停车后再启动时,第一纬的打纬力常因主轴还未达到正常速度而出现轻打纬,影响织物的正常结构。为此,喷气织机采用特殊设计的超启动电动机。启动时转矩可达正常运转时的 800% ~1200%。办法是电动机接线在停车后启动时为三角形(Δ),启动后 1 ~4 纬(可经功能键盘选择确定),自动切换为星形(Y),重新恢复到正常状态。实践证明,采用超启动电动机,可增强停车后开车的启动转矩,结合送经机构的反冲动作及织口自动调整,可避免停车横档疵的产生,有利于织物质量的提高。

第十四章 卷取

纬丝被引入梭口并被打入织口之后,必须将已形成的织物引离织口,卷取到卷绸辊上。完成这一织物卷取的运动即为卷取运动(take - up motion),其机构即为卷取机构。

第一节 卷取方式与应用

卷取可以按不同的方式来进行分类。按卷取织物的驱动方式不同,卷取机构可以分为消极式(negative)和积极式(positive)两大类;按卷取作用时间来分,可以分为间歇式(intermittent)和连续式(continuous)卷取机构;按织物卷取方式又可分成直接卷取(direct take - up)和间接卷取(un - direct take - up)。

一、消极式和积极式卷取

消极式卷取机构,是依靠打纬过程中经丝与织物张力差的变化,即打纬过程中经丝张力增大而织物张力减小,从而形成卷取机构的传动力矩大于织物张力矩的不平衡状态,卷取辊卷取织物直至重新回到力矩平衡状态。

消极式卷取机构每织一纬,卷取的织物长度随打入织口纬丝的粗细而异。当纬丝较粗时,打纬阻力就较大,织口处织物较松弛而张力较小,被卷取的织物就较多。当纬丝较细时,则相反。采用这种消极式卷取在粗细不同的纬丝织入同一织物时,织物仍具有均匀的外观。目前这类卷取机构除了特殊织机以外,很少应用。

积极式卷取机构是依靠织机主动传动卷取辊而卷取织物的,每织一纬卷取一定长度的织物,纬密保持不变。当织物中纬丝粗细不同时,织物将具有厚薄不匀或凹凸不平的外观。目前丝织机都采用这种积极式卷取机构。

二、间歇式和连续式卷取

如果卷取机构在织机主轴一转时间内只有部分时间用来卷取织物的,则为间歇式卷取;如卷取机构在织机主轴一转时间内每时每刻都卷取织物的,则为连续式卷取。一般间歇式卷取机构是通过筘座脚进行传动的,主要用在有梭织机中;而连续式卷取机构则通过织机主轴或中心轴传动,在无梭织机中广泛采用。

三、直接卷取和间接卷取

直接卷取是将卷取的织物直接卷在卷取辊(卷绸辊,take - up roll)上,如图 14 - 1(a)所示,其织物纬密随着卷取辊卷绕直径的增大而减小,不能保持纬密不变。目前织机上很少采用。

间接卷取方式如图 14-1(b)所示,织物 1 经卷取辊 2 再卷绕到卷布辊(fabric winding roll) 3 上,因此织物纬密可保持不变。大多数有梭织机和无梭织机均采用间接卷取方式。

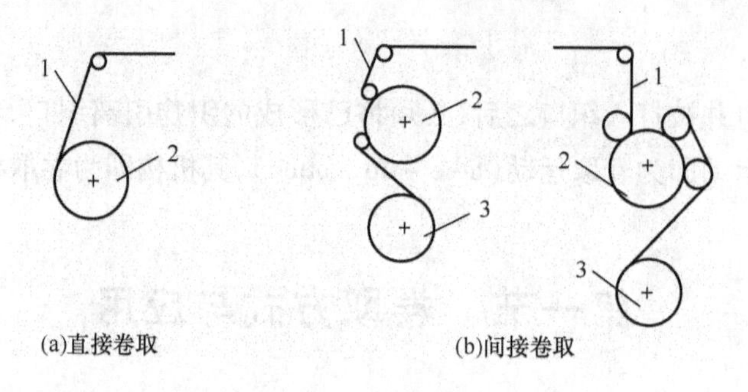

图 14-1 卷取方式
1—织物 2—卷取辊 3—卷布(绸)辊

第二节 卷取机构工作原理

卷取机构从工作原理上来分类,可以是机械式传动(mechanical drive)和电子控制式(electronic control)。虽然极大多数织机采用机械式传动卷取机构改革,但是最新的无梭织机有逐渐采用电子控制式卷取机构的趋势。机械式和电子式卷取机构均属于积极式卷取机构。

一、机械式积极卷取机构

机械式积极卷取机构是以织机主电动机作为动力来源,通过一个传动系统准确地传动卷取辊转动,以达到定量地卷取织物和控制纬密的目的。

机械式积极卷取机构可以是间歇式的和连续式的。间歇式的主要用在有梭织机中,而连续式的则主要用在无梭织机中。

1. K251 型和 K252 型有梭丝织机的卷取机构 在 K251 型和 K252 型有梭丝织机上的卷取机构为间歇式卷取机构。由于在其传动过程中有七个齿轮,故常称为间歇式七齿轮积极卷取机构,如图 14-2 所示。

当筘座脚 1 向前摆动时,通过其上的卷取指 2,传动卷取杆 3 和原动棘爪 5,从而推动棘轮 Z_1,经过标准齿轮 Z_n 和变换齿轮 Z_m 及轮系 Z_2、Z_3、Z_4、Z_5,传动卷取辊 4 回转某一角度,将织成的织物引离织口,卷到卷取辊上。当筘座向机后方向摆动时,原动棘爪 5 也随之向机后移动,而保持棘爪 6 则阻止棘轮 Z_1 倒转。从图 14-2 可见,当筘座在后死心位置时,原动棘爪 5 撑动棘轮 Z_1 于最前位置,而保持棘爪 6 与棘轮 Z_1 的齿根有 1~2mm 的间隙;反之,当筘座在后死心位置时,原动棘爪 5 位于最后位置,与棘轮 Z_1 的齿根也要有 1~2mm 的间隙,而保持棘爪 6 则支撑着棘轮 Z_1。

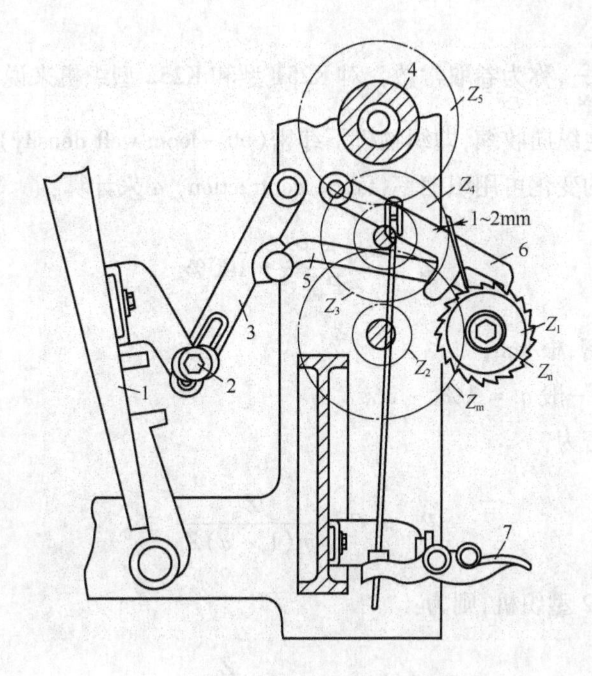

图 14－2　间歇式七齿轮积极卷取机构

1—筘座脚　2—卷取指　3—卷取杆　4—卷取辊　5—原动棘爪　6—保持棘爪

7—踏脚板　Z_1—棘轮　Z_2 ~ Z_5—齿轮　Z_m—变换齿轮　Z_n—标准齿轮

当织机主轴一回转织入一根纬丝时,卷取机构卷取一定长度 L (cm)的织物。根据机械原理和该卷取机构的传动系统可知,每一纬所卷取的织物长度为:

$$L = \frac{mZ_nZ_2Z_4}{Z_1Z_mZ_3Z_5} \times \pi D \qquad (14-1)$$

则对应的机上织物纬密 P'_w 为:

$$P'_w = \frac{1}{L} = \frac{Z_1Z_mZ_3Z_5}{mZ_nZ_2Z_4\pi D} \qquad (14-2)$$

式中: P'_w ——机上纬密,根/cm;

m ——主轴每一回转,原动棘爪撑动棘轮的齿数,一般 $m = 1$;

Z_n ——标准齿轮齿数;

Z_m ——变换齿轮的齿数;

Z_1 ——棘轮的齿数;

$Z_2 \sim Z_5$ ——齿轮齿数;

D ——卷取直径,cm。

式(14－2)可改成:

$$P_w = C \times \frac{Z_m}{Z_n} \qquad (14-3)$$

其中，$C = \frac{Z_1Z_3Z_5}{\pi DZ_2Z_4}$，称为卷取常数。对 K251 型和 K252 型织机来说 $C = 21.54$。

织物下机后会产生纵向收缩，即织物机下纬密（off－loom weft density）将会增加。这种织物在机上和机下时长度的变化可用织缩率（fabric contraction）a 来计算：

$$a = \frac{P_w - P'_w}{P_w} \times 100\% \tag{14-4}$$

式中：P_w ——机下纬密，根/cm；

a ——织缩率，一般 $a = 1\% \sim 3\%$。

则织物的机下纬密为：

$$P_w = C \times \frac{Z_m}{m(1-a)Z_n} \tag{14-5}$$

对 K251 型和 K252 型织机，则为：

$$P_w = 21.54 \times \frac{Z_m}{m(1-a)Z_n} \tag{14-6}$$

改变齿轮 Z_m 和 Z_n 的齿数即可实现纬密变换。但由于齿数是有级变化的，故所选择的齿轮齿数搭配后得到的织物纬密将与织物设计纬密有所差异，但这种差异必须在织物纬密允差范围内。工厂实际工作中一般采用查阅纬密表的方法来选择齿数。

由于上述间歇式卷取机构不适应高速，故在无梭织机中不再适用。无梭织机中多采用连续式卷取机构。这类卷取机构一般从织机主轴开始经过一系列的齿轮和蜗轮蜗杆传动，最后传动卷取辊转动以实现卷取一定量织物的目的。但具体的机构则因机型有较大的差异。

2. PAT 型喷气织机的卷取机构 图 14－3 为 PAT 型喷气织机卷取机构传动图。从图 14－3 可见，该卷取机构传动过程中有 9 只齿轮和一对蜗轮蜗杆，其中齿轮 Z_a、Z_b、Z_c、Z_d 为四只标准齿轮，可以进行 6 种不同的搭配，得到 6 组不同的卷取纬密，而齿轮 Z_e 为纬密变换齿轮，可从 25 齿到 60 齿的 36 只变换齿轮。

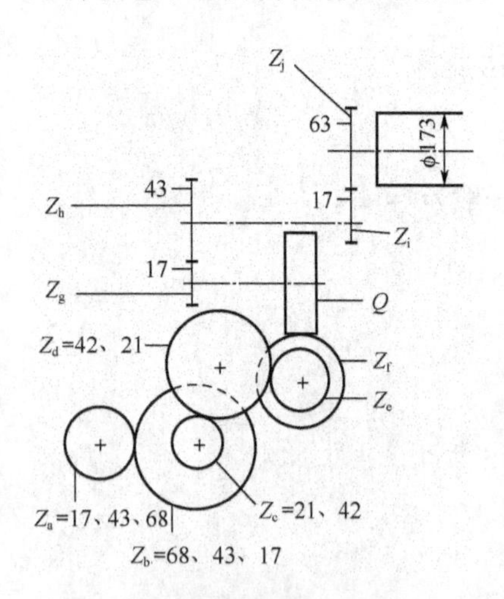

图 14－3 PAT 型喷气织机卷取机构传动图

由图 14－3 的传动图，可知其机上纬密为：

$$P'_w = \frac{Z_bZ_dZ_e \times 34 \times 43 \times 63}{Z_aZ_cZ_d \times 1 \times 17 \times 17} \times \frac{2}{\pi D} = 11.728 \times \frac{Z_bZ_e}{Z_aZ_c} \tag{14-7}$$

$$P_w = \frac{11.728}{1-a} \times \frac{Z_bZ_e}{Z_aZ_c} \tag{14-8}$$

在式（14－7）中分子乘 2 是因为织机主轴转 2 转，齿轮 Z_a 转 1 转。

该卷取机构通过 4 只标准齿轮六种组合与一只纬密

变换齿轮的36种齿数的不同搭配，共可获得216种不同的机上纬密。可实现机上纬密范围为1.7～134根/cm。在实际制织过程中，还可进一步通过调整上机张力进而提高整织物下机织缩率 a 来取得实际所要求的坯绸（布）纬密。

上述PAT型喷气织机虽然具有备用齿轮少而纬密变换范围广的优点，但在改换品种时仍需调换纬密齿轮，既耗时又耗力。

3. Master和Themas系列剑杆织机的卷取机构　图14-4所示的Master和Themas系列剑杆织机的卷取机构则采用机械式无级变速装置（PIV）来实现纬密变换，故在改变织物纬密时不再需要更换变换齿轮。Master和Themas系列剑杆织机可分别在3～80纬/cm和2.5～78纬/cm范围内无级变换。变换时只需选用二组齿轮 Z_1、Z_2、Z_3 或 Z'_1、Z'_2、Z'_3 中的一组和调节PIV无级变速器的输入轴转速 n_3 和输出轴 n_4 的传动比即可。

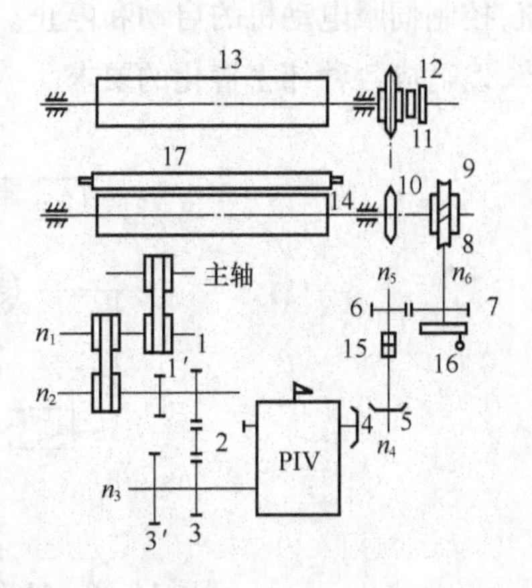

图14-4　剑杆织机卷取机构传动图

1、2、3、6、7—齿轮　4、5—伞齿轮　8—蜗杆　9—蜗轮　10、11—链轮　12—摩擦离合器　13—卷布辊　15—联轴器　16—卷取手轮　17—压轮

二、电子式积极卷取机构

随着织机自动化程度的逐渐提高，为便于微机控制和简化机械结构，无梭织机的卷取机构正在向电子控制式积极卷取机构过渡。目前电子控制式卷取机构已在先进剑杆织机、片梭织机和喷气织机等无梭织机中得到了应用。

图14-5为ZA型喷气织机中的电子卷取装置。伺服电动机1经齿型皮带轮2、3和蜗杆、蜗轮5、6，传动卷取辊7。卷取辊的转速受控于计算机及控制系统，实现了卷布和纬密的计算机自动控制。为了实现织物无纬档等织疵，电子卷取与电子送经相结合，共同调节经丝和织物张力，建立经向的张力自调自控系统，以提高织物质量。

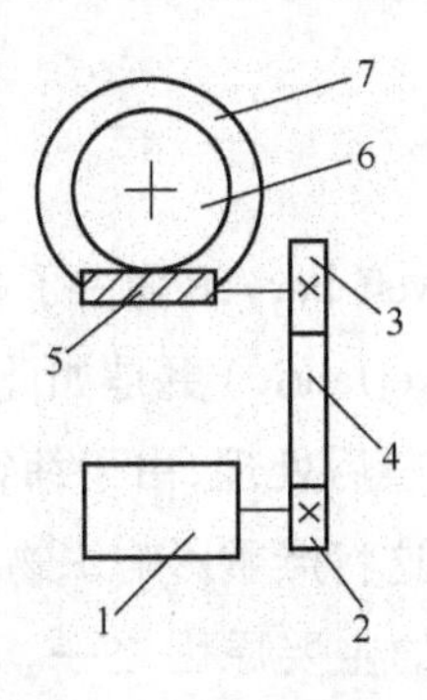

图14-5　ZA型喷气织机中的电子卷取装置

1—伺服电动机　2、3—齿形皮带轮　4—齿形皮带　5—蜗杆　6—蜗轮　7—卷取辊

电子式卷取机构的自动控制系统可因机而异，但自动控制原理基本相似。图14-6为JAT型喷气织机的电子式卷取机构自动控制原理图。卷取控制计算机根据织物纬密输出一定的控制电压，经伺服放大器驱动交流伺服电动机转动，并通过变速机构传动卷取辊（图14-5），实现所需的织物纬密。测速发电机实现伺服电动机转速的负反馈控制，输出电压代表伺服电动机的转速。根据与计算机输出的转速给定值的偏差，调节伺服电动机的实际转速。旋转编码器用来实现卷取量的反馈控制，其输出信号经换算成实际织物的卷取长度，与按照织物纬密换算出的卷取量设定值相比较，根据偏差

值,控制伺服电动机的启动和停止。由于采用了双闭环控制系统,可实现精密卷取量的无级调节,以适应各种纬密普化的要求。

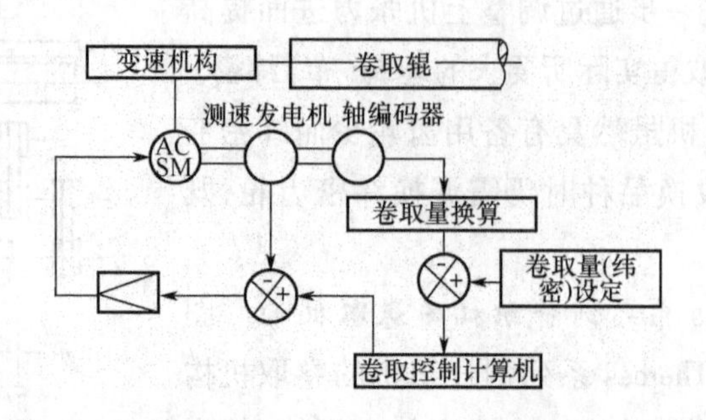

图 14-6 JAT 型喷气织机电子卷取机构自动控制原理图

在 Themas-11-104 系列剑杆织机上的电子式卷取机构中,同样采用一只单独的直流永磁电动机作为传动卷取辊的动力源。此外还包括一只测速发电机和一只风扇电动机。永磁电动机使卷取辊转动而产生卷取动作,测速发电机不断向 SOCOS 计算机发出测速信号,SOCOS 计算机将该信号与其"时钟信号"作比较后,再发出永磁电动机的转速指令,从而保证纬密符合工艺要求。

电子式卷取机构由于采用了计算机自动控制技术,故在翻改品种时只需通过功能键盘(function key board)和显示屏(screen)输入该品种的纬密即可,不再需要作其他任何操作。此外,在织造过程中还可显示实际机上纬密等参数用于检查。

电子式卷取机构利用计算机编程的灵活性,普遍具有任意变更纬密的功能,使织物在某些区段的纬密与正常区段纬密不同,这对于不等纬密织物来说是非常合适的,将有助于新产品的开发。

第三节 卷取织疵分析及技术发展

一、卷取纬档分析

在织造过程中,往往会产生各种织疵(weft bar),其中纬档(weft bar)织疵占了相当一部分,尤其对于薄型真丝绸(fine pure silk fabric)或仿真丝绸(silk-like fabric)更是如此。有时虽然织物纬密仅相差 1~2 纬/cm,在坯绸上也看不出纬档,但经过染整后处理,由于纬密不同,则吸色深浅不同,织物会出现因纬密不匀而造成的色档(color bar)。这将严重影响织物的品质。

纬档可以由许多原因造成,卷取机构不正常可以成为其中的主要原因之一。在有梭织机中,大量采用间歇式卷取机构。这种机构在主轴每一回转过程中,原动棘爪和保持棘爪都要与棘轮离合一次,对卷取机构产生很大的冲击和磨损,这种冲击和磨损在织机速度提高后将更为严重。卷取机构所受到的冲击还会导致卷取机构部件松动。机件松动和机构磨损将导致卷取失灵,最终使织物纬向出现纬密不匀的纬档。连续式卷取机构则在根本上消除了间歇式卷取机构这种因冲击和磨损作用所造成的纬档。

连续式卷取机构无论是机械式还是电子控制式卷取机构,因其卷取是连续进行的,故卷取作用力比较平稳缓和,卷取力较大,动作正确,失误少,无冲击,磨损均匀,故不仅适应于高档织机和厚重织物的卷取,而且也大大减少了因卷取机构失灵而造成的纬档。然而在无梭织机织造过程中,有时也会出现因卷取机构所造成的纬档,尤其在织造薄型织物时更易产生。其主要的原因可以是卷取机构传动轴是否磨损,压绸(布)辊与卷取辊是否密接;卷取辊糙面磨损是否严重;卷取传动中的皮带或链条是否松弛等失误。加强对织机的检查、维修和保养,可大大减少上述原因所造成的纬档。

二、新型纬密调整器

在计算机控制技术应用于织机之前,无论采用间歇式还是连续式卷取机构,纬密的变换是依靠调换纬密齿轮的方法。这种传统的方法不仅费时费力,而且织机需配备许多纬密变换齿轮。同时调换纬密齿轮的方法还很难做到可织纬密的完全连续。此外,由于是轮系机械传动,容易产生因磨损等原因造成的卷取功能失灵。为了克服上述缺点,最新无梭织机已逐渐采用新型纬密调整器。

采用计算机自动控制技术,在电子式卷取机构和部分机械式连续卷取机构中已大量采用了新型纬密调整器。其主要功能有以下几个。

(1)纬密变换只需通过功能键和显示屏输入计算机即可,不再需要更换任何纬密齿轮。纬密变换是连续无级的。

(2)对织造过程中织物的实际机上纬密进行连续监测。并进行显示,使操作者能随时了解织物的机上纬密。

(3)纬密多区段任意变更,实现织物在不同区段有不同的纬密,为增加织物品种的多样化创造了条件。

第十五章　送经

在织造过程中，为保持织造过程的连续性，除了将已织成的织物通过卷取机构引离织口(fell)，还必须不断地送出适量的经丝进行补充，同时严格控制织机上的经丝张力。这一送出适量经丝的运动即为送经运动(let - off motion)。

第一节　送经方式与应用

一、根据所用织机的工艺要求分类

送经的工艺要求在不同的织机上是有所不同的，在一般织机上主要有送出适量的经丝量，送经量的大小主要取决于织物纬密(weft density)及经缩率(warp crimp)的大小；保持织造过程中的经丝张力的稳定。

但对经起绒织机(warp pile weaving machines)来说，绒经送经运动则在工艺上一般仅要求能送出定量的经丝即可，以保证绒毛的高度。

二、根据送经机构的作用原理分类

根据送经机构的作用原理来分，送经机构可以分成三类：消极式(negative)送经机构、自动调节式(automatic regulating)送经机构和积极式(positive)送经机构。

消极式送经机构依靠经丝的张力将经丝从织轴上退绕下来，以完成送经动作，在现代织机上已很少应用。积极式送经机构是由专门的机构积极传动织轴，送出固定量的经丝，一般用在经起绒织机上。自动调节式送经机构根据经纱张力的大小自动调节送经量。

三、根据送经的实际作用时间分类

根据送经的实际作用时间来分，还可以分成间歇式送经和连续式送经。一般有梭织机多采用间歇式送经，而大多数无梭织机则采用连续式送经。

本章将主要介绍现代织机广泛采用的自动调节式送经机构。

第二节　自动调节式送经机构

自动调节式送经机构根椐其工作原理又可分成机械式和电子式送经机构。

一、机械式自动调节送经机构

机械式(mechanical)自动调节送经机构为了实现送出适量经丝和控制经丝张力,广泛采用了无级变速装置,由于采用了这些送经机构,保证了织机高速、高产、高效率的特性。

1. Hunt 式无级变速送经机构　Hunt 式无级变速送经机构广泛应用于剑杆织机中,这儿介绍 SM92、SM93 系列剑杆织机上应用的带感触辊式送经装置的工作原理。

(1)织轴传动机构。图 15-1 为织轴传动(beam drive)机构示意图。从图 15-1 可见,送经机构从主轴经二对皮带传动和三只齿轮(齿轮 1、2 和 3)传动 PIV 无级变速器,再经过一对伞齿轮(4 与 5),传动 Hunt 式无级变速器,其输出轴与蜗杆 6 同轴,蜗轮 7 传动一对齿轮 8 与 9,最终使织轴 10 转动送出经丝。

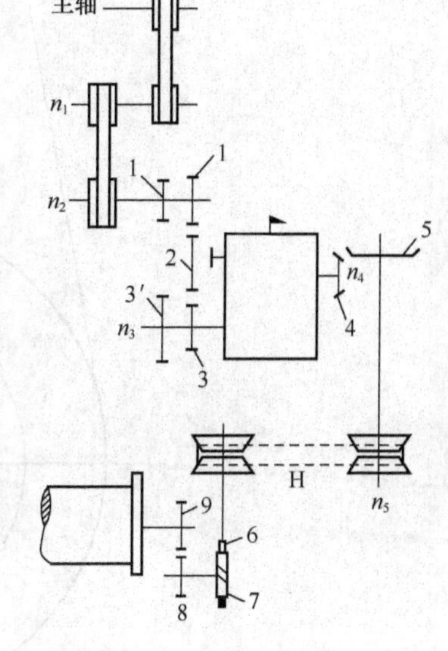

图 15-1　织轴传动示意图
1、2、3、8、9—齿轮　4、5—伞齿轮
6—蜗杆　7—蜗轮

织机主轴每一回转送出的理论长度 L 为:

$$L = i_1 \times i_2 \pi D \times (D_1 / D_2) \qquad (15-1)$$

式中:i_1 ——从主轴至 PIV 变速器输入轴 n_3,伞齿轮 4 与 5,蜗杆蜗轮 6、7 和齿轮 8、9 的传动比;

i_2 ——变速器传动比;

D_1、D_2 ——Hunt 式无级变速器的主动轮、被动轮的传动直径;

D ——织轴的直径。

由于在织造过程中,织轴直径 D 是逐渐变小的,故为了保持送经量 L 的稳定,必须通过改变 D_1 与 D_2 之比值来进行自动调节。

(2)织轴直径变化的自动调节。上已述及,在织造过程中,织轴直径 D 是不断变化的,故为了保持送经量 L 不变,须经过调节 D_1 与 D_2 的比值来达到。该机构中采用了感触辊式自动调节机构,如图 15-2 所示。

感触辊 1 在弹簧 2 的作用下紧压在织轴的经丝表面。当织轴直径逐渐减小时,感触辊摆臂 3 及短臂 4 按逆时针方向转过相应的角度,通过感触辊摆臂 3 及短臂 4,使双臂杆 7 按逆时针方向转过一定的角度,从而将主动轮的可动锥盘 8 推向固定盘 9 一定的距离,使 D_1 增加。与此同时,从动轮的可动锥盘 10 在同步齿形带 11 的作用下,克服弹簧 12 的作用力,与固定锥形盘 13 分离相应的距离,即 D_2 减小。这样使 Hunt 式无级变速器的传动比 D_1 与 D_2 的比值 (D_1/D_2) 增加,最终使乘积 $(D_1/D_2) \times D$ 保持不变,以达到送经量 L 不变的目的。很显然 (D_1/D_2) 与 D 之间应按双曲线规律变化,也就是:

$$(D_1 / D_2) \times D = C \qquad (15-2)$$

式中:C ——常数。

(3)经丝张力及其自动调节。经丝静态张力(warp static tension)(即上机张力)由张力弹簧

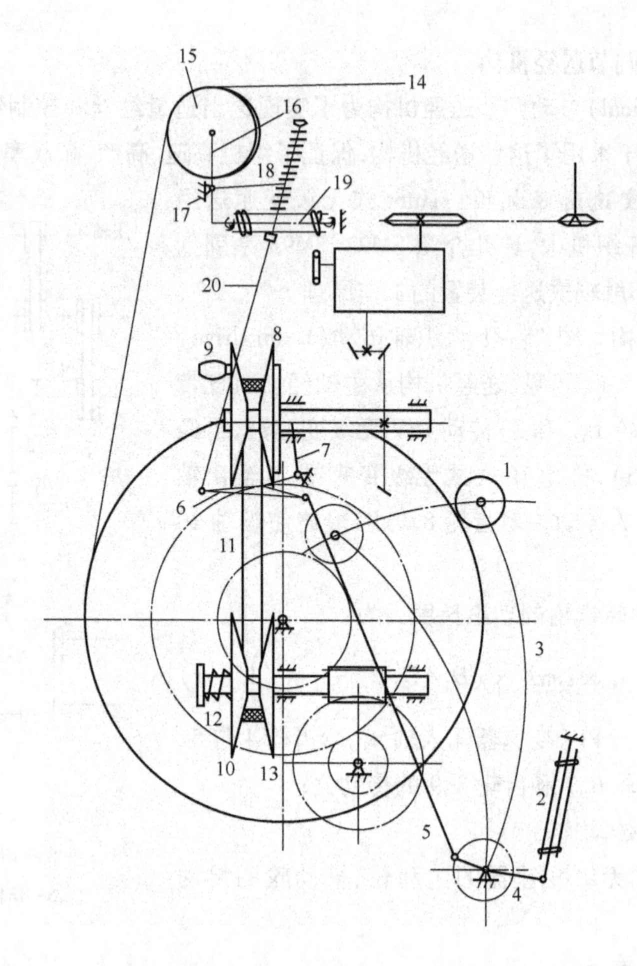

图 15-2　带感触辊的 Hunt 送经机构

1—感触辊　2—弹簧　3—感触辊摆臂　4—短臂　5、6—连杆　7—双臂杆　8—可动锥盘
9—固定盘　10—可动锥盘　11—同步齿形带　12—弹簧　13—固定锥形盘
14—经丝　15—后梁　16—垂直摆杆　17—摆动轴　18—摆杆　19—张力弹簧

19 调节(图 15-2)。张力弹簧 19 通过垂直摆杆 16 以摆动轴 17 为支点使后梁 15 向逆时针方向摆动,当经丝张力作用于后梁 15 时,迫使后梁 15 向顺时针方向摆动,两者的转距如相平衡,后梁 15 将暂时处于静止状态。而上机张力的大小应根据织物的品种与织造条件来确定,通过选择不同的张力弹簧的外径、圈数、所用钢丝截面的粗细以及张力弹簧按装的位置以适应不同的经丝上机张力。

在织造过程中,因种种原因会造成经丝张力增大或减小,这时通过张力自动调节机构反馈作用相应增加或减少送经量,以达到经丝张力稳定的目的。如当经丝张力增大时,迫使装在垂直摆杆 16 顶端的后梁 15 绕摆动轴 17 顺时针摆动,通过水平摆杆 18,调节丝杆 20 和差动连杆 6 使双臂杆 7 按逆时针方向转过一定的角度,从而将主动轮的可动锥盘 8 推向固定锥盘 9,使其实际传动直径 D_1 增大。与此同时,从动轮的可动锥盘 10 在同步齿形带 11 的作用下,克服弹簧 12 的作用力,与固定锥盘 13 分离一段距离,使其实际传动直径 D_2 减小。这样便增大了 Hunt 式无级变速器的传动比(D_1/D_2),使织轴退绕的经丝长度 $L[L = i_1 \times i_2 \times (D_1/D_2) \times \pi D]$ 增加,进而使经丝张力减少,这一自动调节过程直到经丝张力恢复到正常值时为止。当经丝张力减少时,其调节过程与上述相反,最终使送经量 L 减小,经丝张力得到增加,直到经丝张力增加到正常值时为止。

上述 Hunt 式无级变速送经机构,由于采用了织轴直径感触调节机构,能根据不同的绕丝直径对织轴回转进行积极地控制,从而减轻了活动后梁的负担。因是连续式送经故具有送经运动平衡,无冲击等特点,满足了高性能剑杆织机在高速运转条件下对机构运动平稳性的要求。由于从满轴到空轴的织造过程中,从后梁到织轴之间的经丝位置线不断发生变化,故使作用在后梁上的合力也不断发生变化。因此,虽然张力弹簧不变,但从满轴到空轴经丝的张力必然存在着一定差异。

2. Zero – Max 型无级变速送经机构　Zero – Max 型无级变速送经机构的关键部分是 Zero – Max 型无级速器。这类送经机构在典型喷水织机和部分喷气织机中得到广泛的应用。这里将以 LW52 型喷水织机的送经机构为例进行介绍。

(1)织轴传动机构。图 15 – 3 是 LW52 型喷水织机送经机构原理图。当织机运转时,由凸轮轴 1 通过三角形皮带与传动轮 2 传动机械式 Zero – Max 型无级变速器 7 的输入轴,经变速器内部机构作用变速后,由输出轴输出。再经变换齿轮 8,伞形齿轮传动由蜗轮蜗杆组成的送经齿轮箱 14 减速后,由送经小齿轮传动织轴转动,送出一定量的经丝。织机主轴每一回转的送经量 L 为:

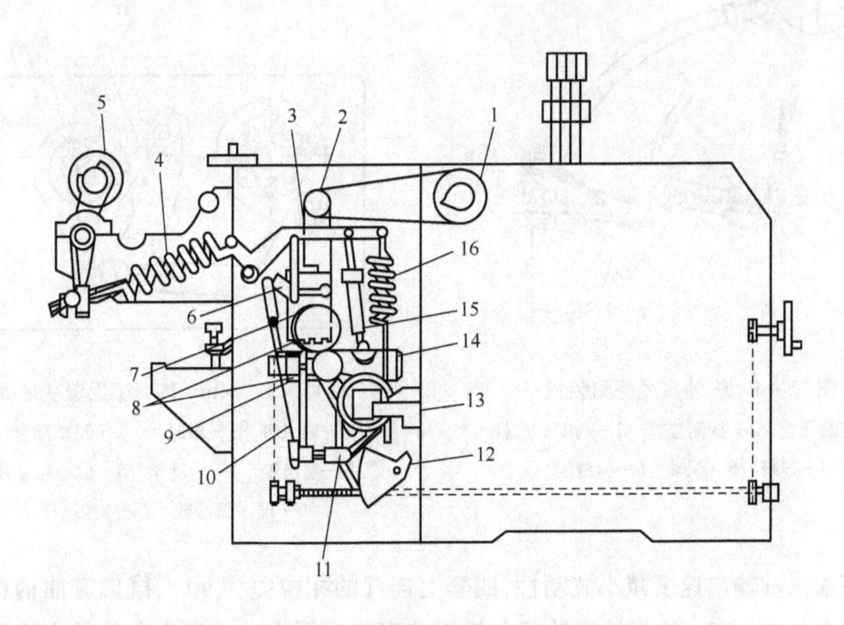

图 15 – 3　LW52 型喷水织机送经机构原理图

1—凸轮轴　2—传动轮　3—张力杠杆　4—送经弹簧　5—活动后梁　6—无级变速器外控制杆
7—克级变速器　8—变换齿轮　9—送经离合器　10—连杆　11—经轴探测杆
12—经轴探测控制凸透轮　13—张力弹簧座　14—送经齿轮箱　15—送经缓冲装置　16—张力弹簧

$$L = i_1 \times i_2 \times \pi D \tag{15-3}$$

式中：i_1 ——织轴传动系统中除无级变速器 7 以外的传动比，在实际织造过程中为一定值；

i_2 ——无级变速器 7 的传动比，在实际织造中不断变化；

D ——织轴直径，在实际织造过程中不断减小。

从式(15－3)可以看出，要保持送经量 L 不变，必须使乘积 $(i_2 \times D)$ 为一定值。i_2 随织轴直径 D 减少而增大的自动调节是通过织轴直径探测装置来完成的。

(2)织轴直径探测装置。上已述及，由于在织造过程中织轴直径不断减小，为保证送经量 L 稳定，必须调节无级变速器 7 输入轴与输出轴之间的传动比 i_2 。织轴直径探测装置如图 15－4 所示。

织轴探测辊 6 始终压在织轴 5 上，探测辊 6 的下端与织轴探测控制凸轮轴因为一体并同时转动。当织轴 5 的直径逐渐变小时，探测辊 6 将绕轴心作逆时针方向转动，控制凸轮 1 随之同方向转动。通过织轴的探测连杆 2 上转子的作用，使探测连杆 2 按控制凸轮 1 的曲线规律转动。由连杆 4 的作用使无级变速器的外控制杆 6(图 15－3)转动，加快了变速器输出轴的转速，于是转速也就相应地逐渐增大。

(3)Zero－Max 型无级变速器。Zero－Max 型无级变速器为送经机构中起调节作用的部件。其内部为四套七连杆式无级变速装置所组成，如图 15－5 所示。

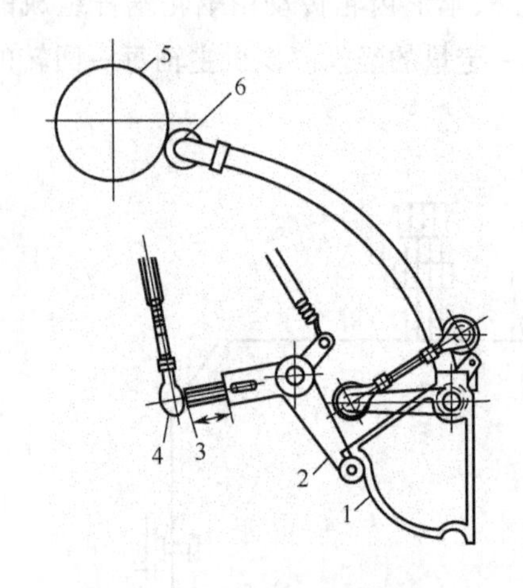

图 15－4　织轴直径探测装置

1—控制凸轮　2—探测连杆　3—刻度标尺杆　4—连杆　5—织轴　6—探测辊

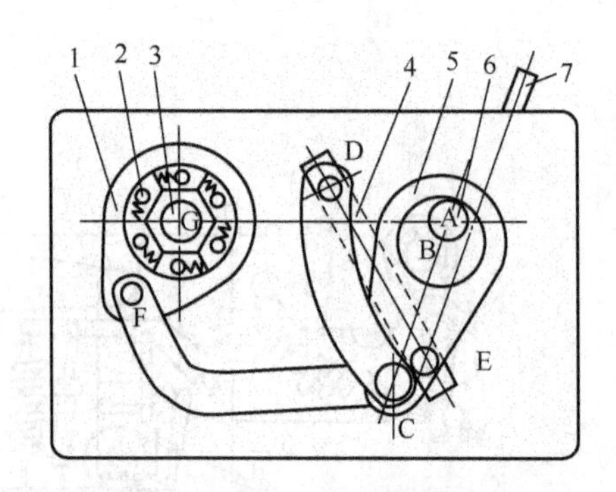

图 15－5　Zero－Max 型无级变速器

A—输入轴　1—超越片　2—超越离合器　3—输出轴　4—摇动架　5—偏心轮套片　6—输入偏心轮　7—外控制杆

为了使输出轴输出速度减小波动性，四套七连杆的相位差为 90 °，既四套曲柄在输入轴 A 上的安装位置相差 90 °。这样输出轴 G 的输出速度将是图 15－6 所示曲线的实线部分。由图 15－6 可见，滤去曲线的虚线部分，速度波峰已不明显。

(4)经丝张力及其自动调节。如图 15－3 所示，经丝上机张力的产生机构是由活动后梁 5、送经弹簧 4、张力杠杆 3、张力弹簧 16 及张力弹簧座 13 等部件组成。一般经丝上机张力根据所织产品不同可通过调节张力弹簧 16 的预紧度来达到。如只调节张力弹簧还达不到上机张力要求时，则还必须同时调节送经弹簧 4 的预紧度。

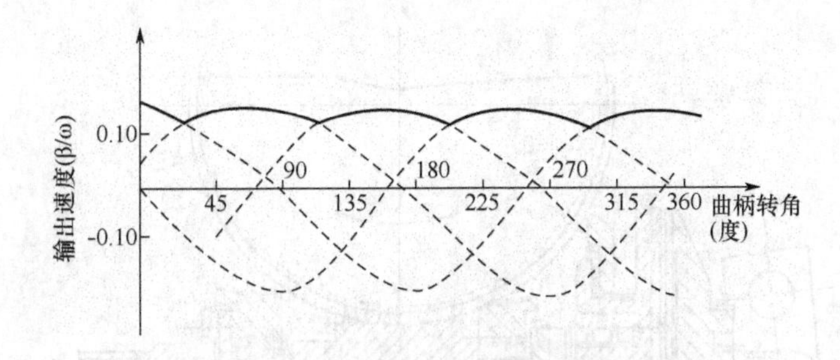

图 15-6　四组变速器输入速度的合成

在织造过程中,因某种原因会使经丝张力增大或减小,这时经丝对活动后梁 5 的作用力发生变化,迫使活动后梁 5 绕轴心向机前或机后方向转动一定的角度。通过送经弹簧 4 的作用,使张力杠杆 3 绕轴心向上或向下转动一定的角度,则连杆在无级变速器上的外控制杆也随之转过相应的角度,使无级变速器内的角 ε 增大或减小,使输出轴的转速加快或减慢,从而经过变换齿轮 8 和送经齿轮箱送出的经丝量迅度增加或减小,则经丝张力迅度恢复正常,满足织造工艺的要求。

此外,该机构中为了减少织机在打纬与开口时经丝张力瞬时增大,造成张力杠杆 3 的跳动,在张力杠杆 3 的中间装有送经缓冲装置 15,以减少这种跳动,使无级变速器的转速稳定。

3. 摩擦联轴器式自动调节送经机构　摩擦联轴器(friction coupling)式自动调节送经机构在 PU 型、P7100 型等片梭织机上和其他无梭织机上得到广泛应用。下面以片梭织机上采用的送经机构为主进行介绍。

(1)织轴传动机构。摩擦联轴器式自动送经装置的结构如图 15-7 所示。该装置由侧轴 1 传动,在侧轴 1 的后端部具有花键孔 1a。轴 2 的后端依靠楔形螺杆 3 固装有主动摩擦盘 4;轴 2 的前端装有花键,花键伸入侧轴的花键孔 1a 中,依靠花键使侧轴 1 与轴 2 连接起来。主动摩擦盘 4 与轴 2 除能随侧轴 1 转动外,还能沿轴向作前后移动,这时轴 2 的前端就在花键孔 1a 中作轴向滑动。被动摩擦盘 5 与制动盘 6 是一体的,依靠花键与套筒 7 联结。被动摩擦盘与制动盘除能与套筒 7 同时回转外,也可以在套筒 7 的花键上作轴向滑移,套筒 7 依靠托架中的两只轴承 8 与 9 支撑,并可在轴承中自由回转。轴 2 则穿过套筒 7 的圆孔,并可在圆孔中自由转动。蜗杆 Z_{31} 固装在套筒 7 上,它与蜗轮 Z_{32} 互相啮会。

由于经纱张力的作用,蜗轮 Z_{32} 有按箭头方向回转的趋势。为防止蜗杆 Z_{31} 向前滑移,在蜗杆前端的托架中有止推轴承 12。

在主动摩擦盘 4 与被动摩擦盘 5 的接触面上铆有铜丝石棉质地的摩擦垫片 4a 与 5a。在托架 13 上则铆有摩擦片 13a。

弹簧 14 有把制动盘 6 向后方推的趋势,当主动摩擦盘 4 与被动摩擦盘 5 脱离啮合时,制动盘 6 紧靠于摩擦垫片 13a 上。这时,被动摩擦盘 5、套筒 7 及蜗杆 Z_{31} 均处于静止状态,送经装置处于被制动的状态,因此不能送出经丝。

在主动摩擦盘 4 的外侧装有斜面凸轮 15。当斜面凸轮 15 与转子 16 接触时,主动摩擦盘 4 向 A 方向(即向前方)移动,并与被动摩擦盘 5 互相啮合,把后者向前方推移。与此同时,制动

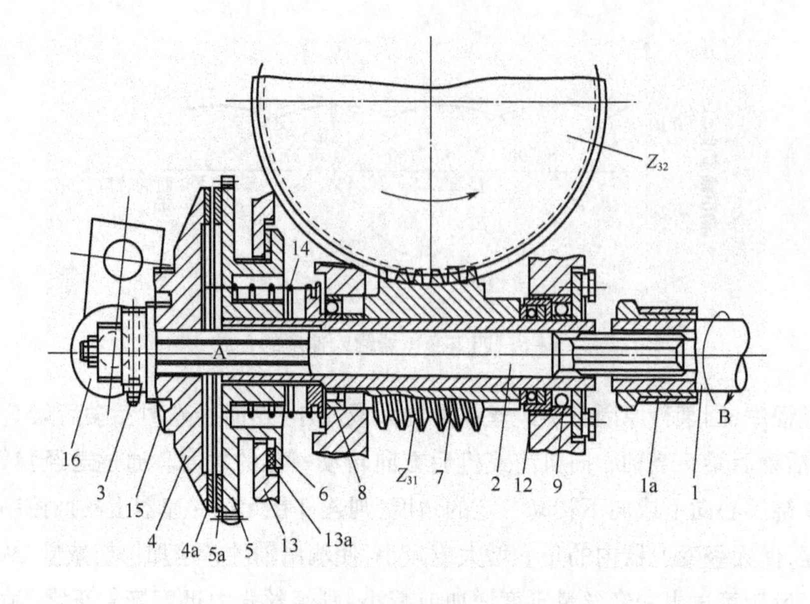

图 15－7　摩擦联轴器式自动调节送经装置

1—侧轴　1a—花键孔　2—轴　3—楔形螺杆　4—主动摩擦盘　4a、5a—摩擦垫片　5—被动摩擦盘　6—制动盘　7—套筒　8、9—轴承　12—止推轴承　13—托架　13a—摩擦片　14—弹簧　15—斜面凸轮　16—转子　Z_{31}—蜗杆　Z_{32}—蜗轮

盘 6 与摩擦垫片 13a 脱开，制动作用解除，于是被动摩擦盘 5、套筒 7 及蜗杆 Z_{31} 均按箭头 B 方向回转；蜗杆 Z_{31} 又与蜗轮 Z_{32} 互相啮合，再经过与蜗轮 Z_{32} 同轴的齿轮 Z_{33} 和织轴边盘齿轮 Z_{34} 啮合，传动织轴 35，如图 15－8 所示。

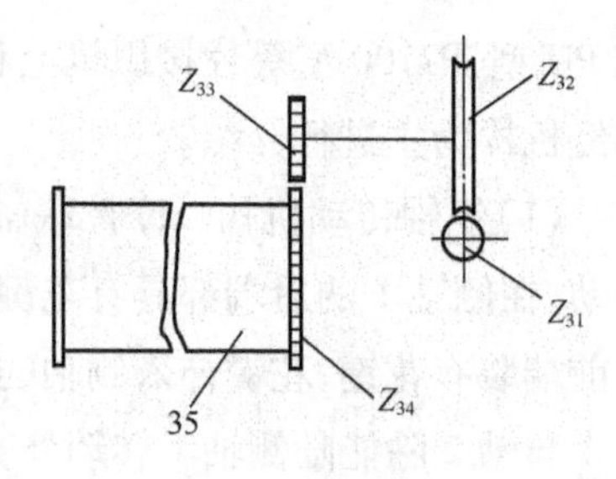

图 15－8　织轴传动装置

Z_{31}—蜗杆　Z_{32}—蜗轮　Z_{33}、Z_{34}—齿轮　35—织轴

织机主轴每一回转即每纬织轴送出的经丝量 L：

$$L = \frac{Z_{31}\,Z_{33}}{Z_{32}\,Z_{34}} \cdot \frac{\theta}{360}\pi D \qquad (15-4)$$

式中：θ——主轴回转一转过程中被动摩擦盘转过的角度(°)；

Z_{31}——蜗杆的头数；

Z_{32}——蜗轮的齿数；

Z_{33}、Z_{34}——齿轮齿数；

D——织轴直径。

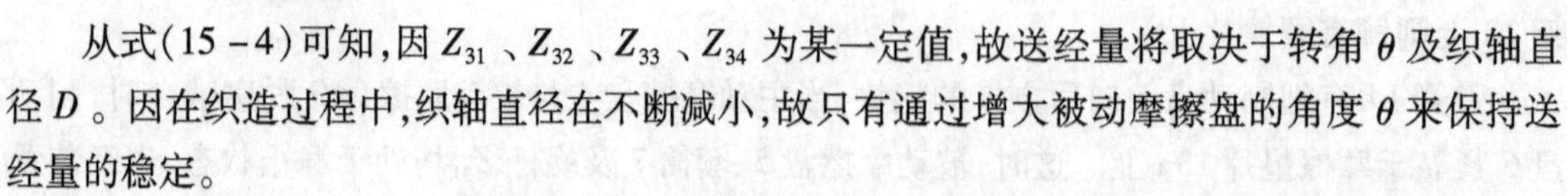

从式(15－4)可知，因 Z_{31}、Z_{32}、Z_{33}、Z_{34} 为某一定值，故送经量将取决于转角 θ 及织轴直径 D。因在织造过程中，织轴直径在不断减小，故只有通过增大被动摩擦盘的角度 θ 来保持送经量的稳定。

(2)经丝上机张力及其调节装置。经丝上机张力是依靠张力弹簧 4 来获得的，如图 15－9 所示。经丝经过活动后梁 1 和固定后梁 2 进入织机工作区。活动后梁 1 装在双臂摆杆 3 的一端，其另一端与张力弹簧 4 相连。根据经丝上机张力的要求，选择合适的张力弹簧及弹簧的预紧力,可使双臂摆杆摆动系统获得平衡。

在织造过程中,当经丝因某种原因而增大时,经丝将迫使装有活动后梁1的双臂杠杆3按逆时针方向转动,通过摆杆5使连杆6上升。连杆6的一端与弧形杆7铰接,弧形杆上有一圆弧槽,其圆弧槽中心到支持轴8的中心距离a是变化的,即在圆弧槽的下部,距离a较小,而在圆弧槽的上部,距离a较大。连杆6上升时,弧形杆7圆弧槽在绕其支持轴8作顺时针转动,支持轴与圆弧槽中销子螺钉之间的距离增大。因销子螺钉9是固定不动的,因此支持轴向左移动,通过连杆10、带动转子杆12和转子13绕转子杆轴11作逆时针方向转动,使转子与主动摩擦盘的凸轮表面距离缩小,被动摩擦盘被传动的时间角θ增加,送经量增大。从而促使经丝张力逐渐恢复到正常值,后梁也逐渐回复到正常位置。如果在织造过程中,经丝张力因某种原因而减小时,则经丝张力的自动调节过程正与上述相反,送经量减小,并逐渐回复到正常值,后梁也回复到正常位置。

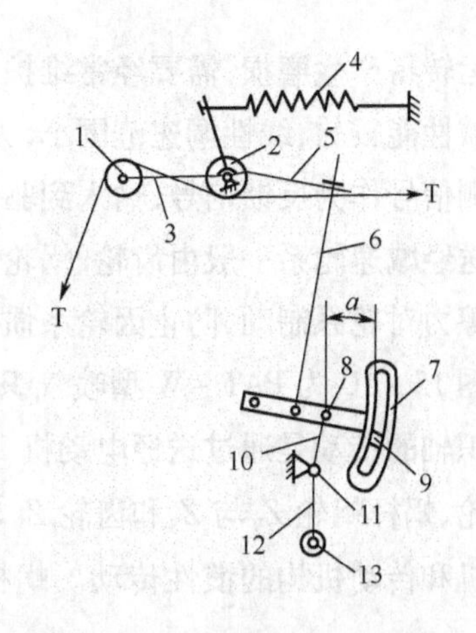

图15-9　经丝张力自动调节装置

1—活动后梁　2—固定后梁　3—双臂摆杆　4—张力弹簧　5—摆杆　6—连杆　7—弧形杆　8—支持轴　9—销子螺钉　10—连杆　11—转子杆轴　12—转子杆　13—转子

经丝张力在织造过程中除了在短时间内的变化外,还会因织轴直径D的不断减小而发生变化。当织轴直径不断减小时,在张力调节装置还没有作出反应之前,经丝送出量将会随之减小,引起经丝张力的增加,不断增加的经丝张力迫使活动后梁1下压,于是通过自动调节装置使被动摩擦盘的转动时间角θ增大,与直径D的减小相抵消,使θ与D的乘积为常数,使送经量恢复到正常值。这时活动后梁1在一个新的位置上达到新的受力平衡,但在新的平衡位置下经丝的张力总比原平衡位置时大。因此,织轴由满轴到空轴的过程中,活动后梁高度逐渐下降,弧形杆的圆弧槽也逐渐下移,经丝张力则逐渐增大。

二、电子式自动调节送经机构

随着织机的车速的提高和微型计算机控制技术的发展,电子式(electronic)自动调节送经机构在无梭织机中得到越来越广泛的应用。与机械式送经机构相比,电子式送经机构机构简单、动作灵敏、更适应高速。故电子式送经机构有逐渐取代机械式送经机构的趋势。

电子式自动调节送经机构是由单独电动机驱动织轴转动以送出经丝。与机械式送经机构一样,电子式送经机构也是采用活动后梁作为经丝张力的感测元件,所不同的是应用了非电量电测的手段,将后梁的不同位置转变成电信号,由电子技术或计算机技术对该信号进行处理。根据信号处理的结果,控制经丝送出量的大小,以保证恒定的经丝张力。

1. 织轴传动机构　织轴传动机构主要由传动电动机、驱动电路以及送经减速轮系所组成。传动电动机主要采用直流伺服电动机或交流伺服电动机。一般直流伺服电动机的机械特性较硬、线性调速范围大,易控制、效率高,作为送经电动机较为合适。但是直流电动机采用电刷,长时间运转易产生磨损,需要经常维护。交流伺服电动机不会产生电刷和换向器引起的弊病,但其机械性能较软,线性调速范围小,为此在电动机上需装有测速发电机,检测电动机转速,并以此检测信号作为反馈信号,输入到驱动电路,形成闭环控制,保证送经调节的准确性。

送经减速轮系一般由齿轮、蜗轮、蜗杆和制动阻尼器所组成,起到减速作用。制动阻尼器利用摩擦力对轮系制动,防止因轮系惯性而引起的过量送经。

图 15-10 为 PAT-W 型喷气织机电子送经机构示意图。

织轴的传动是通过送经电动机 1 作为动力源,送经电动机经齿轮 $Z_1 \sim Z_4$减速齿轮、Z_5与 Z_6伞齿轮、蜗杆蜗轮 Z_7与 Z_8和齿轮 Z_9与 Z_{10},传动织轴 3 回转退出经丝。摩擦阻尼器 2 用来防止电动机和传动机构的惯性传动。蜗杆 Z_7、蜗轮 Z_8可防止送经电动机断电时的逆转,起自锁的作用。

采用交流伺服电动机作为送经动力的另一种织轴传动机构如图 15-11 所示。根据所设定的经丝张力值大小和纬密值控制交流伺服电动机 9 的转速。电动机经变速装置 10、传动轮系 $Z_1 \sim Z_6$,传动织轴 1 以送出或倒卷经丝。测速发电机 8 和编码器 7 用来检测并经计算机自动调整电动机的转速和角度位置。

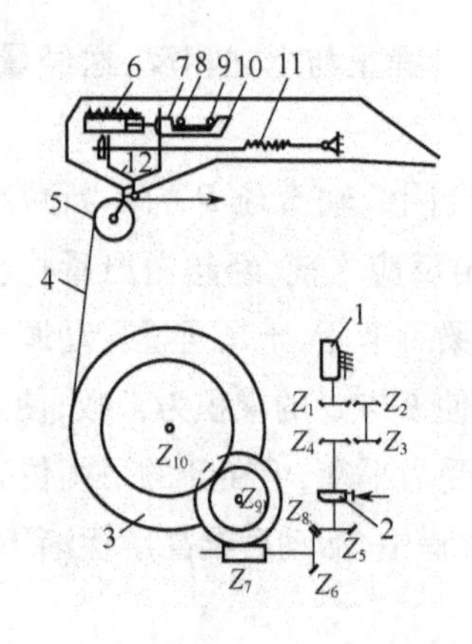

图 15-10 PAT-W 型喷气织机电子送经机构
1—送经电动机 2—摩擦阻尼器 3—织轴
4—经丝 5—后梁 6—液压缓冲器
7—铁片后端 8、9—接近开关
10—铁片前端 11—弹簧 12—摆臂

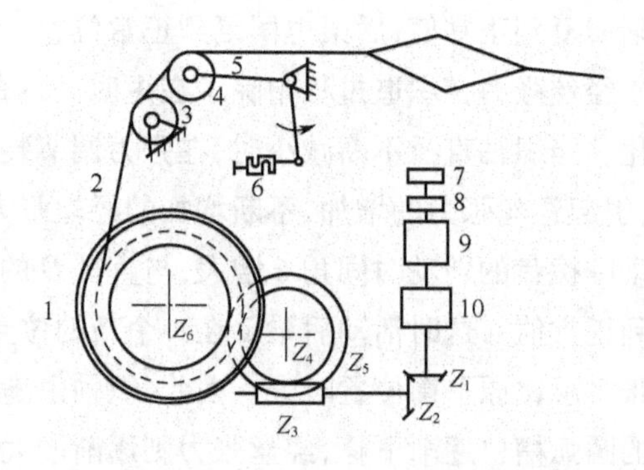

图 15-11 JAT 型喷气织机电子送经机构
1—织轴 2—经丝 3—固定后梁
4—活动后梁 5—双臂摆杆 6—测力传感器
7—编码器 8—测速发电机
9—交流伺服电动机 10—变速装置

2. 经丝张力传感器及经丝张力自动控制 电子式自动调节送经机构上机张力的获得一般仍采用弹簧加载的方式。如图 15-10 所示,经丝的上机张力通过张力弹簧 11 来获得。经丝张力通过活动后梁 5 与张力弹簧所产生的弹力在摆臂 12 上获得平衡,从而达到所需要的上机张力。上机张力的大小同样可以通过调节张力弹簧的预紧力或更换弹簧来达到。

在织造过程中,因种种原因,经丝张力会发生变化。在电子式自动调节送经机构中,经丝张力仍采用活动后梁作为感应部件,与机械式自动调节送经机构所不同的是这一活动后梁的位置因经丝张力的变化而变化采用测力传感器来进行检测，将检测到的活动后梁的位置信号送入计算机控制系统，计算机控制系统经信号处理后，发出相应的指令，控制送经电动机作出反应，以通过控制送经量的大小来达到调节送经张力的目的。

电子式送经机构的张力传感器一般有两种类型，即开关式（approach switch type）和应变式（strain gauge type）。下面将对这两种传感器的经丝张力控制系统进行介绍。

（1）开关式传感器及经丝张力自动控制系统。开关式传感器是一种电感式传感器。其组成主要由感应线圈、振荡电路用晶体管开关电路所组成，如图15－12所示。当挡片1遮住或接近感应线圈2时，使感应线圈2的振荡电路损耗增大，回路振荡减弱。当损耗大到使回路振荡停止时，晶体管开关电路将输出电压信号。

开关式传感器起到开关的作用，来控制送经电动机回转或停转。这种送经机构电动机的转速一般是恒定的，在不同的张力状态下，送经电动机每纬的运转时间是不相同的。由于电动机有时停转，故而送经运动是间歇式送经。图15－10所示为开关式送经控制系统。

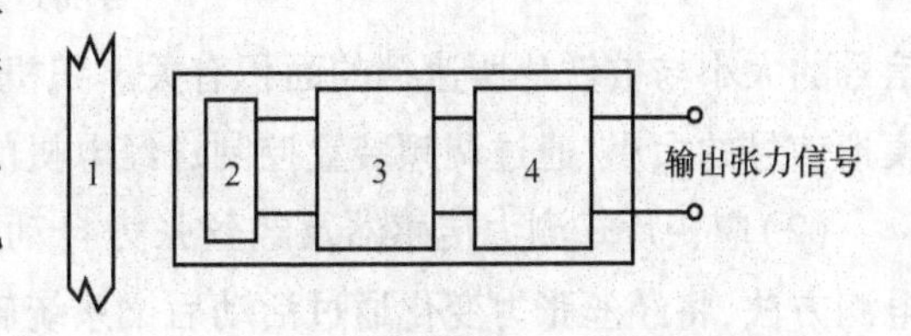

图15－12　开关式传感器原理图

1—挡片　2—感应线圈

3—振荡电路　4—晶体管开关电路

如图15－10所示，经丝4自织轴3引出经过活动后梁5进入织造区。经丝张力对后梁的压力使摆臂12作逆向转动，与弹簧11的拉力对摆臂产生的力距相平衡，弹簧越张紧，经丝上机张力也越大。接近开关8、9为电感式传感器，铁片后端7与前端10都可与接近开关接近。当接近开关被铁片遮盖时，传感器向主控系统发出经丝张力大小变化的信号。接近开关的信号经计算机处理控制系统指令送经电动机1传动，经齿轮Z_1～Z_{10}，驱动织轴回转。液压缓冲器6用来缓和摆臂及铁片的高频震动。遮挡铁片与接近开关的接近，因经丝张力的变化而改变，不同的接近情况对计算机发出不同的信号。

图15－13为PTA－W型喷气织机电子送经控制框图。由图15－13可见，张力检测机构的后梁、阻尼器、挡铁片及接近开关检测到的张力变化信号（覆盖时输出低电平“0”，脱开时翻转输出高电平“1”），经微型计算机向可控硅双向开关发出开关指令，改变送经电动机控制回路中可控硅的导通角，使送经电动机通断电的比例满足定量送经和张力基本均匀的目的。

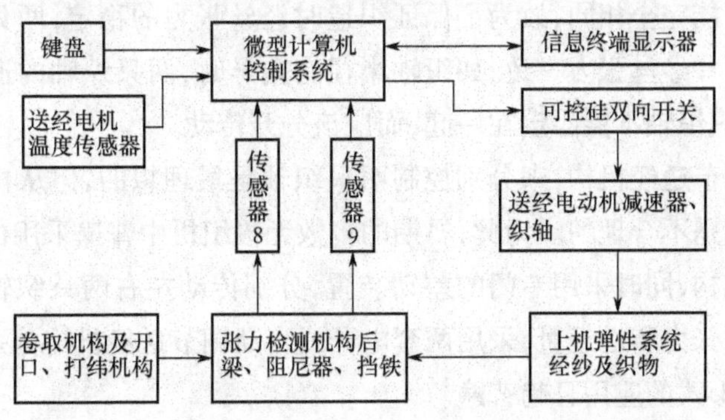

图15－13　PAT－W型喷气织机电子送经控制框图

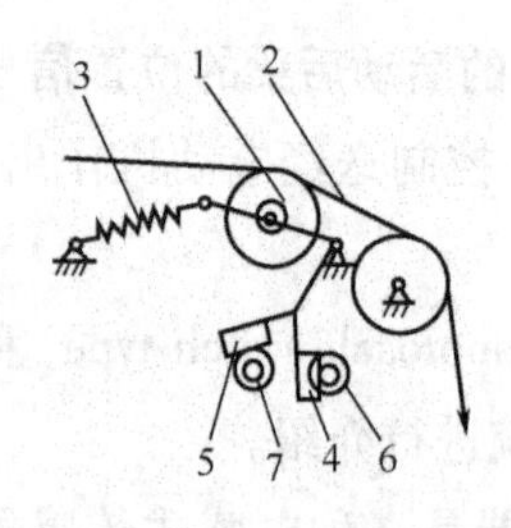

图 15 - 14　剑杆织机电子送经机构简图

1—后梁　2—经丝　3—弹簧
4、5—铁片　6、7—传感受器

图 15 - 14 为一个用于剑杆织机上开关式电子送经机构原理图。活动后梁 1 在经丝 2 和弹簧 3 的作用下处于平衡状态。一旦经丝张力发生波动，后梁以及铁片 4、5 的位置随之发生变化。当传感受器 6 被铁片 4 所遮挡时，输出电信号，控制送经电机的回转。当经丝张力变化超过给定的范围时，传感器 7 将会被铁片 4 或 5 遮住，使电路产生织机停车信号。

电子式自动调节送经机构的开关式张力传感器另一种形式为模拟量输出。这种传感器从外形来看可能与前述并没有大的区别，但其输出的信号为模拟信号，信号的大小与被铁片所遮挡的面积有关。织机的控制系统在设定的时刻对信号进行处理，根据模拟信号的大小，通过调频装置控制送经电机的转速。

(2)应变片式测力传感器及经丝张力自动控制系统。应变片式测力传感器是采用非电量电测方法，将经丝张力变化通过活动后梁系统转换成应变片的应变，再以经丝张力电信号的形式利用计算机进行处理和控制。织轴驱动仍可以用交流或直流伺服电动机。

图 15 - 11 即为采用应变式测力传感器的电子送经机构。经丝 2 从织轴上退出后先经过固定后梁 3 再经过活动后梁 4 进入织机工作区。活动后梁 4 装在双臂摆杆 5 的一端；其另一端与测力传感器 6 相连。这样经丝张力的大小可经过活动后梁 4，双臂摆杆 5 传递给测力传感器 6。测力传感器 6 输出的电信号与预先设立的经丝张力值相比较，再根据设定的纬密大小自动控制伺服电动机 9 的运转。由于该机构采用了固定后梁、活动后梁及积极平稳装置组成的双后梁系统，故而活动后梁的摆动平稳、经丝张力波动小，适应制织厚重及高密度的织物。

第三节　并列双织轴送经机构

在剑杆、片梭及喷气织机中，门幅普遍较宽，为此一般采用并列双织轴织造(weaving with double beams)。在双幅并列织造时，由于各种原因，两片经丝张力会不一致，同时两只织轴的卷绕硬度和半径也不可能完全相同，故为了保证织造时经丝张力的稳定，两只织轴的送经量往往是不同的。即使是两片经丝张力一致，如织轴半径有差异时，两只织轴的退绕角度也应是不同的。由此可见，这两只织轴不能固定在一起，而应该分开传动。

采用两套自动调节送经机构，来分别控制两只织轴是最理想的，但从机械设计的角度或简化机构的角度来说却是不合理的。为此，早期的多数无梭织机中普遍采用的办法是采用一套机械式自动调节送经机构，同时采用专门的差动装置，分别传动左右两只织轴。现在为了更好地控制左右两只织轴的张力和送经量，采用两套电子式自动调节送经机构分别独立地传动和控制左右两只织轴，这种形式的应用日趋普遍。

一、并列双织轴送经机构工作原理

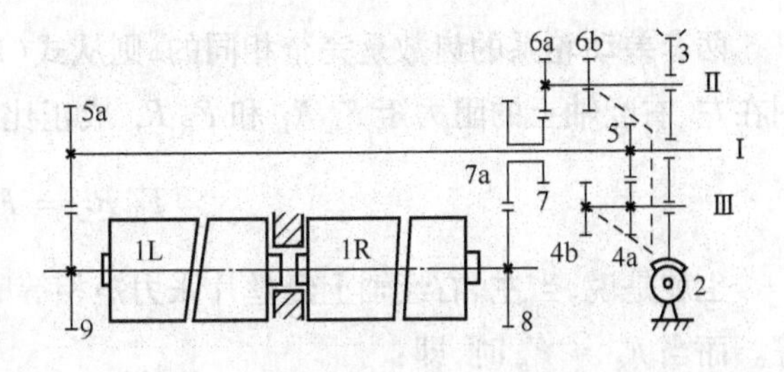

图 15－15　片梭织机的双织轴差动装置

图 15－15 表示片梭织机的双经轴差动装置。图 15－15 中 2 是蜗杆，它由摩擦联轴器传动，蜗轮 3 活套在轴Ⅰ上，在蜗轮 3 上装有轴Ⅱ和Ⅲ，在轴Ⅱ和Ⅲ上分别装有行星轮 6a、6b 和 4a、4b 行星轮 6a 与中心轮 7 啮合，与 7 同装在一起的 7a 又与齿轮 8 啮合，齿轮 8 传动右边经轴 1R；而行星轮 4a 与中心轮 5 啮合，与齿轮 5 同轴的 5a 又和齿轮 9 啮合，传动左边经轴 1L；而行星轮 4b 与 6b 又相互啮合。从此可见，该轮系是由两个分别传动左、右经轴的差动轮系组成的，而这两个差动轮系的联系即左、右经轴间的联系是通过行星轮 4b 与 6b 之间的啮合来达到的。

各齿数：$Z_2 = 1$，$Z_3 = 66$，$Z_4 = Z_6 = 14$，$Z_5 = Z_7 = 21$，$Z_{5a} = Z_{7a} = 22$，$Z_8 = Z_9 = 112$。

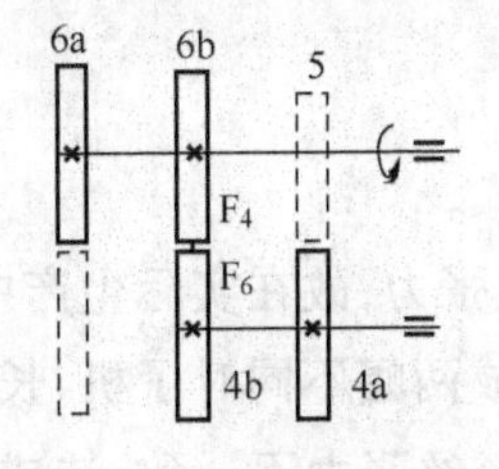

图 15－16　行星轮受力分析

设齿轮 6b 作用在齿轮 4b 上的切向作用力为 F_6，而 4b 作用在 6b 上的切向力为 F_4，如图 15－16 所示。很显然，当 $F_4 = F_6$ 时，则齿轮 4b 与 6b 相对静止，这时整个差动装置不起作用，结果左、右经轴的退绕转角相等。但当 $F_4 \neq F_6$ 时，则齿轮 4b 与 6b 之间会发生相对啮合转动，从而起差速作用，这时左、右经轴转动角度将不再相等。

如用 F_L、F_R 和 R_L、R_R 分别表示左、右经丝片的经丝总张力和左、右经轴半径，则作用在齿轮 5a 与 9 之间啮合处的切向力 F_5 应为：

$$F_5 = F_L R_L / r_9 \tag{15-5}$$

式中：r_9 ——齿轮 9 节圆半径。

而作用在齿轮 4a 与 5 之间啮合处的切向作用力 F'_4 应为：

$$F'_4 = F_5 \cdot r_{5a} / r_5 \tag{15-6}$$

同样 r_{5a} 与 r_5 分别为齿轮 5a、5 的节圆半径。

由于齿轮 4a、4b 同轴，故取轴Ⅲ力矩平衡方程，应有：

$$F_4 = F'_4 \cdot r_{4a} / r_4 \tag{15-7}$$

这里 r_{4a}、r_{4b} 为齿轮 4a、4b 节圆半径。

将式(15－5)和式(15－6)代入式(15－7)，则有：

$$F_4 = (r_{4a} \cdot r_{5a} / r_{4b} \cdot r_5 \cdot r_9) F_L R_L \tag{15-8}$$

同理，可得：

$$F_6 = (r_{6a} \cdot r_{7a} / r_{6b} \cdot r_7 \cdot r_8) F_R R_R \tag{15-9}$$

两套差动轮系的齿数是完全相同的，则从式(15-8)、式(15-9)可见，F_4 和 F_6 仅分别与作用在左、右经轴上的阻力矩 $F_L R_L$ 和 $F_R R_R$ 成正比例关系，故当 $F_4 = F_6$ 时，即为：

$$F_L R_L = F_R R_R \tag{15-10}$$

也就是说，当左、右经轴上经丝片张力矩相等时，不起差速作用，这时左、右经轴转过的角相等。而当 $F_4 \neq F_6$ 时，即：

$$F_L R_L \neq F_R R_R \tag{15-11}$$

此时，差动轮系起作用，左、右经轴转动的角度将不相同，阻力矩大的经轴，转动的角度亦大。在正常情况下，左、右经轴半径应是很接近的，即 $R_L \approx R_R$，这时，差动轮系起作用与否的条件将取决于左、右经轴的张力 F_L 与 F_R 是否相等，当 $F_L = F_R$ 时，不起差动作用，经轴转角相同，送经量亦相同；当 $F_L \neq F_R$ 时，则差动轮系起作用，经轴张力大的转角大，则送经量亦多，从而达到两经轴的张力平衡，满足织造工艺的要求。这里必须注意的是，只有当 R_L 与 R_R 非常接近时，才有上述结果，否则就不一定如此。

二、并列双织轴送经机构的应用

由于采用上述的力矩平衡原理工作的差动轮系来调节两片经丝张力，故在实际生产中，不可避免地存在着两幅经丝张力不一致和送经量差异的问题，结果造成两幅不同时了机，长度差异率普遍在1‰～2‰以上，造成原料的大量浪费。同时，由于两片经丝张力不一致，造成织物印染的色差或色花，尤其在匹染时更为明显，影响织物的质量。影响这一差异的原因除了差动轮系工作原理上的缺陷以外，还与经丝片刚性系数、经轴半径和上机、织造中经丝片张力差异等有关。这些差异越大，了机长度差异也将越大。

由于差动轮系是根据退绕阻力矩的大小来进行工作的，而织造工艺上则要求以经丝张力的大小来调节送经量。为了使差动轮系满足或基本满足织造工艺要求，减少了机时经丝长度差异，在实际生产中可采取如下措施。

(1)两只经轴的经丝刚性系数必须完全相同，刚性系数有差异的经轴不能同机织造。为此，在实际生产中两只经轴上的经丝，必须是厂家、批号、牌号、产地、庄口、季节都相同的原料，否则会造成织造时两经轴张力和了机长度的差异增大。

(2)两只经轴的卷绕半径、卷绕硬度等尽可能相同。为此，必须保证在两只经轴制作过程中的一致性，如上轴张力相同、上轴速度相同、上轴卷绕长度相同等。同时，还应保证两只经轴整经过程中的退绕筒子半径也尽可能接近，以确保整经张力的一致。

(3)在上机和织造中应避免引起两片经丝的张力差，此外在织轴安装和送经机构调整中应尽量使之正常化。

当然要从根本上消除上述差异，采用两套电子式自动调节送经机构独立地传动和控制左右两只织轴是并列双织轴织造技术的发展趋势。

第四节 送经的配合、测试及技术发展

一、送经与卷取的配合

在一台织机上，为了达到所需要的织造工艺性能，送经和卷取必须合理配合，共同控制织造过程中的经丝张力。在各类送经机构中，消极式送经机构已不再采用，积极式送经机构也只有在丝绒等织机中用于绒经的控制。目前，无论在有梭织机还是无梭织机中，采用的是自动调节式送经机构。虽然卷取机构有积极式卷取和消极式卷取，但目前织机中采用的均为积极式卷取。

自动调节式送经机构与积极式卷取机构相配合，织物的卷取量由卷取机构按纬密定量控制，经丝的送经由送经机构根据经丝张力的大小来自动调节，故在织造过程中可获得稳定的送经量和稳定的经丝张力，织成的织物纬密均匀，织物外观效应好。故而现代织机都采用这种配合方式。

因自动调节式送经机构和积极式卷取机构都各有机械式和电子式之分，故两者的组合方式就有如下四种可能。

(1)机械式自动调节送经机构与机械式积极卷取机构。

(2)机械式自动调节送经机构与电子式积极卷取机构。

(3)电子式自动调节送经机构与机械式积极卷取机构。

(4)电子式自动调节送经机构与电子式积极卷取机构。

上述四种组合方式都可以在织机上进行应用，但总的发展趋势是电子式的机构得到更多的应用，也就是说现代织机已逐渐采用第四种纯电子式的组合方式来取代第一种纯机械式的组合方式，使送经与卷取更为简单，而控制则更为精确，功能则更为丰富。

在织造过程中，经丝的张力是由送经运动和卷取运动共同控制的，送经将使经丝张力下降，而卷取则使经丝张力上升，故必须同步进行。但送经与卷取的同步运动方式可以是多种多样的，如在 Fast 型剑杆织机中，可根据不同品种的织造需要从阶梯式、线性或曲线形选择一种即可，如图 15－17 所示。

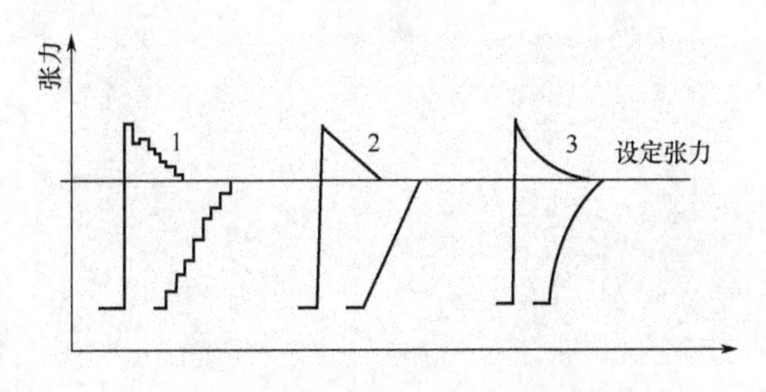

图 15－17 送经—卷取同步运动的三种方式

1—阶梯形 2—线性 3—曲线形

二、送经的测试技术

送经的测试主要包括经丝张力测试和送经量测试。经丝张力主要是测试上机时经丝静态张力和织造过程中动态张力,测试时可以测试片经张力或单经张力。

片经动态张力的测试主要采用电阻应变片式间支梁传感器,将经丝张力转换成间支梁的应变,通过电阻应变片将应变信号处理、放大并记录片经动态张力可用来分析在织造循环内的张力变化和织机各运动对经丝动态张力的影响。

单经张力的测试主要采用单丝张力仪测试单经在织造过程中的张力。单丝张力仪有机械式和电子式之分,机械式单丝张力仪一般只能反映经丝在织造中的张力变化范围,故主要用于工厂经丝张力检查和控制。电子式单丝张力仪则能反映在织造过程中单经的动态张力,还能根据需要显示最大张力、最小张力及平均张力等。如与张力记录仪相连接,则能记录单经动态张力曲线。

送经量的测试一般也是通过非电量电测的方法。具体的测试方法如下。

(1)采用电阻式传感元件测织轴的回转角,再根据织轴的实际直径来获得每纬的送经量。

(2)采用电蜗流式传感器,通过测定经丝片在织造过程中向机前方向的移动量来测得每纬的送经量。

三、送经新技术的应用

送经新技术的应用主要围绕着电子技术的广泛应用和拓宽织机织造范围展开的。

在有梭织机和较早推出的无梭织机中,送经机构均为机械式自动调节送经机构。随着电子控制技术逐渐引入织机以来,送经机构逐渐采用电子式自动调节送经机构。这样电子式送经与电子式卷取相配合,实现高度的计算机自动控制和检测,给生产和管理带来极大的方便。

在电子式自动调节送经机构广泛采用的同时,为拓宽织机织造范围,送经机构采用了一些新技术。

(1)采用双后梁、增加送经张力系统的刚性以适应制织更为厚重型织物。

(2)经丝张力由原来的弹簧加载改成重锤加压或弹簧与重锤联合加载,以适应较为厚重织物的织造。

第十六章　多色纬制织

多色纬制织(weaving with multi - color weft)是用两种或两种以上不同性质(原料、细度、捻度、捻向等)或不同颜色的纬线织造织物,借以扩大花式品种,提高织物质量。在有梭织机上,要采用多梭箱(multi - box)装置,并且引纬有一定的规律,因此,在制织之前需模拟设计引纬顺序,配以相应的梭箱数,即采用多梭相织机(multi - box looms)。

在现代无梭织机上,则由机械或电子控制的选纬(weft selection)或混纬(weft mixing)机构进行变换纬丝,目前最多可达8色。

第一节　喷射织机的选纬机构

一、喷水织机的选纬机构

为了扩大喷水织机的品种适应性,近年来发展了纬丝多色变换装置或选纬、绲纬机构。目前应用较广的有四种情况:一是一纬交替变换装置,即两种不同性质或不同颜色的纬丝互相交替引纬;二是二纬交替变换装置,即两种不同性质或不同颜色的纬丝每二纬互相交替一次;三是单色混纬,即同一种纬丝,由两只纬丝筒子进行一纬交替引纬;四是双色任意变换装置。

上述前三种纬丝交替情况,其作用原理基本相同,第四种情况,则由安装有计算机和可任意编色的选纬机构进行纬丝任意变换。

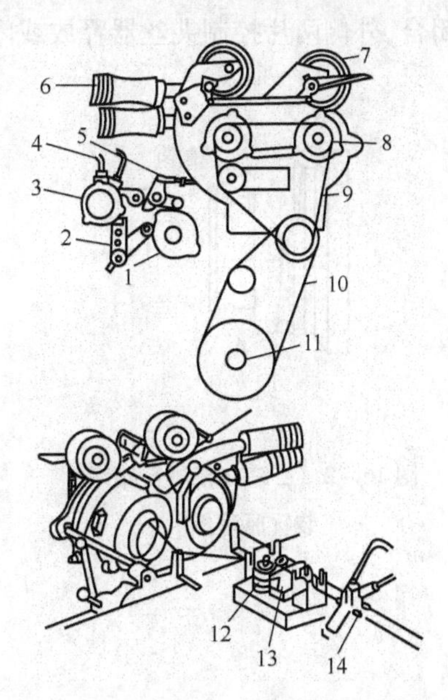

图16-1　纬丝多色变换装置示意图

1—凸轮组　2、5—连杆　3—转换阀　4—水管　6—吹气管　7—压纬轮　8—传动轮　9、10—齿形带　11—主轴传动轮　12—夹丝器　13—拨丝器　14—喷嘴

1. 选纬机构及其原理　图16-1为纬丝多色变换装置示意图,它有两套相同的测长储纬器所组成。由主轴传动轮、齿形带、传动轮、压纬轮等组成。测长盘与储纬器等零件组成整套装置。织机回转二周,两套测长储纬器各测一段与幅宽等长的纬丝储存起来,故其转速是采用单套储纬器时的一半。

凸轮组1共有4只凸轮,第1只凸轮通过连杆2开闭水泵的转换阀3,决定由哪一只喷嘴喷射,同时又通过连杆5决定控制钩的动作;第2只凸轮与第3只凸轮分别控制两只夹丝器12;第4只凸轮通过连杆带动拨丝器13作往复运动。整套凸轮组由齿轮传动,转速为织机主轴的1/4,即织机主轴回转四周,凸轮组才转一周(360°)。

一纬交替变换装置比较简单,两套测长储纬器分别从两只供纬筒子上退解纬丝,进行测长、储纬与喷射,转换阀3、夹丝器12与拨丝器13相互交替运动,若控制钩连杆不动,两只供纬筒子上的纬丝以一纬交替的顺序通过梭口。二纬交替变换装置的原理比较复杂,因为每二纬才交替一次,故测长与储存的纬丝长度要比织物的幅宽长两倍,其基本原理如图16-2所示。

二纬交替测长储纬装置与一纬交替变换装置的主要不同点是:它增加了连杆5(图16-1)连动的控制钩(图16-2)。控制钩装在测长储纬器的外壳上,根据需要由凸轮曲线规律控制上下运动。当第一储纬部储存的纬丝长度达到织物幅宽的半幅以上而未满一幅时,控制钩从外壳上降到如图所示位置,使储存的纬丝通过控制钩的导丝器进入第二储纬部(A状态)。当纬丝储存达到接近一幅半纬长时,与这一套测长装置配套的夹丝器便抬起,纬丝就被释放,喷嘴开始喷射水流并携带纬丝通过梭口。在第二储纬部储存的纬丝被喷射后,就进入拘束飞行状态(B状态),整幅纬丝通过梭口后,夹丝器被关闭,第一纬飞行结束,控制钩退回到原来位置,纬丝继续在第一储纬部上进行储存。当织机转入第二纬喷射时,另一个夹丝器抬起,纬丝被释放,喷嘴喷射水流并携带第一储纬部的纬丝通过梭口,最后又进入纬丝拘束飞行状态(C状态),夹丝器再次关闭,第二纬引纬过程结束。当织机转入第三与第四转时,加一套测长储纬器起作用,与上述作用相同,分别完成第三与第四纬的引纬过程,这样相互交替形成二纬交替顺序纬丝变换。

图16-3所示为选纬机构作用示意图。主轴1上的齿轮2通过齿轮3传动凸轮轴4,凸轮轴上相继安装夹丝器控制凸轮5和转换阀凸轮6,夹丝凸轮5由四片组成,里侧两片控制夹丝器的闭合,外侧两片控制夹丝器释放或闭合状态。

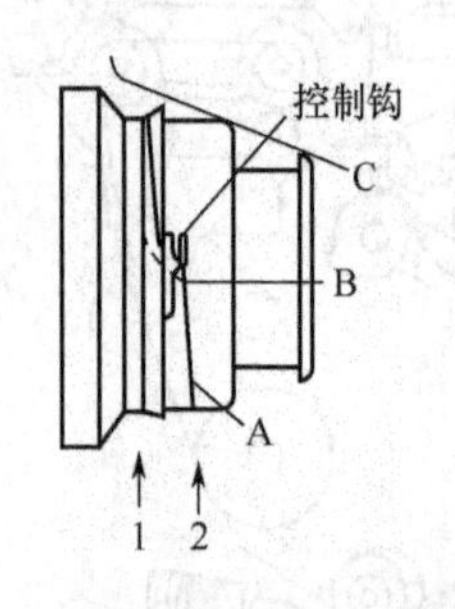

图16-2 二纬交替测长储纬装置原理图

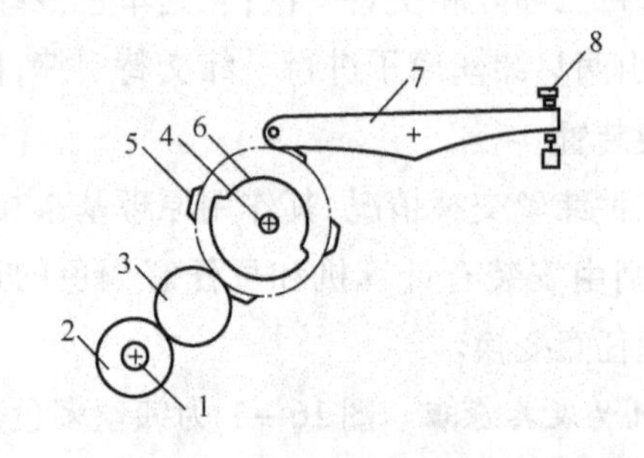

图16-3 选纬机构作用示意图

1—主轴 2—主轴齿轮 3—齿轮 4—凸轮轴 5—夹丝器凸轮 6—转换阀凸轮 7—夹丝器连杆 8—夹丝器

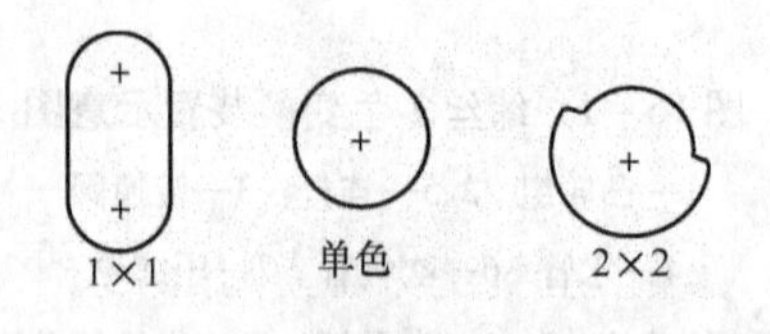

图16-4 转换阀凸轮外形与引纬方式

引纬方式可以通过更换转换阀凸轮来设定,如图16-4所示为转换凸轮外形与引纬方式的关系。

二纬交替变换装置的时间配合如图16-5所示。图中(1)为第一页综框运动简图;(2)为第二套测长储纬器的作用曲线简图;(3)为第一套测长储纬器的作用曲线简图；(4)为拨丝器的作用曲线简图；(5)为控制钩的作用曲线简图；(6)为水泵转换通道图；(7)为两只夹丝器的开闭曲线图。

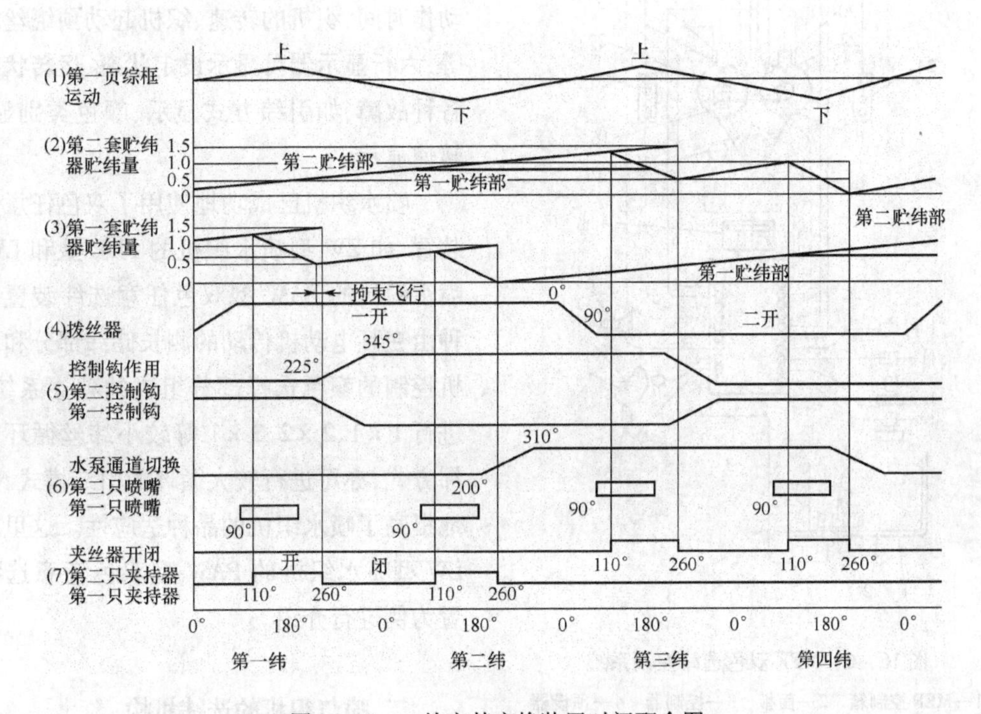

图 16－5　二纬交替变换装置时间配合图

一纬交替与二纬交替变换装置的应用，使喷水织造品种适应性扩大，可以制织合纤双绉等仿真丝绸产品（silk－like fabric）。目前这类交替变换装置已发展到四纬交替变换。然而，这种交替变换装置对多色纬的应用局限性仍很大，故现已开始采用电子选色编码顺序，使纬丝选色向任意选色方向发展，从而提高了喷水织机的生命力。

2. 选纬控制系统　图 16－6 所示为 LW 型喷水织机 MEF 型双色电子选纬机构控制系统图。电磁夹丝器 10、11，电磁阀 12、13，电磁指棒 20、21 接受 PS 定位感知器 5、6 的信号而动作。PS 信号与颜色的关系列于表 16－1。滚筒离合器 14、15、16 接受绕丝感应器 18、19 的信号而动作。当滚筒上绕丝量不足，离合器闭合；反之，当滚筒上绕丝量达到远规定的长度，离合器释放，绕丝电动机 17 接受操作开关 22、23 的指令，当织机停车时，按下操作开关，绕丝电动机起动而使储纬滚筒卷绕丝线。在织机动转中，绕丝电动机不工作。

表 16－1　PS 信号与颜色的关系

PS 定位传感器	OFF PS1 OFF PS2	ON PS1 OFF PS2	ON PS1 OFF PS2	OFF PS1 ON PS2
2X2	A－1	A－2	B－1	B－2
1X1	A－1	B－1	A－1	B－1

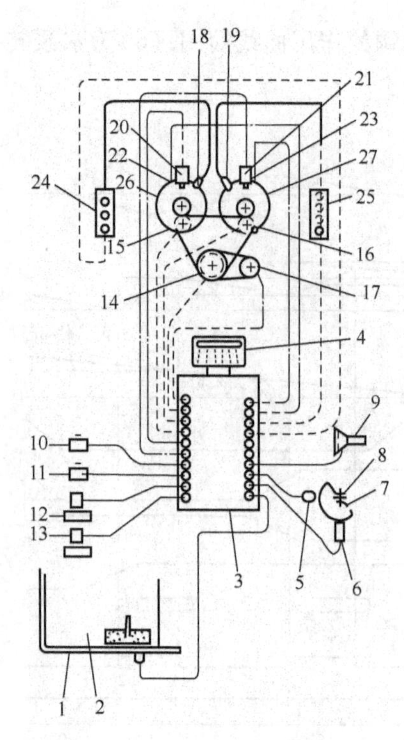

图 16－6　MEF 双色选纬控制系统

1—MEF 控制箱　2—面板　3—控制器　4—预设器
5—PS－1 定位感知器　6—PS－2 定位感知器
7—PS 凸轮　8—PS 轴　9—角度感知器
10—电磁夹丝器 A　11—电磁夹丝器 B
12—电磁阀 A　13—电磁阀 B　14—主滚筒离合器
15—滚筒离合器 A　16—滚筒离合器 B　17—绕丝电动机
18—绕丝感应器 A　19—绕丝感应器 B　20—电磁指棒 A
21—电磁指棒 B　22—操作开关 A
23—操作开关 B　24—感应器之扩大器 A
25—感应器之扩大器 B　26—MEF 预绕本体 A
27—MEF 预绕本体 B

选色机构工作状态的设定和变更可在预设器 4 上进行，如电磁指棒、电磁夹丝器等的动作时间，织机的转速、织机起动预绕丝时间等，六行显示器可显示设定状态、运转状态或各种故障，如引纬方式显示、颜色类别显示、转速显示。

喷水织机已成功地使用了双色任意选纬装置，如 ZW 型喷水织机的 FDP 型和 LW 型喷水织机的 PAW 型双色任意选纬装置。这种由变频电动机传动的测长储纬部分和计算机控制的颜色选择部分组成的独立系统，可进行 1×1、2×2、3×1 等较小纬丝循环的引纬方式，亦可进行较大循环的引纬模式，极大地提高了喷水织机的品种适应性。这里将以 LW 型喷水织机的 PAW 型双色任意选纬装置为例进行介绍。

二、喷气织机的选纬机构

各种新型喷气织机开发多色纬织造是伴随微电子技术的应用而趋向成熟的。多色引纬装置的特点是：采用与色纬数相同的主喷嘴和电子储纬器，并在两者之间各增加一个辅助主喷嘴。而 2 只、4 只或 6 只主喷嘴的喷射口都对准异形筘（专用异形筘）的筘槽。各主喷嘴及辅助主喷嘴均设各自的电磁阀。所以，只要控制喷嘴中某色主喷嘴的电磁阀及其储纬器进行喷射引纬，就会把某色纬引进梭口。如图 16－7 所示，两储纬器分别供两个主喷嘴引纬。引纬顺序按色纬排列设计顺序由微处理机指令动作。双储纬器也用在高速喷气织机制织单色织物的场合，它用双筒子分别供纬、混纬，不仅可提高织物绸面质量，还可降低筒子至储纬器之间的断头，适应高引纬率。

储纬器的绕纱器使用变频器控制的交流电动机驱动，由电脑控制电动机的回转数，以确保鼓盘上的纬丝圈数。用电脑控制纬丝的测长，释放出预先设定的圈数。对回转数的变化，挡丝磁针有同步自动修正功能。对储纬器的条件设定或变更，则通过功能操作键盘进行输入和调整。由图 16－7 可见，把储纬器的一次引纬卷绕圈数和长度输入操作键盘，通过光导纤维将键盘控制数据送到织机主控装置 CPU（central processing unit）和储纬器控制装置 CPU。当织机运转时，主控 CPU 便分别控制 1 号主喷嘴和 2 号主喷嘴的工作时间。储纬器控制装置 CPU 除控

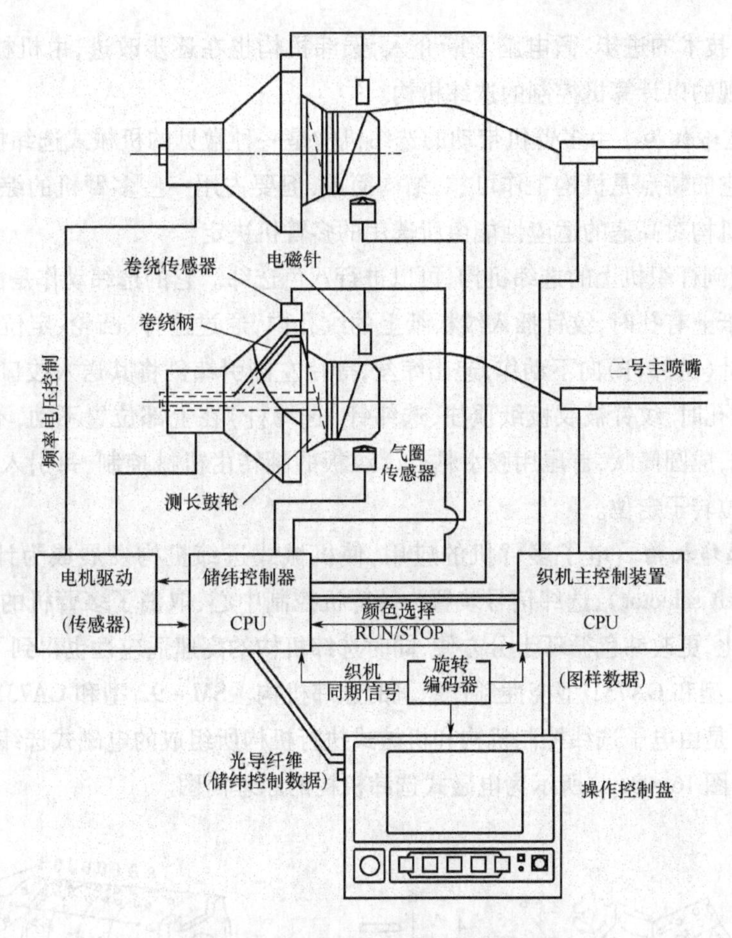

图 16－7　新型喷气织机双色储纬系统

制卷绕传感器和气圈传感器的作用时间外，还控制储纬电动机的驱动时间。由光电信号的输出和反馈，使储纬器按需要进行工作和停止工作，完成纬丝定长供应的各项动作。该型织机也具有引纬时间与自动控制功能 ATC(automatic tool changer)，在引纬到达时间和设定时间之间有差异时，可自动调整挡丝磁针和喷射时间，使引纬保持稳定。

织物的纬丝配色循环可设计为单数纬配色，不必像有梭织机(如 4×1 多梭箱织机)的配色循环那样一定要设计为偶数色纬。配色循环由功能操作键盘输入主控计算机，主控计算机就会指令相应色纬的主喷嘴和储纬器进行引纬。织机停车时，计算机会记录引纬的顺序，再开车时不出现花色的错纬。纬丝配色循环可储存在电磁记忆卡中，并可方便地输入其他织机，翻改花样极为方便。

第二节　剑杆和片梭织机的选纬机构

一、剑杆织机的选纬机构

剑杆织机具有很强的纬丝选色性能，通常可选八色纬丝，而且选纬动作准确，机构工作稳定可靠。随着科学技术的进步,微电脑不断介入,选纬机构也在逐步改进,由机械式发展为电磁式,直至目前出现的以计算机控制的选纬机构。

1. 机械式选纬机构 由多臂机带动的选纬机构是一种常见的机械式选纬机构(mechanical weft selector)。它的特点是机构工作可靠,结构简单,但要占用一些多臂机的综框连杆,对增大织物花型不利,机构对高速的适应性能由所选用的多臂机决定。

在TP500型剑杆织机上的选纬机构,可以进行八色选纬。它的选纬动作是由花筒上的纹板纸控制,当纹板纸上有孔时,纹针插入纹板纸上的纹孔内,通过连杆、凸轮、定位块、提升杆等机件作用,使选纬针(选纬杆)向下动作,递出纬丝,等待左侧引纬剑将其送入梭口中。反之,当纹板纸孔上没有纹孔时,纹针被纹板纸顶住,选纬针(选纬杆)在上部位置不动,不递送纬丝。纹板纸由塑料制成,成圆筒状,首尾用胶水粘合。纹板的翻转由机械控制,每引入一纬,翻转一块纹板,纹板由定位转子定位。

2. 电磁式选纬机构 电子多臂机的应用,使机械式选纬机构发展成为计算机选纬机构(computerized weft selector),选纬信号装置为计算机控制中心,取消了多臂机的纹板、纹针和花筒,机构大为简化,更改纬色循环十分方便,同时选纬机构的高速适应性也得到了提高。

(1)SM-92型和GA731型挠性剑杆织机的选纬机构。SM-92型和GA731型挠性剑杆织机上的选纬机构是由电子选纬控制机构和机械式执行机构所组成的电磁式选纬机构,可实现任意顺序的选纬。图16-8(a)所示为电磁式选纬机构的原理简图。

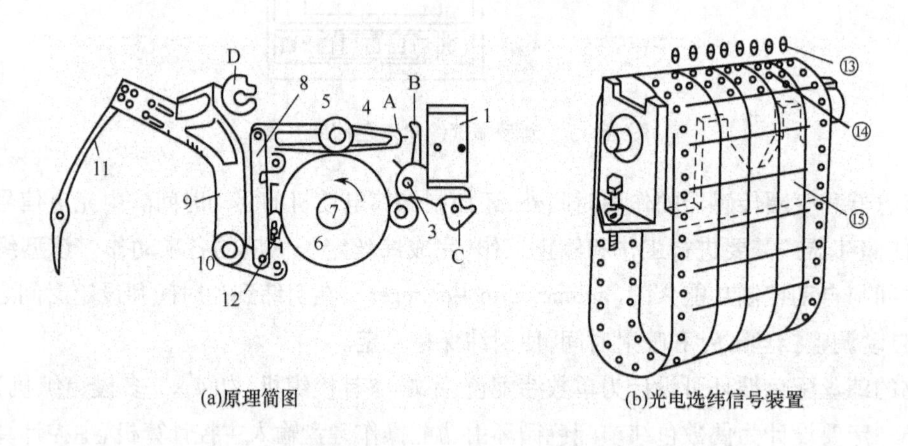

(a)原理简图　　(b)光电选纬信号装置

图16-8　电磁式选纬机构

1—电磁铁　2—钩状板　3—支轴　4、5—滚子臂杆　6—凸轮　7—凸轮轴　8—连杆　9—角形杆　10—角形杆支轴　11—选色钩　12—弹簧　13—光电管　14—红外发光二极管　15—纹板纸

选色箱装在织机前方左幅掌旁,箱中安装有八列选色钩,图16-8(a)中所示为其中一列。当电磁铁1被激励时,钩状板2绕其支轴3转动。滚子臂杆5支撑在选色凸轮6上,凸轮轴7的运动由主轴传动通过齿形带、齿轮带动,连杆8上端与滚子臂杆5相连,下部与角形杆9相接,角形杆9绕其支轴10转动,其上端装有选色钩11,纬丝从钩中穿过。在不选色时,凸轮6运动,滚子臂杆5上的钩子A与在钩状板上的钩子B,在机前后方向上有0.5mm间距,两钩不接触。在选色位置时,凸轮6把滚子臂杆5顶向上方,使钩子A在钩子B的正下方,且上下间距

0.5mm。当某一色纬应引纬时，纹板纸有孔，如图16－8(b)所示，由光电作用使其相应的电磁铁被激励，钩状板2的前端贴在电磁铁上，钩子B绕轴3转动而下降，钩住钩子A且同时下降，滚子臂杆5的后端上升，通过连杆8、角形杆9而使选色钩11下降，把纬丝放在剑头引纬的通道上。选色完成后，凸轮6使滚子臂杆5离开选色位置，由于弹簧12的弹力作用，使选色钩恢复原位。钩状板2和滚子臂杆5的位置用凸轮C和D来调整，并用专用卡板来检查。

选色时间的调整很重要，首先要调好综平位置，然后调整选色纹板纸上孔与光电管的相对位置，当综平为320°时，在340°时使纹板纸上的八列孔正好位于八个光电晶体管的下方。利用安装在选色箱机外侧部位凸轮轴7上的压块来调整选色钩的下落时间，应在5°内使选色钩下降1mm。调整安装选色钩的螺丝可以调整选色钩的高度。此选纬机构结构简单，体积小，调节方便，其动作的可靠性和灵敏度取决于选色箱内电磁铁的灵敏度及稳定性。

(2)天马－11E型挠性剑杆织机的选纬机构。在天马－11E型挠性剑杆织机上设置了由Socos计算机控制的可多至八色或八种纬丝的电子选纬机构。选纬机构由凸轮驱动，所有运动部件都安装在一个油浴箱内，从而省去了日常的维护工作。该选纬机构的特点是：选纬机构工作时不需借助于多臂开口机构的提综杆或提花开口机构的竖针；可根据需要提供一种ASC(automatic selection change 自动选纬变换)系统，当供纬筒子与储纬器之间发生纬丝断裂等故障时，它可使该储纬器停止转动，并从顺序中消去而使织机使用另一个储纬器，进入顺序替代工作，继续运转至停转的储纬器被重新穿入纬丝后，各个储纬器才自动地按常规顺序再行开始工作。

二、片梭织机的选纬机构

片梭织机配置了多种形式的选纬机构，下面举例说明几种选色装置。

1. MW1－1型混纬机构　混纬织造是指强制进行固定方式的交替引纬顺序，有如下几种情况：两种不同色纬的纬丝交替引纬；两种不同纤度的纬丝交替引纬；两种不同捻向(S捻、Z捻)的纬丝交替引纬；同一种纬丝从二个筒子上交替引纬。图16－9所示为MW1－1型混纬机构。

传动齿轮1与被动齿轮2的齿数之比为1∶2，齿轮2上有一个偏心轮，带动连杆3上下运动，弹簧储力器4前后运动，推动选色器5上下翻动，从而完成a—b—a—b的选纬顺序。

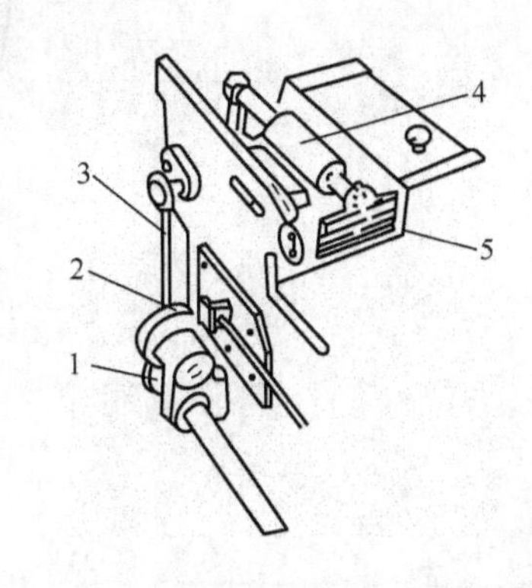

图16－9　MW1－1型混纬机构
1—齿轮　2—齿轮　3—连杆
4—弹簧储力器　5—选色器

2. 2EP(ZSM)型双色选纬机构　2EP(ZSM)型双色选纬机构是由凸轮控制选纬机构运动，引纬顺序在凸轮外形的设计制造中设定。如1/3凸轮，选色顺序为a—b—b—b。图16－10所示为2EP(ZSM)型双色选纬机构简图。

选色器1是由二条燕尾切面的滑槽a与b组成，每一滑槽容纳一只供纬器，夹持两种不同的纬丝。凸轮3通过转子及连杆使弹簧储力器2产生往复运动，使选色器1产生两个不同的工作状态。当某一滑槽处于工作位置时，则由该滑槽的供纬器将纬丝传递给片梭进行引纬。

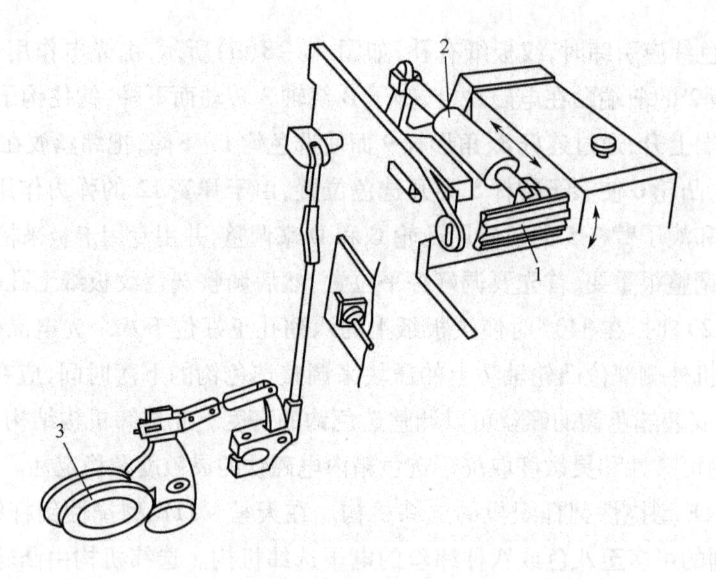

图 16-10　2EP(ZSM)型双色选纬机构简图

1—选色器　2—弹簧储力器　3—凸轮

3. 4SP(VSD)型四色选纬机构　4SP(VSD)型四色选纬机构是由多臂机控制选纬机构运动,利用多臂机的最后二根提综杆来控制引纬的顺序。图 16-11 是该四色选纬机构的简图。

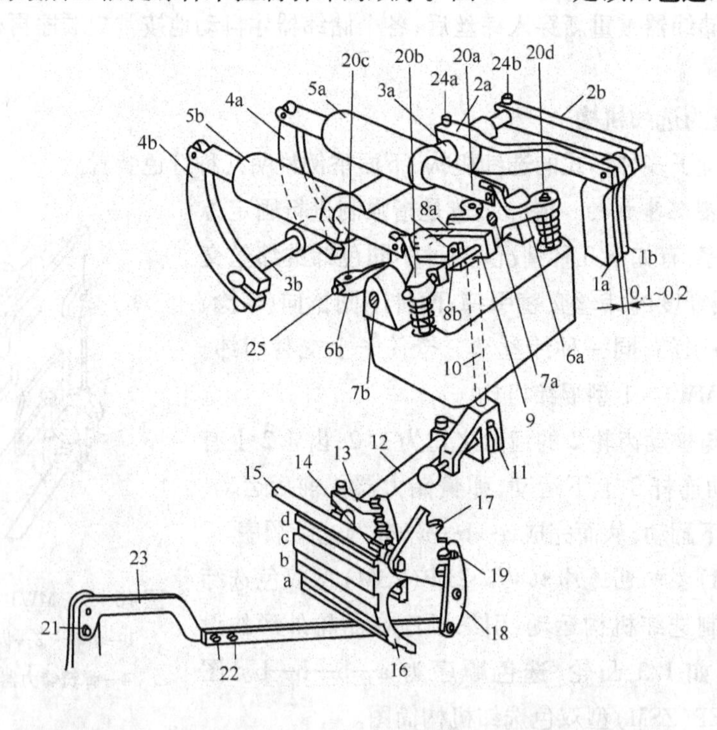

图 16-11　4SP(VSD)型四色选纬机构简图

1a、1b—多臂机提综杆　2a、2b—臂杆　3a、3b—套管　4a、4b—臂杆　5a、5b—弹簧储力器　6a、6b—三臂摆杆　7a、7b—芯轴　8a、8b—销钉　9—平衡杆　10—连杆　11—短臂杆　12—变换轴　13—扇形齿杆　14—小齿轮　15—选色器轴　16—选色器　17—扇形定位板　18—锁位臂杆　19—定位销　20a、20b、20c、20d—止退螺钉　21、22、23、24a、24b、25—固定螺钉选色器 16 是由四条燕尾切面的滑槽 a、b、c 和 d 组成。多臂机最后两根提综杆 1a、1b 根据纹板纸上有孔、无孔不同情况使弹簧储力器 5a、5b 产生往复运动，经过平衡杆 9 产生四个不同的位置，从而使选色器产生四个不同的工作面，按设定的引纬顺序引纬。

4. 4EP(VSQ)型四色选纬机构　4EP(VSQ)型四色选纬机构是由两只步进电动机控制的选纬机构。如图 16－12 所示为 4EP(VSQ)型四色选纬机构的基本原理。两只步进电机输出轴与凸轮相连，并将凸轮与弹簧储力器相连，当步进电机接受信号后产生四种不同的选纬位置。

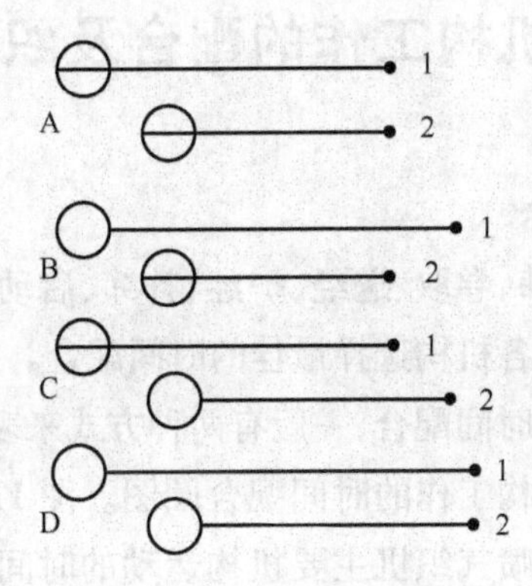

图 16－12　4EP(VSQ)型四色选纬的基本原理

5. 其他　除上述介绍的几种选色装置外，还有 2SP(ZSP)型双色选纬机构，它是由多臂机控制选纬机构运动，利用多臂机最后一根提综杆来控制引纬顺序；4EP(VSK)型四色选纬机构是由特种冲孔的纸板控制选纬机构运动，用于凸轮开口织机；4J(VSI)四色选纬机构是由提花机控制选纬机构运动。

第十七章　织造综合讨论

第一节　织机主要机构工作的配合及织造工艺参数的选择

一、织机主要机构工作的配合

在织机上，有开口、引纬、打纬、卷取、送经、护经、补纬、启动、制动等各种机构在运作，必须协调一致，配合进行，这就要求为各机构选择最佳的时间配合。

织机各主要机构工作运动的时间配合，一般有两种方式来表示，即工作圆图和工作图表。

图 17－1 表示丝织机主要机构工作的时间配合圆图。图 17－2 表示喷水织机主要机构工作的时间配合图表。图 17－3 为喷气织机主要机构运动的时间配合图。图 17－4 为剑杆织机主要机构运动的时间配合图。图 17－5 为片梭织机主要机构运动的时间配合图。

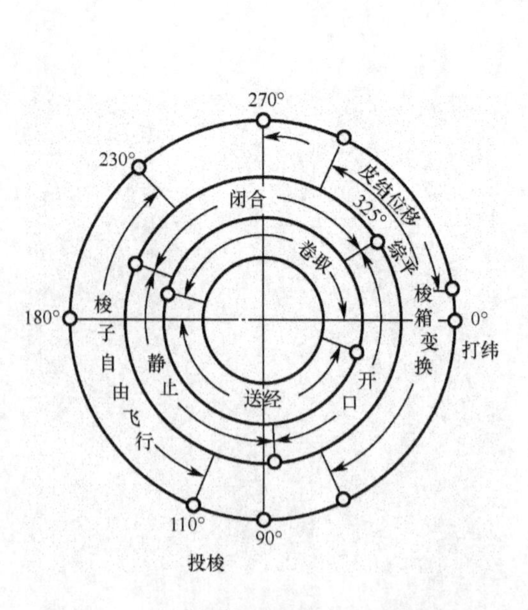

图 17－1　丝织机主要机构运动的时间配合

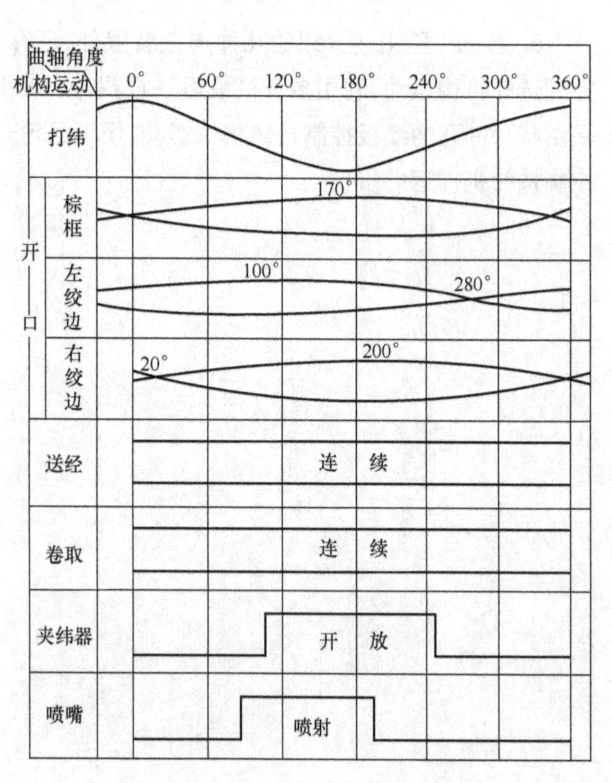

图 17－2　喷水织机主要机构运动的时间配合

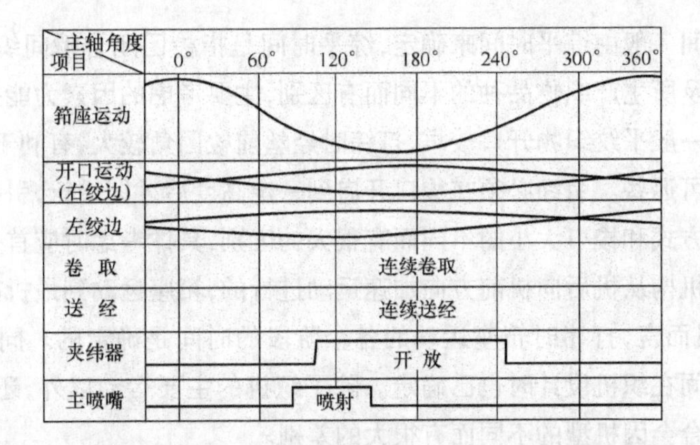

图 17-3　喷气织机主要机构运动的时间配合

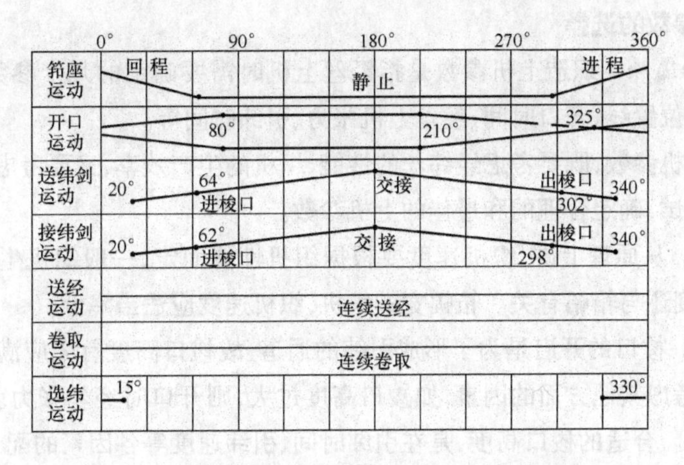

图 17-4　剑杆织机主要机构运动的时间配合

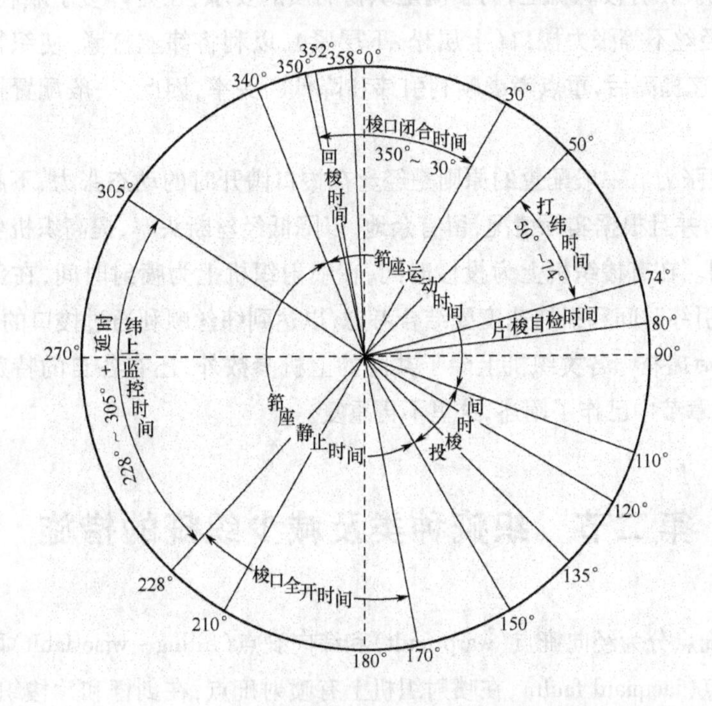

图 17-5　片梭织机主要机构运动的时间配合

开口运动的时间一般由综平时间来确定,综平时间是指梭口闭合瞬间织机主轴的位置角,它是根据织机类型及所生产织物品种的不同而有区别,主要考虑的因素为能把纬丝打紧和满足织物的品质要求。一般平纹织物开口较早,打纬时经丝前梭口角较大,有利于打紧纬丝。斜纹、缎纹织物开口时间可迟些。引纬必须在梭口开启到一定高度后才能进行,引纬时间与开口时间的配合应根据引纬方式和梭口大小的不同而有很大的区别,具体考虑时应首先保证引纬的顺利进行。打纬是筘座机构从机后向机前方向加速运动进行的,筘座运动到最机前位置时一次打纬结束,对特定的织机而言,打纬时筘座运动的各个阶段的时间是确定的。同时,对某种织机来说,卷取、送经的时间在织机设计时也已确定。除了织机的主要运动以外,还有许多辅助运动,辅助运动的时间配合会因机型的不同而有很大的差别。

二、织造工艺参数的选择

1. 上机参数的选择 织造上机参数是指经丝上机时需要确定的几个参数,一般是指织机速度、梭口高度、经位置线、开口时间、经丝上机张力、引纬时间等。

选择合理的上机参数,既要考虑经纬丝的性能、织机的生产效率,又要考虑织物的质量。一般可通过试织和测试,确定合理的和最佳的上机参数。

(1)织机速度。从原理上讲,织机速度要根据织机性能而定,一般织机生产厂家有规定范围。此外,织机速度还与筘幅有关。筘幅宽的织机,织机速度应适当降低。

(2)梭口高度。梭口的开启是为了形成引纬的通道,故梭口高度首先应满足顺利引纬的要求,但还必须综合考虑其他方面的因素,如梭口高度过大,则开口时经丝张力就较大,必然会引起过多的经丝断头。合适的梭口高度,是在引纬时间、引纬速度等各因素的配合下,才能有效。

(3)经位置线。在有梭织机上,为了满足织物品质的要求,在允许梭子顺利飞行的条件下,一般配置上下层经丝不等张力梭口(上层松,下层紧),以利将纬丝打紧,使织物丰满。但在无梭织机上,由于车速提高后,重点考虑顺利引纬和降低断头率,因此,一般配置接近等张力梭口或等张力梭口。

(4)经丝上机张力。一般配置的原则是经丝在梭口满开时的动态张力,不超过其断裂伸长的10%(屈服点),并且根据实际情况,留有余地,以降低经丝断头率,提高织机生产效率。

(5)引纬时间。在有梭织机上为投梭时间,在喷射织机上为喷射时间,在剑杆织机上为引剑(进剑)时间。引纬时间和引纬速度要结合考虑,以达到纬丝顺利通过梭口的目的。

2. 其他参数的选择 各类织机上除了共同的上机参数外,还有各自的特殊参数或具体参数,这在前面有关章节中已作了阐述,这里不再重复。

第二节 织疵种类及减少织疵的措施

丝织物常见疵点分为经向疵点(warp fault)和纬向疵点(filling - wise fault)两大类。在提花织机上有提花疵点(jacquard fault),在喷射织机上有喷射疵点,在剑杆和片梭织机上,也有其特殊的疵点。

织物疵点的产生，不仅仅影响产品的质量和产量，而且也浪费原料、增加挡车工的劳动强度。丝织物的主要织疵形态及其产生原因分析如下。

一、经向疵点

1. 经柳(warp streak) 指绸面上经向呈现有规律的直条。产生原因：牌号、批号、纤维根数、粗细、捻度不匀等不同的原料混用，经过练染产生色泽不同；整经筒子内外层张力不匀；浆丝时压浆辊变形或绒布包得不牢。

2. 浆柳(sizing streak) 黏胶丝作经时绸面上呈现无规律的直条，明暗不一，长短不一，阔狭不一。产生原因：整经时搭头间隙有宽窄；浆丝时压浆辊不平直或所包绒布不平整而有凹凸；练染时退浆不净等。

3. 宽急经(slack and tight end) 在绸面上经向呈现一根经丝发浮或成条松弛发浮的称为宽经；绸面上显示出单根或成条经丝陷入或收紧，形成有极光亮丝的称为急经。产生原因：络丝时张力过大；整经或上浆时造成的倒断头；机上挂头或找丝时过紧或者过松。

4. 缺经(missing end) 在绸面上有一根经丝或几根经丝缺少一段而呈现一条空路，或有一簇乱丝。产生原因：经丝断头后未及时接好；上浆和整经时经丝断头未接好而形成倒断头。

5. 双经(叠头)(double ends) 在单经织物绸面上有两根经丝并为一根，呈现较粗的一条粗经，色泽较深。产生原因：在准备工序中丝头嵌入，造成两根丝同时卷绕在一只筒子上；整经时断头丝被带入分绞筘另一个齿内；接头过筘时穿入旁边一个齿内。

6. 错经(wrong end) 绸面上有规律或无规律地呈现一根或几根色泽差异的经丝。产生原因：整经时条子排列穿错；综丝穿错。

7. 粗细经(thick and thin ends) 在绸面上有一根或几根经丝比其他的经丝粗或细。产生原因：原料细度不匀；原料或半制品细度规格搞错；并丝时夹头。

8. 筘路(reed mark) 在绸面上经向呈现直路条缝，使经密不匀。产生原因：筘片变弯曲。

9. 擦白(friction mark)、擦毛(lousiness mark) 绸面上呈现灰雾条子，该处染色后光泽较暗。产生原因：经丝与部件摩擦所致。

10. 分经路(warp streah) 绸匹末端呈现有规律或无规律的经纬宽急条。产生原因：整经上轴时经丝条股与轴布的连接结子过大，且衬纸垫得太少；整经或浆丝上轴时经丝张力太小。

11. 单片头(single filament end) 在双经织物绸面上有一根或几根经丝呈现稀疏现象。产生原因：并丝、整经及浆丝时两根经丝断了一根；织造时两根经丝中断一根。

二、纬向疵点

1. 停车档(stop bar) 绸面全幅或两边呈现一纬或几纬稀密现象。产生原因：传动皮带松动打滑使织机启动缓慢，打纬无力；织机停车速度缓慢，最后一纬打纬无力；牵手轴承磨损过大；停机时间过长，织口后移，形成密档。

2. 撬档(nap bar) 绸面上出现有规律或无规律的连续松紧间隔的横档。产生原因：送经或卷取快慢不均匀;织轴、导辊、卷取辊和主轴变形弯曲,轴承和齿轮磨损或松动;电动机传动皮带松弛,运转时有快慢现象。

3. 罗纹档(weft streaks) 绸面全幅呈现或阔或狭基本上有规律的间断横纹档子。产生原因:纬丝张力不匀,纬丝有粗细或潮燥不匀,染色深浅不一发花;织机开口时梭口大小不一致,棒刀或综框有高低。

4. 通绞档(filling irregularity) 绸面上呈现一段段横向阶梯形的档子。产生原因:通绞或揩蜡时手势过重;绞杆离后梁太近。

5. 松紧档(sticker) 绸面纬向有明显松或紧的横条,若为格子或团花则格形或花形要变长或变扁。产生原因:拆坏绸后接档时没有调节好经丝张力或织口未对好;拆坏绸过多,造成经丝起毛疲弱;送经、卷取机件磨损或失灵。

6. 急纡(stretched filling) 在绸面上横向呈现光亮条纹。产生原因:纬丝张力过大;纬丝含水率太高或卷纬时张力太大等。

7. 缺纬(broken weft) 绸面上出现横向稀弄或花纹组织破坏的疵点。产生原因:纬丝退解因瞬时受力而断,随后又顺利退解;换梭开车时纬丝头未拉住。

8. 重纬(double weft) 绸面上出现两根纬丝重叠排在一起的病疵。产生原因:拆坏绸后寻找梭口不对。

三、提花疵点

1. 夹起(defective lift) 不应提升的经丝被提起,从而在绸面上呈现组织破坏的疵点。产生原因:经丝发毛或破股、纤维断裂和结子羊角过长,将邻近经丝带起;把吊夹起,龙头绳钩子断后被另一根龙头绳钩子带起;下柱(重锤)夹起。

2. 懒针(lost needle) 绸面上呈现与花纹同数的沉经,将其剪去后即成缺经。产生原因:竖针变曲或弹力不足,长短不齐或雌雄针调错;横针针头弯曲,横针凸头被邻近横针轧住,横针或横针尾部长短不一;提花机因失油而造成竖横针不灵活,刀箱磨损过多;纹板孔眼与花筒孔眼不符,或花筒孔被堵塞;花筒铁头、花筒轴、横针板和铜栓等磨损或松动。

3. 多起(excessive lift) 绸面上按花纹数呈现不规则的经浮点。产生原因:竖针弯曲不灵活或竖针滑出横针凸头;竖针过长或雌雄针错位;花筒与横针板间距太大;竖针不离开刀箱提刀;综平时刀箱与竖针钩端间距太大;横针头过长,容易打穿纹板或使纹板破损;花筒开口与刀箱运动时间配合不适当;刀箱杠杆、花筒杠杆、摇杆及连杆的螺丝松动。

4. 断通丝(broken heald twine) 绸面上出现有规律的经丝沉落,将沉经剪去后,其形态与缺经疵点相同。产生原因:通丝陈旧,目板孔起槽而磨断通丝;通丝因上蜡时蒸的时间过长而发脆。

5. 断把吊(broken grouped harness) 按提花织物的花数,每花呈现相同的沉经。产生原因:织机振动太大,把吊相互磨擦而断头;麻线钩生锈,麻线钩被竖针托板孔磨断。

6. 错把吊(wrong grouped harness) 绸面上根据花数的距离显示出几条有规律的直条。产生原因:竖针、横针位置插钳;把吊挂错;纹板样卡与提花机有效针数不相符,特别是零针位置搞错。

7. 其他　如错通丝而造成错经；棒刀或综框有高低而产生罗纹档；提花机翻花钩失灵而产生重纬；通丝或棒刀绳因气候潮燥而伸长或缩短，造成梭口高低不一而产生跳梭等织疵。

四、喷射、剑杆、片梭引纬疵点

1. 喷水引纬疵点

(1)纬丝头端缠绕。产生原因：扭结纬丝织入；喷射方向不良；夹丝器夹持不良。

(2)绸边松垂。产生原因：边撑、夹丝器调整不良；边经张力太小。

(3)纬缩、纬向扭结。产生原因：原丝有扭结；喷射力太小等。

2. 喷气引纬疵点

(1)环状双纬。产生原因：引纬入梭口时边丝头受阻，其余部分吹入梭口。

(2)环状大纬缩。产生原因：织口内纬丝前端弯折（环状），引纬侧的对侧有大纬缩。

(3)织物边上小纬缩。产生原因：喷射力不足，引纬到对侧未能引足而回缩。

3. 剑杆引纬疵点

(1)纬丝尾织入。产生原因：引出纬丝长度超过设定长度，使右侧绸边外纬丝尾过长，当接纬剑下次接纬时便将此丝尾带入梭口而形成。

(2)糙疵（slugs fault）。经丝被经停片磨断或擦毛，织入织口后形成了糙疵。产生原因：经丝原料强力低，抱合力低和整经张力不匀。

4. 片梭引纬疵点

(1)边不良（defective selvedge）。产生原因：折入边装置调节不良；绸边的宽度、经密和组织若与织物经纬密及组织配合不好，产生绸边太厚，太稀或绸边不牢等问题。

(2)纬缩（shrunk weft）。纬纱扭结织入织物或起圈而浮现于织物表面的现象。产生原因：原纱质量不良，影响纬纱通过梭口造成纬缩；投梭力过大或制梭力过小；片梭引纬张力过小。

(3)油污（oil mark）。产生原因：片梭投梭机构润滑系统造成油污；片梭与导梭齿磨损产生油污；回梭链条及毛刷不清洁造成油污等。

第三节　织机优质高产低耗的措施

一、减少织疵的措施

减少织疵的措施，主要是针对织疵产生的原因，采取有效的手段，一一予以纠正。一般有以下几个方面。

(1)提高丝线品质，减少丝线疵点。

(2)提高准备工程各工序的质量，供应品质优良的经轴和纬丝卷装。

(3)织机的维修保养制度健全，能正常运转。

(4)操作人员（挡车工）按规定操作法巡回检查，熟练操作。

(5)选择合理的织造参数,开口与引纬配合好,具有清晰的梭口和良好的引纬。

(6)降低经丝断头率,减少织机的停台,减少停车档织疵。

二、降低经丝断头率的措施

织机向更高运行速度发展的障碍是经丝对速度的承受能力。高速织机增加了经丝的负载,要获得最优的织造效率,片面提高织机速度是不行的,如果经丝断头过于频繁,高速的优越性就会被抵消。因此,一方面要求提高经丝的品质,另一方面要加强对经丝张力状态的监控,把经丝张力状态监控和织机运行参数的调整结合在一起,为降低经丝断头率和提高织造生产率创造有利的条件。

织机车速成倍提高,对梭口清晰度要求将更高。这就必须增大经丝张力。现代无梭织机的经丝张力变化与有梭织机相比有明显差异,即张力增大而变化减小,以利在高速条件下开清梭口,顺利引纬,并降低经丝断头率。

用显微镜观察断头经丝的形貌特征,有结子断头(颣结断头)、非结子断头和人为断头等几种形貌,其中以非结子断头为主,即断头处经丝呈松散状态(薄弱点)为多。经试验,茧丝伸长率达到10%(超过屈服点)就产生裂纹,而茧丝的胶着点处,伸长率达到4%时就可能产生裂纹。一般认为,综框区的经丝断头是由于“疲劳”产生,因为经丝在织造过程中,受到拉伸、弯曲、摩擦等诸负荷极为复杂的反复作用。

综上分析,降低经丝断头率的主要措施概括如下。

(1)提高经丝品质,减少经丝颣节。

(2)选择合理的织前准备工艺流程和工艺参数,重视真丝的浸渍和定型工艺,重视合纤丝和人造丝的上浆工艺。

(3)选择合理的织造工艺参数,特别注意上机参数的选择,对车速、经丝张力、梭口高度和清晰度、开口时间、引纬时间等要综合考虑,务求协作配合。

(4)提高经丝行程中部件的光滑度。

(5)控制好车间的温湿度。

三、提高生产率和降低消耗的措施

织机生产率与织机速度和穿经筘幅成正比关系。理论上,织机的生产率可用引纬率(入纬率)表示,其计算式如下。

$$G = nR \tag{17-1}$$

式中:G——引纬率,m/min;

n——织机速度,r/min;

R——穿经筘幅,m。

$$n = \frac{\alpha v}{6R} \tag{17-2}$$

$$G = nR = \frac{\alpha v}{6} \tag{17-3}$$

式中：α——纬丝通过梭口的时间角，(°)；

v——引纬器速度，m/s。

由此可见，织机理论引纬率还与引纬器的速度和通过梭口的时间角（主轴转角）α 有关。

用织物长度表示的织机实际生产率 A 可按下式计算：

$$A = \frac{\eta \cdot n \cdot t}{100 \cdot P_w}（米／单位时间） \tag{17-4}$$

一般以每小时生产米数计算，则：

$$A = \frac{60n}{100\ P_w}\eta \tag{17-5}$$

式中：n——主轴每分种的回转数（每转1纬）；

t——生产时间（单位时间）；

P_w——织物的纬密，根/cm；

η——织机工作的有效时间系数。

如织机的上机筘幅（穿经筘幅）不同而织造同一等级的织物，则在比较生产率时以织物平方米来表示其生产率较为方便。

$$A' = \frac{\eta \cdot n \cdot t \cdot B}{100 \cdot P_w}（米^2／单位时间） \tag{17-6}$$

式中：B——织物的宽度，m。

因此，在一般情况下织机的生产率是由主轴的转速及有效时间系数来决定的。显然，无梭织机比有梭织机具有更高的生产率，片梭织机筘幅较宽，可制织双幅织物或较宽的单幅织物，在保证同样产量时，织机速度可降低，从而降低织机的振动和噪声，有利于减少织机故障和降低织机零部件的损耗。

参考文献

[1]MARKS R. Principles of Weaving[M]. Manchester:The Textile Institute,1976.

[2]TALAVASEKO,SVATYV. Shuttleless Weaving Machines[M]. North Holland:Elsevier Science Publishers,1981.

[3]陈元甫.机织工艺与设备[M].北京:纺织工业出版社,1982.

[4]浙江丝绸工学院.丝绸机械设计原理[M].北京:中国纺织出版社,1982.

[5]华大年.机构分析与设计[M].北京:中国纺织出版社,1985.

[6]朱浩,汤振民,俞鸿勋,等.纺织电测技术[M].北京:纺织工业出版社,1985.

[7]道德锟.综框运动规律的研究[J].华东纺织工学院学报,1985(Z1):155-167.

[8]纺织工业部丝绸管理局调查测试选型小组.引进丝织设备调查测试报告[R].1988.

[9]李志祥.多臂机与多梭箱[M].北京:浙江科学技术出版社,1988.

[10]汪金福,孙雨芳.国外喷水织机[M].北京:纺织工业出版社,1988.

[11]周国忠.LW52 型喷水织机经丝张力的分析[C]//全国无梭织机消化吸收学术交流会,1988.

[12]孙幼帆,李克加,周建明.剑杆织机织真丝绸工艺路线的探讨[J].丝绸.1988(8):29-31.

[13]祝成炎.织造条件对织物风格的影响[J].浙江丝绸工学院学报.1988(1).

[14]袁和春.生丝浸渍的新技术[J].现代丝绸,1990(2):16-20.

[15]钟雷,何美珍.高速浸泡助剂 HJ-202 的应用与推广[J].丝绸,1991(2):32-33.

[16]小森 醇.合成纤维长丝上浆技术[M].刘爱莲,解谷声,译.北京:纺织工业出版社,1989.

[17]全国丝绸科技情报研究所.无梭织机织真丝绸资料汇编[G].1989.

[18]郑涌泉.意大利真丝浸泡工艺简介[J].丝绸.1991(3):54-55.

[19]陈铭如,汪进前.GD 型并捻机张力均匀性的探讨[J],浙江丝绸工学院学报,1992(2):12-17.

[20]祝成炎.无梭织机双幅织造经丝张力和送经量差异原因分析[J].浙江丝绸工学院学报.1992(3):25-30.

[21]张敢.无梭织造简明手册[M].北京:纺织工业出版社,1992.

[22]祝成炎.无捻长丝上浆技术现状及发展[J],现代纺织技术,1993(1):47-49.

[23]陈铭如.丝织概论[M].北京:纺织工业出版社,1993.

[24]浙江丝绸工学院,苏州丝绸工学院.丝织学[M].北京:纺织工业出版社,1993.

[25]陈铭如.丝织概论[M].北京:纺织工业出版社,1993.

[26]江苏省纺织工程学会.新型无梭织机及前织设备使用经验汇编[M].北京:纺织工业出版社,1993.

[27]孙同鑫.无梭织机电气控制系统[M].北京:纺织工业出版社,1993.

[28]陆敏华,周小红.喷水织机品种质量与上机工艺[J].苏州丝绸工学院学报,1994 (2),(14):47-51.

[29]陈元甫,洪海伦.剑杆织机原理及使用[M].北京:中国纺织出版社,1994.

[30]刘华实.实用浆料学[M].北京:中国纺织出版社,1994.

[31]邵宽.纺织加工化学[M].北京:中国纺织出版社,1996.

[32]刘华实.实用浆料学[M].北京:中国纺织出版社,1994.

[33]陈元甫,洪海伦.剑杆织机原理及使用[M].北京:中国纺织出版社,1994.

[34]李志祥.电子提花与提花技术[M].北京:浙江科学技术出版社,1994.

[35]陈铭如.真丝绸新工艺讲座——第一讲:概述[J].丝绸技术,1994(1):57-58.
[36]祝成炎,袁和春.一步法倍捻机热定型工艺研究[J].浙江丝绸工学院学报,1995(1):1-7.
[37]祝成炎,袁和春.一步法倍捻热定型工艺研究[J].浙江丝绸工学院学报.1995(1):1-7.
[38]陈铭如.真丝绸新工艺讲座——第四讲:并丝新工艺新设备[J].丝绸技术,1995(1):56-59.
[39]黄故.棉织原理[M].北京:中国纺织出版社,1995.
[40]黄故.棉织原理[M].北京:中国纺织出版社,1995.
[41]刘曾贤.片梭织机[M].2版.北京:中国纺织出版社,1995.
[42]李欣.PAT型喷气织机[M].北京:中国纺织出版社,1995.
[43]祝成炎,朱文琴.喷织准备中浆丝并轴工艺控制的探讨[J].丝绸,1996(3):15-17.
[44]邵宽.纺织加工化学[M].北京:中国纺织出版社,1996.
[45]朱苏康,陈元甫.织造学(上、下册)[M].北京:中国纺织出版社,1996.
[46]严鹤群,戴继光.喷气织机原理及使用[M].北京:中国纺织出版社,1996.
[47]戴继光.机织准备[M].北京:中国纺织出版社,1997.
[48]刘春红,陈明.实测开口凸轮廓线的分析与再设计[J].东华大学学报(自然科学版),1997(4):67-72.
[49]MALETSCHEKF,崔运花.考虑到片纱伸长率的上浆工艺[J].国际纺织导报,1998(4):23-25.
[50]郑智毓,周小红.络筒机微处理机CNC程序分析及使用[J].丝绸,1998(4):16-18.
[51]高卫东.现代织造工艺与设备[M].北京:中国纺织出版社,1998.
[52]孙同鑫.机织设备机电一体化[M].北京:中国纺织出版社,1998.
[53]祝成炎.织造新技术——M8300型多相喷气织机[J].丝绸.1999(8):35-37.
[54]汪进前.并捻机退绕方式的改进与分析[J].丝绸,1998(7):22-25
[55]周小红,郑智毓.水射流特征几纬丝头端缠绕成因的研究[J].纺织学报,1999,20(2):87-90.
[56]周小红.喷水织机停机故障和织物病疵成因及解决方法[J].丝绸,1999(3):30-33.
[57]徐作耀.中国丝绸机械(织造部分)[M].北京:纺织工业出版社,1999.
[58]浙江丝绸工学院,苏州丝绸工学院.丝织学 [M].2版.北京:纺织工业出版社,2000.
[59]童相娟,周小红.试论无梭织机的使用[J].现代纺织技术,2000,8(2):52-54.
[60]MALETSCHEKF,周立亚.无摩擦整经[J].国际纺织导报,2003(1):57-59.
[61]俞加林.丝纺织工艺学[M].北京:中国纺织出版社,2005.
[62]MALETSCHEK F,吕悦慈.经纱准备工艺的革新[J].国际纺织导报,2005,33(4):38-40.
[63]FURRER R,张慧萍.现代化技术缩短织厂生产时间[J].国际纺织导报,2005,33(9):36-36.
[64]严鹤群,戴继光.喷气织机原理及使用[M].北京:中国纺织出版社,2006.
[65]裘愉发.喷织的产品开发和质量管理[J].上海丝绸,2007(1):27-29.
[66]刘呈坤,马建伟.高档面料生产中织前准备及织造工艺的探讨[J].天津纺织科技,2007,45(2):22-26.
[67]洪海沧.当前国内外剑杆织机和喷气织机的技术水平及发展趋向[J].纺织导报.2007(5):34-50.
[68]顾平.纺织导论[M].北京:中国纺织出版社,2008.
[69]李超杰.都锦生织锦[M].上海:东华大学出版社,2008.
[70]林祝,祝成炎,郑智毓.喷气织机引纬系统喷射距离与气压之间的关系[J].丝绸,2008(6):36-37.
[71]陈雪善,卢跃华,祝成炎.辅喷间距对筘槽内气流速度波动变化的影响[J].丝绸,2009(2):46-48.
[72]陈雪善,祝成炎,刘磊,等.纬纱运动气流指数与其各种影响因素的相互关系[J].丝绸,2009(9):40-41.
[73]陈雪善,卢跃华,祝成炎.筘槽内引纬气流场分布研究及对纬纱飞行的影响[J].纺织学报,2009,30(7):

31 - 35.
[74]马崇启. 纺织机电一体化[M]. 北京:中国纺织出版社,2010.
[75]陈雪善,祝成炎. 辅助喷嘴间距变化对纬纱飞行状况的影响[J]. 纺织学报,2010,31(4):121 - 123.
[76]刘帅男,卢跃华,田伟,等. 双经轴织机送经比对条格织物经缩率的影响[J]. 纺织学报,2010,31(5):34 - 37.
[77]刘磊,陈雪善 ,田伟,等. 供气压力对辅助喷嘴气流中心线的影响[J]. 纺织学报,2010,31(5):122 - 125.
[78]时培培,卢跃华,田伟,等. 基于纱线形态扫描法的织缩率测算[J]. 纺织学报,2010,31(2):39 - 43.
[79]刘磊,田伟,祝成炎. Donier 喷气织机纬纱运动学参数的测试与分析[J]. 纺织学报,2010,31(9):118 - 121.
[80]裘愉发. 织造准备的技术进步[J]. 现代丝绸科学与技术,2010,25(5):18 - 20.
[81]李永刚,邵景峰,张会巍,等. 集散式整经机数据采集与管理系统的开发[J]. 纺织学报,2010,31(12):128 - 133.
[82]秦贞俊. 喷气织造的织前准备技术[J]. 纺织科技进展,2011(6):1 - 4.
[83]郭嫣. 织造质量控制与新产品开发[M]. 北京:中国纺织出版社,2012.
[84]胡才强,陈美丽,周丽娟,等. 小(或)浸渍工艺的实验探究[J]. 丝绸,2012,49(7):25 - 29.
[85]BAUDERH,王云云. ITMA2011 织造趋势[J]. 国际纺织导报,2012(10):8 - 14 .
[86]罗军. 织造设备的技术进步[J]. 纺织导报. 2012(3):72 - 79.
[87]董奎勇. 世界纺织技术进展—回顾与展望[J]. 纺织导报. 2012(1):35 - 44.
[88]董奎勇. 纺织原料的优化利用[J]. 纺织导报,2012(7):1 - 1.
[89]朱文静,田伟,张慧芳,等. 纱线线密度对 Dornier 喷气织机纬纱飞行速度和状态的影响[J]. 纺织学报,2012,33(1):121 - 125.
[90]王苗,祝志峰. 马来酸酐酯化变性对淀粉浆料的影响[J]. 纺织学报,2013,34(5):53 - 57.
[91]祝忠秋,祝志峰,屈磊. 阳离子型接枝淀粉浆料的性能分析[J]. 棉纺织技术,2013,41(2):1 - 4.
[92]胡玉才. 国内外新型自动络筒机发展综述[J]. 现代纺织技术,2014,22(03):52 - 56.
[93]朱苏康,高卫东. 机织学[M]. 2 版. 北京:中国纺织出版社,2015.